工业催化

应用基础与实例

马 晶 薛娟琴 褚 佳 等编著

GONGYE CUIHUA YINGYONG JICHU

YU SHILI

化学工业出版社

·北京·

催化材料、催化科学与技术在经济和社会发展中起着很重要的作用,对节能减排还做出着积极贡献。本书重点介绍了工业催化基础、催化反应与催化材料、催化剂表面的吸附作用、工业催化剂的制备、炼油工业与石油化工催化材料的应用、无机材料在催化中的应用、催化在能源转化中的应用、环境保护催化与环境友好催化技术、催化的新技术(绿色催化)等。

本书除了深入浅出地介绍工业催化基础理论和知识之外,还收集了大量工业催化应用实例,内容精炼、实用,可作为石油化工、能源化工、环境化工、煤化工、精细化工、材料化工、环境保护等相关专业的教学参考书或教材,也可供相关领域的科研人员、工程技术人员参考。

图书在版编目(CIP)数据

工业催化应用基础与实例/马晶等编著. —北京:
化学工业出版社,2018.11
ISBN 978-7-122-33015-4

Ⅰ.①工… Ⅱ.①马… Ⅲ.①化工过程-催化 Ⅳ.
①TQ032.4

中国版本图书馆 CIP 数据核字(2018)第 214064 号

责任编辑:朱 彤　　　　　　文字编辑:向　东
责任校对:宋　夏　　　　　　装帧设计:刘丽华

出版发行:化学工业出版社(北京市东城区青年湖南街 13 号　邮政编码 100011)
印　　装:高教社(天津)印务有限公司
787mm×1092mm　1/16　印张 15　字数 406 千字　2020 年 4 月北京第 1 版第 1 次印刷

购书咨询:010-64518888　　售后服务:010-64518899
网　　址:http://www.cip.com.cn
凡购买本书,如有缺损质量问题,本社销售中心负责调换。

定　　价:78.00 元

前言

21世纪以来催化技术获得了空前发展，化学工业的产品种类和规模的巨大增长无不借助于催化剂和催化技术。新型催化反应工艺正日益深入于能源化工、石油炼制、环境保护、高分子化工以及化学制药等绝大部分工艺过程中；对于传统催化剂，在对其深入研究的基础上，也实现了更新换代。简而言之，现代化工和石油加工过程约90%是催化过程，催化剂、催化科学与技术在经济和社会发展中起着关键作用。

目前人们越来越认识到催化剂是一种物质，它通过基元反应步骤的不间断重复循环，将反应物转变为产物，在循环的最终步骤催化剂再生为其原始状态。许多种类的物质都可用来作为催化剂，如金属、金属氧化物、有机金属配合物及酶。催化科学与技术具有涉及多种学科的特点，例如催化剂的合成涉及无机化学、有机化学、界面化学和固态化学等；催化剂的表征涉及结构化学、表面科学、波谱学等；催化过程的研究涉及化学动力学、化学动态学、反应工程学等。催化及其实际应用的进展取决于若干学科领域的平行发展，而更有可能的是涉及新型催化材料的合成和新型催化技术的产生。近年来在新型催化技术和新型催化材料领域已取得了重大进展和突破，为发展催化新理论和全新的催化技术及进一步改善现有工艺提供了更多可能，如涉及稀贵金属在催化裂化、羰化反应中的应用；石墨烯基碳材料在光催化中的应用；核壳结构复合材料在吸附有机废水中的应用等方面。

本书是笔者在多年从事工业催化专业教学与科研基础上完成的。在编写过程中，力求深入浅出地介绍催化基本理论知识并辅以大量工业催化实例，帮助读者加深理解。为了激发读者的创新意识，还特别介绍了一些催化学科的更新进展。全书内容包括：工业催化基础、催化反应与催化材料、催化剂表面的吸附作用、工业催化剂的制备、炼油工业与石油化工催化材料的应用、无机材料在催化中的应用、催化在能源转化中的应用、环境保护催化与环境友好催化技术、催化的新技术（绿色催化）等。本书可作为石油化工、能源化工、环境化工、煤化工、精细化工、材料化工、环境保护等相关专业的教学参考书或教材，也可供相关领域的科研人员参考。

本书由马晶（西安建筑科技大学）、薛娟琴（西安建筑科技大学）、褚佳（西安科技大学）等编著。主要分工如下：本书第1章、第4章、第5章由西安科技大学柳娜、褚佳编写；第2章、第3章由马晶编写；第6章、第7章由西安科技大学王丽娜、马晶共同编写；第8章由褚佳编写；第9章由西安建筑科技大学汤洁莉编写。西安建筑科技大学张玉洁为书稿写作中的资料收集做了大量工作。全书由马晶负责统稿，薛娟琴教授参与了全书大量审稿工作。

在编写过程中，参考了国内外众多学者和专家的观点及新近的研究成果。本书的撰写得到了化学工业出版社的指导和关心，也得到了西安建筑科技大学冶金工程学院、化学工程与工艺专业领导的帮助和支持。特此感谢！

由于我们时间和水平有限，书中疏漏之处在所难免，恳请读者见谅并提出宝贵意见。

编著者
2019年5月

CONTENTS

目录

第9章 催化的新技术（绿色催化）

参考文献

第1章

工业催化基础

1.1　工业催化发展史

　　远在人类文明的古代，人们就学会酿酒、制醋，但催化剂真正实现工业化生产及应用仅有上百年历史。

1.1.1　基础化工催化工艺的开发期

　　19 世纪后半叶至 20 世纪前 20 年，工业催化进入了基础化工催化工艺开发的高峰时期。1860 年发明了氯化铜催化的氯化氢氧化制氯气的 Deacon 工艺，该工艺一直沿用至今；1875 年发明了 Pt 催化 SO_2 氧化制硫酸的催化工艺，该工艺奠定了硫酸工业的基础，也是化学工业的奠基工艺，由 BASF 公司将其推向工业化；其后不久，又发明了甲烷-水蒸气在 Ni 催化剂作用下催化转化制合成气。该 Ni 催化剂后来发展成著名的 Raney Ni（兰尼镍）催化剂。1902 年 Ostwald 开发了 NH_3 氧化为 NO 的工艺，这是硝酸生产工艺；同年 Sabatier 开发了催化加氢工艺，为油脂加氢工业奠定了基础，Sabatier 因此获得 1912 年的诺贝尔化学奖。1905 年 Ipatieff 以白土作催化剂，进行了烃类的转化，包括脱氢、异构化、叠合等，为后来的石油加工工业奠定了基础。

　　此间最伟大、影响最深远的催化工艺开发是合成氨的工业化。1798 年 T. R. Malthus 提出人口论，说粮食的增长跟不上人口的增长。1840 年德国著名化学家 Leibig 开始"固氮"研究，促使粮食增产。用 N_2、H_2 直接合成 NH_3 要先解决一个理论问题，即合成反应的热力学平衡点。如果平衡点离原料一边过远，则无法实现工业化生产；合成反应是放热反应，要求低温，而合成反应又是分子数减少的反应，加压有利，需要有效的催化剂。1910 年德国 Karlsrule 大学宣布，由 N_2、H_2 直接合成 NH_3 取得了成功。当时 F. Haber 及其同事在 BASF 公司的赞助和支持下成功完成了以下三项工作，才使合成氨的研究具备了推向工业化的基础。

　　(1) Haber 收集了 $N_2 + 3H_2 \rightleftharpoons 2NH_3$ 反应在加压下的热力学数据，根据 Van's Hoff 方程计算得到在常压下合成所需要的温度应在 300℃ 以下（NH_3 的平衡浓度在 327℃ 时为 8.72%，在 27℃ 时为 98.5%），但此数据不被当时的热力学大师 Nernst 认可。在 Nernst 的要求下，Haber 进行了高压研究，并于 1908 年提出了新的平衡数据：在 200atm（1atm＝1.013×10^5 Pa）、600℃ 下，NH_3 的平衡浓度为 8%，从热力学原理上肯定了合成氨反应的可行性。

　　(2) 筛选出具有工业价值的熔铁催化剂。Karlsrule 大学当时宣布的催化剂为锇（Os）和铀（U），既昂贵又不好操作。Haber 的同事 Mittasch 是从事催化剂研究的，对开展多组元工业催化剂的研究开发做出了巨大贡献，用 Fe 作活性组元代替 Haber 使用的 U、Os 组元，发现 Fe 组分中少量杂质对合成反应有影响，因此有意加入了碱金属和碱土金属的氧化物、硫酸盐或氯化物等，为使多组元混合均匀，采用共沉淀、熔融等设备技术，经过 2500 多种配方、6500 多个实验筛选出高活性、高稳定性和长寿命的合成氨用熔铁催化剂（主要是 Fe-Al-K 多组元成分），为后来的合成氨工业化奠定了基础。

（3）解决了合成过程的高压工程化问题，Haber 的另一位同事 C.Bosch 和 Haber 一同设计并加工了一套闭路循环合成反应的高压系统，如图 1-1 所示。

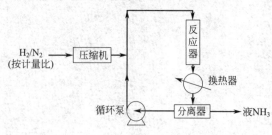

图 1-1　闭路循环合成反应的高压系统

NH_3 的催化合成是催化科学与技术最为重要的发明之一，是为适应当时社会"固氮"的发展需要而顺势完成的。它不仅表现在工业生产上，还表现在催化基础研究方面。因为多相催化中的许多新概念、新研究方法和工具都是从该反应开始提出的，如高压气相反应平衡概念、活性吸附概念、BET 法测定比表面积、非均匀表面概念、反应计量数概念等。Haber 因此获得 1919 年的诺贝尔化学奖。

合成氨的工业化带动了合成气的生产，因为需要 H_2 原料；促进了催化剂工业生产、压缩机生产以及其他化学工艺技术的发展，对化学工业的现代化起到了很大的促进作用，为 1923 年高压合成甲醇工艺开发的成功奠定了基础。

1.1.2　炼油和石油化工工业的蓬勃发展时期

20 世纪 30～70 年代属于催化科学与技术快速发展时期。继合成氨工业化后，到 1930 年，从煤出发制得合成气（H_2/CO），再经费-托合成（Fischer-Tropsch synthesis, FTS）制得液体燃料，是此间另一项更具深远影响的催化过程。用天然资源合成液体燃料一直是工业催化合成的主要目的之一。FTS 满足了这种需求，可以用煤制液体燃料（CTL）、用天然气制液体燃料（GTL）或用生物质制液体燃料（BTL）。FTS 的研究开发持续了约一个多世纪，从 1902 年到现在，包括催化剂研制、过程工艺的开发、反应器的设计更新以及动力学模型等。早在 20 世纪初，在合成气制甲醇的基础上，BASF 的研究人员用 CO 在 Co、Fe 等催化剂上加 H_2 得到 CH_4 和少许液体产品，但反应条件苛刻。10 年后，F.Fischer 和 H.Tropsch 共同发明了一项专利，用合成气在 Co-Fe 催化剂作用下合成了液态烃和固态石蜡，反应条件较温和（常压，温度为 250～300℃）。1926 年，他们二人宣布从煤制气得到了石油，震动了催化界和工业部门。自 1928～1945 年，以钴基催化剂为基础的 FTS 工业化生产在德国大规模进行。

第二次世界大战结束后，原属德国的科学家和工程师经美、英转移到南非，南非缺油富煤，因此致力于发展以铁基催化剂为基础的 FTS 技术，反应器从原来的固定床发展为流化床。在南非的 Sasol 地区建立了大规模的 CTL-FTS 工业装置，也称 Sasol 技术。

1920 年美国太阳油公司利用油田气大规模生产异丙酮（丙烯催化水合而成），由此诞生了石油化学工业。1930 年该公司在美国新泽西州用石油烃建立工业规模的蒸汽重整制 H_2，取代了此前杜邦公司用煤制 H_2 生产甲醇，进而生产聚甲醛和车用交通燃料。石油经催化加工可以得到动力燃料成品油。流化床催化裂化工艺（FCC）是一个很重要的石油炼制工艺，1929 年由法国 E.J.Houdry 开发，此人后来加入了美国太阳油公司，将催化裂化工艺推向工业化，使炼油工业迅速发展起来。与此同时，中东地区的沙特阿拉伯发现世界级大油田，一个以石油为基础的经济时代出现了。

关于石油烃催化燃料加工，接下来论述的是高辛烷值叠合汽油（又称叠合汽油）和烷基化汽油的发明。这里需要提及 V. N. Ipatieff 的工作。在 1935～1939 年期间，Ipatieff 用白土作催化剂对烃类的转化做了许多开创性研究，如烃的脱氢、异构、加氢、叠合等，并完成 350 多篇研究论文、12 篇工业应用方面的专利，获得"石油化工之父"称号，成为美国科学院院士。在此期间，Ipatieff 与他的学生 Pines 在 UOP 公司的资助下发明了高辛烷值的叠合汽油和烷基化汽油。

$$气态烃 \xrightarrow[\text{磷酸催化剂}]{\text{SPA(固体)}} 低聚 \xrightarrow{\text{加氢}} 异辛烷(叠合汽油) \tag{1-1}$$

$$i\text{-}C_4^0(异丁烷)+ \begin{matrix} C_4^=（碳四烯烃） \\ C_3^=（碳三烯烃） \end{matrix} \xrightarrow{\text{HF 或 } H_2SO_4} 烷基化汽油 \tag{1-2}$$

美国自 20 世纪 30 年代发现石油、天然气开始，就有人将丙烯与 H_2O 在酸性催化剂作用下水合得到异丙醇，开始了石油化学工业。

1.1.3　合成高分子材料工业的兴起

炼油工艺的 PCC（可编程计算机控制器）和催化重整等的应用，提供了大量的三烯（乙烯、丙烯、丁二烯）和三苯（苯、甲苯、二甲苯）等优质化工原料，再加上催化低聚和聚合技术的发明，为石油化学工业和高分子化工创造了发展空间。

早在 20 世纪 30 年代末，英国化学家在研究高压、高温下的气体行为时，发现乙烯在 O_2 的作用下变成了具有弹性的白色固体，并发现其具有优良的绝缘性能。实际上这就是后来被普遍认可的高压聚乙烯过程，O_2 作为自由基聚合的引发剂。在第二次世界大战中将这种固体物质涂覆在雷达和电子武器上，绝缘良好，需求量很大。如果不是由于这种需要，这项过程早已被放弃了，因为生产过程中经常发生爆炸，很危险。利用高压法虽然得到了聚乙烯（PE），但并未因此形成高分子工业。第二次世界大战结束后，世界经济从战时转向和平建设，市场急需化工产品和车用能源，石油加工业急剧发展，第二次世界大战时期的德国，因受到盟军的封锁断绝了原油供应，因此应急研究合成了燃料和润滑油。K. Ziegler 是该研究计划的主要化学家之一。1953 年的一天，他惊奇地发现反应釜中（釜壁）粘满了白色固体 PE。该过程没有高压、高温条件，经研究发现了金属 Ni 的催化作用，这种 PE 和高压法得到的 PE 不同，前者为线型高密度聚乙烯（HDPE），属于结晶型；后者则为低密度聚乙烯（LDPE）。

早在 20 世纪 50 年代初，K. Ziegler 与 G. Natta 之间就建立了合作协议，由意大利蒙泰开尼公司出资，Natta 派人到德国 Ziegler 研究所进行合作研究，派来的人将一些关键技术带回了米兰。Ziegler 的注意力仍放在聚合催化剂体系上，而 Natta 则把高级 α-烯烃的聚合列入当务之急。他对合成橡胶更感兴趣，认为聚乙烯作为塑料，而聚丙烯较其可能有更好的弹性。Natta 后来集中了大批科学家研制等规结晶型聚丙烯，形成了 Natta 学派。1963 年诺贝尔化学奖授予 K. Ziegler 与 G. Natta 两人，表彰其对聚合催化做出的杰出贡献。

Ziegler 的发明在两个方面改变了世界：一是引发了很多科学家利用金属有机化合物作催化剂的研究领域；二是发现了聚烯烃工业合成的新方法。

聚烯烃工业最激动人心的变革之一是 1980 年德国汉堡大学的两位科学家 Kaminsky 和 Sinn 发明了烯烃聚合的茂金属催化剂，其为有两个环戊二烯（CP）、中间夹一过渡金属 T_{Me}（=Ti、Zr、Hf）的具有三明治结构的有机金属化合物（$CP_2T_{Me}X_2$）。与传统的 Ziegler-Natta 型催化剂的不同之处是活性中心单一，所以又称为单中心催化剂（single site catalyst），简称 SSC（图 1-2）。其最具价值的特点是通过设计催化剂结构即可控制聚合物产品的结构。例如 I 型的 SSC 只能制得无规的聚丙烯（PP），II 型的 SSC 可以制得等规的 PP，III 型的 SSC 只能制得间规的 PP。SSC 催化剂是可溶的，通过甲基铝氧烷（MAO）活化，聚合产物的组成分子量分布窄，可使任何乙烯基不饱和单体（如环状烯烃、高级烯烃、极性烯烃）聚合，不像 Ziegler-Natta 型催化剂那样只能使乙烯、丙烯、1-丁烯等少数几种简单的烯烃聚合。采用 SSC 聚合，可以获得新型聚合物，引起了世界的极大兴趣。

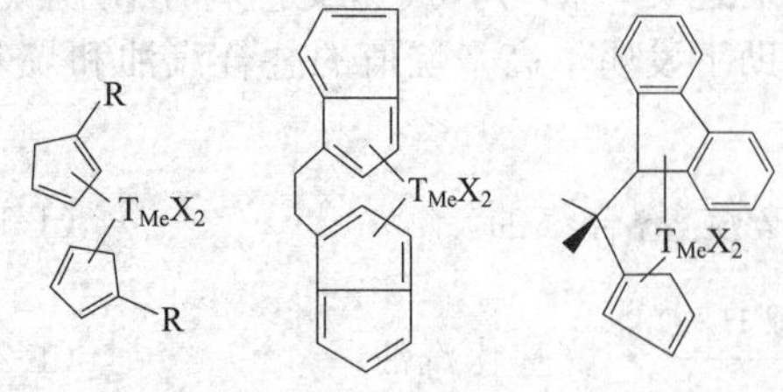

(a) I型的SSC   (b) II型的SSC   (c) III型的SSC

图 1-2   单中心催化剂的结构图

1.1.4   择形催化与新一代石油炼制工业

20 世纪 50 年代是催化科学与技术发展史上较重要年代。除聚合催化技术和高分子聚合物工业兴起外，在催化科学理论上同样有很多建树。1951 年 A. Wheeler 发现扩散过程对催化体系的活性和选择性具有重要意义，Wheeler 的发现对工业催化剂的设计具有重要影响。1954 年 R. P. Eischens 小组发明了用 IR 表征 CO 在铜催化剂表面吸附的活性中心方法，用同样的方法也可表征金属氧化物催化剂表面的吸附活性中心以及区分 B 酸（Brønsted 酸）或 L 酸（Lewis 酸）活性中心等。

20 世纪 50 年代炼油工业使用的催化剂为白土或无定形硅铝酸盐，没有涉及结晶物。1960 年有三项重要的工业催化工程推向商业化生产，即乙烯均相配位催化生产乙醛（Wacker 过程）、苯加氢制环己烯（Hydrar 过程）、丙烯氨氧化制丙烯腈（Sohio 过程）。20 世纪 60 年代初，Mobil 公司开发出新一代的催化技术——择形催化（shape-selective catalysis），在巴黎举行的第二届国际催化会议（ICC）上，Mobil 公司的 P. B. Wietz 在会上报告发现八面沸石（主要是 X 型分子筛、Y 型分子筛）具有催化活性，并且成功用于 FCC（催化裂化）工艺中。由于 FCC 是重要的石油炼制过程，世界生产能力约为 5 亿吨/年。这种结晶型的催化剂与传统的无定形催化剂相比，沸石催化剂的活性要高得多，促进了过程工程的改良；更重要的是过程目标产物（汽油）的产率显著增加，由此带来的经济效益每年在 100 亿美元以上。故人们常将 FCC 中的沸石催化剂作为石油工业真正革命的标志。1967 年 Mobil 公司研制出了 ZSM-S 沸石，开发了新的系列择形催化技术，其中最具影响的是甲醇催化转化制汽油（MTG）过程，这意味着通过该过程可以将煤或天然气转制成汽油燃料，补救石油资源的短缺，这引起了全球经济界和学术界的广泛关注，同时带动了全世界基础催化研究的蓬勃发展。

1.1.5   环境催化的发展时期

20 世纪化学工业的发展在人类寿命的延长、生活质量的提升上起到了关键性作用，但同时，化学工业的生产过程及产品导致环境日益恶化。20 世纪 70 年代以前，新工艺、新产品开发的主要推动力是市场和经济发展，随着环保监控的强化，推动力除市场经济发展外最重要的是要考虑环境经济，环境催化由此诞生，这一类化学过程是运用催化技术控制或消除环境不能接受的化学物质排放，也包括运用催化技术生产少污染或无污染、废弃物少的有价值的新产品工艺。

20 世纪 90 年代以来，提出了环境友好的新概念。环境友好工艺是无污染工艺、"零排放"工艺，对催化剂要求更高，如高活性且不失活、接近 100% 的选择性、不使用水以外的溶剂等，随后诸如绿色化学、清洁化工生产、维持生态平衡、环境友好持续协调发展战略、循环经济等理念相继出台。在 10 年左右的时间内，绿色化学与环境友好化工生产技术取得了令人瞩目的成就，表明化工技术能发展成为清洁生产技术，能从生产原料、产品设计、工艺技术、反应路线、生产设备、能源消耗等各个环节实施监控，生产出环境友好的新产品。

绿色化学和清洁化工生产不单单追求环境友好，也追求经济优化，两者均是从基本的分子科学出发，提供解决环境污染的根本方法，通过改变物质内在性能的途径降低或消除该物质可能带来的危害。为此，制定了绿色化学十二条原则和应采用的手段，其最核心的是"原子经济"概念，是 1991 年美国斯坦福大学的 B. M. Trost 教授提出的。化学反应过程的效率用"产率"衡量，这是宏观水平上的化学反应，而绿色化学的"原子经济"是从原子水平上衡量化学反应，这两者是根本不同的尺度。某一化学反应，尽管产率很高，如果反应产物分子中的原子很少进入最终目的的产品中，则该反应的"原子经济性"很差，意味着反应后会排放大量的废弃物。例如 Witting 反应，广泛应用于合成带烯键的天然有机物，产率高达 80% 以上，但该反应的"原子经济性"仅为 40%。

合成反应大部分是通过催化过程实现的，新催化材料是创新、发明新催化剂、新催化反应的源泉，也是实现合成过程绿色化的重要基础。

1.1.6 新型催化材料的发展时期

性能各异的新型催化材料是近十几年来迅速发展起来的一个领域。如前所述的 Mobil 公司开发的择形催化裂化八面体沸石分子筛，以及 Linde 公司在 20 世纪 80 年代发明的磷铝型和磷硅铝型分子筛。这些沸石材料的骨架结构，除去 Si、Al 外，已拓展至包括 Ti、Ga、B、Fe 等元素。1988 年，M. Davis 及其同事发明了十八氧环的大孔洞结晶型磷铝分子筛 VPI-15 的合成方法，震惊了传统的研究者们。现已鉴定了包括三氧环、四氧环、五氧环、六七氧环（ZSM-18）、八九氧环（VPI-7）、十氧环（ZSM-5）、十二氧环、十四氧环（AlPO$_4$-8）、十八氧环（VPI-5）和二十氧环等结构，都属于沸石类。以上沸石都属于微孔材料。

1992 年，Mobil 公司又首先报道了一种以硅酸铝盐为基质、孔径在 1.6～10.0nm 之间的新型沸石族材料 M41S，它属于介孔材料，其结构为非晶固体，但却具有晶型支撑层状结构，孔径均匀可调。微孔材料和介孔材料都属于分子筛材料。介孔 M41S 材料可细分为三小类：一类为六方相，如MCM-41；另一类为含立方相，如 MCM-48；还有一类为非稳薄壳层相，如 MCM-50。它们的比表面积在 1000～1400m^2/g 范围，1g 这种材料的表面积约有半个足球场大。

自从介孔 MCM-41 分子筛问世以来，介孔分子筛吸引了包括吸附、催化和材料科学等诸多学科的浓厚兴趣，这类材料的合成技术不断创新，一系列新型介孔材料及其金属杂原子衍生物相继诞生。与微孔材料相比，介孔材料有利于大的有机分子的快速扩散，对重质油的催化加工有巨大的应用潜力，也为精细有机合成提供了良好的空间和广阔的应用前景。如自 1990 年以来新型介孔分子筛碱催化剂的研究得到迅速发展，传统分子筛碱催化剂以氧原子作为碱中心，强度低，阻碍其用于精细有机合成。介孔材料用氮原子取代氧原子作为碱中心，氮原子可进一步转换为氨基、亚氨基乃至氰基分布于表面，这种碱中心强度高得多。另一种形成碱催化中心的方法是在无机硅氧基团上嫁接有机碱，如 MCM-41 材料的功能化，通过无机主体和有机客体之间形成共价键，得到高度稳定的碱催化剂。目前最具突破性的一种钛硅分子筛（TS-1），与 30% 双氧水组合成环境友好的氧化催化剂，即 TS-1-H$_2$O$_2$，具有广泛的应用前景。图1-3 给出了一系列烃分子等为这种催化体系活化氧化的环境友好示例反应。

纳米材料、纳米技术是近年来国际上最受关注、研究最活跃的领域之一，被认为是 21 世纪人类最有前景的科技领域之一。长久以来，催化科技工作者一直在使用纳米材料和纳米技术，如用溶胶凝胶法制备浸渍液，多相金属催化剂的活性相就是纳米尺度的表面金属原子，分子筛催化剂的孔道也属于纳米尺寸结构范畴，但从未鲜明地提出过纳米材料、纳米技术的概念。从纳米概念出发，催化剂可以分为纳米尺度催化剂和纳米结构催化剂。前者是指活性组分以纳米尺寸粒子分散在高比表面积载体上的绝大多数工业催化剂，包括超细金属催化剂、超细过渡金属氧化物催化剂、超细分子筛催化剂、纳米膜催化剂等。后者的催化剂粒子尺寸跨度在 1～50nm 范围内，显示其表面结构和电子特征显著改变了。例如，纳米金粒子催化剂在温和的条件下将 CO 氧化成 CO$_2$ 的活性很高，且已能用于内墙涂料配料中使建筑物降低或消除 CO

污染的助剂。纳米结构催化剂中研究发展最快的领域是纳米微孔分子筛和纳米介孔分子筛。根据纳米尺寸催化剂的局部组成和电子结构信息，能清楚地了解影响其活性和选择性的因素。因为这些性能强烈取决于粒子尺寸大小、形貌和局部组成结构。

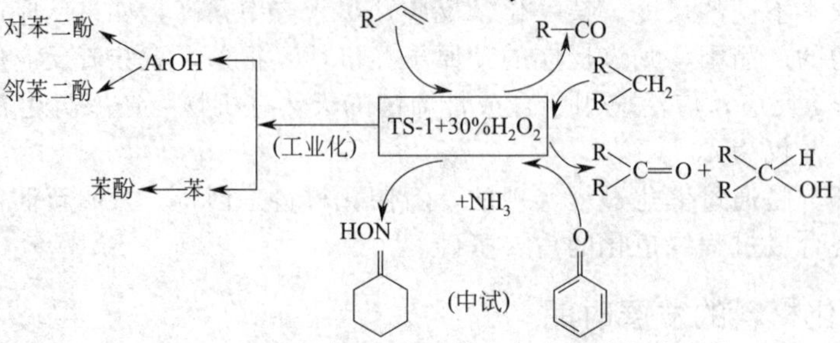

图 1-3　TS-1＋30％双氧水环境友好的催化氧化工艺

　　酶催化剂也是一类典型的纳米尺寸催化剂，其本身就是具有特性结构的蛋白质分子，尺度在纳米范围内。很多酶是由无机纳米簇状物围以高分子量的蛋白质组成的。这些催化剂维持人的生命运动，承担着自然界中生物的生长繁殖。它们常在室温和水溶液中运转操作。碳纳米管、纳米纤维、纳米膜等一些新型纳米材料，也为纳米催化研究带来了新的机遇和选择。

1.1.7　手性催化和制药工业

　　手性是自然界最基本属性之一。构成生命体的有机分子绝大多数是不对称的。手性是三维物体的基本属性。如果一个物体不能与其镜像重合，就称为手性物体。这两种形态称为对映体。互为对映体的两个分子结构从平面上看是相同的，但在空间上完全不同，宛如人的左右手互为镜像，但不能完全重合，即称为手性。

　　普通环境中的有机合成，只能产生等量立体异构体的混合物；只有在不对称环境中的合成时，具有某种构型的化合物量才会超过其相应的异构体。手性合成就是使化学反应在人为的不对称环境中进行，以求最大限度地得到具有所需立体化学构型的产物。

　　手性催化技术的研究在短短十年左右的时间内，经历了三次鲜明的技术突破。第一次是使用手性催化剂诱导非手性底物和非手性试剂，直接向手性产物转化。第二次突破是 21 世纪前10 年的中期，将生物催化的不对称反应应用于复杂分子的有机合成反应。生物催化手性合成是一个多学科交叉的领域，合成不对称化合物的生物催化法包括两大类反应：一类是真正的不对称合成，即将非手性前体物转化为手性产物；另一类则包含了外消旋混合物的拆分。这两类生产工艺既有化学步骤，也包含生物催化步骤。第三次突破是近年来使用了小分子有机催化剂，其不需要过渡金属或其他金属，具有对水和 O_2 相对稳定、价廉、易得、无毒且可以迅速实现反应规模的放大等优点。有机催化剂是纯粹的有机分子，主要由碳、氢、氮、氧、硫和磷等元素组成，有机催化的历史可以追溯到 20 世纪上半叶，但只有少数有价值的有机催化剂被报道。现在有机催化正以指数的速度增长，亚胺、烯胺和磷酰胺类有机催化剂可以高选择性地催化环加成、Michael 加成、Aldol 反应以及亲核取代等反应，手性脲和硫脲可以非常有效地催化多种亲核试剂对醛和亚胺的加成。

　　自 20 世纪 90 年代以来，手性催化领域发展迅速，反映出社会对手性化合物的需求量极大，特别是医药、农药和精细化学品。手性催化包括均相手性催化和多相手性催化两大体系。均相手性催化氢化、手性催化环氧化、手性催化甲酰化等反应取得了重大突破。闻名世界的均相手性催化合成L-dopa（左旋多巴），是一种用于帕金森病的药物，左旋体有效，右旋体为毒物。在 Mansanto 公司从事研究的三位科学家，先后采用不对称膦配体的 Ru 配合物催化剂，手性加氢合成左旋体大于95％的产物，并由该公司推向工业化。这项成果获得了 2001 年的诺贝尔化学奖。

通过总结百年来工业催化发展简史可以看到：催化是化学工业中影响人类未来的关键技术。化学工业对催化的需求可概括为两个主要目标：一是加速催化剂的开发工艺；二是发展选择性接近 100% 的催化工艺。

1.2 催化材料在工业中的应用

1.2.1 合成氨及合成甲醇催化剂

合成氨工业，对于世界农业生产的发展，乃至对于整个人类物质文明的进步，都具有重大的历史意义。氨是世界上最大的工业合成化学品之一，主要用于肥料——氮肥，中国是世界第一大氮肥生产国和消费国。

正是合成氨铁系催化剂的发现和应用，才实现了用工业的方法从空气中固定氮，进而廉价地制得氨，此后各种催化剂的研究和发展与合成氨工艺过程的完善化相辅相成。直到今天，现代化大型氨厂中几乎所有工序都采用催化剂，典型的现代化合成氨的工艺流程如图 1-4 所示，从图可见合成氨生产装置要使用加氢、脱硫、一段转化、二段转化、中温变换、低温变换、甲烷化和氨合成等 8 种以上的催化剂。

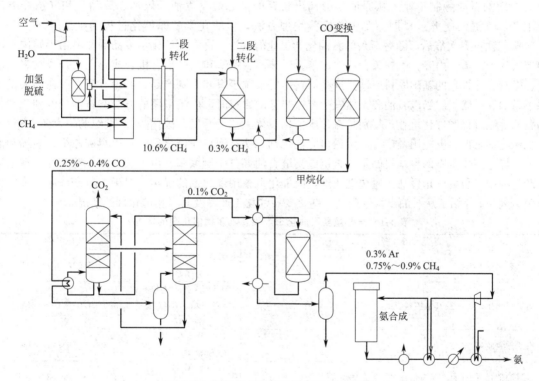

图 1-4 典型的现代化合成氨的工艺流程

工业氨由氮和氢合成。氮从空气中获取，氢从含氢的水或烃（天然气、石脑油、重油等）中获取。各种工业合成氨工艺路线不同，本质在于其制氢路线不同。其中，由水电解法、水煤气法或重油部分氧化法制氢是非催化过程。世界上现代化的大型合成氨厂，多数采用技术先进、经济合理的烃类水蒸气转化法，按下列反应制得氢，进而制氨。

$$CH_4 + H_2O \longrightarrow 3H_2 + CO \tag{1-3}$$

$$C_nH_m + nH_2O \longrightarrow \left(n+\frac{m}{2}\right)H_2 + nCO \tag{1-4}$$

$$CO + H_2O \longrightarrow H_2 + CO_2 \tag{1-5}$$

最初的合成氨工艺，利用水电解或利用水煤气变换制氢，成本昂贵。随着天然气或石脑油（轻油）水蒸气转化制氢催化剂的开发，合成氨工业得到了廉价的氢气来源。早期的合成氨原料气净化，用铜氨液吸收脱除 CO，流程繁杂，成本昂贵，生产环境条件差。在 CO 低温变换和甲烷化催化剂开发成功后，采用甲烷化法脱除 CO 和 CO$_2$，此问题得以解决。

甲醇是最重要的基本有机化工产品之一，也是最简单的醇基燃料。其主要下游产品包括甲醛、二甲醚、甲基叔丁基醚、甲基丙烯酸甲酯等。合成甲醇是合成氨的"姊妹"工业，两者的原料路线和工艺流程极为相似。按式(1-3)或式(1-4)反应，调节两反应条件，并且不进行式(1-4)的变换关系，则烃类水蒸气转化反应最终得到以 CO 和 H$_2$ 为主的甲醇合成气，进而合成甲醇。该反应与合成氨有相近的高压条件，但有各不相同的合成催化剂。合成甲醇，需要多种催化剂，而且所用的降低操作温度与压力的多种节能催化剂近年来一直不停地进行开发换代。目前国内外采用的甲醇合成催化剂，主要有 Cu-Zn-Al 催化剂（中、低压法）和 Cu-Zn-Cr 催化剂（高压法）等。

1.2.2 石油炼制及合成燃料工业

早期的石油炼制工业，从原油中分离出较轻的液态烃（汽油、煤油、柴油）和气态烃类作为工业和交通的能源。早期主要用蒸馏等物理方法，以非化学、非催化过程为主。

第二次世界大战后，随着新兴的石油化学工业的发展，许多重要化工成品的原料由煤转向石油和天然气。乙烯、丙烯、丁二烯、乙炔、苯、甲苯、二甲苯和萘等是有机合成和三大合成材料（塑料、橡胶、纤维）的基础原料，过去这些原料主要来源于煤和农副产品，产量有限，现在则大量来源于石油和天然气。当以石油和天然气生产这些基础原料时，广泛采用的方法有石油烃的催化裂化和石油炼制过程的催化重整。特别是流化床催化裂化工艺的开发，被称为 20 世纪的一大工业革命，裂化催化剂是世界上应用最广、产量最多的催化剂。从石油烃非催化裂解可以得到乙烯、丙烯和部分丁二烯。催化重整的根本目的是从直链或支链石油馏分中制取苯、甲苯和二甲苯等芳烃。在上述生产过程中，裂解气选择加氢脱炔催化剂，此催化重整用催化剂的优劣，对于工艺产率起着决定性作用。表 1-1 介绍了从石油出发生产的一些重要石油化工产品及其多相催化剂的情况。

表 1-1　一些重要石油化工产品及其多相催化剂的情况

过程或产品	催化剂	反应条件
催化裂化生产汽油	Al$_2$O$_3$/SiO$_2$ 分子筛	500～550℃,0.1～2MPa
加氢裂化生产汽油及其他燃料	MoO$_3$/CoC/Al$_2$O$_3$ Ni/SiO$_2$-Al$_2$O$_3$ 分子筛	320～420℃,10～20MPa
原油加氢脱硫	NiS/WS$_2$/Al$_2$O$_3$ CoS/MoS/Al$_2$O$_3$	300～450℃,10MPa
石脑油催化重整（制高辛烷值汽油、芳烃、液化石油气）	Pt/Al$_2$O$_3$ 双金属/Al$_2$O$_3$	470～530℃,1.3～4MPa
轻质油（烷烃）异构化或间二甲苯异构化制邻或对二甲苯	Pt/Al$_2$O$_3$ Pt/Al$_2$O$_3$/SiO$_2$	400～500℃,2～4MPa
甲苯脱甲基化制苯	MoO$_3$/Al$_2$O$_3$	500～600℃,2～4MPa
甲苯歧化制苯和二甲苯	Pt/Al$_2$O$_3$/SiO$_2$	420～550℃,0.5～3MPa
烯烃低聚生产汽油	H$_3$PO$_4$/硅藻土 H$_3$PO$_4$/活性炭	200～240℃,2～6MPa

在经历了半个世纪左右高消耗量的开发使用后，作为石油炼制及化学工业原料支柱

的石油资源，如今已日益枯竭。据有关资料估计，按世界各地区平均计算，石油还有 50 年左右的可开采期。而天然气和煤已探明的储量和可采期，要大得多和长得多，加之目前资源消费结构比例失衡，在未来"石油以后"的时代里，如何获取新的产品取代石油，以生产未来人类所必需的能源和化工原料，已成为一系列重大而紧迫的研究课题，于是 C_1 化学应运而生。

C_1 化学主要研究含一个碳原子的化合物（如甲烷、甲醇、CO、CO_2、HCN 等）参与的化学反应。目前可按 C_1 化学的路线，从煤和天然气出发，生产出新型的合成燃料，以及三烯（乙烯、丙烯、丁二烯）、三苯（苯、甲苯、二甲苯）等重要的基础化工原料。

新型的合成燃料，包括甲醇等醇基燃料，甲基叔丁基醚、二甲醚等醚基燃料以及合成汽油等烃基燃料。

由异丁烯和甲醇经催化反应而制得的甲基叔丁基醚是一种醚基燃料，兼作汽油的新型抗爆添加剂，可取代污染空气的四乙基铅。由两分子甲醇催化脱水，或合成气（$CO+H_2$）一步催化合成，均可得二甲醚。二甲醚的燃烧和液化性能均与目前大量使用的液化石油气相近。它不仅可以取代后者，用于石油化工的原料和燃料，而且可望取代汽油、柴油，作为污染少的"环境友好"型燃料。有美国专家认为，二甲醚是 21 世纪新型合成燃料中的首选品种。二甲醚再催化还可制乙烯。

由天然气催化合成汽油已经在新西兰成功实现工业化生产。由甲醇经催化合成制乙烯、丙烯等低级烯烃，由甲烷催化氧化偶联制乙烯，都是目前正大力开发并有初步成果的新工艺。乙烯、丙烯在催化剂的作用下，可通过低聚等反应制取丁烯，进而制取丁二烯，以及更高级的烯烃。

1.2.3 基础无机化学工业用催化剂

以"三酸二碱"为核心的基础无机化工产品，品种不多，但产量巨大。硫酸是最基本的化工原料，曾被称为化学工业之母，它是衡量一个国家化工强弱的重要标志。硝酸为"炸药工业之母"，有重大的工业和国防价值。

早期的硫酸生产，以二氧化氮为催化剂，在铅室塔内氧化 SO_2 制取。其设备庞大，硫酸浓度低。1918 年开发成功的钒催化剂，其活性高、抗毒性好、价格低廉，使硫酸生产质量提高、产量增加、成本大幅度下降。

早期的硝酸生产，主要以智利硝石为原料，用浓硫酸分解硝石制取。其生产能力小、成本高。之后发展出高温电弧法，使氨和氧直接化合为氮氧化物进而生产硝酸，但消耗大。1913 年，在铂-铑催化剂的存在下实现了氨的催化氧化，自此奠定了硝酸的现代生产方法。生产工业原料及主要无机化学品用到的多相催化剂如表 1-2 所示。

表 1-2 生产工业原料及主要无机化学品用到的多相催化剂

产品或过程	催化剂（主要成分）	反应条件
甲烷水蒸气转化 $H_2O+CH_4 \Longleftarrow 3H_2+CO$	Ni/Al_2O_3	$750\sim950℃, 3\sim3.5MPa$
CO 变换	Fe/氧化铬 Cu/ZnO	$350\sim450℃$ $140\sim260℃$
甲烷化（合成天然气）	Ni/Al_2O_3	$500\sim700℃, 2\sim4MPa$
氨合成	$Fe_3O_4(K_2O, Al_2O_3)$	$450\sim500℃, 25\sim40MPa$
SO_2 氧化成 SO_3	V_2O_5/载体	$400\sim500℃$
NH_3 氧化为 NO_2（制 HNO_3）	Pt-Rh 网	约 $900℃$
Claus 法制硫 $2H_2S+SO_2 \Longleftarrow 3S+2H_2O$	铝钠土，Al_2O_3	$300\sim350℃$

1.2.4 基本有机合成工业用催化剂

基本有机化学工业，在化学上是基于低分子有机化合物的合成反应。有机物反应有反应速率慢及副产物多的普遍规律。在这类反应中，寻找高活性和高选择性的催化剂，往往成为其工业化的首要关键，故基本有机化学工业中催化反应的比例更高。在乙醇、环氧乙烷、环氧丙烷、丁醇、辛醇、1,4-丁二醇、乙酸、苯酐、苯酚、丙酮、顺丁烯二酸酐、甲醛、乙醛、环氧氯丙烷等生产中，无一不用到催化剂。表1-3列举了高分子化工和精细化工产品的基础原料生产中所用的催化剂。

表1-3 高分子化工和精细化工产品的基础原料的多相催化过程

产品或过程	催化剂	反应条件
加氢		
甲烷合成	$ZnO-Cr_2O_3$	$250\sim400℃,20\sim30MPa$
$2H_2+CO \longrightarrow CH_3OH$	$CuO-ZnO-Cr_2O_3$	$230\sim280℃,6MPa$
油脂硬化	Ni/Cu	$150\sim200℃,0.5\sim1.5MPa$
苯制环己烷	Raney Ni	液相 $200\sim225℃,5MPa$
	贵金属	气相 $400℃,2.5\sim3MPa$
醛和酮制醇	Ni、Cu、Pt	$100\sim150℃,3MPa$
酯制醇	$CuCr_2O_4$	$250\sim300℃,25\sim50MPa$
腈制胺	Ni 或 Cu(负载在 Al_2O_3 上)	$100\sim200℃,20\sim40MPa$
脱氢		
乙苯制苯乙烯	Fe_3O_4(Cr、K 的氧化物)	$500\sim600℃,0.12MPa$
丁烷制丁二烯	Cr_2O_3/Al_2O_3	$500\sim600℃,0.1MPa$
氧化		
乙烯制环氧乙烷	$Ag/$载体	$200\sim250℃,1\sim2.2MPa$
甲醇制甲醛	Ag 晶体	约 $600℃$
苯或丁烷制顺丁烯二酸酐	V_2O_5 载体	$400\sim450℃,0.15MPa$
邻二甲苯或萘制苯二甲酸酐	V_2O_5/TiO_2	$400\sim450℃,0.12MPa$
	$V_2O_5/K_2S_2O_7/SiO_2$	
丙烯制丙烯醛	Bi/Mo 氧化物	$350\sim450℃,0.15MPa$
氨氧化		
丙烯制丙烯腈	钼酸铋(U、Sb 氧化物)	$400\sim450℃,1\sim3MPa$
甲烷制 HCN	Pt/Rh 网	$800\sim1400℃,0.1MPa$
乙烯+HCl/O_2 制氯乙烯	$CuCl_2/Al_2O_3$	$200\sim240℃,0.3MPa$
羰基化		
甲醇羰基化合成乙酸	Rh 配合物(均相)	$150\sim200℃,4.5MPa$
烷基化		
甲苯和丙烯制异丙基苯	H_3PO_4/SiO_2	$300℃,4\sim6MPa$
甲苯和乙烯制乙苯	Al_2O_3/SiO_2 或 H_3PO_4/SiO_2	$300℃,4\sim6MPa$
烯烃反应		
乙烯聚合制聚乙烯	Cr_2O_3/MoO_3 或 Cr_2O_3/SiO_2	$50\sim150℃,2\sim8MPa$

1.2.5 三大合成材料工业用催化剂

塑料、合成橡胶以及合成纤维这三大合成材料是石油化工最重要的三大下游产品，有广泛的用途和巨大的经济价值。

近年来世界产量最大的通用塑料聚乙烯、聚丙烯、聚苯乙烯、聚氯乙烯和热塑性聚酯等，在包装、建筑、电器等行业用途广、用量大，发展很快。

在合成树脂及塑料工业中，聚乙烯、聚丙烯等的生产以及高分子单体氯乙烯、苯乙烯、醋酸乙烯酯等的生产，都要使用多种催化剂。

1953 年，Ziegler-Natta 型催化剂问世，这是化学工业中具有里程碑意义的重大事件，由此聚合物的生产进行了一次历史性的飞跃。利用这种催化剂，首先使乙烯在接近常压下聚合成高分子量聚合物。而在过去，这个反应要在 100～300MPa 下才能聚合。继而又发展到丙烯的聚合，并确定了"有规立构聚合物"的概念。在此基础上，关于聚丁二烯、聚异戊二烯等有规立构聚合物也相继被发现。于是，一个以聚烯烃为主体的合成材料的新时代开始了。

到 20 世纪 90 年代前后，又出现了新一代的茂金属催化剂等新兴聚烯烃催化剂，如 Kaminsky-Sinn 催化剂等。新一代聚烯烃催化剂将具有更高的活性和选择性，能制备出质量更高、品种更多的全新聚合物，如高透明度、高纯度的间规聚丙烯；高熔点、高硬度的间规聚苯乙烯；分子量分布极均匀或"双峰分布"的聚烯烃；含有共聚的高直链烃单体或极性单体的聚烯烃；力学性能优异且更耐老化的聚烯烃弹性体等。总之，在 21 世纪开始后的不长时期内，以茂金属为代表的全新聚合催化剂，将把人类带入一个聚烯烃以及其他聚合物的新时代。

在合成橡胶工业中，几个主要的品种如丁苯橡胶、顺丁橡胶、异戊橡胶、乙丙橡胶等的生产中都要采用催化剂，如丁烯氧化脱氢制丁二烯、苯烃化制乙苯、乙苯脱氢制苯乙烯、异戊烷制异戊二烯等用于单体生产的催化剂，以及进一步用于单体聚合的多种催化剂体系等。

在合成纤维工业中，四大合成纤维品种的生产，无一不包含催化过程。涤纶（聚对苯二甲酸乙二醇酯）纤维的生产中甲苯歧化、对二甲苯氧化、对苯二甲酸酯化、乙烯氧化制环氧乙烷、对苯二甲酸与乙二醇缩聚等多个过程，几乎每一步过程都要有催化剂参与；在腈纶（聚丙烯腈）纤维的生产中，在丙烯氨氧化等多个过程中都使用不同的催化剂；在维纶（聚乙烯醇）纤维的生产中，无论是由乙炔合成或由乙烯合成乙酸乙烯酯，均系催化过程；特别是在聚酰胺纤维的生产中，还可能用到苯加氢制环己烷和苯酚加氢制环己醇等所需的各种催化剂。

1.2.6 精细化工及专用化学品中的催化剂

近年来，精细及专用化学品工业发展很快。它们属技术密集、产量小而附加值高的化工产品。其中，专用化学品一般指专用性较强、能满足用户对产品性能要求、采用较高技术和中小型规模生产的高附加值化学品或合成材料；而精细化学品，一般指专用性不甚强的高附加值化学品。这两类化学品，有时难以进行严格区分。精细及专用化学品的用途，几乎遍及国民经济和国防建设各个部门，其中也包括石油化工部门。

由于多品种的特点，在精细及专用化学品生产中往往涉及多种反应，如加氢、氧化、酯化、环化、重排等，且往往一种产品涉及多步反应。因此，催化剂用量虽不大，但一种产品也许要涉及多个催化剂品种。

精细化学品的化学结构一般比较复杂，产品纯度要求高、合成工序多、流程长。在实际生产工艺中多采用新技术，以缩短工艺流程、提高效率、确保质量并节约能耗。目前，精细化学品的新技术主要指催化技术、合成技术、分离提纯技术、测试技术等。这其中催化技术是开发精细化学品的首要关键。因此，重视精细化工发展就必须要重视催化技术。

1.2.7 催化剂在生物化学工业中的应用

与典型的化学工程不同，生物化学工程（简称生化工程）所研究的是以活体细胞为催化剂，或者是以细胞提取的酶为催化剂的生物化学反应过程。生化工程是化学工程的一个分支。生物催化剂俗称酶，它是不同于化学催化剂的另一种类型。酶的催化作用是生化反应的核心，正如化学催化剂是化学反应的关键一样。

数千年前，人们用发酵方法酿酒和制醋，可视为最古老的生物化学过程。其起催化作用的是一种能使糖转化为酒精和二氧化碳的微生物——酵母。在传统产业和化工技术相结合的基础上，近年已经发展了庞大的生物化工行业，同时伴随着生物催化剂的广泛研究和应用。

在医药和农药工业中，以各种酶作催化剂，现在已经能大量生产激素、抗生素、胰岛素、干扰素、维生素以及多种高效药物、农药和细菌肥料等。

在食品工业中，用酶催化可以生产发酵食品、调味品、醇类饮料、有机酸、氨基酸、甜味剂、鲜味剂以及各种保健功能食品。

在能源工业中，用纤维素、淀粉或有机废弃物发酵的方法，已可大量生产甲烷、甲醇、乙醇用于能源。

在传统化工和冶金行业中，生物化工及酶催化剂的应用将会越来越具有竞争力。从长远的观点看，石油、煤和天然气等能源的枯竭已是不可避免的。因此，尽快寻找可再生资源（例如以淀粉和纤维素等作为化工原料），已是当务之急。

利用微生物发酵的生化工艺，已经能生产许多种化工原料，包括甲醇、乙醇、丁二醇、异丙醇、丙二醇、木糖醇、醋酸、乳酸（α-羟基丙酸）、柠檬酸、葡萄糖酸、己二酸、癸二酸、丙酮、甘油、丙烯酰胺、环氧丙烷等。微生物还能合成许多高分子化合物，如多糖、葡聚糖等。

在冶金工业中，可采用细菌浸出法萃取金属，特别是铜、金和一些稀有金属。

第**2**章

催化反应与催化材料

2.1 催化反应的定义与催化剂的特征

2.1.1 催化反应的定义

1976 年 IUPAC（国际纯粹及应用化学联合会）定义催化作用："催化作用是一种化学作用，是靠用量极少而本身不被消耗的一种称为催化剂的外加物质来加速化学反应的现象"并解释说，催化剂能使反应按新的途径，通过一系列的基元步骤进行，催化剂是其中第一步的反应物、最后一步的产物，亦即催化剂参与了反应，但经过一次化学还原后又恢复到原来的组成。这就表明了，催化作用其实是一种化学作用，催化剂参与了反应。

反应物先和催化剂结合成中间物种，再转变为催化剂和产物结合的中间物种，当这一暂存的催化剂-产物暂存体解体后，就可以重新得到催化剂以及产物。这就是催化反应过程的本质。而催化剂，根据 IUPAC 于 1981 年提出的定义，催化剂是一种物质，它能够加速反应的速率而不改变该反应的标准 Gibbs 自由焓变。涉及催化剂的反应称为催化反应。

2.1.2 催化剂的特征

催化剂的特征可以归纳为以下五个方面。

（1）催化剂能够改变化学反应速率，但它本身并不进入化学反应的计量

各类化学反应之间差异很大，快反应在 10^{-12} s 内便完成。例如，酸碱中和反应就属于"一触即发"的快速反应，而慢反应，例如 H_2 和 O_2 的混合气在常温、常压下，反应生成水需要经历上万年甚至上亿年的时间。但假如在该混合气体中加入少量铂黑催化剂，反应即以爆炸的方式进行，瞬间完成。显然，催化剂的主要作用是改变化学反应速率，其原因是催化剂的加入能够改变化学反应历程，使反应沿着需要活化能更低的路径进行，降低反应活化能。

以合成氨反应为例，工业上采用熔铁催化剂合成。若不采用该催化剂，反应速率极慢，即使有反应发生，其速率也极慢。这是因为通常条件下要断开 N_2 分子和 H_2 分子中的键形成活泼的物种需要很大能量，这些裂解生成的物种聚在一起的概率很小。因此，在通常条件下，自然生成氨是极其少的。即使在 500℃、常压的条件下，发生反应的活化能为 334.6kJ/mol。但若在反应体系中加入催化剂，则催化剂可以通过化学吸附帮助氮分子和氢分子的化学键由减弱到解离，然后化学吸附的氢（H^*）与化学吸附的氮（N^*）进行表面相互作用，中间再经历一系列的表面作用过程，最后生成氨分子，并从催化剂表面上脱附生成气态氨。

$$H_2 \longrightarrow 2H^* \qquad\qquad N_2 \longrightarrow 2N^*$$
$$H^* + N^* \longrightarrow (NH)^* + {}^* \qquad (NH)^* + H^* \longrightarrow (NH_2)^* + {}^*$$
$$(NH_2)^* + H^* \longrightarrow (NH_3)^* + {}^* \qquad (NH_3)^* \longrightarrow NH_3 + {}^*$$

式中，*表示化学吸附部位，带*号的物种表示处于吸附态。上述各步中决定反应速率的步骤是 N_2 的吸附，它需要的活化能只有 50.2kJ/mol。根据 Arrhenius 方程，活化能 E 的降低能够提高反应速率常数 k 值，加快反应速率。

可见，在催化剂的作用下，反应沿着更容易进行的途径进行。新的反应途径通常由一系列基元反应构成，如图 2-1 所示。对于简单反应，可以用下式表示：

$$A \rightleftharpoons B$$

无催化剂反应活化能为 E，当有催化剂 K 存在时，反应历程变为两步：

$$A + K \rightleftharpoons AK$$
$$AK \rightleftharpoons B + K$$

假定第一步催化反应的活化能为 E_1（即分子 A 在催化剂表面上化学吸附的活化能），第二步的活化能为 E_2（即表面吸附物种 AK 转变为产物 B 和催化剂 K 的活化能）。经计算后，发现 E_1 和 E_2 都小于 E，且 $E_1 + E_2$ 通常也会小于 E。

此外，催化剂在反应前后是不被消耗的，反应开始时参与反应的催化剂在反应结束时，又会被循环出来，从而可以被再一次使用，所以少量的催化剂可以促进大量反应物起反应，生成大量产物。

（2）催化剂对反应具有选择性，即催化剂对反应类型、反应方向和产物的结构具有选择性

当反应在理论上（热力学上）可能有一个以上的不同方向时，有可能导致热力学上可行的不同产物。通常条件下，一种催化剂在一定条件下，只对其中的一个反应方向起加速作用，促进反应的速率与选择性是统一的。这种性能称为催化剂的选择性。不同催化剂，可以使相同的反应物生成不同的产品。因为从同一反应物出发，在热力学上可能有不同的反应方向，生成不同的产物；而不同的催化剂，可以加速不同的反应方向。另外，有时不同的催化

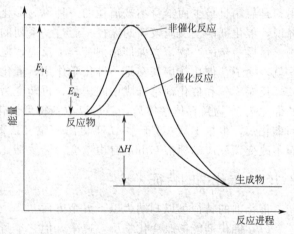

图 2-1 催化作用的活化能显示

剂，可以使相同的反应物生成相同产物，但是所生成物质的性能有差异。

因此，在化学工业上，利用催化剂的选择性，可以促进有利反应，抑制不利反应。可使人们能够采用较少的原料合成各种各样所需要的产品，尤其是对反应平衡常数较小、热力学不很有利的反应。

（3）催化剂只能加速热力学上可能的化学反应，而不能加速热力学上不可能的化学反应

根据热力学理论，化学反应的自由焓变化 $\Delta G^{\ominus}$ 与平衡常数 K_a 间存在下列关系，如式（2-1）所示。

$$\Delta G^{\ominus} = -RT \ln K_a \qquad\qquad (2-1)$$

既然催化剂在反应始态和终态相同，则催化反应与非催化反应的自由焓变化值应相同，所以 K_a 值相同，即催化剂不能改变化学平衡，只能加速热力学上可能的化学反应。仍以合成氨

为例，N_2 和 H_2（N_2：H_2＝1：3）在 400℃、30.39MPa 下，热力学计算表明它们能够发生反应，生成 NH_3 的最终平衡浓度为 35.87%。这是理论上在该反应条件下，NH_3 所能达到的最高值。为了实现该理论产率，设法采用高性能催化剂使反应加速。但实验结果表明，任何优良的催化剂都只能缩短达到反应平衡的时间，而绝不能改变平衡位置。由此可以得出：催化剂只能在化学热力学允许的条件下，在动力学上对反应施加影响，提高其达到平衡状态的速度。催化剂不改变化学反应平衡，意味着对正反应方向有效的催化剂，对反方向也有效。比如镍、铂等金属作为脱氢催化剂，也同时担任着催化加氢的角色。在高温下，平衡趋于脱氢方向，就是脱氢催化剂；低温下，平衡趋于加氢方向，则又成为加氢催化剂。

鉴于此，可以帮助人们减少研究的困难和工作量。例如，实验室评价合成氨的催化剂，须用高压设备，但如果研究它的逆反应——氨的分解，则可在常压进行。因此，至今仍不断有关于氨分解的研究报道，其目的在于改进它的逆反应——氨的合成。在研究以 CO 和 H_2 为原料合成 CH_3OH 时，也曾用常压的甲醇分解反应来初步筛选催化剂，对甲醇分解有效的催化剂对合成甲醇也是有效的。

（4）催化剂在反应中不消耗

催化剂参与反应，但经历几个反应组成的一个循环后，催化剂又恢复到始态，而反应物则变成产物，此循环过程称为催化循环。

以 SO_2 催化氧化 SO_3 为例，在催化剂 V_2O_5 参与下，它的反应历程如下：

$$\begin{array}{l} V_2O_5 + SO_2 \Longrightarrow V_2O_4 + SO_3 \\ V_2O_4 + O_2 + 2SO_2 \Longrightarrow 2VOSO_4 \\ 2VOSO_4 \Longrightarrow V_2O_5 + SO_3 + SO_2 \end{array}$$

这三步反应相加可得 $2SO_2 + O_2 \Longrightarrow 2SO_3$。可见，催化剂参与了反应，但是在反应结束后又恢复到始态。

从上面例子中，可以发现，催化剂实际上是参加反应的，但不影响总的化学计量方程式，它的用量和反应产物的量之间也没有化学计量关系。但如果有些物质虽然能加速反应，但本身不参加反应，就不能被视为催化剂。例如，离子之间的反应常常因加入盐而加速，因为盐改变了介质的离子强度，但盐本身并未参加反应，故不能视为催化剂。此外，能加速反应的物质也并非催化剂。例如，苯乙烯的聚合反应中，使用引发剂——二叔丁基过氧化物，它在聚合反应中完全消耗了，所以不能称为催化剂。

（5）催化剂具有一定的寿命

催化剂能改变化学反应的速率，其本身并不进入反应产物。在催化反应完成后，催化剂能够又恢复到原来的状态，从而可以不断循环使用。但实际上，参与反应后催化剂的组成和结构是会发生变化的。例如，金属催化剂使用后表面常常变粗糙，晶格结构也变化了；氧化物催化剂使用后氧和金属的原子比常常发生变化；在长期受热和化学作用下，催化剂会经受一些不可逆的物理变化和化学变化，如晶相变化、晶粒分散度变化等。这些原因都会导致催化剂活性下降，造成在实际反应过程中，催化剂有一定的寿命，不能无限期使用。当反应持续进行时，催化剂要受到亿万次化学作用的侵袭，并最终导致催化剂失活。

通常催化剂从开始使用至它的活性下降到生产中不能再用的程度称为催化剂的寿命。工业催化剂都有一定的使用寿命，由催化剂的性质、使用条件、技术经济指标等决定。例如，合成氨的 Fe 催化剂寿命为 5～10 年，合成甲醇的 Cu 基催化剂为 2～8 年。

2.1.3　催化剂的组成

催化剂和催化反应多种多样，催化过程又很复杂，因此催化剂通常不是单一的物质，而是由多种物质组成的。绝大多数催化剂一般由活性组分、载体和助催化剂三类组成。这三类组分和功能的关系如图 2-2 所示。

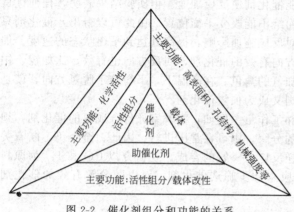

图 2-2　催化剂组分和功能的关系

2.1.3.1　活性组分

活性组分（active species）是催化剂的主要成分，对催化剂的活性起着主要的作用。有时由一种物质组成，如乙烯氧化环氧乙烷使用的 Ag 催化剂，活性组分就是单一物质 Ag；有时则由多种物质组成，如丙烯氨氧化制备丙烯腈使用的 Mo-Bi 催化剂，活性组分由氧化钼和氧化铋两种物质组成。因此，在寻找和设计某反应所需的催化剂时，活性组分的选择是第一步。

2.1.3.2　助催化剂

助催化剂（promoter）是加入到催化剂中的少量物质，是催化剂的辅助成分，其本身没有活性或者活性很小。但在催化剂中加入少量后（一般小于催化剂总量的 10%），能使催化剂具有更高的活性、选择性或稳定性；甚至有的助催化剂还可以改善催化剂的耐热性、抗毒性、机械强度等性能。

助催化剂可以单质状态加入，也可以化合物状态加入。有时加入一种，有时则加入多种。几种助催化剂之间可以发生相互作用，因此助催化剂的选择和研究是催化领域中十分重要的问题。根据助催化剂的作用不同，可分为以下几种类型。

① 结构助催化剂　这是能对结构起稳定作用的助催化剂，通过加入这种助催化剂，使活性组分的细小晶粒间隔开来，比表面积增大，不易烧结；也可以与活性组分生成高熔点的化合物或固溶体而达到热稳定。例如，氨合成中的 $Fe-K_2O-Al_2O_3$ 催化中的 Al_2O_3，通过加入少量的 Al_2O_3 使催化剂活性提高，使用寿命大大延长。其原因是 Al_2O_3 与活性铁形成了固溶体，有效地阻止了铁的烧结。

② 电子助催化剂　其作用是改变主催化剂的电子状态，从而使反应分子的化学吸附能力和反应的总活化能都发生改变，提高了催化活性。研究表明，金属的催化活性与其表面电子授受能力有关。具有空余成键轨道的金属，对电子有强的吸引力，而吸附能力的强弱是与催化活性紧密关联的。在合成氨用的铁催化剂中，由于 Fe 是过渡元素，有空的 d 轨道可以接受电子，故在 $Fe-Al_2O_3$ 中加入 K_2O 后，后者起电子授体作用，把电子传给 Fe，使 Fe 原子的电子密度增加，提高其活性，所以在 $Fe-K_2O-Al_2O_3$ 催化剂中，K_2O 是电子型的助催化剂。

③ 晶格缺陷助催化剂　许多氧化物催化剂的活性中心是发生在靠近表面的晶格缺陷处，少量杂质或附加物对晶格缺陷的数目有很大影响，助催化剂实际上可看成是加入催化剂中的杂质或附加物。如果某种助催化剂的加入使活性物质晶面的原子排列无序化，晶格缺陷浓度提高，从而提供催化剂的催化活性，则这种催化剂称为晶格缺陷助催化剂。在一般情况下，为了发生间隙取代，通常加入的助催化剂离子需要和被它取代的离子大小近似相等。

④ 选择性助催化剂　其作用是对有害的副反应加以破坏，提高目标反应的选择性。例如，轻油蒸气转化镍基催化剂，选择水泥为载体时，由于水泥中含有酸性氧化物的酸中心，催化轻油裂化会导致积炭，因此需要添加少量碱性物质，如 K_2O，以中和酸性中心，抑制积炭，使反应沿着气化方向进行。

⑤ 扩散助催化剂　工业催化剂要求有较大的反应场所，即表面积应有很好的通气性能。为此在催化剂制备过程中，有时加入一些受热容易挥发或分解的物质，使制成的催化剂具有很

多孔隙，有利于质量传递，这类添加剂称为扩散助催化剂。通常使用的扩散助催化剂有萘、矿物油、水、石墨等。

2.1.3.3 载体

载体（support）是负载型固体催化剂特有的组分，载体最重要的功能是分散活性组分，作为活性组分的基底，使活性组分保持大的表面积。

在多数情况下，载体本身是没有活性的惰性固体物质，但有时候却担当共催化剂和助催化剂的角色。它与助催化剂的不同之处在于，一般载体在催化剂中的含量远大于助催化剂。

理想的载体应有以下特性：能使活性组分牢固地附着在其表面上；不会使活性组分的催化功能变坏，且对不希望的副反应无催化作用；有良好的力学性能；在操作和再生条件下均稳定；价廉、来源充足。

载体的种类很多，可以是天然的，也可以是人工合成的。载体的存在往往对催化剂的宏观物理结构起着决定性的作用。据此，可将载体分为低比表面积、中比表面积和高比表面积三类。

低比表面积载体有的是由单个小颗粒组成，也有的是平均粒径大于 2000nm 的粗孔物质。这类载体对负载的活性组分活性显示影响不大，热稳定性高，常用于高温反应和强放热反应。高比表面积载体，其比表面积在 $100m^2/g$ 以上且孔径小于 1000nm。之所以比表面积要求在 $100m^2/g$ 以上，是因为多相催化反应是在界面上进行的，且经常是催化剂的活性随比表面积的增加而增加。为了获得较高的活性，往往将活性组分负载在高比表面积载体上。

在多数催化剂中，载体的含量高于活性组分，一般活性组分的含量至少要能够在载体表面上构成单分子覆盖层，使载体能充分发挥其分散作用；否则，载体上没有活性组分，则载体成为稀释剂，将降低单位质量催化剂的效能。同时，空白的载体表面如果不是惰性的，还有可能引起副反应。活性组分与载体用量之比值还决定于它们二者的性质。假设载体的性质仅仅是提高和保证活性组分的分散度，则载体用量对催化活性的影响可分为以下几种类型：

① 若活性组分本身是具有很大比表面积的物质，则载体将起稀释剂的作用，即随着载体使用量的增多，活性线性下降；

② 若活性组分具有中间程度的比表面积，则增加载体时，在载体含量不高的范围内，活性不变，因为载体的分散作用和稀释作用抵消了；

③ 若活性组分原来的比表面积甚低，则加入载体后活性组分的分散度提高，并可以防止活性组分晶体在使用过程中长大，所以加入载体后催化活性表现上升。

使用载体可以节省催化剂的用量。例如，用于合成硫酸的钒催化剂，若单纯用 V_2O_5，用量很大，而把 V_2O_5 负载于硅藻土上，则只用少量的 V_2O_5 就能起到同样的催化效果。又如用 $PdCl_2$ 为主催化剂进行液相乙烯氧化制乙醛，催化剂用量较多。若以气固相进行这一过程，把 $PdCl_2$ 附载于硅胶上，则可用微量 Pd 金属（在万分之几数量级）。对于所有的有载体催化剂来说，载体上金属浓度越高，则金属颗粒的平均尺寸就越大。

多数载体是多孔性物质，通常是由微小晶粒或胶体凝集而成的，内部含有大小不一的微孔。孔径和比表面积是载体选择的主要因素。因为从分散程度来说活性组分主要分布在孔隙的内表面上，这就必须考虑气体分子在孔隙内的传递过程。因此，应该在孔径与比表面积间进行权衡，粗孔载体的比表面积显然低于细孔载体的比表面积，但过低的比表面积可能达不到规定的催化剂活性水平；反之，对于比活性甚高的物质，为控制反应速率、热效应，就不得不选用比表面积较小的非孔隙型载体。

载体与活性组分之间的这些相互作用，会影响到催化剂的活化过程。首先是催化剂或载体的重排：这种重排可能是人们希望的，也可能是不希望的。载体的重排通常引起物质的相转变，导致孔隙结构的崩溃和表面积减小。此过程往往因杂质（包括催化剂）和环境条件而加速。在活化过程中通常不希望发生这些变化。如果催化剂能够迁移到载体的表面位置并使其更稳定时，在活化过程中就希望发生这种催化剂的重排。可以预期这样获得的催化剂在长期使用过程中更稳定。另外，如果重排使催化剂聚集，导致表面积减小或使粒度变大，那么这种重排就应该避免。这意味着，在重排最少的条件下活化；若做不到，那就在催化剂中引入第二组分（如空间隔离物），以使重排减至最小。

这种组分的选择在一定程度上取决于重排的机理。作为一般的规律，重排包括表面扩散、体相扩散或蒸发-凝聚，重排进行的程度取决于温度。使用隔离物可以减少体相扩散，但对表面扩散或蒸发-凝聚来说，只能靠在催化剂内添加第二组分的办法来阻止（例如，氨氧化过程使用的 Pt/10％Rh 网）。需要强调的是，虽然添加第二组分可以使催化剂稳定，但它能够影响固体总的催化性能。

活化过程中第二个较重要的因素，是前面已经论述过的催化剂和载体的相互作用。一般说来，在固体-固体相互作用的条件下其通常是有利的。

综上所述，载体在催化剂中已远不仅是起简单承载物的作用。载体与活性组分之间的各种相互作用也是很重要的，有时这种影响对整个催化体系来说是起决定作用的。活性组分-载体间的相互作用，可在催化剂制备的各个步骤中发生，这些相互作用在最终催化剂样品中所遗留的程度取决于其对催化性能的影响程度。载体的功能主要有以下几个方面：

① 提供有效的表面和适宜的孔结构　将活性组分用各种方法负载于载体上，可使催化剂获得大的活性表面和适宜的孔结构。催化剂的宏观结构，如孔结构、孔隙率和孔径分布等，对催化剂的活性和选择性会有很大影响，而这种宏观结构又往往由载体来决定。有些活性组分自身不具备这种结构，就要借助于载体实现。如粉状的金属镍、金属银等，它们对某些反应虽有活性，但不能实际应用，要分别负载于 Al_2O_3、沸石或其他载体上，经成型后才在工业上使用。

② 改善催化剂的机械强度，保证催化剂具有一定的形状　催化剂的机械强度，是指它抗磨损，抗冲击，抗重力，抗压和适应温变、相变的能力。机械强度高的催化剂，本身能经受住运输、装填时的冲击，在使用过程中颗粒之间，颗粒与气流、器壁之间的磨损，催化剂自身的质量负荷，以及还原过程、反应过程等发生温变和相变所产生的应力等。机械强度差的催化剂，在使用过程中会导致催化剂的破裂或粉化，导致流体分布不均，增加床层阻力，乃至被迫停车。催化剂的机械强度与载体的材质、物性及制备方法有关。

③ 改善催化剂的导热性和热稳定性　为了使用工业上的强放（吸）热，载体一般具有较大的热容和良好的导热性，以便于反应热的散发，避免因局部过热而引起催化剂的烧结和失活，还可避免高温下的副反应，提高催化反应的选择性。

④ 减少活性组分的用量　当使用贵金属（如 Pt、Pd、Rh 等）作为催化剂的活性组分时，采用载体可使活性组分高度分散，从而减少活性组分的用量。

⑤ 提供附加的活性中心　在一般条件下，载体是无活性的，以避免导致不必要的副反应。有的载体表面存在活性中心，如果在催化剂的制备过程中对这类活性中心不加以处理，在反应过程中会引起副反应的发生。但有时，载体的这种附加活性中心，能促使反应朝有利的方向进行。

⑥ 有时活性组分与载体之间发生化学反应，可导致催化剂活性的改善。

2.2　工业催化剂的要求

一种良好的工业使用的催化剂，应该具有三方面的基本要求，即活性、选择性和稳定性。此外，社会的发展还要求催化反应过程满足循环经济的需要，即要求催化剂是环境友好的，反应剩余物是与生态相容的。表 2-1 列出工业催化剂的性能要求及其物理化学性质。

表 2-1　工业催化剂的性能要求及其物理化学性质

性能要求	物化性质
(1)活性、选择性	(1)化学组成:活性组分、助催化剂、载体、成型助剂
(2)寿命:稳定性、强度、耐热性、抗毒性、耐污染性	(2)电子状态:结合状态、原子价状态
(3)物理性质:形状、颗粒大小、粒度分布、密度、比热容、传热性能、成型性能、机械强度、耐磨性、粉化性能、焙烧性能、吸湿性能、流动性能等	(3)结晶状态:晶型、结构缺陷
	(4)表面状态:比表面积、有效表面积
	(5)孔结构:孔容积、孔径、孔径分布
(4)制造方法:制造设备、制造条件、制备难易、活化条件、储藏和保管条件等	(6)吸附特性:吸附性能、脱附性能、吸附热、湿润热
(5)使用方法:反应装置类型、充填性能、反应操作条件、安全和腐蚀情况、活化再生条件、回收方法	(7)相对密度、真密度、比热容、导热性
	(8)酸性:种类、强度、强度分布
(6)无毒	(9)电学和磁学性能
(7)价格便宜	(10)形状
	(11)强度

表 2-1 所述性能中，最重要的是活性、选择性及稳定性这三项指标。催化剂活性高、选择性好和寿命长，就能保证在长期的运转中，催化剂的用量少，副反应生成物少和一定量的原料可以生产较多的产品。一种好的工业催化剂，除应该具有这三个方面的基本要求，即活性、选择性和稳定性外，也要考虑应用于工业生产的其他要求。

① 活性和选择性指标　活性是指催化剂影响反应进程变化的程度。对于固体催化剂，工业上常采用给定温度下完成的原料转化率来表述，活性越高，原料的转化率越大；也可以用完成给定的转化率所需的温度表述，温度越低，活性越高；还可以用完成给定的转化率所需的空速表述，空速越高，活性越高；也有用给定条件下目的产物的时空产率（或称空时收率）来衡量。

对于固体催化剂，从实际中得出，活性高往往与流体接触面积较大的有关系。与催化剂单位表面积相对应的活性称为比活性。比活性 σ 表示为：

$$\sigma = \frac{k}{S} \tag{2-2}$$

式中　k——催化反应速率常数；

S——表面积或活性表面积。

由此可见，催化剂的比活性只取决于它的化学组成与结构，而与表面大小无关。此即为催化研究中采用比活性评选催化剂的原因。

催化剂的选择性是指所消耗的原料中转化为目标产物的分率。对于工业催化剂来说，注重选择性的要求有时超过对活性的要求。这是因为选择性不仅影响原料的单耗，还影响到反应物的后处理。当遇到转化率和选择性的要求难以两全时，就应根据生产过程的实际情况取舍。如果反应原料昂贵或产物和副产物分离困难，宜采用高选择性的催化体系；若原材料价格便宜，而产物与副产物分离不困难，则宜在高转化率条件下操作。

② 稳定性和寿命指标　催化剂的稳定性是指它的活性和选择性随时间变化的情况。对于工业催化剂来说，稳定性和寿命是至关重要的。稳定性包括化学稳定性、热稳定性和机械稳定性三方面。温度对固体催化剂的影响是多方面的，可能使活性组分挥发、流失，负载金属烧结或微晶粒长大等。影响的情况大致有以下规律：当温度为 $0.3T_m$（T_m 为熔点）时，开始发生晶格表面质点迁移；当温度为 $0.5T_m$ 时，晶格体相内的质点开始发生迁移。原料中的杂质、反应中形成的副产物等可能在活性表面吸附，将活性表面覆盖，进而导致催化剂中毒；工业原料很少是纯净的，载体多数又是优良的吸附剂，因吸附杂质、毒物而使催化剂活性下降乃至中毒。负载的双金属组元催化剂，其活性要求两种组元保持一定的配比，若其中一种组分易选择

性吸附杂质或毒物,活性就会下降或失活。在某些催化剂的活性表面上,由于氢解、聚合、环化和氢转移等副反应的干扰,导致表面沾污、阻塞或者结焦。

工业催化剂的寿命,是指在工业生产条件下催化剂的活性能够达到装置生产能力和原料消耗定额的允许使用时间,也可以是指活性下降后经再生活性又恢复的累计使用时间。催化剂寿命有的长达数年,有的则只有几秒,如催化裂化所用的催化剂几秒内就要再生补充和交换。催化剂的活性变化一般可分为三个阶段,如图 2-3 所示。

③ 形貌和粒度大小 工业催化剂的形貌和粒度大小,必须与相应的反应过程相适应。对于移动床或者沸腾床反应器,为了减少摩擦和磨损,球形的催化剂较适宜。对于流化床反应器,除要求微型球状外,还要求达到良好的流化粒度分布。对于固定床反应器,小球状、环状、粒状、碎片状等都可以采用。但是,它们的形状和尺寸大小对于床层的压力降影响不同。所以,对于给定的同一当量直径,各种形状的催化剂按其对床层产生的相对压力降不同,一般可以排序为:环状＜小球状＜粒状＜碎片状。

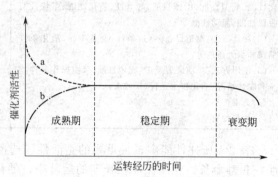

图 2-3 催化剂活性随时间变化曲线
a—催化剂开始活性高,很快降到老化稳定;
b—催化剂开始活性低,经过诱导期到老化稳定

床层的压力降不能太小,以保证反应流体穿过它时呈均匀分布;也不能太大,否则会造成压缩气流或循环气的能量消耗。另外,催化剂的形貌、粒度大小,还会关系到其自身的颗粒密度和反应器的堆密度,这些都是影响催化剂性能的重要指标。

④ 机械强度 在催化剂的开发中,其机械强度是重要的性能指标。根据催化剂的颗粒外形与尺寸,其机械强度可分成四种:抗磨强度,阻抗催化剂在搬运、装填、翻滚过程中的磨损;抗冲击强度,阻抗催化剂受负荷的冲撞,因为催化剂在更换时常从几米高处落入反应器中;抗化学变化或相变引起的内聚应力强度,催化剂使用过程中,由于某些组分的氧化、还原变化,可能使之膨胀或收缩,产生很强的内聚应力,导致强度下降;抗床层气压降导致的冲击强度。在实际应用过程中,不同的反应器应根据其具体要求选择适宜的催化剂颗粒外形和尺寸。

⑤ 导热性能和比热容 用于强放热或吸热反应的催化剂,需要考虑其导热性能和比热容。高的导热性有利于降低催化剂颗粒内的温度梯度和催化剂床层的温度梯度。例如,乙烯氧化为环氧乙烷的催化剂,设计了环形载体和球形载体两种造型。计算结果表明,前者的床层有效热导率增加了 70%,有利于解决这种高活性强放热反应的失控问题。

设计催化裂化催化剂时,要特别考虑它的比热容大小。高的比热容有利于这种催化剂在大的热负荷下运转,因为烧焦释放出大量热,带到裂化反应器中可供吸热的裂化反应的进行。设计汽车排污套中的燃烧型催化剂时,采用低比热容较有利,燃烧的氧化热易于迅速将其带入高温区。

⑥ 再生性 当催化剂的活性和选择性逐渐丧失,不能继续使用时,就需要进行再生,即通过适当方法进行处理,使催化剂全部或者大部分恢复到它原有的催化性能。最常用的处理方法是燃烧除积炭,对于某些可逆性吸附毒物可采用适宜的气体吹扫脱除,某些沉积在失活催化剂表面上的烃类物也可采用氢解的办法除去。在催化剂可以承受的前提下还可注入某些化合物再生。多次再生处理时,连续两次的间隔越短,再生越重要。再生时除注意到活性、选择性外,还应注意保持其机械强度的完好。

⑦ 环境友好和自然界相容性的要求　现在的社会发展对技术和经济提出了更高要求，适应于循环经济的催化反应过程，其催化剂属性不仅要具有高转化率和高选择性，还要涵盖可持续发展概念的要求，即应该是无毒无害的、对环境友好的，反应应尽量遵循"原子经济性"且反应的剩余物与自然界相容性的要求，即"绿色化"的要求。用于持续化学反应的催化剂在自然界已经发展了亿万年，这就是生物催化剂——酶。酶催化能够在温和的条件下高选择性地进行有机反应，而且反应剩余物与自然界是相容的。通过来自酶催化和生物抗体的灵感启示，能够设计开发出更具活性、选择性，反应剩余物也能与自然界相容的新型催化剂。

2.3　工业催化反应催化剂选择原则

所谓工业催化剂，是强调具有工业生产实际意义的催化剂，有别于一般基础研究用的催化剂。一种好的工业催化剂，应该具有三个方面的基本要求，即活性（activity）、选择性（selectivity）和稳定性（stability）或者说寿命（life）。以下主要介绍对工业催化剂的其他要求。

2.3.1　形貌和粒度大小

催化剂的颗粒形状大致可分为以下几类。

① 圆柱形　空心圆柱或实心圆柱　成型技术成熟、用途最广。充填均匀、流体流动均匀、流体分布均匀，最适用于固定床。空心圆柱表观密度小、单位体积表面积大，适用于热流密度大的反应（如烃类转化），要求流速大、压力降小的场合（如尾气净化）。

② 球形　小球或微球　容积一定时，装填量最大（70%），均匀、耐磨。微球催化剂流动性好，适用于流化床、移动床。

③ 无定形　块状物料经过破碎、筛分而成，制法简便、强度高，但阻力不够均匀、利用率低。适用于成型困难的催化剂（如熔铁催化剂、浮石、白土、硅胶）。

④ 其他形状　碗形、蜂窝状、独柱石形、三叶草形、星形等。

工业催化剂的形状、大小决定了反应器内压力降、流体分布、传热、传质、抗压、抗磨强度等。从压力降考虑：颗粒大小、形状、流体流速、流体物性、床层空隙率、床层高度、充填方式等均会影响压力降。从表面利用率考虑：小颗粒可减少内扩散，提高表面利用率。希望外形规则、尺寸统一、装填紧密、避免沟流、气流分布均匀。对于压力下反应：大装填量可提高反应器容积利用率；但反应器制造成本、动力消耗、操作费用高。从机械强度考虑：在一定生产能力下，催化剂、反应器投资费用最小，克服流动阻力能量消耗最小。

选择催化剂的颗粒外形和颗粒的大小，要从动力消耗、表面利用率、机械强度和反应器操作等方面综合考虑。

各种工业催化剂的形状选择要求如表2-2所示。

表 2-2　各种工业催化剂的形状选择要求

分类	反应系统	形状	外径	典型图	成型机	原料
片	固定床	圆形	3~10mm		压片机	粉末
环	固定床	环状	10~20mm		压片机	粉末
圆球	固定床、移动床	球	5~25mm		造粒机	粉末、糊

续表

分类	反应系统	形状	外径	典型图	成型机	原料
圆柱	固定床	圆柱	2.4mm× (10~20)mm		挤出机	糊
特殊形状	固定床	三叶形、四叶形	(0.5~3)mm× (15~20)mm		挤出机	糊
球	固定床、移动床	球	0.5~5mm		油中球状成型	浆
小球	流动床	微球	20~200μm		喷雾干燥机	胶、浆
颗粒	固定床	无定形	2~14mm		粉碎机	团粒
粉末	悬浮床	无定形	0.1~80μm		粉碎机	团粒

2.3.2 机械强度

在催化剂的反应工程开发中，其机械强度是重要的性能指标。固定床要求催化剂颗粒有较好的抗压碎强度。如若不然，上层催化剂的质量负荷压力和气流产生的冲击力会导致颗粒破碎，增加床层压降乃至于被迫停车。另外，反应过程中的突然温升、压力波动、催化剂组成相变等所产生的应力集中，也会导致碎裂或粉化，造成许多不良后果。流化床要求催化剂颗粒有较强的抗磨损强度。流化会使颗粒之间、颗粒与器壁之间频繁摩擦和撞击，造成颗粒粉碎和粉化。化学侵蚀和温度的周期变化也会导致催化剂机械强度的下降。

2.3.3 导热性能和比热容

用于强放热或吸热反应的催化剂，需要考虑其导热性能和比热容。高的导热性有利于降低催化剂颗粒内的温度梯度和催化剂床层的温度梯度。高的比热容有利于这种催化剂在大的热负荷下运转。

2.3.4 再生性

最通用的处理方法是燃烧除积炭，对于某些可逆性吸附毒物也可采用适宜的气体吹扫脱除，某些沉积在失活催化剂表面上的烃类物也可采用氢解的办法除去，在催化剂可以承受的前提下还可注入某些化合物再生。再生时除注意到活性、选择性外，还应注意保持其机械强度的完好。

2.4 工业催化反应分类

工业催化反应通常可以划分为生物催化和非生物催化两大领域。生物催化是指主要用酶或有机体（细胞、细胞器等）作为催化剂进行化学转化的过程，又称生物转化。而非生物催化通常称为化学催化。按照催化体系的形态，化学催化可分为均相催化、多相催化和生物催化三类。

2.4.1 均相催化

均相催化包括气相均相催化（如用 NO 催化 SO_2 氧化为 SO_3）和液相均相催化（如用酸碱催化醇与酸的酯化反应），其中以液相催化反应为多。均相催化活性高、选择性好，但催化剂与产物难分离。均相催化剂是以分子或离子水平独立起作用的，可分为：包括 Lewis 酸、

Lewis碱在内的酸、碱催化剂；可溶性过渡金属化合物（盐类和配合物）催化剂；以及如I_2、NO之类的少数非金属分子催化剂等几种催化剂类型。

2.4.2 多相催化

多相催化分为气-液相催化（如环己烷氧化制环己酮）、气-固相催化（如苯加氢制环己烷）、液-液相催化（如［BMIM］BF_4离子液体催化汽油柴油中含硫化合物氧化脱硫）、液-固相催化（如银催化过氧化氢溶液的分解）、气-液-固相催化（如钯催化硝基苯加氢制苯胺）等，其中以气-固相催化体系最常见。均相催化体系不存在相界面，而多相催化体系存在一个或多个相界面，其催化反应是在相界面上进行的。多相催化的催化剂易与产物分离，可实现大规模生产和连续生产，但一般在高温高压下进行，能耗高，活性和选择性较低。

2.4.3 生物催化

生物催化中常用的有机体主要是微生物和酶。生物催化的本质是利用微生物细胞内的酶催化非天然有机化合物的生物转化，又称微生物转化（microbial biotransformation）。酶催化具有反应条件温和、活性高、专一和能耗低等特点，但是酶本身呈胶体，均匀分散在溶液中，难与产物分离，需固定化。由于酶催化反应的反应物是从酶表面上积聚开始反应的，因此酶催化反应同时具有多相和均相的特征。

2.5 工业催化反应类型

2.5.1 氢化反应

催化氢化反应指在催化剂的作用下氢分子加成到有机化合物的不饱和基团上的反应。催化氢化反应见图2-4。

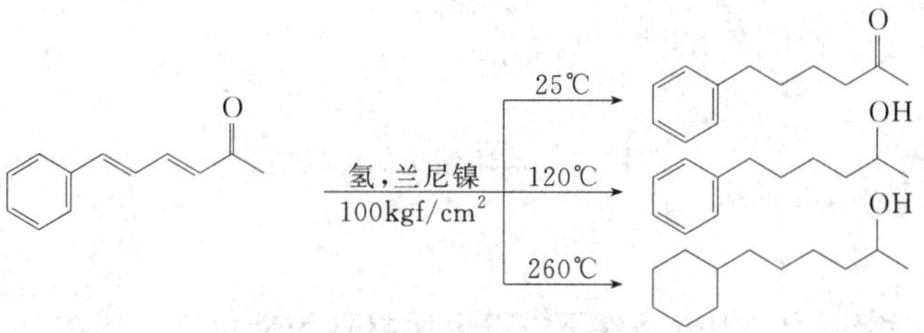

图2-4 催化氢化反应
$(1kgf/cm^2 = 98.0665kPa)$

几乎所有不饱和基团都可以直接加氢成为饱和基团，其从易到难的顺序大致为：酰氯、硝基、炔、醛、烯、酮、腈、多核芳香环、酯和取代酰胺、苯环。各种不饱和基团对于催化氢化的活性次序与催化剂的品种和反应条件有关。

催化氢化的关键是催化剂。催化氢化的催化剂大致分为两类：①低压氢化催化剂，主要是高活性的兰尼镍、铂、钯和铑，低压氢化可在1～4atm（1atm＝101325Pa）和较低的温度下进行；②高压氢化催化剂，主要是一般活性的兰尼镍和铬酸亚铜等。高压氢化通常在100～300atm和较高的温度下进行。镍催化剂应用最广泛，有兰尼镍、硼化镍等多种类型。贵金属铂和钯催化剂的特点是催化活性高，其用量可比镍催化剂少得多。用铂作催化剂时，大多数碳碳双键可在低于100℃和常压的条件下还原。

　　工业上大都使用载体铂、载体钯，用活性炭为载体的分别称为铂炭和钯炭。亚铬酸铜成本较低，也广泛用于工业上，其特点是对羰基的催化特别有效，对酯基、酰胺、酰亚胺等也有较高的催化能力，对碳碳双键、碳碳三键则活性较低，对芳环基本上无活性。

　　近年来新发展的均相催化剂主要是铑、钌和铱的带有各种配位基的配合物，这些配合物能溶于有机相，故称为均相催化剂。较好的均相催化剂有氯化三（三苯基膦）合铑（Ph₃P）₃·RhCl（分子式中 Ph 为苯基）等。均相催化剂的优点是催化活性较高，不会由于杂质（例如有机硫化合物等）的存在而丧失或降低其活性，可在常温常压下进行催化反应而不引起双键的异构化。

　　若用一个有机化合物作为氢的给予体，在催化剂作用下进行氢化，则称为催化转移氢化反应，如图 2-5 所示。

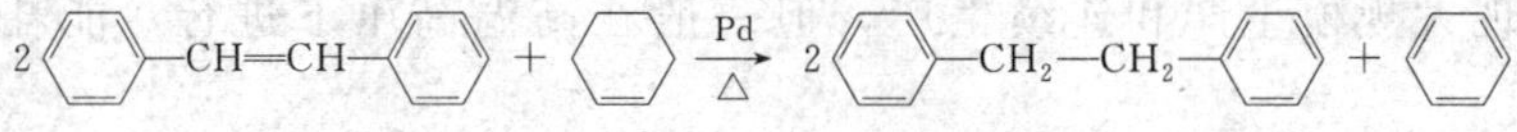

图 2-5　催化转移氢化反应

　　在图 2-5 的反应中，环己烯是氢的给予体，在钯催化下将二苯乙烯还原为二苯乙烷。这种氢化反应可通过定量加入氢的给予体来控制氢化的深度。

　　最近，美国 BenShen 研究团队发现，来自细菌的一种酶 ChxG 在常温常压的生物体条件下，可以将苯环催化生成环己烯，然后另一种酶 ChxH 能够将环己烯进一步还原为环己烷（图 2-6）。该研究首次报道了生物酶能够可控地完成苯环催化氢化的困难反应。

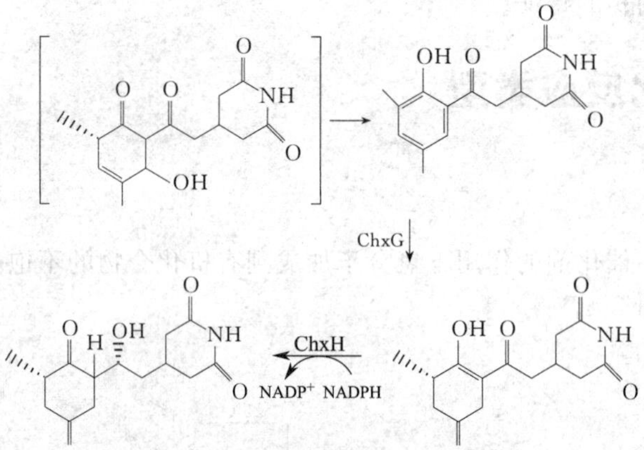

图 2-6　苯环催化氢化反应

2.5.2　氧化反应

　　氧化反应是指在一定压力和温度条件下，以金属材料为催化剂，如在 Pt、Pd、Ni、Cu 等存在情况下与以空气、氧气、臭氧等为氧化剂进行的氧化反应，包括"加氧""去氢"两方面。可以利用催化剂加强氧化剂的分解以加快废水中污染物与氧化剂之间的化学反应，去除水中的污染物。

2.5.3　羟基化反应

　　羟基化反应是向有机分子引入羟基的反应。反应类型很多，在有机合成中有广泛的应用。例如，烯烃水合是工业上制备低级醇的方法；又如醛、酮、酯及环氧化合物在催化剂存在下的氢化或用金属氢化物（如 LiAlH₄）还原，也能发生羟基化反应；环氧化合物的水解是工业上制备邻二醇的重要二羟基化反应。

　　另外一类经典的二羟基化反应是烯烃用高锰酸钾或四氧化锇（OsO₄）氧化。用四氧化锇氧化时，产率高，成本高且有毒。用适量的 OsO₄ 与 H₂O₂ 并用，也能发生二羟基化反应；向芳核引入羟基是工业上制备酚的重要反应，例如氯苯水解法制苯酚。

2.5.4 聚合反应

聚合反应是由单体合成聚合物的反应过程。有聚合能力的低分子原料称单体,分子量较大的聚合原料称大分子单体。若单体聚合生成分子量较低的低聚物,则称为低聚反应,产物称低聚物。一种单体的聚合称低聚合反应,产物称低聚物。两种或两种以上单体参加的聚合,则称共聚合反应,产物称为共聚物。

2.5.5 裂解反应

裂解反应是指只通过高热能将一种物质(一般为高分子化合物)转变为一种或几种物质(一般为低分子化合物)的化学变化过程。

裂解是石油化工生产过程中,以比裂化更高的温度(700~800℃,有时甚至高达1000℃以上),使石油分馏产物(包括石油气)中的长链烃断裂成乙烯、丙烯等短链烃的加工过程。裂解是一种更深的裂化。石油裂解的化学过程比较复杂,生成的裂解气是成分复杂的混合气体,除主要产品乙烯外,还有丙烯、异丁烯及甲烷、乙烷、丁烷、炔烃、硫化氢和碳的氧化物等。裂解气经净化和分离,可以得到所需纯度的乙烯、丙烯等基本有机化工原料。目前,石油裂解已成为生产乙烯的主要方法。

烷烃的热稳定性较强,在特定条件下才能发生裂解反应。例如:CH_4在温度高于1200℃,无氧环境下,可生成碳单质和氢气。

2.5.6 水合反应

水合反应,也称为水化,是无机化学中物质溶解在水里时,与水发生的化学作用。一般指溶质分子(或离子)和水分子发生作用,形成水合分子(或水合离子)的过程。

溶质的分子或离子与溶剂分子相结合的作用称为溶剂化作用。对于水溶液来说,这种作用称为水合作用。

酸催化水合反应中,一般使用稀硫酸进行催化,用烯烃合成醇,遵循马尔科夫尼科夫规则(Markovnikov's rule),反应属于亲电加成,产生碳正离子中间体(SN_2),可为任意一级碳正离子,反应过程中,如形成的碳正离子不稳定(例如一级碳正离子),电子或基团会发生转移,形成更加稳定的碳正离子作为中间体。因为在水中,烯烃与醇化物存在化学反应平衡,所以该反应可逆。

在酸催化水合反应中,可形成三级碳正离子中间体的反应物往往反应最快,其次则是二级碳正离子,再其次是一级碳正离子。如前文所言,一级碳正离子由于其能量过高,甚至会无法形成。

2.5.7 烷基化反应

烷基化是利用加成或置换反应将烷基引入有机物分子中的反应过程。烷基化反应作为一种重要的合成手段,广泛应用于许多化工生产过程中。

烷基化是烷基由一个分子转移到另一个分子的过程,是化合物分子中引入烷基(甲基、乙基等)的反应。如汞在微生物作用下在底质下会烷基化生成甲基汞或二甲基汞。工业上常用的烷基化剂有烯烃、卤代烷、烷基硫酸酯等。铅的烷基化产物为烷基铅,其中四乙基铅常作为汽油添加剂,作为防爆剂。

在标准的炼油过程,烷基化系统在催化剂(磺酸或者氢氟酸)的作用下,将低分子量烯烃(主要由丙烯和丁烯组成)与异丁烷结合起来,形成烷基化物(主要由高级辛烷、侧链烷烃组成)。烷基化物是一种汽油添加剂,具有抗爆作用并且燃烧后产生清洁的产物。烷基化物的辛烷值与所用的烯烃种类和采用的反应条件有关。

大部分原油仅含有 $10\%\sim40\%$ 可直接用于汽油的烃类。精炼厂使用裂解加工，将高分子量的烃类转变成小分子量易挥发的产物。聚合反应将小分子的气态烃类转变成液态的可用于汽油的烃类。烷基化反应将小分子烯烃和侧链烷烃转变成更大的具有高辛烷值的侧链烷烃。

通过裂解、聚合和烷基化相结合的过程可以将原油的 70% 转变为汽油产物。另外一些高级的加工过程，例如烷烃环化和环烷脱氢可以获得芳烃，也可以增加汽油辛烷值。现代化炼油过程可以将输入的原油完全转变为燃料型产物。

在整个炼油过程中，烷基化可以将分子按照需要重组，增加产量，是非常重要的一个环节。

烷基化反应可分为热烷基化和催化烷基化两种。由于热烷基化反应温度高，易产生热解等副反应，所以工业上都采用催化烷基化法。主要的催化烷基化有：

① 烷烃的烷基化，如用异丁烯使异丁烷烷基化得高辛烷值汽油组分：

$$(CH_3)_2C\!\!=\!\!CH_2+(CH_3)_3CH \longrightarrow (CH_3)_2CH\!-\!CH_2\!-\!(CH_3)_3$$

② 芳烃的烷基化，如用乙烯使苯烷基化：

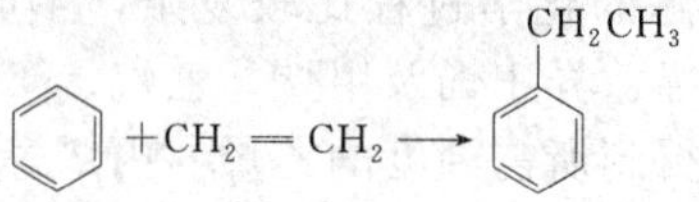

③ 酚类的烷基化，如用异丁烯使对甲酚烷基化：

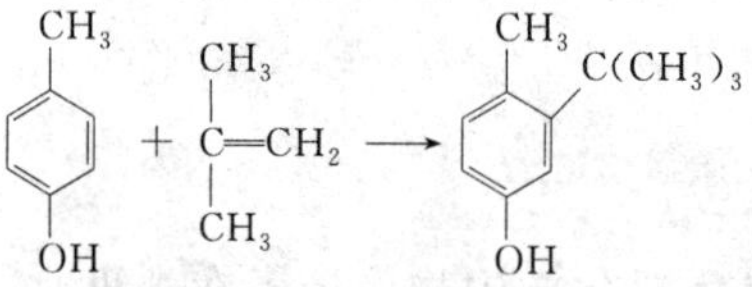

2.5.8 异构化反应

异构化反应一般是指改变化合物的结构而分子量不变的过程。一般指有机化合物分子中原子或基团的位置的改变，常在催化剂的存在下进行。

异构化是化合物分子进行结构重排而其组成和分子量不发生变化的反应过程。烃类分子的结构重排主要有烷基的转移、双键的移动和碳链的移动。

异构化反应主要有气相法和液相法两种。按工业中最有代表性的原料，分别介绍如下。

① 烷烃的异构化，如 C_4、C_5 烷烃的异构化：

$$CH_3CH_2CH_2CH_3 \rightleftharpoons (CH_3)_2CHCH_3$$
$$CH_3CH_2CH_2CH_2CH_3 \rightleftharpoons (CH_3)_2CHCH_2CH_3$$

② 烯烃的异构化，如 1-丁烯的异构化：

$$CH_3CH_2CH\!\!=\!\!CH_2 \rightleftharpoons CH_3CH\!\!=\!\!CHCH_3$$

③芳烃的异构化，如二甲苯、乙苯的异构化：

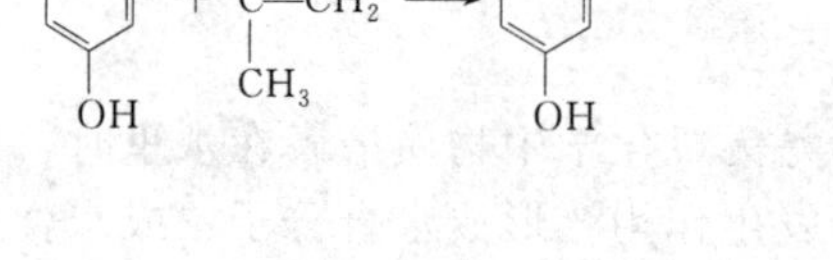

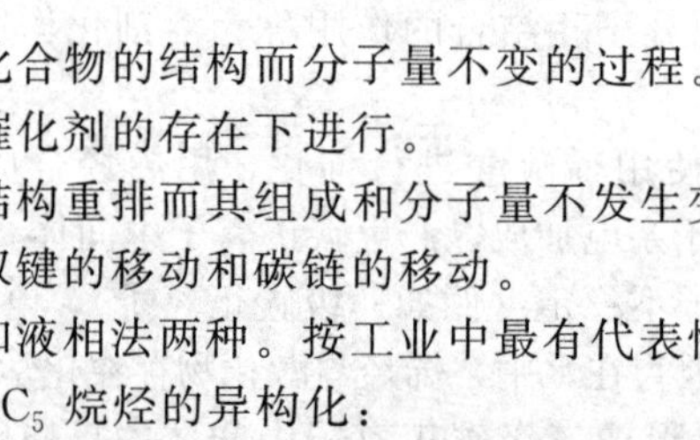

④ 环烷烃的异构化，如甲基环戊烷的异构化：

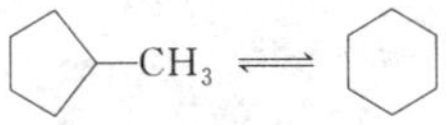

环烷烃的异构化是催化重整过程的重要反应之一。

⑤ 甲酚的异构化：

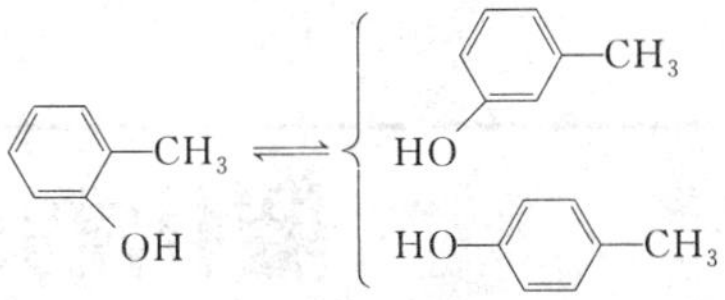

异构化反应的催化剂主要有下列几类。①弗瑞德-克来福特型催化剂，常用的有三氯化铝-氯化氢、氟化硼-氟化氢等。这类催化剂活性高，所需反应温度低，用于液相异构化，如正丁烷异构化为异丁烷，二甲苯的异构化等。②以固体酸为载体的贵金属催化剂，如铂-氧化铝、铂-分子筛、钯-氧化铝等。这类催化剂属于双功能催化剂，其中金属组分起加氢和脱氢作用，固体酸起异构化作用。采用这类催化剂时，反应需在氢存在下进行，故也称为临氢异构化催化剂，用于气相异构化。烷烃、烯烃、芳烃、环烷烃的异构化也可采用。尤其是乙苯异构化为二甲苯和环烷烃的异构化只有采用这类催化剂才有效。其优点是结焦少，使用寿命长。③以固体酸为载体的非贵金属催化剂，如镍-分子筛等，一般也需有氢存在，用于气相异构化，但不能使乙苯异构化成二甲苯。④ZSM-5 分子筛催化剂，主要用于二甲苯的气相或液相异构化。

异构化是可逆反应，反应常常可进行到接近平衡。由于反应热效应很小，温度对平衡组成影响不甚显著，但低温操作有利于减少副反应。液相异构化反应温度一般为 90～150℃。气相异构化反应温度则为 300～500℃。气相非临氢异构化可在低压（约 0.3MPa）下进行，气相临氢异构化则需较高压力（2.0～2.5MPa）下进行。氢烃摩尔比为(5～20)∶1，过量氢气可循环使用。气相异构化可采用固定床反应器，液相均相异构化可用塔式反应器，非均相异构化则可用涓流床反应器。

2.5.9 卤化反应

卤化反应是有机化合物中的氢或其他基团被卤素取代生成含卤有机化合物的反应。卤化反应又称为卤代反应。常见的卤化反应有烷烃的卤化，芳烃的芳环卤化和侧链卤化，醇羟基和羧酸羟基被卤素取代，醛、酮等羰基化合物的 α-活泼氢被卤素取代，卤代烃中的卤素交换等。除用氯、溴等卤素直接卤化外，常用的卤化试剂还有氢卤酸、氯化亚砜、五氯化磷、三卤化磷。卤化反应在有机合成中占有重要地位，通过卤化反应，可以制备多种含卤有机化合物。

第**3**章

催化剂表面的吸附作用

3.1　多相催化的步骤

　　多相催化反应是由一连串物理过程与化学过程组成。图 3-1 表明固体催化剂上气-固相催化反应的步骤。其中反应物和产物的外扩散和内扩散属于物理过程。物理过程主要是质量和热量传递过程，它不涉及化学过程。反应物的化学吸附、表面反应及产物的脱附属于化学过程，它涉及化学键的变化和化学反应。

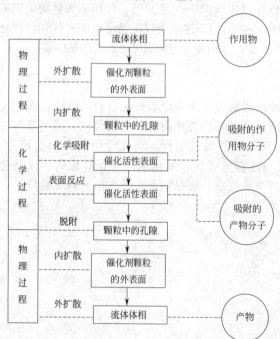

图 3-1　在固体催化剂上气-固相催化反应的步骤

　　反应物分子从流体体相通过附在气、固边界层的静止气膜（或液膜）达到颗粒外表面，或者产物分子从颗粒外表面通过静止层进入流体体相的过程，称为外扩散过程。外扩散的阻力来自流体体相与催化剂表面之间的静止层，流体的线速度将直接影响外扩散过程。外扩散的阻力来自气固（或液固）边界的静止层，流体的线速度将直接影响静止层的厚度。通过改变反应物进料线速度（空速）对反应转化率影响的实验，可以判断反应区是否存在外扩散影响。

　　反应物分子从颗粒外表面扩散到颗粒孔隙内部，或者产物分子从孔隙内部扩散到颗粒外表面的过程，称为内扩散过程。内扩散的阻力大小取决于孔隙内径粗细、孔道长短和弯曲度。催化剂颗粒大小和孔隙内径粗细将直接影响内扩散过程。

　　虽然物理过程（内外扩散）与催化剂表面化学性质关系不大，但是扩散阻力造成的催化剂内外表面的反应物浓度梯度也会引起催化剂外表面和孔内不同位置的催化活性的差异。因此，在催化剂制备和操作条件选择时应尽量消除扩散过程的影响，以便充分发挥催化剂的化学作用。

　　同时，对于按图 3-1 发生的反应来说，如果其中的某一步骤的速率与其他各步的速率相比要慢得多，以致整个反应的速率就取决于这一步骤，那么该步骤就成为控制步骤。对于气-固非均相催化反应来说其总过程的速率可能有以下三种情况：

① 外扩散控制　如果气流主体与催化剂外表面间的传质速度相对于其他各步速率来说很慢，则外扩散速度就控制反应的总过程速率。若反应为外扩散控制，则若要提高总过程的速率的话，只有通过加快外扩散速度的措施才能奏效。例如，增大外表面积或改善气体流动性质和加大气流速度。要确定外扩散对气-固相催化反应是否有影响，只需在相同原料组成的条件下，保持接触时间恒定以改变原料的加入速度，可以观察出口物料转化率的变化。有两种可行的方法：一种是每次实验采用相同的催化剂量和相同的原料的体积流量，但每次使用不同直径的反应器；另一种是每次实验的催化剂体积与原料的体积流速的比值保持一定。

② 内扩散控制　如果微孔内的扩散速度相对于其他各步来说很慢。内扩散速度就控制了反应的总过程速率。改变催化剂颗粒粒度进行实验是检验内扩散影响的最有效的方法。

③ 反应控制（或动力学控制）　由于在气-固催化反应过程中的吸附和脱附均伴有化学键的变化，属于化学反应过程。因此，常把吸附、表面反应、脱附合在一起统称为化学反应过程。对于排除了内外扩散控制的影响而得到的纯粹是化学反应过程的动力学方程式，称为本征动力学方程。在研究动力学时，必须设法消除内外扩散的影响才能真正确定反应的本征动力学方程。

对于多相催化反应除了上述物理过程外，更重要的是化学过程。化学过程包括：反应物化学吸附生成活性中间物种；活性中间物种进行化学反应生成产物；吸附的产物通过脱附得到产物，同时催化剂得以复原等多个步骤。其中的关键是活性中间物种的形成和建立良好的催化循环。

3.1.1　活性中间物种的形成

活性中间物种是指在催化反应的化学过程中生成的物种，这些物种虽然浓度不高，寿命也很短，却具有很高的活性，它们可以导致反应沿着活化能降低的新途径进行。这些物种称为活性中间物种。大量研究结果表明，在多相催化中反应物分子与催化剂表面活性中心是靠化学吸附生成活性中间物种的。反应物分子吸附在活性中心上产生化学键合，化学键合力会使反应物分子键断裂或电子云重排，生成一些活性很高的离子、自由基，或反应物分子被强烈极化。

化学吸附可使反应物分子均裂生成自由基，也可以异裂生成离子（正离子或负离子）或者使反应物分子强极化为极性分子，生成的这些表面活性中间物种具有很高的反应活性。因为离子具有较高的静电荷密度，有利于其他试剂的进攻，故表现出比一般分子更高的反应性能；而自由基具有未配对电子，有满足电子配对的强烈趋势，也表现出很高的反应活性。对于未解离的强极化的反应物分子，由于强极化作用使原有分子中某些键长和键角发生改变，引起分子变形，同时也引起电荷密度分布的改变，这些都有利于化学反应的进行。

同时，需要注意的是生产活性中间物种有些是对反应有利的，但也有些对反应不利。这些不利的活性中间物种会导致副反应的发生，或者破坏催化循环的建立。因此，必须设法消除不利于反应的活性中间物种的生成。另一个问题是生成的活性中间物种，除可加速主反应外，有时也会引起平行的副反应，必须控制形成活性中间物种的浓度，抑制平行副反应的发生。

3.1.2　催化循环的建立

催化反应与化学计量反应的差别在于催化反应可建立起催化循环。在多相催化反应中，催化循环表现为：一个反应物分子化学吸附在催化剂表面活性中心上，形成活性中间物种，并发生化学反应或重排生成化学吸附态的产物，再经由脱附得到产物，催化剂复原并进行再一次的反应。一种好的催化剂从开始到失活为止可进行百万次转化，这表明该催化剂建立起了良好的催化循环。若反应物分子在催化剂表面形成强化学吸附键，就很难进行后继的催化作用，结果成为仅有一次转化的化学计量反应。由此可见，多相催化反应中反应物分子与催化剂化学键合不能结合得太强，因为太强会使催化剂中毒，或使它不活泼，不易进行后继的反应，或使生成的产物脱附困难。但键合太弱也不行，因为键合太弱，反应物分子化学键不易断裂，不足以活化反应物分子进行化学反应。只有中等强度的化学键合，才能保证化学反应快速进行，构成催化循环并保证其畅通，这是建立催化反应的必要条件。

3.1.3 两步机理模型

实际的催化反应包括许多基元步骤与中间表面物种。若从机理出发严格推导速率方程是颇为复杂的，而且，最后得到的速率方程包含许多参数，给实验测定和机理的判断带来困难。

Boudart 建立了一个两步机理模型。其实质是从两个假设出发，利用三个定理，把任一个包含许多基元步骤的催化反应简化为一个动力学上等效的两个反应，该模型的两个假设如下。①在整个反应序列中，有一步是速率控制步骤。这一假设意味着其余的步骤不重要，或在动力学上无效。②在许多表面中间物种之中，有一个是最丰富的。这一假定表明其余表面的中间物种可以在动力学处理上忽略不计。

该模型的三个定理为：①由若干不可逆基本步骤串联而成的催化反应中，如果最后一个基本步骤的反应物是最丰富的表面中间物，那么只有第一个和最后一个基本步骤在动力学上是有效的；②由若干基元步骤串联而成的催化反应中，若有一步为不可逆，而且这一步的反应物为最丰富的表面中间物，那么这步之后所有在动力学上都是无效的；③如果速控步骤的产物为最丰富的表面中间物，则在其后的所有处于平衡的基本步骤可作为一个总平衡。反之，如果速控步骤的反应物为最丰富的表面中间物种，则在此步之前的所有处于平衡的基本步骤可作为一个总平衡。

3.2 催化剂的物理吸附与化学吸附

当气体与固体表面接触时，固体表面上气体的浓度高于气相主体浓度的现象称为吸附现象。固体表面上气体浓度随时间增加而增大的过程，称为吸附过程；固体表面上气体浓度随时间增加而减小的过程，称为脱附过程。当吸附过程进行的速率和脱附过程进行的速率相等时，固体表面上气体浓度不随时间的改变而改变，这种状态称为吸附平衡。吸附速率和吸附平衡的状态与吸附温度和压力有关。在恒定温度下进行的吸附过程称为等温吸附；在恒定压力下进行的吸附过程称为等压吸附。吸附气体的固体物质称为吸附剂，被吸附的气体称为吸附质。吸附质在表面吸附后的状态称为吸附态。吸附态不稳定且与游离态不同。通常吸附发生在吸附剂表面的局部位置，这样的位置称为吸附中心（或吸附位）。对于催化剂来说，吸附中心常常是催化活性中心。吸附中心和吸附质分子共同构成表面吸附配合物，即表面活性中间物种。

3.2.1 吸附位能曲线

以 H_2 在 Ni（或 Cu）表面上的两类吸附的位能图为例进行讨论，了解其本质以及当催化剂存在时如何使物理吸附转变为化学吸附，如图 3-2 所示。图 3-2 中纵坐标代表位能（示意图，未按比例），高于零点要供给能力，低于零点则放出能量。横坐标代表离开 Ni 表面的距离（单位为 nm）。

（1）先考虑物理吸附曲线 $p'aa'p$。氢分子与催化剂（即 Ni）之间的位移随距离（r）而变化：$E = E(r)$。当氢分子与表面距离很远时，H_2 与 Ni 间无相互作用，此时的位能选为零点（即 p' 的位能接近于零）。当 H_2 分子接近表面即 r 变小时，体系的位能略有降低。此时 H_2 与 Ni 以引力为主，到达 a 点时位能最低，氢分子借范德华引力与表面结合。越过最低点 a，

如再使 H_2 分子接近表面，则位能反而升高，这是氢分子与 Ni 表面的原子核之间正电排斥增大的结果。整个曲线是一个浅的凹槽，体系处在最低点 a 处，形成物理吸附。吸附时放出的热 Q_p 不大，一般不超过 H_2 的液化热，所以被吸附的 H_2 很容易解吸〔温度稍高就发生解吸，例如在高于 H_2 的正常沸点（20K）约 100K 时吸附就不稳定，所以物理吸附只在低温下发生〕。曲线极小值的位置（a 点）大约落在离开表面 0.32nm 处。这个距离正好是 Ni 的范德华半径 0.205nm 和 H_2 的范德华半径 0.115nm 之和（所谓范德华半径是指当一个原子接近另一个原子时，在不形成化学键的前提下，所能达到的最近距离）。Ni 原子的半径为 0.125nm，H_2 的共价半径为 0.035nm。由于这两种原子之间的范德华引力，分子或原子发生极化而变形，每个大约增加了 0.08nm，所以 Ni 的范德华半径为(0.125+0.08)nm＝0.205nm，H_2 的范德华半径为 (0.035+0.08) nm＝0.115nm。

（2）曲线 $c'bc$ 代表氢原子在 Ni 表面上化学吸附时的位能变化。氢原子由氢分子离解而来，所需的离解能设为 D_{H-H}（D_{H-H}＝432.6kJ/mol），由于我们已选定氢分子与 Ni 表面间距离很远时的位能作为零，所以氢原子的位能曲线一开始就处于较高的位置。当 H 原子逐渐靠近表面时，体系的位能降低，然后经过最低点 b 再上升。这个最低点的位置在 0.16nm 处（等于 Ni 原子的半径和 H 原子的半径之和），整个曲线是一个较前为深的凹槽。在 b 点体系构成一稳定体系，其间形成了化学吸附键，从 c' 到 b 点，体系共放出能量 $D_{H-H}+Q_c$，b 点以左，如图中 bc 段，体系的位能又上升。这是氢原子与 Ni 的原子核之间正电排斥作用增大的结果。

将氢分子位能曲线的 $p'ap$ 部分和氢原子位能曲线的 cbp 部分组合起来，就得到新的曲线 $p'a'bc$，它近似地代表氢分子在 Ni 表面上离解化学吸附的过程。这条曲线告诉我们，当有物理吸附变为化学吸附时（即由物理吸附线上的 a' 经由 p 到 b），p 点是由物理吸附过渡到化学吸附的过渡状态，E_a 是从物理吸附转变为化学吸附的活化能。反之，当化学吸附变为物理吸附并最后解吸时，即由 b 经由 p 再到 p' 也要经过 p 点，也需要活化，在能量上要越过另一个能量高峰 E_d，E_d 是解吸活化能。

在 p 点以右的 pap' 部分是分子的物理吸附位能曲线，p 点以左的 pbc 部分是氢分子已经离解成两个氢原子并且在表面发生离解化学吸附的位能曲线，p 点是物理吸附转变为化学吸附的中间态，经过这个状态，氢分子拆开成两个氢原子。如果没有 Ni 的表面存在，氢分子离解为两个氢原子需要 D_{H-H} 的能量，而在有了催化剂 Ni 以后，氢分子只要 E_a 的能量就能经由 p 点而发生化学吸附。由此可见，催化剂的存在起到降低离解的作用。E_a 是化学吸附的活

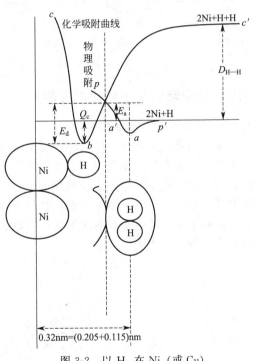

图 3-2 以 H_2 在 Ni（或 Cu）
表面上的两类吸附的位能图

化能，而物理吸附却不需要活化能，因此物理吸附在低温时即能发生，而化学吸附却需要较高的温度。

3.2.2 物理吸附与化学吸附

根据分子在固体表面吸附时的结合力不同，吸附可以分为物理吸附和化学吸附。物理吸附

是靠分子间作用力，即范德华力实现的。由于这种作用力较弱，对分子结构影响不大，故可把物理吸附看成凝聚现象。化学吸附时，气、固分子相互作用，改变了吸附分子的键合状态，吸附中心和吸附质之间发生了电子的重新调整和再分配。化学吸附力属于化学键力（静电和共价键力）。由于该作用力很强，对吸附分子的结构有较大影响，故可把化学吸附看成化学反应。化学吸附一般包括电子共享或电子转移，而不是简单的极化作用。

由于物理吸附和化学吸附的作用力本质不同，它们在吸附热、吸附速率、吸附活化能、吸附温度、选择性、吸附层数和吸附光谱等方面表现出一定差异。

① 物理吸附　是由分子间范德华引力引起的，可以是单层吸附也可以是多层吸附；吸附质和吸附剂之间不发生化学反应；吸附过程极快，参与吸附的各相间瞬间即达平衡；吸附为放热反应；吸附剂与吸附质间的吸附力不强，为可逆性吸附。

② 化学吸附　是由吸附剂与吸附质间的化学键合力而引起的，是单层吸附，吸附需要一定的活化能；吸附有很强的选择性；吸附速率较慢，达到吸附平衡需要的时间长；升高温度可提高吸附速率。

同一物质在较低温度下发生物理吸附，而在较高温度下发生化学吸附，即物理吸附在化学吸附之前，当吸附剂逐渐具备足够的活化能后，就发生化学吸附，两种吸附可能同时发生，两者的比较，如表 3-1 所示。

表 3-1　物理吸附与化学吸附的比较

项目	物理吸附	化学吸附	项目	物理吸附	化学吸附
吸附力	范德华力	化学键合力	吸附热	小（近于冷凝热）	大（近于反应热）
吸附层数	多分子层或单分子层	单分子层	吸附速率	快	慢
可逆性	可逆	不可逆	吸附选择性	无或很差	有

3.2.3　化学吸附类型和化学吸附态

3.2.3.1　活化吸附与非活化吸附

化学吸附按所需活化能的大小可分为活化吸附和非活化吸附，其位能图见图 3-3。所谓活化吸附是指气体发生化学吸附时需要外加能量加以活化，吸附所需能量为吸附活化能，其位能图中物理吸附与化学吸附位能线的交点 F 在零位能线的上方。相反，若气体进行化学吸附时不需要外加能量，称为非活化吸附，其位能图中物理吸附与化学吸附位能线的交点在零位能线上。非活化吸附的特点是吸附速率快，所以有时把非活化吸附称为快化学吸附；相反地，把活化吸附称为慢化学吸附。

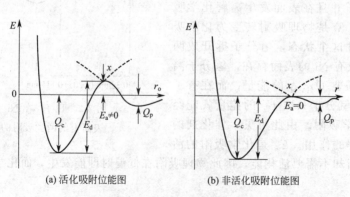

(a) 活化吸附位能图　　　　(b) 非活化吸附位能图

图 3-3　活化吸附与非活化吸附的位能图

3.2.3.2 均匀吸附与非均匀吸附

化学吸附按表面活性中心能量分布的均一性又可分为均匀吸附与非均匀吸附。如果催化剂表面活性中心能量都一样，那么化学吸附时所有反应物分子与该表面上的活性中心形成具有相同能量的吸附键，称为均匀吸附；当催化剂表面上活性中心能量不同时，反应物分子吸附会形成具有不同键能的吸附键，这类吸附称为非均匀吸附。

3.2.3.3 解离吸附

在催化剂表面上许多分子在化学吸附时都会发生化学键的断裂，因为这些分子的化学键不断裂就不能与催化剂表面吸附中心进行电子的转移或共享，分子以这种方式进行的化学吸附，称为解离吸附。例如，氢和饱和烃在金属上的吸附均属这种类型：

$$H_2 + 2M \longrightarrow 2HM$$
$$CH_4 + 2M \longrightarrow CH_3M + HM$$

分子解离吸附时化学键断裂既可发生均裂，也可发生异裂。均裂时吸附活性中间物种为自由基，异裂时吸附活性中间物种为离子基（正离子或负离子）。

3.2.3.4 缔合吸附

具有 π 电子或孤对电子的分子不必先解离即可发生化学吸附。分子以这种方式进行的化学吸附称为缔合吸附。例如，乙烯在金属表面发生化学吸附时，分子轨道重新杂化，碳原子从 sp^2 变成 sp^3，这样形成的两个自由基可与金属表面的吸附位发生作用，可表示为：

$$C_2H_4 + 2M \longrightarrow \begin{matrix} H_2C-CH_2 \\ | \quad | \\ M \ M \end{matrix} \qquad H_2C=CH_2 + M \longrightarrow \begin{matrix} H_2C=CH \\ \vdots \\ M \end{matrix}$$

3.2.4 吸附态和吸附化学键

吸附质在固体催化剂表面吸附以后的状态称为吸附态。吸附发生在吸附剂表面的局部位置时，所处的位置称为吸附中心或吸附位。气体在催化剂上吸附时，借助不同的吸附化学键而形成多种吸附态。吸附态不同，最终的反应产物亦可能不同，因而研究吸附态结构等方面具有重要的意义。用于这方面研究的实验方法有红外光谱（IR）、俄歇电子能谱（AES）、低能电子衍射（LEED）、高分辨电子能量损失谱（HERRLS）、X射线光电子能谱（XPS）、场离子发生以及质谱。近年来又发展了一些催化研究中的原位技术，一些现代理论工具，如量子化学、固体理论方法在吸附态研究中的应用越来越多。同时，随着配合物化学、金属有机化学的进展以及一些均相配合催化反应机理的阐明，人们可将过渡金属及其氧化物表面形成的化学吸附键与配位化合物或金属有机化合物中的有关化学键进行合理的关联类比。因此，人们对化学吸附态的认识日趋深入。

吸附态包括三方面内容：①被吸附分子是否解离；②催化剂表面吸附中心的状态是原子、离子还是它们的基团，吸附质占据一个原子或离子时的吸附称为独位吸附，吸附质占据两个或两个以上的原子或离子所组成的基团（或金属簇）时的吸附称为双位吸附或多位吸附；③吸附键是共价键、离子键还是配位键，以及吸附物种所带的电荷类型与电荷的多少。

下面就催化体系中常见的气体在固体催化剂表面吸附时形成的化学吸附态进行简要介绍。

（1）在过渡金属及其氧化物表面上，H_2 按下列方式生成吸附态（又称为表面物种）。

$$H_2 + M-M \Longleftrightarrow \begin{matrix} H \quad H \\ | \quad | \\ M-M \end{matrix} \ 或 \ \begin{matrix} H \qquad H \\ \diagdown \ M \ \diagup \end{matrix} \quad （均裂过程）$$

氢在ⅧB族金属上的化学吸附即属此类。

$$H_2 + O-M-O \Longleftrightarrow \begin{matrix} H \quad H \\ | \quad | \\ O-M-O \end{matrix} \quad （非均裂过程）$$

表3-2列出了氢在最活泼的加氢和脱氢催化活性组分ⅧB族过渡金属上化学吸附时金属-氢

键的生成能。由表 3-2 可见，各种金属催化剂表面上的金属-氢键的生成能彼此相近，与金属的类型和结构无关。

表 3-2　氢在ⅧB 族过渡金属表面上化学吸附时金属-氢键的生成能

金属	生成能/(kJ/mol)	金属	生成能/(kJ/mol)
Ir、Rh、Ru	约 270	Fe	287
Pt、Pd	约 275	Ni	280
Co	266		

氢在金属氧化物表面吸附时发生均裂，如氢在 ZnO 上的化学吸附即属此类。这两种情况均形成具有负氢特性的金属-氢键，即 $M^{\delta+}$ — $H^{\delta-}$。这种表面的金属-负氢物种是催化剂加氢中的活性物种。

在均相系统中，过渡金属配合物可经由氧化加成作用使 H_2 均裂，例如：

$$[Co_2^{II}(CN)_{10}]^{6-} + H_2 \longrightarrow 2[HCo^{III}(CN)_5]^{3-}$$

此时相当于有一个电子从金属向氢转移，形成金属-负氢键合。某些过渡金属卤化物的水溶液能引起 H_2 非均裂。例如：

S 表示溶剂分子，碱性物质的存在有利于此反应。

无论是生成表面物种或金属配合物（溶液中），只有具备了开放性 d 电子构型的金属中心，才易于使 H_2 活化。对于 d 带充满的金属，其氢化学吸附的强度与加氢活性均下降，故过渡元素中ⅧB 族元素为有效的加氢催化剂。

（2）除 Pt、Pd、Ag 等贵金属之外，几乎所有金属都与 O_2 强烈反应，也能在表面下形成多层氧化物。在高温氧化反应下，事实上是作为金属氧化物来催化的。通常，氧以受主型共价键形式与金属表面结合，在 M—O 键中至少带有 30%～50%的离子性质。

O_2 在金属氧化物上化学吸附时，根据电子转移的情况及 O—O 键是否断裂而形成了不同的化学吸附态，它们包括分子吸附态（O_2）、离子基吸附态（O_2^-）、离子吸附态（O^-）和晶格氧（O^{2-}）四种。它们按下列步骤逐步转变成富含电子的吸附物种：

$$(O_2) \rightarrow (O_2^-)_{ad} \rightarrow (O^-)_{ad} \rightarrow (O^{2-})_{晶格}$$

各步转化速率与体系性质和反应条件有关。其中，O_2^- 和 O^- 极为活泼，具有较高催化活性。

（3）氮的吸附主要发生在过渡金属上，化学吸附较为复杂。在室温时，N 在 Fe 表面上发生弱的可逆分子吸附，在高温（＞200℃）时才发生不可逆的强吸附，生成氮化物 Fe_xN 表面活性物种（它是合成氨中有效的表面化学物种）。在 W 或 Mo（100）的晶面上，N_2 的吸附和在 Fe 上一样，在室温以上 N_2 就解离为原子状态。在 Ni、Pd 和 Pt 上，N_2 只发生分子状弱吸附。

N 常以直链状端基键合在金属上，也已知有 N_2 以侧基方式与金属配位，以及 N_2 跨在数个金属上相键合。

（4）烯烃在过渡金属表面上既能发生缔合吸附也能发生解离吸附。这主要取决于温度、氢的分压和金属表面是否预吸附氢等吸附条件。由于 π 键存在，烯烃较易与催化剂形成中间物种。一种情况是烯烃在过渡金属表面上发生非解离吸附，π 键均裂与两个过渡态金属原子 σ 键合，生成桥合型中间物，发生双位吸附；或者过渡金属与烯烃生成的中间物种，主要是σπ键合，发生独位吸附。例如：

$$CH_2=CH_2+M—M \longrightarrow$$ [乙烯在 Ni(111)晶面上的吸附]

$$CH_2=CH_2+M \longrightarrow$$ [乙烯在 Ni(100)晶面上的吸附]

另一种情况是解离吸附。例如：

$$CH_2=CH_2+M—M \longrightarrow$$

$$CH_2=CH_2+M—M \longrightarrow CH_2—C—CH_3+$$

所谓σπ键，是指烯烃或炔烃的两个居于π轨道的电子施给金属空轨道 d 轨道形成 σ 键合，而金属又将满 d 轨道中的电子反馈至烯烃或炔烃的 π* 轨道形成 π 键合，故总的结果相当于烯烃或炔烃中居于低能级的电子部分转移至高能级，从而削弱了烯烃或炔烃中的 C—C 键，造成烯烃或炔烃分子的活化。

一般而言，共轭的双烯烃比单烯烃能更强地被金属表面化学吸附。例如，丁二烯加一氢原子形成 $CH_3≡CH_2≡CH_2—CH_3$ 大 π 键，可与金属 σπ 键合。此外，丙烯可脱去一个 α-氢原子，形成具有大 π 键的烯丙基 $CH_3≡CH_2≡CH_3$ 与金属 σπ 键合。这种烯丙基型的中间物在催化中常有重要的意义。σπ 键合的构型与 σ 键合构型之间存在相互转变的可能性。

为了形成 σπ 键合，有两个要求：一是要求金属（原子或离子）具有空 d 轨道；二是要求金属 d 电子可供反馈。因此，过渡金属中唯有 d 电子数较多的元素，如ⅥB、ⅦB、ⅧB族元素才能满足这些条件，形成 σπ 键合的中间物种。

烯烃在金属氧化物表面上的化学吸附强度一般较金属表面上的弱，因为氧化物上烯烃只起电子施主作用；烯烃在过渡金属氧化物上的化学吸附强度要比其他金属氧化物（例如，Al_2O_3）上的强，因为后者无反馈电子存在。需要指出的是，在金属氧化物上，烯烃的化学吸附常伴有某种程度的解离吸附。

此外，在酸性氧化物（SiO_2、Al_2O_3 等）上，烯烃分子或者与表面质子酸作用，或者与非质子酸中心作用（失去一个氢负离子），生成很活泼的碳正离子。

（5）炔烃在金属上的化学吸附具有烯烃化学吸附的类似特性，但其吸附键强度远比烯烃大，这导致金属对乙烯加氢的低催化活性。乙炔在金属上的化学吸附态如下：

炔烃在金属氧化物上的化学吸附研究很少，曾提出下列吸附态：

(6) 苯在金属表面上的吸附，早期的模型有 6 位 σ 型吸附和 2 位 σ 型吸附，根据存在 π-芳烃配合物的研究结果；又提出另一种缔合型吸附态 $\eta^6\pi$。其在金属表面上的非解离态吸附物种如下：

6 位 σ 型吸附　　2 位 σ 型吸附　缔合型吸附

此外，在室温下苯在 Ni、Fe 和 Pt 膜上吸附时有氢气释放出来，这说明苯在金属表面上可能发生了解离吸附。为了说明苯在室温下化学吸附于 Ni、Fe 和 Pt 膜时能够放出氢这一事实，提出了如下解离吸附态：

芳烃在金属氧化物上的化学吸附很可能类似于一种真正的电荷转移过程。

烷基芳烃在酸性氧化物催化剂上的化学吸附态为烷基芳烃碳正离子，它们可以进行异构化、歧化、烷基转移等反应。

3.3 吸附平衡与等温式

3.3.1 吸附等温线

吸附等温线是指在一定温度下溶质分子在两相界面上进行的吸附过程达到平衡时其在两相中浓度之间的关系曲线。在一定温度下，分离物质在液相和固相中的浓度关系可用吸附方程式来表示，吸附量 q 通常是用单位质量 m 的吸附剂所吸附气体的体积 V [一般换算成标准状况（STP）下的体积] 表示，如式（3-1）所示。用来描述吸附现象的特征有吸附量、吸附强度、吸附状态等，而宏观地总括这些特征的是吸附等温线。

$$q = \frac{V}{m} \tag{3-1}$$

图 3-4 给出了由国际纯粹与应用化学联合会（IUPAC）提出的物理吸附等温线分类。

类型 Ⅰ 是向上凸的 Langmuir 型曲线，表示吸附剂毛细孔的孔径比吸附质分子尺寸略大时的单层分子吸附或在微孔吸附剂中的多层吸附或毛细凝聚。该类吸附等温线，沿吸附量坐标方向，向上凸的吸附等温线被称为优惠的吸附等温线。在气相中吸附质浓度很低的情况下，仍有相当高的平衡吸附量，具有这种类型等温线的吸附剂能够将气相中的吸附质脱除至痕量的浓度。其特点是：在低相对压力区域，气体吸附量有一个快速增长的现象，这是由于发生了微孔填充过程。随后的水平或近水平平台表明，微孔已经充满，没有或几乎没有进一步的吸附发生。达到饱和压力时，可能出现吸附质凝聚。外表面相对较小的微孔固体，如活性炭、分子筛沸石和某些多孔氧化物，可表现出这种等温线。如氧在 -183℃ 下吸附于炭黑上和氮在 -195℃ 下吸附于活性炭上，以及 78K 时 N_2 在活性炭上的吸附及水和苯蒸气在分子筛上的吸附。

类型Ⅱ为形状呈反 S 形的吸附等温线，在吸附的前半段发生了类型Ⅰ吸附，而在吸附的后半段出现了多分子层吸附或毛细凝聚。B 点通常被作为单层吸附结束的标志。例如在 20℃下，炭黑吸附水蒸气和 −195℃下硅胶吸附氮气。

类型Ⅲ是反 Langmuir 型曲线。该类等温线沿吸附量坐标方向向下凹，被称为非优惠的吸附等温线，表示吸附气体量不断随组分分压的增加直至相对饱和值趋于 1 为止，曲线下凹是由于吸附质与吸附剂分子间的相互作用比较弱。在较低的吸附质浓度下，只有极少量的吸附平衡量，同时又因单分子层内吸附质分子的互相作用，使第一层的吸附热比诸冷凝热小，只有在较高的吸附质浓度下出现冷凝而使吸附量大增。该类型等温线以向相对压力轴凸出为特征。这种等温线在非孔或宏孔固体上发生弱的气-固相互作用时出现，而且不常见。如在 20℃下，溴吸附于硅胶。

类型Ⅳ是类型Ⅱ的变型，能形成有限的多层吸附，由介孔固体产生。一个典型特征是等温线的吸附分支与等温线的脱附分支不一致，可以观察到迟滞回线。在 p/p_0 值更高的区域可观察到一个平台，有时以等温线的最终转而向上结束。如水蒸气在 30℃下吸附于活性炭，在吸附剂的表面和比吸附质分子直径大得多的毛细孔壁上形成两种表面分子层。

Ⅴ型等温线的特征是向相对压力轴凸起。与Ⅲ型等温线不同，在更高相对压力下存在一个拐点。Ⅴ型等温线来源于微孔和介孔固体上的弱气-固相互作用，微孔材料的水蒸气吸附常见于此类线型。如磷蒸气吸附于 NaX 分子筛。

Ⅵ型等温线以其吸附过程的台阶状特性而著称。这些台阶来源于均匀非孔表面的依次多层吸附。液氮温度下的氮气吸附不能获得这种等温线的完整形式，而液氩下的氩吸附则可以实现。

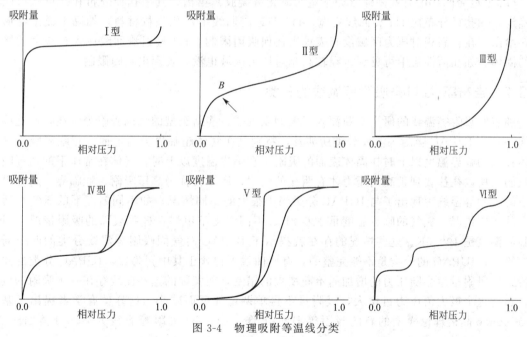

图 3-4 物理吸附等温线分类

这些等温线的形状差别反映了催化剂与吸附分子间作用的差别，即反映了吸附剂的表面性质有所不同，孔分布性质及吸附质和吸附剂的相互作用也有所不同。因此，通过将吸附等温线的类型反过来可以了解一些关于吸附剂表面性能、孔的分布性质及吸附质和吸附剂相互作用的有关信息。

必须注意不是所有的实验等温线都可以清楚地划归为典型类型之一。在这些等温线类型中，已发现存在多种迟滞回线。虽然影响吸附迟滞的不同原因尚未完全清晰，但其存在 4 种特征，并已由 IUPAC 划分出了 4 种特征类型，如图 3-5 所示。

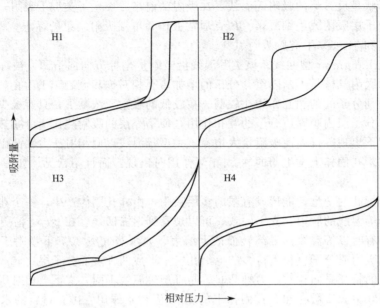

图 3-5　4 种特征类型的迟滞回线

H1 型迟滞回线可在孔径分布相对较窄的介孔材料和尺寸较均匀的球形颗粒聚集体中观察到。H2 型迟滞回线由有些固体（如某些二氧化硅凝胶）给出，其中孔径分布和孔形状可能不好确定，如孔径分布比 H1 型回线更宽。H3 型迟滞回线由片状颗粒材料，如黏土或由缝形孔材料给出，在较高相对压力区域没有表现出任何吸附限制。H4 型迟滞回线在含有狭窄的缝形孔的固体，如在活性炭中可见到，在较高相对压力区域也没有表现出吸附限制。

3.3.2　吉布斯(Gibbs)吸附等温线的分类

随着对吸附等温线的研究不断深入，人们发现了一些新类型的气固吸附等温线，而这些等温线并不为 IUPAC 吸附等温线分类所涉及，特别是在气体超临界吸附上面。超临界吸附是指气体在它的临界温度以上时在固体表面的吸附。在临界温度以上时，气体在常压下的物理吸附比较弱，所以往往要到很高的压力才有明显的吸附，所以又称为高压吸附。亚临界、超临界条件下的吸附等温线表现出了与 IUPAC 分类当中很大的不同情况，如不同温度下的氮气在活性炭上的吸附情况，氮气的临界温度是 126.2K；不同温度下甲烷在硅胶表面的吸附情况，甲烷的临界温度是 190.6K。这些情况的存在就揭示了 IUPAC 对气固吸附等温线分类的两个局限性：第一，IUPAC 的分类是不够完整的，有些曲线不包含于其中；第二，IUPAC 分类的曲线中给人以吸附量总会随压力的增加而不断增大的错觉，而实际的这些曲线存在一个吸附的极大值，超过这个极大值压力再增大，吸附量不再单调增加反而减小。这样就有学者提出了基于 Ono-Kondo 晶格理论模型的新的吸附等温线分类——Gibbs 吸附等温线分类，分类如图 3-6 所示。

第Ⅰ种类型是于亚临界或超临界条件下在微孔吸附剂的吸附等温线，亚临界下等温线跟 IUPAC 的分类类似，但超临界下，则出现了吸附的极大值点。

第Ⅱ种类型和第Ⅲ种类型分别是在大孔吸附剂上吸附质与吸附剂间存在较强和较弱亲和力情况下的吸附等温线。在较低温度下，吸附等温线有着多个吸附步骤，但随着温度的升高等温线变成平缓的单调递增曲线，这就与 IUPAC 的类型Ⅱ、类型Ⅲ类似。当到了临界温度的时候，曲线显现出很尖锐的极大值，温度继续增加，曲线亦存在有极大值点，但变得平缓一些。

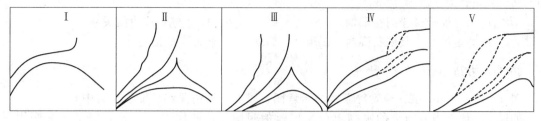

图 3-6　Gibbs 吸附等温线的 5 种分类

第Ⅳ种类型和第Ⅴ种类型分别是在中孔吸附剂上吸附质与吸附剂间存在较强和较弱亲和力情况下的吸附等温线。在较低温度下，吸附等温线会出现滞留回环。但没有实验数据表明，在超临界条件下滞留回环将不出现或一定出现。

这种 Gibbs 吸附等温线的分类相对于前两种分类而言就显得更完整，它不仅包含 IUPAC 所归类的各种类型的吸附等温线，同时还包括当前已知的各种吸附等温线。这种完整性得益于 Ono-Kondo 晶格理论模型对吸附现象的适用性。

3.3.3　Langmuir 吸附等温式

Langmuir 在研究低压下气体在金属上的吸附时，根据实验数据发现了一些规律，然后又从动力学观点提出了一个吸附等温式，总结出了 Langmuir 等温式单分子层吸附理论。这个理论的基本观点是气体在固体表面上的吸附乃是气体分子在吸附剂表面上凝聚和逃逸（即吸附和解吸）两种相反过程达到动态平衡的结果。Langmuir 方程所依据的模型如下。

① 吸附剂表面是均匀的。

② 被吸附分子之间无相互作用。

③ 吸附是单分子层吸附。即被吸附分子处在特定的固体吸附剂表面位置上，只能形成单分子吸附层，吸附热 Q 与表面覆盖度 θ 无关。

④ 一定条件下，吸附与脱附间可以建立动态平衡。即在吸附平衡时，固体吸附即表面上气体分子的吸附速率等于脱附速率。

满足上述条件的吸附，就是 Langmuir 吸附。

如果以 θ 代表表面被覆盖的百分数，则：$1-\theta$ 表示尚未被覆盖的百分数。气体的吸附速率与气体的压力成正比，由于只有当气体碰撞到表面空白部分时才可能被吸附，即与 $1-\theta$ 成正比例，所以得式(3-2)：

吸附速率
$$r_a = k_1 p(1-\theta) \tag{3-2}$$

被吸附的分子脱离表面重新回到气相中的解吸速率与 θ 成正比，即得式(3-3)：

解吸速率
$$r_a = k_{-1}\theta \tag{3-3}$$

式中，k_1，k_{-1} 都是比例常数。

在等温下平衡时，吸附速率等于解吸速率，所以得式(3-4) 或式(3-5)：

$$k_1 p(1-\theta) = k_{-1}\theta \tag{3-4}$$

或
$$\theta = \frac{k_1 p}{k_{-1} + k_1 p} \tag{3-5}$$

如果令 $\dfrac{k_1}{k_{-1}} = a$，则得 $\theta = \dfrac{ap}{1+ap}$，这个式子就是 Langmuir 吸附等温式。

式中，a 是吸附作用的平衡常数（也称为吸附系数），a 值的大小代表了固体表面吸附气体能力的强弱程度。

Langmuir 吸附等温式定量地指出表面覆盖度 θ 与平衡压力 p 之间的关系。

从上式可以看到：

① 当压力足够低或吸附很弱时，$ap \ll 1$，则 $\theta \approx ap$，即 θ 与 p 成直线关系。

② 当压力足够高或吸附很强时，$ap \gg 1$，即 $\theta \approx 1$，即 θ 与 p 无关。

③ 当压力适中时，$\theta = \dfrac{ap}{1+ap}$。

图 3-7 为是 Langmuir 吸附等温式的示意图，以上三种情况都已描绘在其中。

如以 V_m 代表当表面上的吸满单分子层时的吸附量，V 代表压力为 p 时的实际吸附量，则 θ 为表面被覆盖的百分数。

将 $\theta = \dfrac{V}{V_m}$，代入式(3-5) 得式(3-6)：

$$\theta = \frac{V}{V_m} = \frac{ap}{1+ap} \tag{3-6}$$

上式重排后得：$\dfrac{p}{V} = \dfrac{1}{V_m a} + \dfrac{p}{p_m}$，这是 Langmuir 公式的另一种写法。

若以 $p/V\text{-}p$ 作图，则应得一直线。Langmuir 对吸附的设想以及据此所导出的吸附公式，符合一些吸附过程的实验事实。

Langmuir 吸附等温式中的吸附系数 a，随温度和吸附热的变化而变化。其关系式为：

$$a = a_0 e^{\frac{Q}{RT}}$$

式中，Q 为吸附热，按照一般讨论吸附热时所采用的符号惯例，放热吸附 Q 为正值，吸热吸附 Q 为负值。由于 Q 一般不等于零，所以由上式可知，对于放热吸附来说，当温度上升时，吸附系数 a 将降低，吸附量相应减少。

3.3.4 Freundlich 吸附等温式

由于大多数体系都不能在比较大的 θ 范围内符合 Langmuir 等温式，所以 Langmuir 吸附模式与实际情况并不完全符合，所以在用 Langmuir 方程处理实验数据时，时常出现矛盾。为了克服 Langmuir 与一些客观事实的矛盾，Freundlich 提出另外的等温方程。

图 3-8 是在不同温度下测得的一氧化碳（CO）在炭上的吸附等温线。

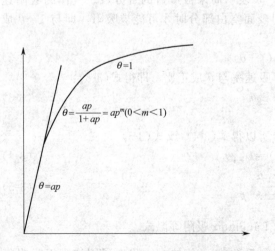

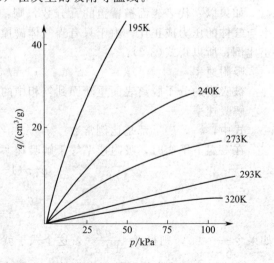

图 3-7　Langmuir 吸附等温式的示意图　　图 3-8　不同温度下测得的 CO 在炭上的吸附等温线

从图 3-8 中可以看出在低压范围内压力与吸附量呈线性关系。压力增高，曲线渐渐弯曲。

测定乙醇在硅胶上的等温线，也可以得到与此相似的结果。

归纳这些实验结果，得到一个经验公式，即式(3-7)。

$$q = kp^{\frac{1}{n}} \qquad (3\text{-}7)$$

式中，q 是固体吸附气体的量，cm^3/g；p 是气体的平衡压力；k 及 n，在一定温度下对一定的体系而言都是一些常数。若吸附剂的质量为 m，吸附气体的质量为 x，则吸附等温式也可表示为式(3-8)：

$$\frac{x}{m} = k' p^{\frac{1}{n}} \qquad (3\text{-}8)$$

式(3-7) 和式(3-8) 都称为 Freundlich 吸附等温式，如对式(3-7) 取对数，则可把指数式变为直线式：

$$\lg q = \lg k + \frac{1}{n}\lg p$$

如以 $\lg q$ 对 $\lg p$ 作图，得一直线，则 $\lg k$ 是直线的截距，$1/n$ 是直线的斜率。图 3-9 表示 CO 在炭上的吸附等温线。从图 3-9 中可以看到，在实验的温度和压力范围内都是直线，各线的斜率与温度有关，k 值也随温度的改变而不同。Freundlich 等温式只是一个经验式，它所适应的 θ 范围，一般来说比 Langmuir 等温式要大一些，但它也只能代表一部分事实。如 NH_3 在炭上的吸附，若以 $\lg q$ 对 $\lg p$ 作图，就不能得到很好的直线关系，特别是在等压部分更差。

3.3.5 Тёкин 吸附等温式

Тёмкин 提出的等温方程，如式(3-9)所示：

$$\frac{V}{V_m} = \theta = \frac{1}{a}\ln C_0 p \qquad (3\text{-}9)$$

式中，a，C_0 均为常数，与温度以及吸附体系性质有关；p 为压力；V 为压力为 p 时的实际吸附量；V_m 为表面上吸满单分子层时的吸附量。从上式中可看出，若以 θ 对 $\ln p$ 作图，应得到直线，以此可以处理实验数据。

值得指出的是，Langmuir 等温式、Freundlich 等温式对物理吸附和化学吸附都适用，

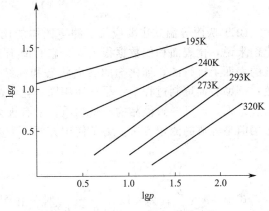

图 3-9 CO 在炭上的吸附等温线

而 Тёмкин 等温式只适于化学吸附。可能是因为化学吸附要成键，所以吸附离子要吸附在可以成键的吸附中心上，而物理吸附可以在表面上的任何位置，其覆盖度要比化学吸附时的覆盖度大很多。实验发现，等温线如果服从 Тёмкин 规律的话，都是在较小的覆盖度范围，即能产生化学吸附的表面部分；当把它只能产生物理吸附的那部分表面也包括进来时，Тёмкин 等温式就失效了。

3.3.6 BET 吸附等温式

当吸附质的温度接近于正常沸点时，往往发生多分子层吸附。所谓多分子层吸附，就是除吸附剂表面接触的第一层外，还有相继各层的吸附，在实际应用中遇到的吸附很多都是多分子层的吸附。

Brunauer、Emmett、Teller 三人提出了多分子层理论的公式，简称为 BET 公式。这个理论是在 Langmuir 理论的基础上加以发展而得到的。他们接受了 Langmuir 理论中关于吸附作用是吸附和解吸（或凝聚与逃逸）两个相反过程达到平衡的概念，以及固体表面是均匀的，吸

附分子的解吸不受四周其他分子的影响的看法。他们的改进之处是认为表面已经吸附了一层分子之后，由于被吸附气体本身的范德华引力，还可以继续发生多分子层的吸附，模型如图 3-10 所示。当然第一层的吸附与以后各层的吸附有本质的不同。第一层的吸附是气体分子与固体表面直接发生作用，而第二层以后各层则是相同分子之间的相互作用；第一层的吸附热也与以后各层不尽相同，而第二层以后各层的吸附热都相同，而且接近于气体的凝聚热。当吸附达到平衡以后，气体的吸附量 (V) 等于各层吸附量的总和，可以证明在等温下的关系如式 (3-10) 所示：

$$V = V_m \frac{Cp}{(p_s - p)\left[1 + (C-1)\dfrac{p}{p_s}\right]} \tag{3-10}$$

式中，V 为在平衡压力 p 时的吸附量；V_m 为在固体表面上铺满单分子层时所需气体的体积；p_s 为实验温度下气体的饱和蒸气压；C 是与吸附热有关的常数。上式就称为 BET 吸附等温式（由于其中包含两个常数 C 和 V_m，所以又称为 BET 二常数公式）。

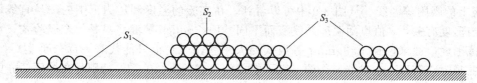

图 3-10 多分子层吸附模型

BET 吸附等温式主要应用于测定固体的比表面积（即 1g 吸附剂的表面积）。对于固体催化剂来说，比表面积的数据很重要，它有助于了解催化剂的性能（多相催化反应是在催化剂微孔的表面上进行的，催化剂的表面状态和孔结构可以影响反应的活化能、速率甚至反应的级数；例如石油炼制过程中，尽管使用同一化学成分的催化剂，只是由于催化剂比表面和孔径分布有差别，就可导致油品的产量和质量上有极大的差别）。测定比表面积的方法很多，但 BET 法仍旧是经典的测定方法。为了使用方便，可以把 BET 二常数公式改写，如式(3-11) 所示：

$$\frac{p}{V(p_s - p)} = \frac{1}{V_m C} + \frac{C-1}{V_m C} \times \frac{p}{p_s} \quad \text{或} \quad V = \frac{V_m Cx}{1-x} \times \frac{1}{1+(C-1)x} \tag{3-11}$$

式中，$x = \dfrac{p}{p_s}$；如果以 $\dfrac{p}{V(p_s - p)}$ 对 $\dfrac{p}{p_s}$ 作图，则应得一直线，直线的斜率是 $\dfrac{C-1}{V_m C}$，直线的截距是 $\dfrac{1}{V_m C}$。由此可以得到 $V_m = \dfrac{1}{斜率 + 截距}$。从 V_m 值可以算出铺满单分子时所需的分子个数。若已知每个分子的截面积，就可以求出吸附剂的总表面积和比表面积：

$$S = A_m N_A n$$

式中，S 是吸附剂的总表面积；A_m 是一个吸附质分子的横截面积；N_A 是阿伏伽德罗常量；n 是吸附质的物质的量。

BET 吸附等温式通常只适用于比压 $\left(\dfrac{p}{p_s}\right)$ 约在 0.05～0.35 之间，这是因为在推导公式时，假定是多层的物理吸附。当比压小于 0.05 时，压力太小，建立不起多层物理吸附平衡，甚至连单分子层吸附也远未达到。在比压大于 0.35 时，由于毛细凝聚变得显著起来，因而破坏了多层物理吸附平衡。当比压值在 0.35～0.60 之间则需要用包含三常数的 BET 公式。在更高的比压下，BET 三常数公式也不能定量表达实验事实。偏差的原因主要是这个理论没有考虑到表面的不均匀性：同一层上吸附分子之间的相互作用力，以及在压力较高时多孔性吸附剂的孔径因吸附多分子层而变细后，可能发生蒸气在毛细管中的凝聚作用（在毛细管内液面的蒸气压低于平面液面的蒸气压）等因素。如果考虑到这些因素，对 BET 二常数公式加以校正，则能得到一个较繁琐的公式，但该公式的实用价值不大。

上述各种吸附等温式可归纳为表 3-3。

表 3-3　各种吸附等温式的性质和应用范围

等温式名称	基本假定	数学表达式	应用范围
Langmuir 吸附等温式	q 与 θ 无关，理想吸附	$\theta = \dfrac{V}{V_m} = \dfrac{ap}{1+ap}$	物理吸附与化学吸附
Freundlich 吸附等温式	q 随 θ 的增加呈对数下降	$q = kp^{\frac{1}{n}} \ (n>1)$	物理吸附与化学吸附
Тёмкин 吸附等温式	q 随 θ 的增加呈线性下降	$\dfrac{V}{V_m} = \theta = \dfrac{1}{a}\ln C_0 p$	化学吸附
BET 吸附等温式	多层吸附	$\dfrac{p}{V(p_s-p)} = \dfrac{1}{V_m C} + \dfrac{C-1}{V_m C} \times \dfrac{p}{p_s}$	物理吸附

第 4 章

工业催化剂的制备

催化剂是催化工艺的灵魂,它决定着催化工艺的水平及其创新程度,催化剂的主要活性组分、次要活性组分、载体均选定后,催化剂的性能就取决于制备方法。因此,催化剂的制备成为影响催化剂性能的重要因素。

相同组成的催化剂如果制备方法不一样,其性能可能会有很大差别。即使是同一种制备方法,加料顺序的不同也可能导致催化剂性能有很大不同。因此,研究催化剂的制备方法具有极为重要的实际意义。多数催化剂具有复杂的化学组成和物理结构,这使得催化剂的种类纷繁复杂,用途千差万别,也使得催化剂的制备技术成为一个长久的研究热点。固体催化剂的制备方法很多,一般经过以下三个步骤。

① 选择原料及原料溶液的配制　选择原料必须要考虑到原料的纯度(尤其是毒物的最高限量)及催化剂制备过程中原料互相起化学作用后的副产物分离或去除的难易。

② 通过诸如共沉淀、浸渍、离子交换、化学交联中的一种或几种方法,将原料转变为微粒大小、孔结构、相结构、化学组成合乎要求的基本材料。

③ 通过物理方法(如洗涤、过滤、干燥、成型)及化学方法(如分子间缩合、加热分解、氧化还原)把基本材料中的杂质去除,并转化为宏观结构、微观结构以及表面化学状态都符合要求的成品。

4.1 沉淀法

沉淀法是制备固体催化剂最常用的方法之一,广泛用于制备高活性组分含量的非贵金属、金属氧化物、金属盐催化剂或催化剂载体。严格地说,几乎所有固体催化剂,至少都有一部分是由沉淀法制成的。

沉淀法是在含金属盐类的水溶液中,加入沉淀剂,以便生成水合氧化物、碳酸盐的结晶或凝胶;将生成的沉淀物分离、洗涤、干燥后,即得催化剂。这种方法和分析化学、无机化学中的沉淀操作相似,但由于要得到具有一定活性的化合物,所以在操作上必须更加严格。

4.1.1 基本原理

沉淀作用是沉淀法制备催化剂过程中的第一步,也是最重要的一步,它给予催化剂基本的催化属性。沉淀物实际上是催化剂或载体的"前驱物",对所得催化剂的活性、寿命和强度有很大影响。

　　沉淀作用是一个复杂的化学反应过程，当金属盐类水溶液与沉淀剂作用，形成沉淀物的离子浓度积大于该条件下的溶度积时，产生沉淀要得到结构良好而纯净的沉淀物，应必须了解沉淀形成的过程和沉淀物的形状。在这里沉淀物的形成包括了两个过程：一是晶核的生成；二是晶核的长大。前一过程是形成沉淀物的离子相互碰撞生成沉淀的晶核，这些晶核在水溶液中处于沉淀与溶解的平衡状态，比表面积大，因而其溶解度比晶粒大的沉淀物溶解度大，形成过饱和溶液。如果在某一温度下溶质的饱和浓度为 c^*，在过饱和溶液中的浓度为 c，则 c/c^* 称为饱和度，$(c-c^*)/c^*$ 称为过饱和度。晶核的生成是溶液达到一定的过饱和度后，生成固相的速率大于固相溶解的速率，瞬间生成大量的晶核。然后，溶质分子在溶液中扩散到晶核表面，晶核继续长大成为晶体，如图4-1所示。图4-1表明，晶核生成是从反应后 t_i 开始，t_i 称为诱导时间，在 t_i 瞬间生成大量晶核，随后新生成的晶核数目迅速减少。

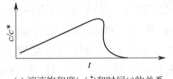 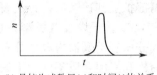 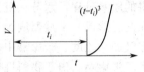

(a) 溶液饱和度(c/c^*)和时间(t)的关系　　(b) 晶核生成数目(n)和时间(t)的关系　　(c) 晶粒生成体积(V)和时间(t)的关系

图 4-1　沉淀物的形成过程

　　应该指出，晶核生成速率和晶核长大速率的相对大小直接影响到生成沉淀物的类型。如果晶核生成的速率大大超过晶核长大的速率，则离子很快聚集为大量的晶核，溶液的过饱和度迅速下降，溶液中没有更多的离子聚集到晶核上，于是晶核迅速聚集成细小的无定形颗粒，这样就会得到非晶型沉淀，甚至是胶体。反之，如果晶核长大速率大大超过晶核生成速率，溶液中最初形成的晶核不是很多，有较多的离子以晶核为中心，依次排列长大而成为颗粒较大的晶型沉淀。由此可见，得到什么样的沉淀，取决于沉淀形成过程中这两个速率之比。

　　此外，沉淀反应结束后，沉淀物与溶液在一定条件下接触一段时间，在该时间内发生的一切不可逆变化称为沉淀物的老化。由于细小晶体溶解度比粗晶体溶解度大，溶液对大晶体已达饱和状态，而对细晶体尚未达饱和，于是细晶体逐渐溶解，并沉积在粗晶体上，如此反复溶解、反复沉积的结果是基本上消除了细晶体，获得颗粒大小较为均匀的粗晶体。此时，空隙结构和表面积也发生相应变化。而且，由于粗晶体表面积小，吸附杂质少，滞留在细晶体之中的杂质也随溶解过程转入溶液。初生的沉淀不一定具有稳定的结构，沉淀与母液在给定高温下一起放置，将会逐渐变成稳定的结构。新鲜的无定形沉淀，在老化过程中逐步晶化也是可能的，例如分子筛、水合氧化铝等。

4.1.2　沉淀法的工艺流程

　　沉淀法制备催化剂包括原料金属盐溶液的配制、中和沉淀、过滤和洗涤、干燥及焙烧、粉碎、混合和成型等工艺过程。下面对其中的几个过程进行介绍。

　　(1) 原料金属盐溶液的配制　除在实验室或少量生产场合采取已制成的金属硝酸盐和硫酸盐外，一般盐类大多用酸溶解金属和金属氧化物制取。由于硝酸盐易溶于水，在后续工序中易除去，且不影响催化剂质量，所以多用硝酸溶解金属。使用硝酸时，溶解通常在不锈钢溶解槽中进行，溶解过程产生的 NO_2 气体对人体有害，故要求溶解槽尽量封闭，安装排气管，并对尾气进行处理。

　　(2) 中和沉淀　中和沉淀是催化剂制备的常用单元操作，在制备催化剂过程中起着重要作用。沉淀的生成过程实际上是晶核形成和长大过程。沉淀过程中如加料顺序、温度、pH值、溶液浓度和搅拌程度等对催化剂组成、结构和性能影响显著，制备条件得当与否，都会使催化剂表面结构、活性、选择性、稳定性、机械强度及成型性能产生很大差别。

（3）过滤和洗涤 过滤中和液可使沉淀物与母液分离，可除去大部分 H_2O、NO_3^-、SO_4^{2-}、Cl^-、NH_4^+、Na^+、K^+。沉降快的沉淀可用倾析法，沉降慢的可用加压或真空过滤；对于胶体沉淀，还可加入絮凝剂，使其聚集成大颗粒沉淀。但过滤后的滤饼仍含有 $60\%\sim90\%$ 的水分，水分中仍含有部分盐类，因此，对过滤后的滤饼还必须进行洗涤。洗涤过程实际上是老化过程的继续，选择洗涤温度和洗涤液时不仅要考虑使杂质离子很快除去，而且还要兼顾对沉淀物性质的影响。对于溶解度较大的沉淀，最好用沉淀剂的稀释液来洗涤，以减少沉淀物因溶解而造成的损失；溶解度很小的非晶型沉淀，一般用含电解质的稀溶液洗涤，以避免非晶型沉淀在洗涤过程中又分散成胶体；沉淀的溶解度很小又不易生成胶体时，可以用去离子水或蒸馏水洗涤；热洗涤液容易将沉淀洗净，但沉淀损失比较多，只适用于溶解度很小的非晶型沉淀。

（4）干燥及焙烧 经洗涤过滤后的滤饼，含水率约为 $60\%\sim90\%$，需加热干燥。干燥是滤饼的脱水过程，水分从沉淀物内部扩散到达表面，再从表面汽化脱除，催化剂的部分孔结构也在此时形成。干燥温度为 $100\sim160℃$。干燥设备类型、加料体积对干燥器体积的比例、干燥空气循环速度、干燥器中水蒸气分压、干燥器内温度分布，以及干燥物料厚度等都会对干燥结果产生影响。由于物料性质、结构和周围介质不同，干燥机理也不一样，所以产品的孔结构形成也就不完全相同。在选择干燥设备及操作条件时，一定要结合干燥物料的性质加以选择。

4.1.3 沉淀法的分类

随着催化剂开发的不断深入，沉淀法制备催化剂已经由单组分沉淀法发展到多组分共沉淀法、均匀沉淀法、超均匀共沉淀法、浸渍沉淀法和导晶沉淀法。

（1）单组分沉淀法 是通过沉淀剂与一种待沉淀溶液作用以制备单一组分沉淀物的方法。这是催化剂制备中最常用的方法之一。由于沉淀物只含一个组分，操作不太困难。它可以用来制备非贵金属的单组分催化剂或载体。如与机械混合和其他单元操作组合使用，又可用来制备多组分催化剂。

氧化铝是常见的催化剂载体。氧化铝晶体可以形成 8 种变体，如 η-Al_2O_3、γ-Al_2O_3、α-Al_2O_3 等。为了适应催化剂或载体的特殊要求，各类氧化铝变体通常由相应的水合氧化铝加热失水而得。文献报道的水合氧化铝制备实例甚多，但其中属于单组分沉淀法的占绝大多数，并被分为酸法和碱法两大类。

酸法以碱为沉淀剂，从酸化铝盐溶液中沉淀水合氧化铝。

$$Al^{3+} + OH^- \longrightarrow Al_2O_3 \cdot nH_2O \downarrow$$

碱法则以酸为沉淀剂，从偏铝酸盐溶液中沉淀水合物，所用的酸有 HNO_3、HCl 等。

$$AlO_2^- + H_3O^+ \longrightarrow Al_2O_3 \cdot nH_2O \downarrow$$

（2）多组分共沉淀法 多组分共沉淀法是将催化剂所需的两个或两个以上组分同时沉淀的一种方法。此法常用于制备高含量的多组分催化剂或催化剂载体。其特点是一次可以同时获得多个催化剂组分，而且各组分之间的比例较为恒定，分布比较均匀。如果组分之间可以形成固溶体，那么分散度和均匀性则更为理想。共沉淀法的分散性和均匀性好，是它较之于共混法等的最大优势。

共沉淀法的操作原理与单组分沉淀法基本相同，但共沉淀要求的操作条件比较特殊。为了避免各组分的分步沉淀，各金属盐的浓度、沉淀剂的浓度、介质的 pH 值以及其他条件必须同时满足各组分一起沉淀的要求。

低压合成甲醇所用的 CuO-ZnO-Al_2O_3 三组分催化剂为典型的共沉淀法实例。将给定比例的 $Cu(NO_3)_2$、$Zn(NO_3)_2$、$Al(NO_3)_3$ 混合盐溶液与 Na_2CO_3 并流加入沉淀槽，在强烈搅拌下，于恒定的温度和近中性的 pH 下，形成三组分沉淀。沉淀经洗涤、干燥与焙烧后，即为该催化剂的前驱物。

（3）均匀沉淀法　均匀沉淀法是在非沉淀的条件下，首先使待沉淀金属盐溶液与沉淀剂母体充分混合，预先造成一种十分均匀的体系，然后调节温度和时间，逐渐提高 pH 值，或者采用在体系中逐渐生成沉淀剂等方式，创造形成沉淀的条件，使沉淀缓慢进行，以制得颗粒十分均匀而且比较纯净的沉淀物。例如，在制备 $Al(OH)_3$ 沉淀时，在铝盐溶液中加入尿素预沉淀剂，均匀混合后加热至 90～100℃，此时溶液中各处的尿素同时放出 OH^-（图 4-2）：

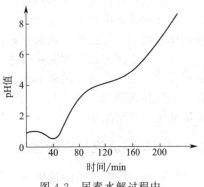

图 4-2　尿素水解过程中
pH 值随时间变化

$$(NH_2)_2CO+3H_2O \longrightarrow 2NH_4^+ +2OH^- +CO_2$$

于是，$Al(OH)_3$ 沉淀可在整个体系内均匀而同步完成。尿素的水解速率随温度的变化而变化，调节温度可以控制沉淀反应在所需要的 OH^- 浓度下进行。

均匀沉淀法除了利用中和反应，还可以利用酯类或其他有机物的水解、配合物的分解或氧化-还原等方式来进行。除尿素外，均匀沉淀法常用的部分沉淀剂如表 4-1 所示。

表 4-1　均匀沉淀法常用的部分沉淀剂

沉淀剂	预沉淀剂	化学反应
OH^-	尿素	$(NH_2)_2CO+3H_2O \longrightarrow 2NH_4^+ +2OH^- +CO_2$
PO_4^{3-}	膦酸三甲酯	$(CH_3)_3PO_4+3H_2O \longrightarrow 3CH_3OH+H_3PO_4$
$C_2O_4^{2-}$	尿素与草酸二甲酯或草酸	$(NH_2)_2CO+2HC_2O_4^- +H_2O \longrightarrow 2NH_4^+ +2C_2O_4^{2-} +CO_2$
SO_4^{2-}	硫酸二甲酯	$(CH_3)_2SO_4+2H_2O \longrightarrow 2CH_3OH+2H^+ +SO_4^{2-}$
SO_4^{2-}	磺酰胺	$NH_2SO_3H+H_2O \longrightarrow NH_4^+ +H^+ +SO_4^{2-}$
S^{2-}	硫代乙酰胺	$CH_3CSNH_2+H_2O \longrightarrow CH_3CONH_2+H_2S$
S^{2-}	硫脲	$(NH_2)_2CS+4H_2O \longrightarrow 2NH_4^+ +2OH^- +CO_2+H_2S$
CrO_4^{2-}	尿素与 $HCrO_4^-$	$(NH_2)_2CO+2HCrO_4^- +H_2O \longrightarrow 2NH_4^+ +CO_2+2CrO_4^{2-}$

（4）超均匀共沉淀法　超均匀共沉淀法也是针对单组分沉淀法、共沉淀法等所得沉淀粒度大小和组分分布不够均匀的缺点提出的。

超均匀沉淀法的基本原理是将沉淀操作分成两步进行。首先制成盐溶液的悬浮层，并将这些悬浮层（一般是 2～3 层）立即瞬间混合成过饱和的均匀溶液；然后由过饱和溶液得到超均匀的沉淀物。两步操作之间所需的时间，随溶液中的组分及其浓度的不同而不同，通常需要数秒或数分钟，少数情况下也有数小时的。这个时间是沉淀的引发期。在此期间，所得的超饱和溶液处于不稳定状态，直到形成沉淀的晶核为止。瞬间立即混合是此法的关键操作，它可防止形成不均匀的沉淀。例如，制备苯选择加氢用的颗粒状 Ni/SiO_2 催化剂时，先要制备硅酸镍水凝胶。在一个沉淀釜中，底层装入硅酸钠溶液（3mol/L，$\rho=1.3g/cm^3$），中层隔以硝酸钠缓冲溶液（20%，$\rho=1.2g/cm^3$），上层放置酸化的硝酸镍溶液（$\rho=1.1g/cm^3$）；然后强烈搅拌，静置一段时间（几分钟至几个小时）便析出均匀的水凝胶或胶冻。用分离方法将水凝胶自母液中分出，或将胶冻碎裂成小块。得到的水凝胶经水洗、干燥和焙烧，即得所需催化剂前驱物。这样制得的 Ni/SiO_2 催化剂，同一般由氢氧化镍和水合硅胶机械混合而得的催化剂，在结构和性能上是大不相同的。其原因在于，"瞬间立即混合"的操作大大缩小沉淀过程中的时间差和空间差。苯选择加氢制环己烷的 Ni/SiO_2 催化剂，若以超均匀共沉淀法制备，则可以使苯选择加氢为环己烷，但又不使苯中 C—C 键断裂，比其他方法制备的催化剂具有更高的活性和选择性。

（5）浸渍沉淀法　浸渍沉淀法是在浸渍法的基础上辅以单组分沉淀法发展起来的一种新方法，即在浸渍液中预先配入沉淀剂母体，待浸渍单元操作完成后，加热升温使待沉淀组分沉积在载体表面上。此法可以用来制备比浸渍法分布更加均匀的金属或金属氧化物负载型催化剂。

（6）导晶沉淀法　此法是借助晶化导向剂（晶种）引导非晶型沉淀转化为晶型沉淀的快速而有效的方法。它普遍用来制备以廉价易得的水玻璃为原料的高硅钠型分子筛，包括丝光沸石、Y型与X型合成分子筛。分子筛催化剂的晶型和结晶度至关重要，而利用结晶学中预加少量晶种引导结晶快速完整形成的规律，可简便有效地解决这一难题。

4.1.4　影响沉淀形成的因素

（1）前驱体浓度　溶液中生成沉淀的首要条件之一是其浓度超过饱和浓度。形成沉淀时所需要达到的过饱和度，目前只能根据大量实验来估计。溶液的浓度对沉淀过程的影响表现在对晶核的生成和晶核生长的影响上。

① 晶核的生成　沉淀过程要求溶液中的溶质分子或离子进行碰撞，以便凝聚成晶体的微粒——晶核。这个过程称为晶核的生成或结晶中心的形成。此后更多的溶质分子或离子向这些晶核的表面扩散，使晶核长大，此过程称为晶核的生长。溶液中生成晶核是产生新相的过程，只有当溶质分子或离子具有足够的能量以克服它们之间的阻力时，才能相互碰撞而形成晶核。当晶核生长时，则要求溶液同晶核表面之间有一定的浓度差，作为溶质分子或离子向晶核表面扩散的动力。

② 晶核的生长　晶核长大的过程与化学反应的传质过程相似。它包括扩散和表面反应两步，溶质粒子先扩散至固-液界面上，然后经表面反应而进入晶格。在图4-3中，两条曲线分别表示晶核生成速率和晶核生长速率与溶液过饱和度的关系。

对于晶型沉淀，应当在适当稀的溶液中进行沉淀反应。这样，沉淀开始时，溶液的过饱和度不至于过大，可以使晶核生成的速率降低，因而有利于晶核长大。

对于非晶型沉淀，宜在含有适当电解质的较浓的热溶液中进行沉淀。由于电解质的存在，胶体颗粒胶凝而沉淀。又由于溶液较浓，离子的水合程度较小，这样就可以获得比较紧密的沉淀，而不至于成为胶体溶液。胶体溶液的过滤和洗涤都相当困难。

（2）沉淀温度　溶液的过饱和度与晶核的生成和生长有直接关系，而溶液的过饱和度又与温度有关。一般来说，晶核生长速率随温度的升高而出现极大值。

当溶液中溶质数量一定时，温度高则过饱和度降低，使晶核的生成速率减小；当温度低时，由于溶液的过饱和度增大，而使晶核的生成速率提高。似乎温度和晶核生成速率间是一种反变关系，但再考虑到能量的作用，其间的关系并不这样简单，在温度与晶核生成速率关系曲线上有一极大值，如图4-4所示。

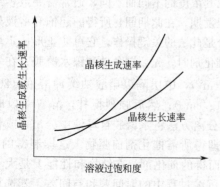

图4-3　过饱和度对晶核生成和生长速率的影响

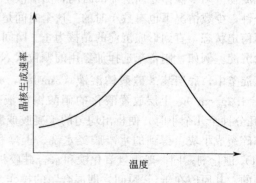

图4-4　温度对晶核生成速率的影响

很多研究结果表明，晶核生成速率最快时的温度比晶核生长速率最快时所需温度低得多。即在低温时有利于晶核的形成，而不利于晶核的成长，所以在低温时一般得到细小的颗粒。

对于晶型沉淀，沉淀应在较热的溶液中进行，这样可使沉淀的溶解度略有增大，过饱和度相对降低，有利于晶体成长增大。同时，温度越高，吸附的杂质越少。但这时为了减少已沉淀晶体溶解度增大而造成的损失，沉淀完毕，应待熟化、冷却后过滤和洗涤。

非晶型沉淀，在较热的溶液中沉淀也可以使离子的水合程度较小，获得比较紧密凝聚的沉淀，防止胶体溶液的形成。

此外，较高温度操作对缩短沉淀时间、提高生产效率有利，对降低料液黏度也有利。但显然温度受介质水沸点的限制，因此多数沉淀操作均在 $70\sim80℃$ 之间进行温度选择。

（3）pH 值 由于沉淀法常用碱性物质作沉淀剂，故沉淀物的生成在相当程度上必然受溶液 pH 值的影响，特别是制备活性高的混合物催化剂时更是如此。

由盐溶液用共沉淀法制备氢氧化物时，各种氢氧化物一般并不是同时沉淀下来，而是在不同的 pH 值下（表 4-2）先后沉淀下来。即使发生共沉淀，也仅限于形成沉淀所需的 pH 值相近的氢氧化物。

表 4-2 共沉淀法形成的氢氧化物沉淀及其所需要的 pH 值

氢氧化物	形成沉淀物所需 pH 值	氢氧化物	形成沉淀物所需 pH 值
$Mg(OH)_2$	10.5	$Be(OH)_2$	5.7
$AgOH$	9.5	$Fe(OH)_2$	5.5
$Mn(OH)_2$	$8.5\sim8.8$	$Cu(OH)_2$	5.3
$La(OH)_3$	8.4	$Cr(OH)_3$	5.3
$Ce(OH)_3$	7.4	$Zn(OH)_2$	5.2
$Hg(OH)_2$	7.3	$U(OH)_4$	4.2
$Pr(OH)_3$	7.1	$Al(OH)_3$	4.1
$Nd(OH)_3$	7.0	$Th(OH)_4$	3.5
$Co(OH)_3$	6.8	$Sn(OH)_2$	2.0
$U(OH)_3$	6.8	$Zr(OH)_4$	2.0
$Ni(OH)_2$	6.7	$Fe(OH)_3$	2.0
$Pd(OH)_2$	6.0		

由于各组分的溶度积不同，如果不考虑形成氢氧化物沉淀所需 pH 值相近这一点的话，那么很可能制得的是不均匀的产物。例如，当把氨水溶液加到含两种金属硝酸盐的溶液中时，氨将首先沉淀一种氢氧化物，然后再沉淀另一种氢氧化物。在这种情况下，欲使所得的共沉淀物更均匀些，可以采用如下两种方法：第一种是把两种硝酸盐溶液同时加到氨水溶液中去，这时两种氢氧化物就会同时沉淀；第二种是把一种原料溶解在酸性溶液中，而把另一种原料溶解在碱性溶液中。例如，氧化硅-氧化铝的共沉淀可以由硫酸铝与硅酸钠的稀溶液混合制得。

氢氧化物共沉淀时有混合晶体形成，这是由于量较少的一种氢氧化物进入另一种氢氧化物的晶格中，或者生成的沉淀以其表面吸附另一种沉淀。

（4）加料顺序 沉淀法中，加料顺序对沉淀物的性质有较大影响，加料顺序大体可分为正加法和倒加法两种。前者是将沉淀剂加到金属盐类的溶液中，后者是将金属盐类溶液加到沉淀剂中。加料顺序通过改变溶液的 pH 值来改变沉淀物的性质。用沉淀法制 $Cu\text{-}ZnO\text{-}Cr_2O_3$ 催化剂时，正加法所得铜的碳酸盐比较稳定，而倒加法得到的碳酸盐由于来自较强的碱性溶液，易于分解为氧化铜。

加料顺序通过改变沉淀物的结构来改变催化剂的活性。上述 $Cu\text{-}ZnO\text{-}Cr_2O_3$ 催化剂随加料顺序的不同而具有不同的比表面积和粒度。倒加快加、正加快加、倒加慢加所得催化剂的比表面积较大，而用正加慢加所得催化剂的比表面积较小。它们的粒度大小变化与比表面积大小变化有相反的趋势。

此外，加料顺序还影响簇粒的分布。仍以 Cu-ZnO-Cr$_2$O$_3$ 催化剂为例：用正加法，加料速率越慢，所得铜的粒子越大，表明在酸性溶液中铜有优先沉淀的可能；同时也表明，沉淀是分步进行的，结果得不到均匀的簇粒。相反，用倒加法，溶液由碱性变成中性，就有可能消除因酸度变化而出现的分步沉淀过程，使所得的沉淀簇粒趋向均匀。

4.2 浸渍法

浸渍法是操作比较简捷的一种催化剂制备方法，广泛应用于金属催化剂的制备中。浸渍法是将载体浸泡在含有活性组分（主、助催化剂组分）的可溶性化合物中，浸泡一定的时间后除去过剩的溶液，再经干燥、焙烧和活化，即可制得催化剂。工艺流程如图 4-5 所示。

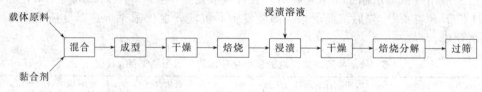

图 4-5 浸渍法工艺流程示意图

浸渍法的基本原理是，当多孔载体与溶液接触时，由于表面张力作用而产生的毛细管压力，使溶液进入毛细管内部，然后溶液中的活性组分在细孔内表面上吸附。

浸渍法制备催化剂有很多优点。首先，浸渍的各组分主要分布在载体表面，用量少，利用率高，从而降低了成本，这对贵金属催化剂的使用是非常重要的。其次，市场上有各种载体供应，可以用已经成型的载体，省去催化剂成型的步骤。最后，载体的种类很多，且物理结构比较清楚，可以根据需要选择合适的载体。

4.2.1 载体的选择

负载型催化剂的物理性能很大程度上取决于载体的物理性质，载体甚至还影响到催化剂的化学活性。因此，正确地选择载体和对载体进行必要的预处理，是采用浸渍法制备催化剂时首先考虑的问题。载体种类繁多、作用各异，载体的选择要从物理因素和化学因素两方面考虑。

从物理因素考虑，首先是颗粒大小、表面积和孔结构。通常采用已成型好的具有一定尺寸和外形的载体进行浸渍，省去催化剂成型。浸渍载体的比表面积和孔结构与浸渍后催化剂的比表面积和孔结构之间存在一定关系，即后者随前者的增减而增减。例如，对于 Ni/SO$_2$ 催化剂，Ni 组分的比表面积随载体 SO$_2$ 的比表面积增大而增大，而 Ni 晶粒的大小则随 SO$_2$ 的比表面积增大而减小。由此可知，第一要根据催化剂成品性能的要求，选择载体颗粒的大小、比表面积和孔结构；第二要考虑载体的导热性，对于强放热反应，要选用导热性能良好的载体，可以防止催化剂因内部过热而失活；第三要考虑催化剂的机械强度，载体要经得起热波动、机械冲击等因素的影响。

从化学因素考虑，根据载体性质的不同区分成以下三种情况：①惰性载体，这种情况下载体的作用是使活性组分得到适当的分布，使催化剂具有一定的形状、孔结构和机械强度，小表面、低孔容的 γ-Al$_2$O$_3$ 就属于这一类；②载体与活性组分有相互作用，它使活性组分有良好的分布并趋于稳定，从而改变催化剂的性能；③载体具有催化作用，载体除有负载活性组分的功能外，还与所负载的活性组分一起发挥自身的催化作用，如用于重整的 Pt 负载于 Al$_2$O$_3$ 上的双功能催化剂就是例子，用氯处理过的 Al_2O_3 作为固体酸性载体，本身能促进异构化反应，而 Pt 则促进加氢、脱氢反应。

4.2.2 浸渍液的配制

进行浸渍时，通常并不是用活性组分本身制成溶液，而是用活性组分金属的易溶盐配成溶液。所用的活性组分化合物应该是易溶于水（或其他溶剂）的，且在焙烧时能分解成所需的活性组分，或在还原后变成金属活性组分；同时还必须使无用组分，特别是对催化剂有毒的物质在热分解或还原过程中挥发除去，因此最常用的是硝酸盐、铵盐、有机酸盐（乙酸盐、乳酸盐等）。一般以去离子水为溶剂，但当载体能溶于水或活性组分不溶于水时，则可用醇或烃作为溶剂。

浸渍液的浓度必须控制恰当，溶液过浓，不易渗透粒状催化剂的微孔，活性组分在载体上也就分布不均。在制备金属负载催化剂时，用高浓度浸渍液容易得到较粗的金属晶粒，并且使催化剂中金属晶粒的粒径分布变宽。溶液过稀，一次浸渍就达不到所要求的负载量，而要采用反复多次浸渍法。

浸渍液的浓度取决于催化剂中活性组分的含量。对于惰性载体，即对活性组分既不吸附又不发生离子交换的载体，假设制备的催化剂要求活性组分含量（以氧化物计）为 $\alpha(\%)$（质量分数），所用载体的比孔容为 $V_p(mL/g)$，以氧化物计算的浸渍液浓度为 $c(g/mL)$，则 1g 载体中浸入溶液所负载的氧化物量为 $V_p c$。因此

$$\alpha = \frac{V_p c}{1 + V_p c}$$

用上述方法，根据催化剂中所要求活性组分的含量 α，以及载体的比孔容 V_p 就可以确定所需配制的浸渍液的浓度。

4.2.3 活性组分在载体上的分布与控制

浸渍时含活性组分的盐类（溶质）在载体表面的分布，与载体对溶质和溶剂的吸附性能有很大的关系。国外研究者提出活性组分在孔内吸附的动态平衡过程模型，如图 4-6 所示。

图 4-6 中列举了可能出现的四种情况，为简化起见，用一个孔内分布情况说明。浸渍时，如果活性组分在孔内的吸附快于它在孔内的扩散，则溶液在孔内向前渗透过程中，活性组分就被孔壁吸附，渗透至孔内部的液体就完全不含活性组分，这时活性组分主要吸附在孔口近处的孔壁上，见图 4-6(a)。如果分离出过多的浸渍液，并立即快速干燥，则活性组分只负载于颗粒孔口与颗粒外表面，分布显然是不均匀的。图 4-6(b) 是到达图 4-6(a) 的状态后，马上分离出过多的浸渍液，但不立即进行干燥，而是静置一段时间，这时孔口仍充满液体。如果被吸附的活性组分能以适当的速率进行解吸，则由于活性组分从孔壁上解吸下来，增大了孔中的液体的浓度，活性组分从浓度较大的孔的前端扩散到浓度较小的末端液体中去，使末端的孔壁上也能吸附上活性组分，这样活性组分通过脱附和扩散，而实现再分配，最后活性组分就均匀分布在孔的内壁上。图 4-6(c) 是让过多的浸渍液留在孔外，载体颗粒外面溶液中的活性组分通过扩散不断补充到孔中，直到达到平衡为止，这时吸附量将更多，而且在孔内呈均一性分布。图 4-6(d) 表明，当活性组分浓度低时，如果在到达均匀分布前，颗粒外面溶液中的活性组分已耗尽，则活性组分的分布仍可能是不均匀的。一些实验事实证明了上述的吸附、平衡、扩散模型。由此可见，要获得活性组分的均匀分布，浸渍液中活性组分的含量要多于载体内、外表面能吸附的活性组分的量，以免出现孔外浸渍液的活性组分已耗尽的情况；并且处理过多的浸渍液后，不要马上干燥，要静置一段时间，让吸附、脱附、扩散达到平衡，使活性组分均匀地分布在孔内的孔壁上。

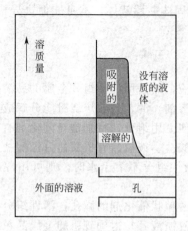

(a) 孔刚刚充满溶液以后的情况

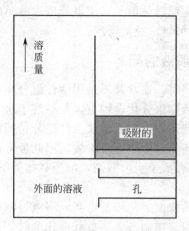

(b) 孔充满了溶液以后与外面的溶液隔离并待其达到平衡后的情况

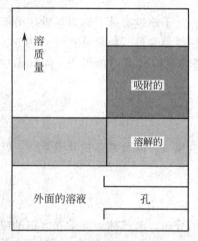

(c) 在过量的浸渍液中达到平衡后的情况

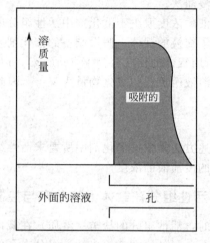

(d) 在达到平衡前外面的溶液中的溶质已耗尽的情况

图 4-6 活性组分在孔内吸附的情况

对于贵金属负载型催化剂，由于贵金属含量低，要在大表面上得到均匀分布，常在浸渍液中除活性组分外，再加入适量的第二组分，载体在吸附活性组分的同时必吸附第二组分，新加入的第二组分就称为竞争吸附剂，这种作用称为竞争吸附。由于竞争吸附剂的参与，载体表面一部分被竞争吸附剂所占据，另一部分吸附了活性组分，这就使少量的活性组分不只是分布在颗粒的外部，也能渗透到颗粒的内部。竞争吸附剂加入适量，可使活性组分达到均匀分布。常使用的竞争吸附剂有盐酸、硝酸、三氯乙酸、乙酸等。例如，在制备 $Pt/\gamma-Al_2O_3$ 重整催化剂时，加入乙酸竞争吸附剂后使少量氯铂酸能均匀地渗透到孔的内表面，由于铂的均匀负载，使活性得到了提高，如图 4-7 所示。

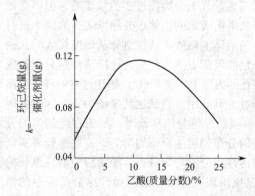

图 4-7 $Pt/\gamma-Al_2O_3$（含 Pt 0.36%）的加氢活性与 H_2PtCl_8 溶液中乙酸含量的关系

还应指出的是，并不是所有催化剂都要求孔内外均匀地负载。对于粒状载体，活性组分在载体可以形成各种不同的分布，以球形催化剂为例，有均匀型、蛋壳型、蛋黄型、蛋白型等四种，如图 4-8 所示。其中，蛋白型和蛋黄型都属于埋藏型，可视为一种类型，所以实际上看成只存在三种不同类型。选择何种类型，主要取决于催化反应的宏观动力学。当催化反应由外扩散控制时，应以蛋壳型为宜，因为在这种情况下处于孔内部深处的活性组分对反应已无效，这对于节省活性组分特别是贵金属更有意义。当催化反应由动力学控制时，则以均匀型为好，因为这时催化剂的内表面可以被利用；而一定量的活性组分分布在较大面积上，可以得到高的分散度，增加了催

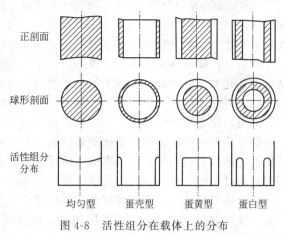

图 4-8　活性组分在载体上的分布

化剂的热稳定性。当介质中含有毒物，而载体又能吸附毒物时，这时催化剂外层载体起到对毒物的过滤作用。为了延长催化剂的寿命，则应选择蛋白型。由于在这种情况下，活性组分处于外表层下呈埋藏型的分布，既可减少活性组分的中毒，又可减少由于磨损而引起活性组分的剥落。

上述各种活性组分在载体上分布而形成的各种不同类型，也可以采用竞争吸附剂来达到。选择竞争吸附剂时，要考虑活性组分与竞争吸附剂间吸附特性的差异、扩散系数的不同以及用量不同的影响，还需注意残留在载体上的竞争吸附剂对催化作用是否产生有害的影响。最好选用易于分解挥发的物质。如用氯铂酸溶液浸渍 Al_2O_3 载体，由于浸渍液与 Al_2O_3 的作用迅速，铂集中吸附在载体外表面上，形成蛋壳型的分布。用无机酸或一元酸作为竞争吸附剂时，由于竞争吸附从而得到均匀性的催化剂。若用多元有机酸（柠檬酸、酒石酸、草酸）作为竞争吸附剂，由于一个二元酸或三元酸分子可以占据一个以上的吸附中心，在二元或三元羧酸区域可供铂吸附的空位很少，大量氯铂酸必须穿过该区域而吸附于小球内部。根据使用二元或三元羧酸竞争吸附剂分布区域的大小，以及穿过该区域的氯铂酸能否到达小球中心处，可以得到蛋白型或蛋黄型的分布。由上可见，选择合适的竞争吸附剂，可以获得活性组分不同类型的分布；而采用不同用量的吸附剂，又可以控制金属组分的浸渍深度，这就可以满足催化反应的不同要求。

4.2.4　常用浸渍工艺

（1）过量溶液浸渍法　此法是将载体浸渍在过量的溶液中，溶液的体积大于载体可吸附的液体体积，一段时间后除去过剩的液体，干燥、焙烧、活化后得到催化剂样品。此法操作非常简单，一般不必先抽真空去除载体表面吸附的空气。在生产过程中，可以在盘式或槽式容器中进行。如果要连续生产，可采用传动带式浸渍装置，将装有载体的小筐安装在传送带上，送入浸渍液中浸泡一段时间后，回收带出的多余液体，然后进行后续处理。

处理浸渍后多余的液体，可以采取过滤、离心分离、蒸发等方法。过滤和离心分离时，由于分离后的液体中仍然含有少量活性组分，致使活性组分流失，且催化剂中活性组分的含量变得不确定，而采用蒸发的办法则能克服这些缺点。

（2）等体积浸渍法　预先测定载体吸入溶液的能力，然后加入正好使载体完全浸渍所需的溶液量，这种方法称为等体积浸渍法。此法省去了除去过剩液体的操作，增加测定载体吸附能力的步骤。实际操作中采用喷雾法，即把配好的溶液喷洒在不断翻动的载体上，达到浸渍的目的。工业上可以在转鼓式搅和机中进行，也可以在流化床中进行。

在浸渍制备多组分催化剂时，要考虑各组分在同一溶液中共存的问题。若各组分的可溶性化合物不能共存于同一溶液中，可采用分布浸渍法。同时，由于载体对各活性组分的吸附能力不同，导致竞争吸附，这将影响各组分在载体表面上的分布，这也是制备催化剂时必须考虑的问题。

此法可以间歇和连续操作，设备投资少，能精准调节吸附量，工业上被广泛采用。但此法制得的催化剂活性组分的分散不如用过量浸渍法的均匀。

（3）多次浸渍法　该法是将浸渍、干燥和焙烧反复进行多次。通常在以下两种情况下采用：①浸渍化合物的溶解度小，一次浸渍不能得到足够大的负载量；②多组分浸渍时，各组分之间的竞争吸附严重影响了催化剂的性能。每次浸渍后必须干燥、焙烧，使已浸渍的活性组分转化为不溶性物质，防止其再次进入溶液，也可提高下次的吸附量。多次浸渍工艺操作复杂，劳动效率低，生产成本高，一般情况下应避免采用。

（4）蒸气浸渍法　蒸气浸渍法是借助浸渍化合物的挥发性，以蒸气相的形式将其负载于载体上。此法首先应用在正丁烷异构化用的催化剂制备中。所用催化剂为 $AlCl_3$/铁矾土，在反应器中装入铁矾土载体，然后以热的正丁烷气流将活性 $AlCl_3$ 组分升华，并带入反应器，使之浸渍在载体上。当负载量足够时，便可切断气流中的 $AlCl_3$，通入正丁烷进行异构化。此法制备的催化剂活性组分容易流失，必须随时通入活性组分蒸气以维持催化剂的稳定性。

（5）浸渍沉淀法　本方法是使载体先浸渍在含有活性组分的溶液中一段时间后，再加入沉淀剂进行沉淀。此法常用来制备贵金属催化剂。由于贵金属的浸渍液多采用氯化物的盐酸溶液，如氯铂酸、氯钯酸、氯铱酸等，载体在浸渍液中吸附饱和后，往往要加入 $NaOH$ 溶液中和盐酸，并使金属氯化物转化为金属氢氧化物沉淀在载体的内孔和表面上。

此法有利于除去液体中的氯离子，并可使生成的贵金属化合物在较低温度下进行预还原，不会造成废气污染，并且得到的催化剂粒度较细。

4.2.5　浸渍颗粒的热处理过程

（1）干燥过程中活性组分的迁移　用浸渍法制备催化剂时，毛细管中浸渍液所含的溶质在干燥过程中会发生迁移，造成活性组分的不均匀分布。这是由于在缓慢干燥过程中，热量从颗粒外部传递到其内部，颗粒外部总是先达到液体的蒸发温度，因而孔口部分先蒸发使一部分溶质析出。由于毛细管上升现象，含有活性组分的溶液不断地从毛细管内部上升到孔口，并随溶剂的蒸发溶质不断地析出，活性组分就会向表层集中，留在孔内的活性组分减少。因此，为了减少干燥过程中溶质的迁移，常采用快速干燥法，使溶质迅速析出。有时也可采用稀溶液多次浸渍法来改善。

（2）负载型催化剂的焙烧和活化　负载型催化剂中的活性组分（例如金属）是以高度分散的形式存在于高熔点的载体上的。这种催化剂在焙烧过程中活性组分表面积会发生变化，一般是由于金属晶粒大小的变化导致活性组分表面积的变化。也就是说，由于比较小的晶粒长成比较大的晶粒，并在此过程中表面自由能也有相应减小。图 4-9 表明了 Pd/Al_2O_3 催化剂金属 Pd 的活性表面积与温度的关系。可见，随着热处理温度的升高，金属 Pd 的表面积下降。

对于金属铂催化剂，也得到了类似的结果（图 4-10）：随着焙烧温度的升高，铂平均晶粒大小增加；同时可见，用离子交换法制备的催化剂，在同样焙烧条件下比浸渍法制备的更为稳定。对于金属微晶烧结的机理还存在很多争论，到目前为止还没有一种理论能够完全解释这类催化剂烧结过程所观察到的现象。有些情况下载体和金属微晶都可能发生烧结；但在更多的情况下，只有活性金属表面积减少，而载体的表面积并不因此降低。

在实际使用中，为抑止活性组分的烧结，可加入耐高温作用的稳定剂起间隔作用，防止容易烧结的微晶相互接触。易烧结物在烧结后的平均结晶粒度与加入稳定剂的量及其晶粒大小有关。在金属负载型催化剂中，载体实际上也起着间隔的作用，图 4-11 表明：分散在载体中的金属含量越低，烧结后的金属晶粒越小；载体的晶粒越小，则烧结后的金属晶粒也越小。

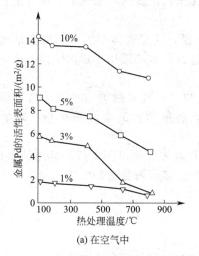

(a) 在空气中

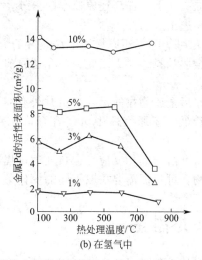

(b) 在氢气中

图 4-9　Pd/Al$_2$O$_3$ 催化剂金属 Pd 的活性表面积与温度的关系

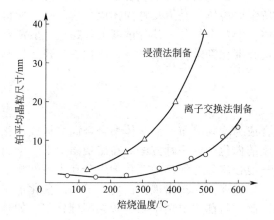

图 4-10　热处理中 Pt 晶粒长大情况

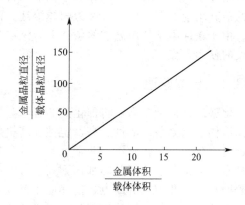

图 4-11　负载型催化剂中载体对
金属晶粒烧结的影响

对于负载型催化剂，除了焙烧可影响晶粒大小外，还原条件对金属的分散度也有影响。为了得到高活性金属催化剂，希望在还原后得到高分散度的金属微晶。按结晶学原理，在还原过程中增大晶粒生成的速率，有利于生成高分散度的金属微晶；而提高还原速率，特别是还原初期的速率，可以增大晶核的生成速率。在实际操作中，可采用下面方法提高还原速率，以获得金属的高分散度。

① 在不发生烧结的前提下，尽可能地提高还原温度　提高还原温度可以大大提高催化剂的还原速率，缩短还原时间，而且由于还原过程中有水产生，还可以减少已还原的催化剂暴露在水汽中的时间，减少反复氧化、还原的机会。

② 使用较高的还原气空速　高空速有利于还原反

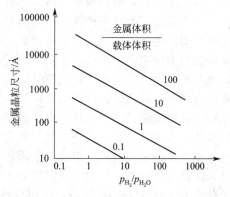

图 4-12　负载金属催化剂还原后生成
的金属晶粒尺寸与负载催化剂中金属
含量和还原气氛的关系

(1Å=10^{-10} m)

应平衡向右移动，提高还原速率。另外，空速大，气相水汽浓度低，水汽扩散快，催化剂孔内水分容易逸出。

③ 尽可能降低还原气体中水蒸气的分压　一般来说，还原气体中水分和氧含量越多，还原后的金属晶粒越大。因此，可在还原前先将催化剂进行脱水，或用干燥的惰性气体通过催化剂层等。

还原后金属晶粒的尺寸与负载催化剂中金属含量和还原气氛的关系见图 4-12，催化剂中金属含量低，还原气体中氢气含量高，水汽分压低，还原所得的金属晶粒小，即金属分散度大。

(3) 互溶与固相反应　在热处理过程中活性组分和载体之间可能生成固体溶液（固溶体）或化合物，可根据需要采取不同的操作条件，促使它们生成或避免它们生成。

4.3　熔融法

熔融法是制备某些催化剂较特殊的方法，适用于少数不得不经熔炼过程的催化剂，为的是借高温条件将各个组分熔炼成均匀分布的混合物，甚至氧化物固溶体或合金固溶体。配合必要的后续加工，可制得性能优异的催化剂。特别是所谓固溶体，是指几种固体成分相互扩散所得到的极其均匀的混合体，也称为固体溶液。固溶体中的各个组分，其分散度远远超过一般混合物。由于在远高于使用温度的条件下熔炼设备，这类催化剂常有高的强度、活性、热稳定性和很长的使用寿命。

4.3.1　基本原理

熔融法是借助于高温将催化剂的各组分熔化合成为均匀分布的混合体、合金固溶体或氧化物固溶体，以制备高活性、高稳定性和高机械强度的催化剂的一种方法。在熔融温度下，金属或金属氧化物呈流体状态，非常有利于催化剂组分混合均匀，促使助催化剂组分在主活性相上的分布，无论晶间内或晶间都达到高度分散程度，以固溶体形态出现。由此法研制的催化剂有比表面积小、孔容低等缺点，使其应用范围受到限制。目前主要用于制备骨架型催化剂，如骨架镍催化剂、合成氨用熔铁催化剂、费托合成催化剂等。

熔融法制备工艺显然是高温下的过程，因此其特征操作工序为熔炼，通常在电阻炉、电弧炉等熔炉中进行，熔炼速度、熔炼次数、环境气氛、熔浆冷却速度等因素对催化剂性能都有影响。其中熔炼温度是关键性的控制因素，熔炼温度根据金属或金属氧化物的种类来确定。可以想象，提高熔炼温度，一方面可以降低熔浆的黏度；另一方面可以增加各个组分质点的能量，从而加快组分之间的扩散，弥补缺乏搅拌的不足。增加熔炼次数，采用高频感应电炉，都能促进组分的均匀分布。有些催化剂熔炼时应尽量避免接触空气，或采用低氧分压的熔炼和冷却。有时在熔炼后采用快速冷却工艺，让熔浆在短时间内淬冷，以产生一定内应力，可以得到晶粒细小、晶格缺陷较多的晶体，也可以防止不同熔点组分的分步结晶，以制得分布尽可能均匀的混合体。有理论认为，晶格缺陷与催化活性中心有关，缺陷多往往活性高。

熔融法的制备过程一般为：①固体的粉碎；②高温熔融或烧结；③冷却、破碎成一定的粒度；④活化。例如，目前合成氨工业中使用的熔铁催化剂，就是将磁铁矿（Fe_3O_4）、硝酸钾、氧化铝在 1600℃高温下熔融，冷却后破碎，然后在氢气或合成气中还原，得到 Fe-K_2O-Al_2O_3催化剂。

4.3.2　合成氨熔铁催化剂的制备

工业上用熔融法制催化剂的典型实例是氨合成用铁催化剂。工业上曾经使用沉淀法制备氨合成催化剂，从亚铁氰化钾 $K_4[Fe(CN)_6]$ 和三氯化铝入手，先制成亚铁氰化铝钾复合配盐 $KAl[Fe(CN)_6]$，成型后在合成塔内通 H_2-N_2 混合气还原，活性组分为 α-Fe。此类催化剂铁晶体细小，具有较好的低温低压活性，主要用于低压合成氨，但抗毒能力和机械强度差，原料昂贵且有毒，目前已被淘汰。

根据现有催化剂的技术经济指标，能够符合工业要求的唯一催化剂是熔铁催化剂。以这种方法制备的催化剂，其活性、耐热稳定性、抗毒稳定性、机械强度以及生产费用等各项指标都比较理想。

(1) 原料的选择　制备熔铁催化剂的基本原料有天然磁铁矿或合成磁铁矿。前者杂质含量较多，使用前要经风选或磁选精制；后者是以纯铁通氧气燃烧制成的，成本较高。有人将用天然磁铁矿、合成磁铁矿以及两矿的混合物为主要原料制备的 3 种催化剂，做了性能对比试验，没有发现三者之间的重大差异。由于天然磁铁矿的成本最低，混合磁铁矿次之，合成磁铁矿最高，所以以天然磁铁矿为基本原料最为可取。我国已有质量很高的天然磁铁矿，为催化剂的生产创造了有利条件。

天然磁铁矿经风选处理后，杂质含量（以 SiO_2 计）可由 2.7% 降低至 0.3%。我国采用多级磁选机，能将 SiO_2 含量由 3.0% 降低至 0.3% 以下，而且粗矿处理量和精矿收成率分别达到 4.5～6t/d 和 60%～70%。

(2) 制备工艺流程　从磁选到干燥是磁铁矿的精制过程（图 4-13）。将天然磁铁矿吊到粗矿储斗烘烤过筛，除去块状杂质后输送到球磨机滚磨，在螺旋分级机中分级，其中颗粒度大于 150 网目的返回球磨机再次滚磨，小于 150 网目的冲入磁选机磁选，选出的湿精矿由螺旋加料器送入滚筒干燥器干燥，干燥过的干精矿通过气流输管输送到精矿储桶，完成精选过程。

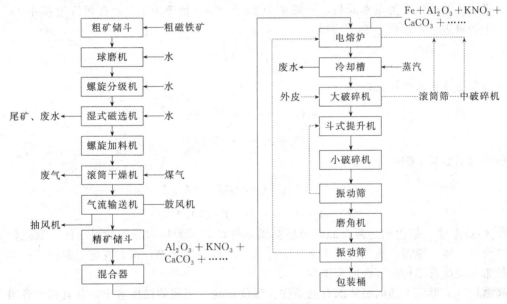

图 4-13　国产 A 系氨合成熔铁催化剂生产流程示意图

从配料到冷却是催化剂的制造过程。按照给定的配方，将精矿和氧化铝、硝酸钾、碳酸钙和其他次要成分放在混合器中混合均匀，送入电熔炉熔融，在熔融过程中，视 Fe^{2+}/Fe^{3+} 比值变化情况加入适量的纯铁条及其相应量的氧化铝、硝酸钾、碳酸钙和其他次要成分。熔炼好的熔浆倒进冷却槽快速冷却。

从破碎到包装是催化剂的成型过程。熔块吊到大、小破碎机中破碎，经磨角机磨角，振动筛筛分，合格的产品装入铁桶气密包装。颗粒度大于 9.4mm 的熔块经斗式提升机回到小破碎机重新破碎；小于 2.2mm 的碎料送到电熔炉再炼；电熔炉内已经烧结未熔化的物块（外皮），经大、中破碎机破碎，送去回炉。

（3）影响因素

① 原料杂质 为制备高质量的氨合成催化剂，原料磁铁矿必须进行精制，尽量降低有害杂质的含量，这些杂质除一些黏土外还有硫、磷、硅等，不仅影响磁铁矿的纯度，硫、磷还对催化剂有毒害作用。硅虽可作为结构性助催化剂，但过量会与 K_2O 生成玻璃体，影响催化剂孔结构。

精制行之有效的方法是磁选法。杂质的去除是以杂质和磁铁矿相对磁导率的极大差异来进行磁选。原料磁铁矿通过磁选机时，磁性很大的磁铁矿很容易被选出来，部分杂质因磁性不大或没有磁性而被淘汰。经过磁选，SiO_2 含量可以降低到 0.3% 以下，一般在 0.4% 以下；与此同时，也可以不同程度地除去其他杂质，特别是磁黄铁矿。有些杂质与磁铁矿共生，需要磨碎到小于 150 网目时再进行磁选。磁选组合系统所用的水要求只含极微量的 S、P、Cl 等杂质，因为这些杂质会降低催化剂的活性。

② Fe^{2+}/Fe^{3+} 比值 1926 年 Almquist 等对纯的氧化铁进行研究时，发现 Fe^{2+}/Fe^{3+} 比值在 0.5 左右时，催化剂的活性最高。此时，氧化铁容易按 $FeO:Fe_2O_3=1:1$ 的化学计量关系结合成为 Fe_3O_4，并呈尖晶石型晶体结构，没有过多的 FeO 相或 Fe_2O_3 相存在。后来有人认为加入助催化剂后，FeO 的最佳含量不一定与 Fe_2O_3 完全相对应，根据不同条件可以在 22%～40% 的范围内变化，对活性影响不大；而耐热稳定性和机械强度随 FeO 含量的增加而提高。实际上，目前使用的大多数优良催化剂，Fe^{2+}/Fe^{3+} 都大于 0.5，FeO 的含量确实介于 22%～40% 之间。

如果以天然磁铁矿为基本原料，一般矿中 Fe^{2+}/Fe^{3+} 低于 0.5，而在熔炼过程中 Fe^{2+} 会被空气中的氧进一步氧化为 Fe^{3+}：

$$2Fe_3O_4+\frac{1}{2}O_2 \xrightarrow{\triangle} 3Fe_2O_3$$

熔炼时必须投入纯铁加以调节：

$$4Fe_2O_3+Fe \xrightarrow{\triangle} 3Fe_3O_4$$

$$Fe_2O_3+Fe \xrightarrow{\triangle} 3FeO$$

也可以借电弧炉的碳棒调节：

$$6Fe_2O_3+C \xrightarrow{\triangle} 4Fe_3O_4+CO_2\uparrow$$

$$2Fe_2O_3+C \xrightarrow{\triangle} 4FeO+CO_2\uparrow$$

③ 熔炼温度 催化剂的混合原料可借高温条件熔合成为均匀分布的混合体、氧化物固溶体或合金固溶体。能否在适当的加热条件下得到尖晶石型化合物，很大程度上取决于阳离子的体积是否在尖晶石结构所容许的范围内。

高温熔融是形成上述固溶体的有利条件：温度愈高，熔浆的黏度愈小，愈有利于各组分之间的扩散和反应。对于那些不易形成固溶体的助催化剂，在高温条件下也能得到尽可能高的分散度。此外，调节 Fe^{2+}/Fe^{3+} 比值也必须在高温下进行。例如，磁铁矿在 3000℃ 以上二次熔炼时得到的催化活性，比在 1700℃ 一次或二次熔炼的活性高 10%～20%。这是由于在高于 3000℃ 熔炼时，磁铁矿晶粒细小，助催化剂分布均匀的结果。

④ 冷却速率 熔浆的冷却速率对催化剂性能有一定影响。一般来说，快速冷却的效果优于慢速冷却。熔融态的高温流体中 FeO/Fe_2O_3 的值调整在 0.5～0.6 之间，缓慢冷却，FeO 要被空气氧化成 Fe_2O_3，此比值下降。从显微结构来看，快速冷却可以使不同熔点的各个组分

一起凝固下来，防止分布结晶，产生较大的内应力，不但磁铁矿晶粒细小，催化剂空隙率、细孔、比表面积都比慢冷却理想，而且助催化剂分布也均匀。

⑤ 颗粒形态　20 世纪 50 年代以前，工业用氨合成催化剂都是无规则的颗粒，虽然经磨角处理，也不能完全排除固有的棱和角，更不能磨成有规则的几何形状。由于颗粒不规则，不仅装填不能十分均匀，也难免形成大小不同的"沟道"，造成气流"短路"现象，降低催化剂的利用率；而且催化剂床层气流阻力较大，限制了合成氨生产能力的充分发挥。如果催化剂装进合成塔后没有进行吹扫，则细粉有可能被气流带出，将使后面的设备管道堵塞。因此，有必要将催化剂的几何外形由不规则颗粒改造成为规则球体、圆柱体或环状体。

4.3.3　骨架镍催化剂的制备

1925 年，M. Raney 提出骨架镍催化剂的制备方法。通过熔炼 Ni-Si 合金，并以 NaOH 溶液溶出 Si 组分，首次制得分散状态的骨架镍加氢催化剂。1927 年，改用 Ni-Al 合金又使骨架催化剂的活性更加提高。这种金属镍骨架催化剂，具有多孔骨架结构，类似海绵，呈现出很高的加氢脱氢活性。后来，这类催化剂都以发明者命名，故称兰尼镍。相似的催化剂还有铁、铜、钴、银、铬、锰等的单组分或双组分骨架催化剂。目前工业上兰尼镍应用最广，主要用于食品（油脂硬化）和医药等精细化学品中间体的加氢。由于其形成多孔海绵状纯金属镍，故活性高、稳定，且不污染其加工制品，特别是不污染食品。

加氢用骨架镍催化剂的工业制备流程如图 4-14 所示。其流程包括了 Ni-Al 合金的炼制和 Ni-Al 合金的沥滤两个部分，少数用于固定床连续反应的催化剂还要经过成型工序。

图 4-14　加氢用骨架镍催化剂的工业制备流程

按照给定的 Ni-Al 合金配比（一般 Ni 含量为 42%～50%，Al 含量为 50%～58%），首先将金属 Al（熔点 658℃）加进电熔炉，升温加热到 1000℃左右，然后投入小片金属 Ni（熔点 1452℃）混熔，充分搅拌。由于反应放出较多的热量（Ni 的熔解热），炉温容易上升到 1500℃。熔炼后将熔浆倾入浅盘冷却固化，并粉碎为 200 网目的粉末。如要定型，可用 SiO_2 或 Al_2O_3 水凝胶为黏结剂，混合合金粉，成型，干燥，并在 700～1000℃下焙烧，得丸粒状合金。称取合金质量 1.3～1.5 倍的苛性钠，配制 20% 的 NaOH 溶液，温度维持在 50～60℃充分搅拌 30～100min，使 Al 溶出完全，最后洗至洗液水遇酚酞无色，包装备用。长期储存，适于浸入无水乙醇等惰性溶剂中隔氧保护。

4.3.4　粉体骨架钴催化剂的制备

采用近似骨架镍催化剂的制法，还可以制备骨架铜、骨架钴等多种金属的合金。这些催化剂可为块状、片状，也可以为粉末状。

粉体骨架钴催化剂制法要点为：将 Co-Al 合金（47∶53）制成粉末，逐次少量地加入应冷却、过量的 30%NaOH 水溶液中，可见到 Al 溶于 NaOH 生成偏铝酸钠时逸出的氢气。全部加完后，在 60℃以下温热 12h，直到氢气的产生停止。除去上部澄清液，重新加入 30%NaOH 水溶液并加热。该操作反复进行两次，待观察不到再有 H_2 发生后，用倾泻法水洗，直到呈中性为止。再用乙醇洗涤后，密封保存在无水乙醇中。这种催化剂可在 175～200℃时进行苯环的加氢，作为脱氢催化剂时活性也相当高。

4.3.5 骨架铜催化剂的制备

将颗粒大小为 $0.5 \sim 0.63cm$ 的 Al-Cu 合金悬浮在 50% 的 NaOH 中，反应 380min，每 $0.454kg$ 合金用 $1.3kg$ NaOH（以 50% 水溶液计）在约 $40℃$ 处理，然后继续加入 NaOH，以除去合金中 $80\% \sim 90\%$ 的 Al，即可得骨架铜催化剂。

该催化剂可用于丙烯腈水解制丙烯酰胺。丙烯酰胺是一种高聚物单体，用于制絮凝剂、黏合剂、增稠剂等。

所有的骨架金属催化剂，化学性质活泼，易与氧或水等反应而氧化，因此在制备、洗涤或在空气中储存时，要注意防止其氧化失活。一旦失活，在使用前应重新还原。

4.4 溶胶-凝胶法

溶胶-凝胶法是 20 世纪 70 年代出现的一项技术，因反应条件温和、产品纯度高、结构介观尺度可以控制和操作简单等优点，引起众多研究者的兴趣。近年来，溶胶-凝胶法广泛应用于电子、陶瓷、光学、热学、化学、生物和复合材料等各个科学技术领域，如在新型纳米气凝胶合成、涂料工业、合成超细粒子、光学制造、超级电容器和高效可充电池的电极材料方面的应用等。溶胶-凝胶法在化学方面主要应用于制备化学稳定性好及孔径易于控制的无机氧化物超滤膜和气体过滤器，对金属、玻璃和塑料等起保护作用的 SiO_2、ZrO_2、TiO_2 等氧化物膜或金属氧化物催化剂等。其主要制备步骤是将前驱物溶解在水或有机溶剂（如乙醇）中形成均匀的溶液，溶质与溶剂产生水解或醇解反应，反应生成物聚积成 1nm 左右的粒子形成溶胶，经蒸发干燥转变为凝胶，经干燥、焙烧等处理后得到所需的催化剂。

4.4.1 基本原理

胶体体系是多相体系，在稳定的胶体溶液中，大部分情况下胶体质点的大小及带电电荷决定胶体溶液的性质。减少胶体质点所带电荷，有利于胶体质点的互相结合，这种结合称为凝结，凝结法制造催化剂就是基于这个原理。不同胶体体系在性质上有很大区别，这种差异取决于胶体质点与其溶剂分子相互结合的状况。对于有些胶体溶液，胶体质点与大量溶剂分子紧密结合，即使从溶液中分离出来时，也带着这些溶剂分子，这类胶体称为亲液溶胶。它们携带大量溶剂从溶液中分离出来形成一种冻状产物，称为凝胶。另一种没有凝胶现象的胶体称为增液溶胶。从分散度大小来看，胶体体系处于粗分散体系和分子分散体系的过渡位置。

胶体体系常用两种方法制备：一是分散法，将大块的原料，用胶体磨粉碎成胶体体系；二是凝聚法，将细小的质点结合成所需大小的胶体。凝聚法分物理凝聚法和化学凝聚法两种。前者是物质以非胶体状态存在于体系中，而后者在某些过程中转变为胶体状态，如骤然减少溶解度以生成胶体溶液等，后者是由于某些化学反应而生成胶体物质。工业上大多采用化学凝聚法来获得所需的胶体。胶体物质的产生，是在不溶解该物质的溶剂中进行的，是大部分化学凝聚法的基础。反应的物质起初处于分子分散状态，形成过饱和溶液，然后开始结晶。选择合适的反应条件，如反应的浓度、介质的 pH 值及操作的程序、温度、搅拌等，使聚合过程到达一定阶段时即停止，使所得物质刚好处于胶体状态。加入电解质是使溶胶凝结的重要方法，电解质能使增液溶胶凝结，但要有足够的浓度和使胶体质点凝结的离子，离子所带电荷要和胶粒的电荷相反。电解质浓度必须超过凝结界限浓度。引起凝结的离子所带电荷越多，凝结界限浓度值就越小。用凝胶法制备催化剂一般采用增液溶胶凝结。

与传统催化剂制备方法比较，溶胶-凝胶法具有以下优点：能够得到高均一、高比表面积的材料；材料的孔径分布均一可控；金属组分高度分散在载体上，使催化剂具有很高的反应活性和抗积炭能力；能够较容易地控制材料的组成；能够得到适合反应条件的机械强度，并具有较高抗活能力的材料。

原则上讲，凡是凝胶物质（如 Al_2O_3-SiO_2 凝胶、MgO-SiO_2 凝胶等）一般都可用本法制取。溶胶-凝胶法常用于制备附载型催化剂用的载体和多组分凝胶催化剂。

溶胶-凝胶法最初用在金属醇盐水解和胶凝化制备氧化物薄膜上，后来推广到催化剂的制备上。该方法反应易于控制，产品纯度高，催化剂粒度均匀，焙烧温度较低，操作容易，设备简单。

4.4.2　溶胶的制备

用无机工艺制备溶胶是先生成沉淀，再使之胶溶，并让粒子表面的双电层产生排斥作用而分散，主要有三种方法。

（1）吸附胶溶法　此法是在加入电解质溶液时，胶溶剂粒子吸附在质点表面上形成双电层，从而使沉淀的质点彼此排斥而胶溶。例如，向松散、新鲜的氢氧化铁沉淀中加入三氯化铁胶溶剂时，Fe^{3+} 吸附在 $Fe(OH)_3$ 表面上形成双电层，进而使沉淀质点间相互排斥，使其转入溶液中，形成溶胶。

（2）表面解离胶溶法　此法的原理是因为表面离解而形成双电层。此法中的胶溶剂有助于表面解离过程，这一过程使得在质点表面上形成可溶性化合物，如向无定形氢氧化铝中加入酸或碱。

（3）洗涤沉淀胶溶法　当质点表面上具有双电层，因电解质浓度大，双电层被压缩减薄时采用此法。用水洗涤沉淀，电解质浓度降低，双电层厚度增大，质点间的排斥力增强，从而使沉淀变成胶体。常用的方法是将金属盐溶液加入到强烈搅拌的过量氢氧化铵溶液中，生成氢氧化物沉淀。过滤分离出的沉淀用 $1\sim2mol/L$ 的 NH_4NO_3 洗涤除去氯盐，然后将沉淀分散到稀硝酸中，解胶形成水溶液，最终状态的 pH 值为 3，由于表面带正电而稳定。

4.4.3　凝胶的干燥

溶胶到凝胶的转化过程就是胶体分散体系失去稳定性的过程。溶胶表面的正电荷使其能够稳定存在，增加溶液的 pH 值，即增加了 OH^- 的浓度；减小粒子表面的正电荷，降低粒子表面的排斥力，溶胶自然就转化为凝胶。此外，脱水也能使溶胶转化为凝胶。凝胶的干燥方法包括以下几种。

（1）一般干燥法　凝胶的一般干燥过程可以观察到三个现象：持续的收缩和硬化、产生应力和破裂。湿凝胶在初期干燥过程中，蒸发掉的液体体积与凝胶减小的体积相等，不产生毛细管力。进一步干燥时，产生的毛细管力将颗粒挤压在一起，表面张力越大，此压力就越大。由于各处的毛细管直径不等，产生的压力不等，这些不等的压力差超过某一值，就会产生凝胶的塌陷破裂。

要保持凝胶结构或得到没有裂纹的被烧前驱体，最简单的方法就是在大气气氛下自然干燥。对于自然干燥，为防止溶剂蒸发过程中产生表面应力以及不均匀的毛细管力，干燥速度必须很低。

（2）超临界干燥法　超临界状态是流体的温度和压力处于临界点以上的无气液界面而兼有气体性质和液体性质的物质状态。它具有特殊的溶解度、易调节的密度、较低的黏度和较高的传质速率，对于溶剂和干燥介质有独特的优点和实际应用价值。由于超临界流体气-液之间没有界面存在，也就没有表面张力，干燥过程中就不会因为表面张力而引起毛细孔塌陷、凝胶网状结构破坏而产生的颗粒团聚现象。因而由超临界干燥法可得到小粒径、大孔容、高比表面积的超微粒子。

此操作一般是在高压釜中进行。把待干燥的胶体和一定量溶剂一并加入釜中，盖紧釜后升温，使其中的压力和温度升高达到临界状态，保持一段时间，使溶剂和凝胶内部的液体充分传递交换，直到凝胶内部的溶剂浓度和周围的溶剂浓度相等或相近。然后缓慢等温降压，放出其中的流体至常压，用惰性气体吹扫高压釜后缓慢降温。二氧化碳是比较好的超临界干燥介质。

（3）冻结干燥法　冻结干燥法用于制备活性高、反应活性强的微粉。该法的特点是：能由可溶性盐的均匀溶液来调制出复杂组分的粉末原料；依靠急速冻结，可以保持金属离子在溶液中的均匀混合状态；通过冷却干燥可以很简单地制备无水盐。

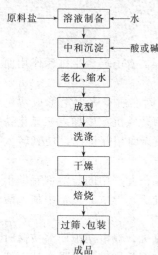

图 4-15　胶凝法制备
催化剂工艺流程

（4）微波干燥法　微波干燥法是一种深入到物料内部由内向外的加热方法。与传统方法相比，该法具有以下优点：加热速度快，只需要传统方法 1/100～1/10 的时间就可以完成；反应灵敏，开机后几分钟就可以正常运转，加热功率可调整，关机后加热无滞后；加热均匀，微波加热场中无温度梯度存在，热效率高。由于微波加热的这些特点，使得微波干燥效率高，能防止凝胶在干燥过程中开裂。

（5）真空干燥法　此法是在负压条件下对样品进行加热和干燥。由于压力低，液体的蒸气压降低，因而可以在较低温度下操作；同时也降低样品的表面张力，防止颗粒聚集。

4.4.4　生产工艺流程及影响因素

（1）工艺流程　胶凝法是沉淀法制造催化剂的特殊形式，其制造的各个工艺步骤，对催化剂的宏观结构有一定影响，从而影响催化剂的性能，其工艺流程如图 4-15 所示。首先将原料盐加水制备盐溶液，而后进行中和沉淀、老化、缩水、成型、洗涤、干燥、焙烧、过筛、包装即为成品。

（2）影响因素　影响胶凝生产的主要因素有溶液浓度、中和沉淀条件等。起始溶液的浓度对凝胶的孔结构有一定影响。如用硫酸镁和水玻璃制取硅酸胶，浓度从 2%～4% 提高到 16% 时（按 MgO、SiO_2 计），会缩小孔径和增加均匀性。这是由于溶胶颗粒变小时，可在较浓的溶液中转变为凝胶。

以多孔硅胶生产为例，其生产工艺流程如图 4-16 所示。

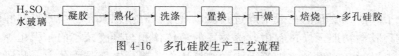

图 4-16　多孔硅胶生产工艺流程

将水玻璃和硫酸溶液并流加入沉降槽，调节加料速度以控制胶凝介质的 pH 值稳定在 7 左右。胶凝后的凝胶在稀硫酸溶液中熟化数小时，然后以温水洗涤，除去 Na^+ 和 SO_4^{2-}。将洗净的水凝胶用稀氨水溶液浸泡以降低胶粒的亲水性，在较高温度下进行快速干燥，再经焙烧即得干凝胶产品。影响胶凝生产的因素如下。

① 胶凝阶段介质的 pH 值　决定硅胶比表面积的主要因素是基本粒子的大小，这些粒子的最终尺寸取决于缩合反应的速率及其持续的时间，而且凝胶阶段缩合速率与介质的 pH 值密切相关。试验表明，当硅酸盐用 HCl 中和时，在 pH 值为 2 左右，胶凝阶段的缩合速率最慢，产生的基本粒子细小，比表面积相对比较大（约为 800m^2/g）；而快的缩合速率，例如在 pH 值为 7 附近胶凝，产生较大的基本粒子，比表面积较小（约为 400m^2/g）。在用 H_2SO_4 中和的场合下，当 pH 值在 6～8 介质中胶凝时，因反应速率大，比表面积比较小。

胶凝介质的 pH 值对孔体积的影响较为复杂。因为孔体积是基本粒子尺寸、尺寸分布和粒子堆砌密度的函数。pH 值不但影响基本粒子的尺寸和尺寸分布，而且也影响粒子的堆砌密度。试验表明，在 pH 值为 2 左右时胶凝孔体积比高于或低于此 pH 值胶凝的孔体积都小。

在洗涤、干燥前，水凝胶在母液中进行熟化，特别是在中性介质中熟化，能使小粒子溶解，大粒子长大，产生较大的孔径和孔体积以及较小的比表面积。表 4-3 列出了熟化处理对硅胶网络结构的影响。

表 4-3 熟化处理对硅胶网络结构的影响（80℃，94h）

成胶时的 pH 值	熟化与否	比表面积 S /(m²/g)	比孔体积 V /(cm³/g)	1200℃热失重 （质量分数）/%	平均孔半径 r /0.1nm
0	不熟化	729	0.53	5.1	14.5
	熟化	628	0.69	5.0	20.4
3	不熟化	769	0.35	6.8	9.1
	熟化	721	0.54	6.1	15.0
6	不熟化	552	0.43	6.1	15.6
	熟化	360	1.03	3.6	57.2
7	不熟化	496	0.82	4.1	33.1
	熟化	205	1.16	2.7	133.0

② 水凝胶后处理期间介质的 pH 值　只要有水存在于凝胶体系中，缩合反应就有可能发生，因此水凝胶在熟化、洗涤、干燥期间，反应将会继续进行，并且其速率主要取决于介质的 pH 值。例如，在酸性介质中制得的一部分水凝胶用 pH 值为 3.5 的水洗涤，另一部分用 pH 值为 6.6 的水洗涤，这样处理的样品分别具有如下的比表面积和孔体积：610m²/g、0.30 cm³/g（粗分散凝胶）；400m²/g、0.82cm³/g（细分散凝胶）。可见，洗涤水的 pH 值对凝胶结构有显著影响。水凝胶在酸中浸泡液证实了这一影响。增加 HCl 的浓度实质上并不改变基本粒子的尺寸，只是在某种程度上影响粒子的堆砌密度。而用 H_2SO_4 浸泡的情况则不同。提高 H_2SO_4 的浓度能使比表面积显著减小，使孔体积显著增大。HCl 和 H_2SO_4 的影响不同，可能是因为 H_2SO_4 比 HCl 有较大的脱水性能。

干燥阶段水凝胶内所含介质的 pH 值直接影响缩合效应。当水凝胶用 pH 值为 3.5 的水洗涤，并在相同介质下干燥时，那么洗涤和干燥过程中缩合反应是很慢的，得到高的比表面积。如果同样的水凝胶用 pH 值为 6.6 的水洗涤，则洗涤和干燥时的缩合反应快得多，产生的比表面积势必比较小。

由此可见，硅胶的性质在每个制备阶段都要受到缩合反应的影响，反应速率主要取决于介质的 pH 值。此外，熟化与否对比表面积、比孔体积、1200℃热失重、平均孔半径等也具有一定的影响。

另外，有文献报道，水凝胶水洗、氨水浸泡、干燥、焙烧等四个后处理条件，不但对物理结构有所影响，而且对表面酸性也有影响。洗涤程度不同，Na^+ 含量也不同。当 Na_2O 含量在 0.12%～0.95% 之间变动时，比表面积随 Na^+ 含量增大而略下降；含量过大的，由于焙烧时容易引起半熔而使平均孔径稍有增大。实验结果还表明，氨水浸泡是扩大孔径的一种好方法。

4.5 共混法

共混法是工业上制造多组分催化剂最简单的方法。其原理就是将组成催化剂的各组分以粉状粒子的形态在球磨机或碾合机内，边磨细，边混合，使各组分粒子之间尽可能均匀分散，保证催化剂主剂与助剂及载体的充分混合，但这仅仅是物理机械混合，催化剂组分之间的分散度不如其他方法，一般还需加入胶黏剂。

4.5.1 生产方法

共混法分为干混法和湿混法两种方法。

干混法是把催化剂活性组分、助催化剂、载体、胶黏剂、润滑剂、造孔剂等放在混合器内进行机械混合、过筛、成型、挤条、滚球、压片等工序，再经干燥、焙烧、过筛、包装即为成品。混合过程是在带有搅拌的密封容器内进行，充分混合后加入少量水，过筛后先成型再进行干燥和焙烧。活性组分和助催化剂是金属氧化物，不宜采用金属盐类，否则易造成催化剂碎裂、粉化。焙烧采用带式焙烧炉或高温连续时隧道窑最为适宜，可以使催化剂铺成薄层而焙烧匀透，并避免局部过热。其工艺流程如图 4-17 所示。

湿混法工艺流程如图 4-18 所示。活性组分往往以沉淀盐或氢氧化物的形式再加上助催化剂或载体、胶黏剂共同进行湿式碾合，然后进行挤条、干燥、焙烧、过筛、包装即为成品，过程要比干混法生产繁复些。

影响共混法的因素有催化剂原料的物化性质、原料混合的程度、干燥焙烧的温度等。

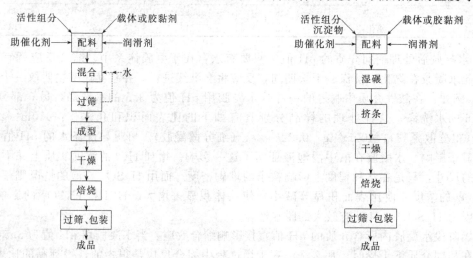

图 4-17　干混法工艺流程　　　　图 4-18　湿混法工艺流程

用共混法制备催化剂时，原料的物化性质是影响催化剂性质的重要因素。干混法制甲醇催化剂时，作为主催化剂的 ZnO 性能对催化剂性能影响极大，取白菱锌矿焙烧得到的 ZnO 活性，比用硝酸锌、甲酸锌或草酸锌制取的 ZnO 活性高，不仅晶体小，又因含有少量的锌镉固溶体而增加催化剂的活性，因为在催化剂使用过程中 CdO 被还原成 Cd，具有较高蒸气压，易被产品带走而使 ZnO 的晶格中出现空隙，增加了催化剂的活性。

共混法用的载体多为氧化铝，所以不仅 pH 值、浓度、沉淀剂对 Al_2O_3 表面积和空隙率有很大影响，而且不同的热处理温度会得到不同的 Al_2O_3 相型。应根据需要选择处理温度，如镍催化剂或加氢脱硫催化剂以选用 γ-Al_2O_3 作载体为宜。

混合的均匀程度对催化剂的活性及活性的持久性、催化剂稳定性及抗毒性都有很大影响。由于共混法是通过简单的机械混合，将各组分原料及载体混合，难免出现混合不匀的现象，直接影响催化剂的使用性能，这是混合法的最大缺点。

干燥和焙烧的温度升降要尽量缓慢，这样可使颗粒焙烧匀透，避免水蒸气汽化形成高压，使颗粒破碎。

共混法的优点是方法简单、生产量大、成本低，适用于大批量催化剂的生产；缺点是生产过程粉尘大、劳动条件恶劣，尤其是毒性较大的催化剂，对工人身体损害很大，再加上很难使催化剂各组分混合均匀，活性、热稳定性较沉淀法、浸渍法都差，是趋于淘汰的方法。

共混法可算是制备催化剂的一种最简单、最原始的方法，多组分催化剂在压片、挤条或滚球之前，一般都经历混合过程。由于混合的物相不同，所采用的设备有很大区别。干式混合常用拌粉机、球磨机等设备，而湿式混合包括水凝胶与含水沉淀物混合、含水沉淀物与固体粉末混合等，多用捏合机、槽式混合器、轮碾机和胶体磨等设备。混合法设备简单，操作方便，产品化学组成稳定，可用于制备高含量的多组分催化剂，尤其是混合氧化物催化剂。

4.5.2 SO$_2$ 氧化钒系催化剂的制备

硫酸工业历史悠久，二氧化硫的氧化是无机化工的重要催化过程。采用的气固接触铂负载型催化剂，虽然可制得高浓度硫酸，但容易中毒，原料气除砷不彻底时，几分钟就足以使催化剂失去活性，而且价格昂贵，已为钒系催化剂所取代。目前钒系催化剂活性比已达到铂催化剂水平，抗砷能力比铂高几千倍，价廉易得，显示出很大的优越性。目前各国工业上使用的钒系催化剂，大体上都是以五氧化二钒为主催化剂，碱金属硫酸盐为助催化剂，硅化合物（硅藻土、硅胶）为载体的负载型催化剂。制备钒系催化剂，可以采用浸渍法，也可采用共混法。按照波列斯可夫（Eоpeckоъ）等的看法，在使用温度（400～600℃）下，载体表面上的 V$_2$O$_5$-K$_2$SO$_4$ 组分处于熔融状态，催化反应实际上是在熔融液层中进行。因此，可以认为 V$_2$O$_5$-K$_2$SO$_4$ 组分与载体初次混合后，在焙烧过程（500～550℃）还可以进一步混合，采用共混法制备工艺可以制得合乎要求的催化剂。图4-19 为 SO$_2$ 氧化钒系催化剂的湿混法生产流程。

硅藻土具有良好的物理结构特性，是常用的天然载体之一。但是，硅藻土原矿并非全是 SiO$_2$，还含有一些金属氧化物、有机物、砂石、杂草及其他固体

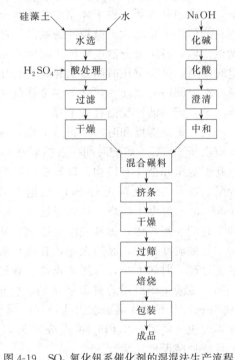

图 4-19 SO$_2$ 氧化钒系催化剂的湿混法生产流程

杂质。以山东硅藻土为例，原矿中 SiO$_2$ 含量只有 70% 左右，近 30% 成分为杂质，而大部分杂质对催化剂是有害的，使用前必须进行水选与酸处理等净化操作，即先在打浆桶内加入适量水，开蒸汽加热，然后加入硅藻土原矿，开搅拌器打浆，抽出所需的细浆送进压滤机过滤。然后，将压滤好的滤饼放进酸处理桶，加入适量硫酸，使硅藻土中的 Fe$_2$O$_3$、Al$_2$O$_3$、CaO、MgO 等杂质与 H$_2$SO$_4$ 作用生成可溶性的硫酸盐，便于洗涤时除去。此时也改善了物理结构。稀释过的浆液用泵打入压滤机，过滤并洗涤。滤饼约在 100℃ 温度下干燥，使精制硅藻土水分含量小于 15%，供配料、碾合用。同样，原料 V$_2$O$_5$ 也必须进行净化处理，即将原料 V$_2$O$_5$ 放入化钒桶溶解，在这一溶解过程中，可把杂质氢氧化铁等沉淀下来而分离。待 V$_2$O$_5$ 全部溶解后，加水调节浓度（约 200g V$_2$O$_5$/L H$_2$O），停止加热和搅拌，将初步澄清的钒盐溶液打入沉降桶中进一步澄清，除去氢氧化铁等杂质后打入高位槽。将高位槽中的钒盐溶液与适量浓硫酸同时加入中和反应桶，并充分搅拌，调节终点 pH 值在 2～4 之间。此时反应物为 V$_2$O$_5$-K$_2$SO$_4$ 混合浆液：

$$2KVO_3 + H_2SO_4 = V_2O_5 + K_2SO_4 + H_2O$$
$$2K_3VO_4 + 3H_2SO_4 = V_2O_5 + 3K_2SO_4 + 3H_2O$$

$$2KOH + H_2SO_4 \Longrightarrow K_2SO_4 + 2H_2O$$

按一定比例将中和好的 V_2O_5-K_2SO_4 混合物与准确称量的精制硅藻土倒入轮碾机,并加适量水充分碾压成可塑性物料,供挤条成型用。

碾压好的物料加入螺旋挤条机成型,制成直径为 5mm 的圆柱体,并在链带式(链板)干燥器上干燥。已干燥的物料送入储斗,经摆动筛到滚动式焙烧炉(合金砖窑)焙烧。焙烧温度控制在 $500 \sim 550℃$ 之间,焙烧时间约 90min。最后经过冷却、过筛、气密包装,即可得产品。加热料的目的是回收碎料,以提高产量。加入的硫黄主要起造孔作用和 SO_2 的预饱和作用,并增加催化剂的粗孔分量。主要影响因素如下:

(1)碾压时间 原料的混合在轮碾机上进行,碾压兼有分散和混合两种作用。通过碾压,不但可将块状物料(硅藻土、五氧化二钒)分散开来,而且能使各个组分适当互混,制成比较均匀的多组分体系。由于体系中含有水分,将会产生相当大的毛细收缩力,随着碾压的进程,物料的塑性不断增大,微粒间的黏结逐渐加强,因而产品的机械强度显著提高。在不太长的时间范围内,各组分分散度随碾压时间而增大,而催化活性随分散度增大而提高;但是,超过一定时间后,延长碾压时间,引起孔径和比孔体积的过分变小,反而会使催化活性降低。一般来说,在时间限度之前,活性与强度皆随碾压时间的增加而提高;超过限度后,虽然强度可以继续上升,但是活性反而有所下降。

(2)焙烧温度和时间 钒系催化剂在焙烧过程中,温度是一个十分重要的因素。焙烧温度不应低于 500℃。焙烧时间一般控制在 90min。通过焙烧,可以增大催化剂的机械强度,除去造孔剂硫黄和杂质有机物,以形成良好的孔结构,使 V_2O_5 与 K_2SO_4 共熔,并在载体上重新分配,以及将催化剂进行 SO_2 预饱和稳定活性等。对于 $K_2O/V_2O_5 = 2 \sim 3$ 的催化剂,在 $500 \sim 550℃$ 温度下焙烧,可以保证 V_2O_5-K_2SO_4 处于熔融状态(最低熔融温度为 430℃),有利于它们互相扩散,弥补共混法催化剂分散度较低的不足之处。

如果温度过低,时间太短,有机杂质没有除尽,硫黄未能充分发挥作用,活性将下降。而温度过高,时间太长,可能使硫黄、有机杂质迅速氧化,放出大量的燃烧热,造成催化剂严重烧结。硫酸生产所用的钒系催化剂,要求具有粗孔结构,平均孔半径应大于 300nm,最好为 1000nm,但不宜片面追求大孔径。严重烧结的催化剂,固然孔径很大,但比表面积小,活性并不理想。同时,K_2SO_4 可能分解为 K_2O,并与 SiO_2 作用生成钾玻璃,包在催化剂表面,不可逆地降低催化活性。

$$K_2SO_4 \xrightarrow{>800℃} K_2O + SO_3$$
$$K_2O + SiO_2 \Longrightarrow K_2SiO_3$$

4.5.3 锌锰系脱硫剂的制备

转化吸收型 Zn-Mn 系脱硫剂主要用于某些合成氨厂的原料气净化部分,将其中所含的有机硫(噻吩除外)转化并吸收,以保证一氧化碳低温变换催化剂和甲烷化催化剂的正常使用;也可以用在天然气制氢等其他新流程中脱除有机硫。

脱硫剂按其脱硫方式——干法脱硫和湿法脱硫,可分为固体脱硫剂和液体脱硫剂两种。固体脱硫剂按其脱硫功能又分为转化型、吸收型和转化吸收型三种。转化型脱硫剂的作用主要是使有机硫化物转化为硫化氢,其代表产品为钼酸钴和钼酸镍加氢脱硫催化剂;吸收型脱硫剂只能吸收硫化氢,以氧化铁为主体的铁碱脱硫剂便属此类;转化吸收型脱硫剂兼有转化和吸收的功能,能将有机硫转化为硫化氢,然后又吸收 H_2S,锌锰系脱硫剂即属于这种类型。

Zn-Mn 系脱硫剂以 MnO、ZnO 为基本组分,添加适量的 CuO、Cr_2O_3。使用前在压力 0.8MPa、温度小于 420℃和空速 $7000 \sim 1000h^{-1}$ 条件下还原。它适用于焦化干气脱硫,操作温度 350~400℃，空速 500~100h^{-1}，出口硫小于 1mg/L。单一组分 ZnO 也可以作为水煤气或其他工业气体的脱硫剂，但是要在较高温度（通常 400℃）下才具有较大的转化能力。操作温度降低到 200℃左右。如果在 ZnO 中添加某些金属氧化物，可使脱硫剂的转化能力大为提高，例如加入锰的氧化物，在 200℃下具有很大的初活性。所以，锰的氧化物是一个合适的添加剂。通常以 MnO$_2$ 的形式加入，使用前加以预处理，使之还原为 MnO，添加 MnO 不但可以提高脱硫剂的机械强度（起黏结剂的作用），而且也是脱硫剂的有效成分之一。

Zn-Mn 系脱硫剂除有机硫的反应大致分为转化反应和吸收反应两个部分。

转化反应：

$$C_2H_5SH_{(硫酸)}+H_2 =\!=\!= C_2H_6+H_2S$$
$$CH_3SC_2H_{5(硫酸)}+2H_2 =\!=\!= CH_4+C_2H_6+H_2S$$
$$CS_{2(二硫化碳)}+4H_2 =\!=\!= CH_4+2H_2S$$
$$COS_{(氧硫化碳)}+H_2 =\!=\!= CO+H_2S$$

吸收反应：

$$ZnO+H_2S =\!=\!= ZnS+H_2O$$
$$MnO+H_2S =\!=\!= MnS+H_2O$$
$$MgO+H_2S =\!=\!= MgS+H_2O$$

（1）干混法制备工艺 转化吸收型 Zn-Mn 系脱硫剂可以直接采用市售的活性氧化锌（或碳酸锌）、二氧化锰、氧化镁为原料，以干混法制备。碳酸锌也可由锌锭、硫酸、碳酸钠通过沉淀反应自行制备。干混法 Zn-Mn 系脱硫催化剂生产流程如图 4-20 所示。按规定配方将碳酸锌、二氧化锰、氧化镁依次倒进混合机混合 10~15min，然后恒速送入一次焙烧炉，在 350℃左右进行第一次焙烧，使大部分碳酸锌分解为活性氧化锌。将初次焙烧过的混合物慢慢地加到回转造球机，喷水滚制成小圆球。较大的小圆球摩擦系数小，浮在表面滚动，符合粒度要求时便从圆盘下沿滚出，进入二次焙烧炉，在 350℃左右进行第二次焙烧。过筛、冷却后气密包装，即得产品 ZnCO$_3$·MnO$_2$·MgO。

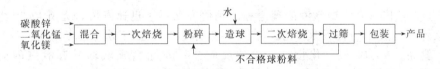

图 4-20 干混法 Zn-Mn 系脱硫催化剂生产流程

（2）主要影响因素

① 氧化锌原料 ZnO 组分可由各种原料制得，但脱硫效果各不一样，甚至有很大差别。大批量工业氧化锌由锌在空气中燃烧制成。由于晶粒粗大，所以比表面积小、活性低，在 350℃下分解各种锌盐制得的氧化锌晶粒小、比表面积大，有利于脱硫反应顺利进行。特别是碳酸锌的分解产物——活性氧化锌，呈短纤维状，结构疏松，比表面积大，堆密度较小，脱硫容量大，性能最好。氢氧化锌分解产物的性能略差一些。所以，Zn-Mn 系脱硫剂主要成分氧化锌通常由碳酸锌分解而来。

② 焙烧 脱硫剂在使用过程中由于生成硫化物，它的比表面积和比孔体积会逐渐变小，而颗粒体积未变，以致堆密度有规律地变大。脱硫性能与比表面积、孔结构有着密切关系。当化学组成一定时，脱硫剂应该具备适当大小的比表面积和大孔分布。

既然给定化学组成脱硫剂的硫容取决于物理结构，而物理结构又取决于制备方法和条件，那么焙烧操作值得研究。要使脱硫剂含有一定分量的大孔，可以先造球后焙烧，通过热分解来造孔。碳酸锌的分解温度为 300℃。为使碳酸锌完全分解，通过焙烧温度控制在 350℃ 左右。但是，先造球后焙烧，因反应剧烈，会使机械强度差。造球前进行一次焙烧（约 350℃），可将大部分碳酸锌分解为活性氧化锌，少量未分解的碳酸锌连同造球时外加水一起作为造孔剂，在 350℃ 温度下进行二次焙烧，可以获得适宜的比表面积、孔结构和强度。

4.6 催化剂制备新技术

4.6.1 微乳化技术

一般情况下，将两种互不相溶的液体在表面活性剂作用下形成的热力学稳定的、各向同性、外观透明或半透明、粒径 1～100nm 的分散体系称为微乳液。相应地，把制备微乳液的技术称为微乳化技术（MRT）。在结构方面，微乳液有 O/W（水包油）型和 W/O（油包水）型，类似于普通乳液，但微乳液与普通乳液有本质区别：普通乳液是热力学不稳定体系，分散相质点大、不均匀、外观不透明，靠表面活性剂或其他乳化剂维持动态稳定；微乳液是热力学稳定体系，分散相质点小，外观透明或近乎透明，经高速离心分离不发生分层现象（表 4-4）。

表 4-4 普通乳液和微乳液的特征比较

项 目	普通乳液	微乳液
外观	不透明	透明或近乎透明
质点大小	大于 $0.1\mu m$，一般多为分散体系	$0.01～0.1\mu m$，一般为单分散体系
质点形状	一般为球状	球状
热力学稳定性	不稳定，用离心机分离易于分层	稳定，用离心机不能使之分层
表面活性剂用量	少，一般无须加助表面活性剂	多，一般须加助表面活性剂
与油水混溶性	与油水在一定条件下可混溶	O/W 型与水混溶，W/O 型与油混溶

20 世纪 80 年代以来，微乳液的理论和应用研究获得了迅速发展，尤其是 20 世纪 90 年代以后，微乳液的应用研究发展更快，在许多技术领域，如三次采油、污水处理、萃取分离、催化、食品、生物医药、化妆品、化学反应介质及涂料领域均具有潜在的应用前景。我国的微乳化技术研究始于 20 世纪 80 年代初期，在理论和应用研究方面也取得了相当可喜的成果。

1982 年，Boutonnet 首先报道了应用微乳液制备出了纳米颗粒：用水合肼或者氢气还原在 W/O 型微乳液水核中的贵金属盐，得到了单分散的 Pt、Pd、Ru、Ir 金属颗粒（3～5nm）。从此以后，不断有文献报道用微乳液合成各种纳米粒子催化剂。

用微乳化法制备纳米催化剂，首先要制备稳定的微乳液体系。微乳液体系一般由有机溶剂、水溶液、活性剂、助表面活性剂 4 个部分组成。常用的有机溶剂多为 $C_6～C_8$ 直链烃或环烷烃。表面活性剂一般由 AOT（琥珀酸二异辛酯磺酸钠）、AOS、SDS（十二烷基硫酸钠）、SDBS（十二烷基磺酸钠）等阴离子表面活性剂，CTAB（十六烷基三甲基溴化铵）等阳离子表面活性剂，Trition X（聚氧乙烯醚类）等非离子表面活性剂。助表面活性剂一般为中等碳链 $C_5～C_8$ 的脂肪醇。常规制备微乳液的方法有两种：Schulman 法和 Shah 法。Schulman 法是把有机溶剂、水、乳化剂混合均匀，然后向该乳液中滴入醇，在某一时刻体系会突然间变得透明，这样就制得微乳液。Shah 法是把有机溶剂、醇、乳化剂混合为乳化体系，向该乳化液中加入水，体系会在瞬间变得透明。微乳液的形成不需要外加功，主要依靠体系中各组分的匹配，寻找这种匹配关系的主要途径有 PIT（相转换温度）、CER（黏附能比）、表面活性剂在油面相和界面相的分配、HLB 法和盐度扫描等方法。

4.6.2　等离子体技术

等离子体就是处于电离状态下的气体，是美国科学家 Langmuir 在研究低气压下汞蒸气中的放电现象时发现并命名的。等离子体由大量的电子、离子、中性原子、激发态原子、光子和自由基等组成，但电子和正离子的电荷数必须相等，整体表现出电中性，此即"等离子体"的含义。由于等离子体在许多方面与液体、气体、固体不同，因此又有人将其称为物质的第四态。

宏观电中性是等离子体的基本特征，一般等离子体化学合成涉及的是冷等离子体。冷等离子体的电子温度高达 10^4 K 以上，而气体主流体温度却可更低甚至室温。冷等离子体的这种非平衡性意义重大：一方面，电子具有足够高的能量，通过非弹性碰撞使气体分子激发、离解和电离；另一方面，整个等离子体系又可以保持低温，可实现化学反应和能量的有效利用。

等离子体在化学合成、薄膜制备、表面处理、精细化学品加工及环境污染治理等诸多领域都有应用。利用等离子体制备的催化剂，比表面积大、分散性好、晶格缺陷多、稳定性好，与传统催化剂制备方法相比，具有高效、清洁等优点。

4.6.3　微波技术

微波是一种频率在 $300MHz \sim 300GHz$，即波长在 $1mm \sim 1m$ 范围内的电磁波，位于电磁波谱的红外辐射（光波）和无线电波之间。微波是特殊的电磁波段，不能利用在无线电和高频技术中普遍使用的器材（如传统的真空管和晶体管）产生。100W 以上的微波功率常用磁控管作为发生器。微波在一般条件下可方便地穿透某些材料，如玻璃、陶瓷、某些塑料（如聚四氟乙烯）等。

微波加热作用的最大特点是可以在被加热物体的不同深度的同时产生热，也正是这种"体加热作用"，使得加热速度快且加热均匀，缩短处理材料所需要的时间，节省能源。微波的这种加热特征，使其可以直接与化学体系发生作用从而促进各类化学反应的进行，进而出现了微波化学这一崭新的领域。由于强电场的作用，在微波中往往会产生用热力学方法得不到的高能态原子、分子和离子，因而可使一些在热力学上本来不可能进行的反应得以发生，从而为有机和无机合成开辟了一条崭新的道路。微波合成在化学领域中的应用，主要涉及有机化学和无机化学两个方面。在有机反应方面，应用几乎包括了烷基化、水解、氧化、烯烃加成、取代、聚合、催化氢化、酰胺化、自由基反应等；在无机化学方面，陶瓷材料的烧结、超细纳米材料和沸石分子筛的合成都获益匪浅，特别是在沸石分子筛方面，应用尤其广泛，如 Y 型沸石分子筛、ZSM-5 的合成，NaA 型、NaX 型、NaY 型沸石的合成等。

4.6.4　超声波技术

超声波是频率高于 20000Hz 的声波，作为一种能量作用体系，从 20 世纪 20 年代开始，人们将其应用于化学领域，产生了一门交叉学科——声化学。近年来，众多的研究发现，将超声波用于催化剂的制备，能够增大催化剂表面积，提高活性组分的分散度，改善活性组分的分布，提高催化剂的性能。

超声波对催化剂制备过程的促进作用来自其独特的超声空化效应。超声空化是一种聚集声能的形式，指原存在于液体中的气泡核在声场的作用下振荡、生长和崩溃闭合的过程。气泡崩溃时，在极短时间内，气泡内的极小空间里形成局部热点，产生 5000K 以上的高温及 50MPa 的高压；同时还伴随有强烈的冲击波和速度可达 100m/s 的微射流。

超声波的这些作用能够强化传质，增加活性组分的渗透性，使其均匀分散，增加催化剂的比表面积，提高活性组分分散度；超声波的空化作用还能对载体的表面和孔道起到清洗效果，疏通孔道，促进活性组分的负载。很多研究者都将超声波技术用于催化剂的制备，获得了良好的效果。

有研究人员将超声波技术制备出一种兰尼镍催化剂，其对苯加氢饱和反应活性有明显的提高。通过各种表征手段，发现超声波的清洗作用使催化剂表面的氧化铝层及其他杂质减少，使更多的活泼位暴露在催化剂的表面，有利于其与反应物的接触及相互作用，提高催化剂的活性；且超声波的清洗作用有利于除去兰尼镍催化剂骨架内部的杂质，使孔径和孔体积增大，有利于反应物在催化剂内表面的吸附，提高催化剂活性。研究人员使用超声波促进浸渍法制备了负载纳米钙钛矿型催化剂 $LaCoO_3/\gamma\text{-}Al_2O_3$，考察了超声波辐照对催化剂性质的影响。实验结果表明，在浸渍过程施加超声波能够强化活性组分在载体上的分散，从而显著缩短浸渍时间、增加活性组分的负载量和孔内含量、提高活性组分的分散度，使催化剂对 NO 分解反应的催化活性增加。

4.6.5　超临界技术

当物质的温度和压力分别高于其临界温度和临界压力时就处于超临界状态。超临界状态下的流体称为超临界流体。超临界流体具有特殊的溶解度、易改变的密度、较低的黏度、较低的表面张力和较高的扩散性。

超临界技术在催化领域的研究和应用主要是气凝胶催化剂的制备和超临界条件下的催化反应和有关问题。超临界技术在超细粉粒的研制中也是一种主要方法。

在溶胶或凝胶干燥过程中，利用超临界流体干燥技术，可以消除表面张力和毛细管作用力，防止凝胶在一般干燥过程中发生的骨架塌陷，凝胶收缩、团聚、开裂，骨架遭到破坏等问题。另外，气凝胶具有高表面积和孔体积，既可作为催化剂载体，也是某些反应的良好催化剂。而某些混合金属氧化物气凝胶（或再经一些特殊处理后），则是很好的催化剂。多组分金属氧化物气凝胶催化剂的制备与单组分气凝胶的制备相似，不同的是用盐或醇盐（或酯）的混合物代替单一的盐或醇盐（或酯）为起始原料。具有良好催化性能的氧化物凝胶有 SiO_2、Al_2O_3、ZrO_2、MgO、TiO_2、$Al_2O_3\text{-}MgO$、$TiO_2\text{-}MgO$、$ZrO_2\text{-}MgO$、$Al_2O_3\text{-}NiO$、$Al_2O_3\text{-}Cr_2O_3$、$SiO_2\text{-}NiO$、$SiO_2\text{-}Fe_2O_3$、$ZrO_2\text{-}SiO_2$、$Ce_x\text{-}BaO_y\text{-}Al_2O_3$ 等。

4.6.6　膜技术

目前，不少高新技术的开发、应用都要借助膜的完成，催化反应过程也不例外。在膜催化反应装置中，无论是直接作为催化剂或作为分离介质，或者两者功能兼具的组件，都必须用到膜材料。因此，成膜技术便与膜催化剂制备和膜催化反应有着密切关系。

多相催化反应一般是在较高温度（大于 200℃）下进行，能够适应这一条件的膜材料多为金属、合金和无机化合物，因此这里的成膜技术主要是指这些膜的制备。

按成膜材料是否具有孔性质来区分，分为致密材料和微孔材料两类。致密材料包括金属材料和氧化物电解质材料，它们是无孔的，由之形成的膜属于致密膜。微孔材料包括多孔金属、多孔陶瓷、分子筛等，由它们形成的膜属于多孔膜。致密膜和多孔膜分别用于不同的膜催化反应场合。下面主要介绍一些有工业应用前景的成膜技术。

（1）固态离子烧结法　此法是将无机粉料微小颗粒或超细粒子与适当的介质混合、分散，形成稳定的悬浮物。成型后制成生坯，再经干燥，然后在高温（1000~1600℃）下烧结处理。这种方法不仅可以制备微孔陶瓷膜或陶瓷膜载体，也可用于制备微孔金属膜。

（2）溶胶-凝胶法　关于溶胶-凝胶法在前面已有介绍，这里要补充的是成膜方法，主要是浸涂制膜。浸涂就是用适当的方式使多孔基体表面和溶胶相接触。在基体毛细孔产生的附加压力作用下，溶胶有进入孔中的倾向；当其中的介质水被吸入孔道内时，胶粒流动受阻在表面截留、增浓、聚结，而形成一层凝胶膜。

浸涂通常有浸渍提拉和粉浆浇注两种方法。前者是将洁净的载体（多数为片状）浸入溶胶中，然后提起拉出，让溶胶自然流淌成膜。后者是将多孔管子垂直放置倒满溶胶后，保留一段时间再将其放掉。溶剂（在这里是水）被载体吸附于多孔结构上，水的吸附速率是溶胶黏度的函数。如果溶胶的黏度过高（大于 $0.1Pa \cdot s$），则浸涂层的厚度会造成从管子的顶部到底部的不均匀；反之，黏度太低（小于 $0.1Pa \cdot s$），则全部溶胶都被吸附在载体上。

（3）薄膜沉积法　薄膜沉积法是用溅射、离子镀、金属镀及气相沉积等方法，将膜料沉积在载体上制造薄膜的技术。薄膜沉积过程大致分为两步：一是膜料（源物种）的气化；二是膜料的蒸气依附于其他材料制成的载体上形成薄膜。例如，溅射镀膜是在低气压下，让离子在强电场的作用下轰击膜料，使表面原子相继逸出，沉积在载体上形成薄膜。其特点是：在溅射过程中膜料没有相态变化，化合物的成分不会改变，溅射材料粒子的动能大，能形成致密、附着力强的薄膜。

（4）阳极氧化法　阳极氧化法是目前制备多孔 Al_2O_3 膜的重要方法之一。该方法的特点是：制得的膜的孔径是同向的，几乎互相平行并垂直于膜，这是其他方法难以达到的。

阳极氧化过程的基本原理是：以高纯度的合金箔为阳极，并使一侧表面与酸性电解质溶液（如草酸、硫酸、磷酸）接触，通过电解作用在此表面上形成微孔 Al_2O_3 膜，然后用适当方法除去未被氧化的铝载体和阻挡层，便得到孔径均匀、孔道与膜平面垂直的微孔氧化铝膜。

（5）水热法　水热法主要用于分子筛膜的合成。分子筛作为一般的固体催化剂已经取得富有成效的工业应用，而作为膜的合成和应用研究却还处于试验阶段。在广义上讲，分子筛膜分为三类：①分子筛膜填充有机聚合物膜，例如，将事先合成好的硅分子筛、生胶和交联剂充分混合后，在有机玻璃板上浇铸成膜，保持一定温度和时间以保证充分交联，制得硅橡胶分析筛膜；②非担载分子筛膜，例如，1992 年报道了非担载的 ZSM-5 分子筛膜的制备，并应用于正己烷/2,2-二甲基丁烷的分离，分离系数为 17；③担载分子筛膜，这是目前最为集中的研究类型。

随着分子筛合成技术的发展，除通常的水热合成法外，相继出现了澄清溶液中分子筛合成法、气相合成法、微波合成法等新方法，它们都各有优点；相应地这些新技术也可应用于担载分子筛膜的合成。目前较普遍采用的是原位水热合成法。

第**5**章

炼油工业与石油化工催化材料的应用

炼油工业是把原油通过石油炼制过程加工成各种石油产品的工业。石油产品的用途非常广泛，各行各业所使用的机械、仪表都离不开从石油中制取的润滑油和润滑脂。石蜡、沥青、溶剂等石油产品是许多工业部门不可缺少的材料。石油产品也是生产各种石油化工产品的基本原料，如合成树脂、合成橡胶、合成纤维等。

原油炼制技术主要分为无催化剂的热加工和有催化剂存在的催化加工两大类。无催化剂的热加工主要包括蒸馏、延迟焦化、热裂化、减黏、分子筛脱蜡、氧化沥青和溶剂精制等，其中蒸馏、分子筛脱蜡和溶剂精制主要是物理变化过程。有催化剂存在的催化过程主要包括催化裂化、催化重整、催化加氢（包括加氢精制、加氢裂化等）和轻烃的烷基化、异构化和醚化等，以化学反应为主，也伴有物理过程。催化加工装置是现代炼油厂的主体，而催化剂则是催化加工技术的核心。

5.1 催化重整

重整是指烃类分子重新排列成新的分子结构。在有催化剂的作用下，将低辛烷值（40～60）的直馏石脑油转化为高产率、高辛烷值的汽油馏分进行的重整，即为催化重整。采用铂催化剂称为"铂重整"，采用铂铼催化剂或多金属催化剂的称为"铂铼重整"或"多金属重整"。催化重整通过异构化、加氢、脱氢环化和脱氢等反应，使直馏汽油的分子，其中包括由裂解获得的较大分子烃，转化为芳烃和异构烃以改善燃料的质量。因而其不仅与高级汽油的生产有关，也关系到石油化工基础原料的生产。由催化重整提供的苯、甲苯、二甲苯等芳烃经过各种催化反应过程制成的各类产品，广泛用于塑料、橡胶、合成纤维、涂料、树脂、医药、燃料、杀虫剂、除锈剂、洗涤剂、溶剂等的生产中。无论是高辛烷值汽油或芳烃，在催化重整过程中，还副产大量氢气，用来作为重整原料加氢裂化及生产合成氨。重整所生产的丙烷，可作为液化气，异丁烷可用来供给烷基化装置。

5.1.1 基本原理及主要反应

催化重整的原料油是汽油馏分。其中含有烷烃、环烷烃及少量芳香烃，碳原子数一般都在4～9个。有一些原料烷烃含量特别高，称为烷基原料油；另一些原料环烷烃含量比较高，称为环烷基原料油，主要反应如下：

（1）六元环烷烃脱氢反应　这是速率较快的吸热反应，称为芳构化反应，反应后环烷烃转化为芳烃。大多数环烷烃脱氢反应是在重整装置的第一个反应器中完成的，反应是被贵金属所催化的。例如：

$$\text{（环己烷）} \rightleftharpoons \text{（苯）} + 3H_2 \qquad \text{（甲基环己烷）} \rightleftharpoons \text{（甲苯）} + 3H_2$$

（2）五元环烷烃异构化脱氢反应 这类反应的进行主要是靠催化剂的酸性（卤素）部分的作用，少部分是靠催化剂的贵金属部分的作用。五碳环的芳构化首先是部分脱氢，然后是扩环，由五碳环变为六碳环，最后脱氢芳构化，变成芳烃。例如：

$$\text{（甲基环戊烷）} \rightleftharpoons \text{（苯）} + 3H_2$$

（3）烷烃脱氢环化反应 这类反应是由催化剂中的贵金属及酸性部分所催化，反应进行相对较慢，它将石蜡烃转化为芳烃，是一种提高辛烷值的重要反应。这一吸热反应经常发生在重整装置的中部至后部的反应器中。例如：

$$H_3C-CH_2-CH_2-CH_2-CH_2-CH_2-CH_3 \rightleftharpoons \text{（甲苯）} + 3H_2$$

（4）正构烷烃的异构化反应 这类反应主要借助催化剂酸性功能的作用，反应进行相对较快。它在氢气产量不发生变化的情况下，产生分子结构重排，生成辛烷值较高的异构烷烃。例如：

$$H_3C-CH_2-CH_2-CH_2-CH_2-CH_2-CH_3 \rightleftharpoons H_3C-\underset{\underset{CH_3}{|}}{C}H-\underset{\underset{CH_3}{|}}{C}H-CH_2-CH_3$$

（5）烃类加氢裂解反应 这类反应主要借助催化剂酸性功能的作用。人们通常不希望发生这种相对较慢的反应，因为它产生过多量的 C_4 及更轻的轻质烃类，并不产生焦油和消耗氢气。加氢裂解是放热反应，一般发生在最末反应器内。例如：

$$H_3C-CH_2-CH_2-CH_2-CH_2-CH_2-CH_3 + H_2 \rightleftharpoons H_3C-CH_2-CH_3 + H_3C-\underset{\underset{CH_3}{|}}{C}H-CH_3$$

其他还有生焦和烯烃的饱和反应。

上述五类反应中前三类反应都生成芳烃。烷烃异构化能提高汽油辛烷值，加氢裂化反应不利于芳烃生成且使液体产物收率降低，故要适当控制。

5.1.2 催化剂组成和种类

重整催化剂是双功能催化剂，金属组分提供脱氢活性，卤素及载体提供酸性中心，能催化异构化反应涉及分子中碳骨架变化的化学反应。工业重整催化剂分为非金属催化剂和贵金属催化剂两类。前者有 Cr_2O_3/Al_2O_3、MoO_3/Al_2O_3 等，其主要活性组分多数为ⅥB族元素的氧化物，它们的活性较差，目前基本上已被淘汰；后者的主要活性组分多为ⅧB族金属元素，如 Pt、Pd、Ir、Rh 等，工业上广泛使用的是 Pt。

（1）金属组分 重整催化剂中以 Pt 催化剂的脱氢活性最高。Pt 很昂贵，故在 Pt 催化剂中 Pt 是处于高度分散的状态，其含量为 $0.20\%\sim0.75\%$，以晶体状态存在，Pt 晶粒平均直径 $0.8\sim10\text{mm}$。晶粒越小，Pt 与载体的接触面越大，催化剂的活性和选择性越高。为制备高度分散的 Pt 催化剂，Al_2O_3 常以 H_2PtCl_6 溶液的形式浸渍到 Al_2O_3 中或用 $[Pt(NH_3)_4]^{2+}$ 的形式交换到 Al_2O_3 中。制备工艺也影响晶粒大小，如焙烧温度过高使晶粒变大。晶粒大小可用金属分散度间接反映，Pt 的分散度为吸附的 H 原子的物质的量与总的 Pt 原子的物质的量的比值。优良的重整催化剂中 Pt 的分散度可达到 0.95。单 Pt 催化剂中 Pt 分散度随着催化剂使用时间增加而逐步减小，加入 Re、Ir、Pd、Sn、Ti、Al 等元素有利于 Pt 保持原来的高度分散状态。

（2）载体 重整催化剂属负载型催化剂，按照近代活性金属与载体的相互作用理论，载体不仅负载活性组分，而且由于相互作用的结果，还对改善和提高催化剂的催化性能起着重要作用。

重整催化剂常用 Al_2O_3 作载体。早期的重整催化剂采用 $\eta\text{-}Al_2O_3$、$\gamma\text{-}Al_2O_3$ 作载体。$\eta\text{-}Al_2O_3$ 具有初始表面积高、酸性功能强的特点，因而在初始常用于纯铂催化剂载体，但热稳定性和抗水性能较差。随着重整反应过程温度提高，再生次数增多，$\eta\text{-}Al_2O_3$ 的结构性质发生变化。

现代重整催化剂的载体一般采用 $\gamma\text{-}Al_2O_3$。其热稳定性比 $\eta\text{-}Al_2O_3$ 好得多，经反复使用、再生，仍能保持较高的初始表面积，所以用 $\gamma\text{-}Al_2O_3$ 作载体的催化剂用于循环再生式重整装置的催化剂时，在失去相当多的表面积需要更换以前，可进行数百次再生；而 $\gamma\text{-}Al_2O_3$ 的酸功能不足时，则可通过适当调整催化剂的卤素含量加以弥补。为保证催化剂有较好的动力学特性和容炭能力，$\gamma\text{-}Al_2O_3$ 载体应有足够的孔容和合适的比表面积，以提高 Pt 的有效利用率并保证反应物、产物在催化剂颗粒内的良好扩散。孔径在 3～10nm 范围的孔有明显优势。

（3）卤素 卤素即 Cl 和 F，可在催化剂制备时加入或生产过程中补入，催化剂中卤素含量以 0.4%～1.5%为宜，卤素强化载体酸性，加速五元环烷烃异构脱氢。随着卤素含量的增加，催化剂对异构化和加氢裂化等酸性反应的催化活性增强。

F 在催化剂上比较稳定，在操作时不易被水带走，因此氟氯型催化剂的酸性功能受重整原料中含水量的影响较小，一般氟氯型催化剂含氟和氯约 1%。但是氟的加氢裂化性能较强，使催化剂的性能变差，因此近年来多采用全氯型。Cl 在催化剂上不稳定，容易被水带走，但是可以在工艺操作中根据系统中的水-氯平衡状况注氯以及在催化剂再生后进行氯化等措施来维持催化剂上的适宜含量。一般新鲜的全氯型催化剂含氯 0.6%～1.5%，实际操作中要求含氯量稳定在 0.4%～1.0%。

卤素含量太低时，由于酸性功能不足，芳烃转化率低（尤其是五元环烷烃的转化率）或生成油的辛烷值低。虽然提高反应温度可以补偿这个影响，但是提高反应温度会降低催化剂的寿命。卤素含量太高时，加氢裂化反应增强，导致液体产物收率下降。

（4）种类 重整贵金属催化剂按其所含金属的种类分为单金属催化剂、双金属催化剂（铂铱催化剂等），以及以铂为主体的三元或四元多金属催化剂，如铂铱钛催化剂或含铂、铱、铝、铈的多金属催化剂。

目前工业实际应用的主要是两类催化剂，即主要用于固定床重整装置的铂铼催化剂和主要用于移动床连续重整装置的铂锡催化剂。从使用性能比较，铂铼催化剂有更好的稳定性，而铂锡催化剂则有更好的选择性和再生性能。对于催化剂的选择，应考虑其反应性能、再生性能及其他理化性质。

① Pt-Re 系列重整催化剂 此系列催化剂的优点是稳定性好，容炭能力强，最适合用于半再生重整装置。在 Pt-Re 催化剂中，Pt 的含量降低到 0.2%左右，$n(Re)/n(Pt) > 2$。Re 含量高的目的是增加催化剂的容炭能力。Re 是一种活性剂，Pt-Re 合金调变 Pt 的电子性质，使 Pt 的成键能力增加，新鲜催化剂进料时，加氢裂化能力强，需小心掌握开工技术。

② Pt-Ir 系列重整催化剂 在 Pt 催化剂中引入 Ir 可以大幅度提高催化剂的脱氢环化能力。Ir 在这里应看成是活性组分。它的脱氢环化能力强，但氢解能力也强，所以在 Pt-Ir 催化剂中，常加入第三组分为抑制剂，改善其选择性。

③ Pt-Sn 系列重整催化剂　此系列催化剂中，Sn 是一种抑制剂。在 Pt 含量相同的情况下，Pt-Sn 催化剂的活性低于 Pt-Re 催化剂。由于 Sn 的引入，使催化剂的裂解活性下降，异构化反应选择性提高，尤其是在高温和低压条件下，Pt-Sn 催化剂表现出较好的烷烃芳构化性能，所以 Pt-Sn 催化剂可用于连续重整装置。在 Pt-Sn 催化剂中，Pt 含量$>0.3\%$，$n(Re)/n(Pt)$ 接近于 1。

重整反应中包括两大类反应，即脱氢和裂化、异构化反应。因此，要求重整催化剂具有两种催化功能。铂重整催化剂就是一种双功能催化剂，其中的铂构成脱氢活性中心，促进脱氢、加氢反应；而酸性载体提供酸性中心，促进裂化、异构化等碳正离子反应。氧化铝载体本身只有很弱的酸性，甚至接近中性，但含少量氯或氟的氧化铝则有一定的酸性，从而提供了酸性性能。

5.1.3　催化剂的制备

(1) 催化剂的制备　重整催化剂一般选用 Al_2O_3 作载体，铂的含量一般为 $0.25\%\sim0.6\%$（质量分数）。卤素常用 Cl 元素，含量一般为 $0.4\%\sim1.0\%$（质量分数）。

工业用重整催化剂包括活性组分、助催化剂和酸性载体三部分。载体氧化铝过去采用 η-Al_2O_3，现在采用 γ-Al_2O_3。这是因为 η-Al_2O_3 比表面积大、酸性强、孔径细、热稳定性差。选用这种载体虽然初活性较高，但在高苛刻条件下操作，催化剂失活较快。改用 γ-Al_2O_3 后，比表面积稍低，但最可几孔径大、热稳定性好，能够满足苛刻条件下的操作。

载体选定后，要使金属组分按需要状态高度分散在载体上。贵金属组分的引入常采用浸渍法。例如，在 Pt/Al_2O_3 制备中，将 Al_2O_3 载体直接放在 H_2PtCl_6 溶液上进行浸渍。H_2PtCl_6 吸附速率极快，主要吸附在载体孔道入口处，要使其脱附重新在载体内表面上达到新的吸附平衡，需要相当长的时间。在这种情况下，可考虑在浸渍液中加入竞争吸附剂如乙酸、盐酸或三氯乙酸等，以促使 H_2PtCl_6 进入孔内吸附，而有利于吸附均匀。

通过浸渍干燥后的催化剂还要进一步活化还原。在活化焙烧过程中可以进行卤素的调节。水氯处理实际上是设法调节催化剂上卤素含量，并在此过程中能有很多铂转化成 Pt-Cl-Al-O 复合物相，来达到铂金属的高度分散。为防止铂晶粒因凝聚作用而长大，降低活性，通常加入 Re、Sn、Ir 等第二组分作催化剂。

载体 γ-Al_2O_3 的制备过程是：将氢氧化铝干胶粉和净水按一定配比投料，先将氢氧化铝粉用净水混合投入酸化罐，打浆搅拌，加入配好的无机酸，进行酸化。调整浆液黏度到工艺要求值，然后将浆液压至高位罐，浆液经过滴球盘滴入油氨柱内成球，湿球经过干燥后过筛，干球移至箱式电炉焙烧成 γ-Al_2O_3。

催化剂的生成流程为：将干基投入 Al_2O_3 浸渍罐中，抽空一定时间，再将按工艺要求计算配制的浸渍液分上、中、下三路投入浸渍罐中。在浸渍过程中多次进行浸渍液循环。浸渍到规定时间后，放出浸余液（循环使用），然后放入干燥罐进行干燥。在干燥过程中，要严格控制操作温度，防止超温。干燥后催化剂放入立式活化炉，在一定温度下活化，活化后的催化剂成品在干燥空气流下冷却后，装桶包装。

(2) 重整原料原则及其预处理　重整催化剂比较昂贵和"娇嫩"，易被多种金属及非金属杂质中毒，而失去催化活性。为了保证重整装置能够长周期运转，目的产品收率高，必须适当选择重整原料并进行预处理。

对重整材料，主要从馏分组成、族组成和毒物及杂质含量等方面考虑。其中一般以直馏汽油为原料，但由于其来源有限，含环烷烃多的原料也是良好的重整材料，含环烷烃多的原料不仅在重整时可以得到较高的芳烃产率和氢气产率，而且可以采用较大的空速，催化剂积炭少、运转周期较长。当砷、铅、铜、铁、硫、氮等杂质少量存在于催化剂中时，会使催化剂中毒失活，同时也要控制水和氯的含量。

对重整原料的预处理，主要包括预分馏、预加氢、预脱砷、脱氮和脱水等单元，其典型工艺流程如图 5-1 所示。其中，预分馏的作用是根据重整产物的要求取适宜的馏分作为重整原料，根据其与预加氢先后位置，可分为前分馏流程和后分馏流程；预加氢的作用是脱除原料油中对催化剂有害的物质，使杂质含量达到限制要求，同时也使烯烃饱和，减少催化剂的积炭，延长运转周期，预加氢催化剂在铂重整中常用钼酸钴或钼酸镍；工业上使用的预脱砷方法包括吸附法、氧化法和加氢法。

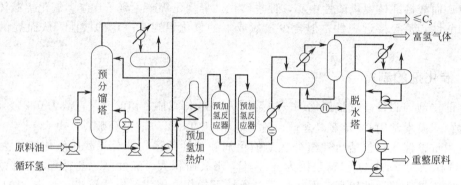

图 5-1 重整原料预处理典型工艺流程

5.1.4 催化剂的失活与再生

（1）重整催化剂的失活 重整催化剂的失活原因主要是积炭引起的失活和中毒失活。

① 积炭引起的失活 对一般 Pt 催化剂，积炭 3%～10%，活性大半丧失；对 Pt-Re 催化剂，积炭约 20%时活性大半丧失。催化剂上积炭的速度和原料性质、操作条件有关。原料的终馏点高、不饱和烃含量高时，积炭速度快，应适当地选择原料终馏点并限制其溴值≤1g 溴/100g 油。反应条件苛刻，如高温、低压、低空速和低氢油比等也会迅速积炭。在重整过程中，烯烃、芳烃类物质首先在金属中心上缓慢地生成积炭，并通过气相扩散和表面转移传递到酸中心上，生成更稳定的积炭。在金属中心上的积炭在氢的作用下可以解聚清除，但酸中心上的积炭在氢作用下则较难除去。

因积炭引起的催化剂活性降低，可采用反应温度的提高来补偿，但反应温度提高有限。重整装置一般限制反应温度≤520℃，有的装置最高可达 540℃左右。当反应温度已升至最高而催化剂活性仍得不到恢复时，可采用烧炭作业恢复。再生性能好的催化剂经再生后其活性基本上可以恢复到原有水平。

② 中毒失活 As、Pb、Cu、Fe、Ni、Hg、Na 等是 Pt 催化剂的永久性毒物，S、N、O 等属非永久性毒物。其中，As 与 Pt 生成合金，造成催化剂永久失活，我国大庆油田的原油中 As 含量特别高，轻石脑油中的 As 含量为 0.1μg/g，作为重整原料油应采用吸附法或预加氢精制等方法脱 As，使其含量低于 0.001μg/g。原油中的 Pb 含量极少，重整原料油可能通过加装 Pb 汽油的油罐而受到 Pb 污染，对双金属重整催化剂，原料中允许的 Pb 含量小于 0.01μg/g。Cu、Fe 等毒物的来源主要是检修不慎进入管线系统的杂质。由于 Na 是 Pt 催化剂的毒物，故应禁用 NaOH 处理过程原料。在一般石油馏分中，As 含量随着沸点的升高而增加，而原油中的 As 约 90%集中在蒸馏残油中。石油中的 As 化合物会受热分解，因此二次加工汽油常含有较多的 As。As 中毒一般首先反映在第一反应器中，此时第一反应器的温降大幅度减小，说明此时催化剂已失活。Cu、Fe、Hg 等毒物主要来源于检修不慎而使其进入管线系统。

S 对重整催化剂中的金属元素有一定的毒化作用，特别是对双金属催化剂的影响尤为严重，因此要求精制原料油中 S 含量小于 $0.5\mu g/g$。原料中的含硫化合物在重整反应条件下生成 H_2S。若不除去，则会在循环中积聚，导致催化剂的脱氢活性下降。当原料中 S 含量为 $0.01\%\sim0.03\%$ 时，铂催化剂的脱氢活性分别下降 50%、80%。一般情况下，硫对铂催化剂是暂时性中毒，一旦原料中不再含硫，经过一段时间后，催化剂的活性可望恢复。N 在重整条件下生成 NH_3，吸附在酸性中心上抑制催化剂的加氢裂化、异构化和环化脱氢性能，原料油中 N 含量应小于 $0.5\mu g/g$。CO_2 能还原成 CO，CO 和 Pt 形成配合物，造成 Pt 催化剂永久中毒，重整反应器中的 CO_2、CO 来源于 Pt 催化剂再生产和开工时引入系统中的工业 H_2、N_2，一般限制使用气体中的 CO_2 含量小于 0.2%，CO 含量小于 0.1%。

(2) 重整催化剂的再生和更新 再生过程是用含氧气体烧去催化剂上的积炭，从而恢复其活性的过程。再生之前，反应器应降温、停止进料，并用 N_2 循环置换系统中的 H_2 直到爆炸试验合格。再生是在 $5\sim7kPa$、循环气量（标准状态）$500\sim1000m^3/m^3$ 催化剂的条件下进行，循环气是 N_2，其中含氧 $0.2\%\sim0.5\%$，通常按温度分为几个阶段来烧焦。

催化剂的积炭是 H/C（原子比）约为 $0.5\sim1.0$ 的缩合产物，烧焦产生的水会使循环中含水量增加。为保护催化剂（尤其是 Pt-Re 催化剂），应在再生系统中设置硅胶或分子筛干燥器。当再生时产生的 CO_2 在循环气中含量 $>10\%$ 时，应用 N_2 置换。此外，控制再生温度极为重要，再生温度过高和床层局部过热会使催化剂结构破坏，引起永久失活。控制循环气量及其中的含氧量对控制床层温度有重要作用。实践表明，在较缓和条件下再生时，催化剂的活性恢复得比较好，国内各重整装置一般都规定床层的最高再生温度不超过 $500℃$。

重整催化剂在使用过程中特别是在烧焦时，Pt 晶粒会逐渐长大、分散度降低，烧焦产生的水会使催化剂上的 Cl 流失。氯化就是在烧焦之后，用含 Cl 气体在一定温度下处理催化剂，使 Pt 晶体重新分散，提高催化剂活性，在氯化的同时还可以对催化剂补充一部分氯。

在烧焦过程中，催化剂上的氯会大量流失，铂晶粒也会聚集，补充氯和铂晶粒重新分散，以便恢复催化剂的活性。更新是在氯化之后，用干空气在高温下处理催化剂，使 Pt 的表面再氧化防止 Pt 晶粒聚结，保持催化剂表面积和活性。氯化时采用含氯的化合物，工业上一般选用二氯乙烷，在循环气中的浓度稍低于 1%（体积分数），循环气采用空气或含氧量高的惰性气体，单独采用氯气作循环气不利于铂晶粒的分散。经氯化后的催化剂还要在 $549℃$、空气流中氧化更新，使铂晶粒的分散度达到要求。氧化更新时间一般为 2h。

再生烧焦时，焦中的氢燃烧会生成水而使循环气中含水量增加。为了保护催化剂，循环气返回反应器前应经过硅胶或分子筛干燥。

5.1.5 催化重整的工艺流程

(1) 催化重整装置的类型 根据催化剂的再生方式不同，催化重整装置一般采用三种类型，即半再生重整装置、循环再生重整装置和连续重整装置。

循环再生重整和连续重整各有特点，分别适用于不同的条件。选择什么形式的重整要综合考虑。对于原料好、产品要求苛刻度不高、规模较小的装置而言，半再生重整既可以满足要求，又可节省投资。对于较贫的原料则要根据产品的要求尽量选择能够及时进行再生的连续重整装置。一般来讲，反应操作条件苛刻而且规模较大的装置，采用连续重整比较有利；可选用较低的反应压力和选择性较好的铂锡催化剂，其重整油收率、氢气率、芳烃产率较高，操作周期长，生产的灵活性大，辛烷值高达 105。半再生装置流程比较简单，投资较少。但为了保持足够长的操纵周期，反应压力和氢油比较高。一般均采用选择性较差，但稳定性较好的铂铼催化剂，其重整油收率、氢产率、芳烃产率比较低，对资料的适应性差且产品的辛烷值不能太高。

（2）催化重整工艺流程 工业重整装置广泛用于反应的流程可分为两大类，即固定床半再生式工艺流程和移动床连续再生式工艺流程。

① 固定床半再生式工艺流程 固定床半再生式重整的特点是当催化剂运转一定时间后，活性下降而不能继续使用时，需就地停工再生，再生后再开工运转。以生产芳烃为目的的铂铼双金属半再生式重整工艺流程如图 5-2 所示，经预处理的原料油与循环氢混合，再经换热、加热后进入重整反应器。由于重整反应是强吸热反应，在反应过程中需要不断补充热量。因此，半再生式装置的固定床重整反应器一般由 3～4 个绝热式反应器串联，反应器之间由加热炉加热到所需的反应温度。

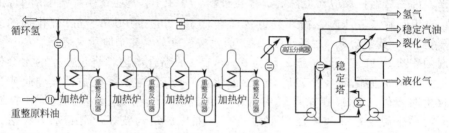

图 5-2　铂铼双金属半再生式重整工艺流程

麦格纳重整属于固定床半再生式过程，其工艺流程如图 5-3 所示，其主要特点是将循环氢分为两路：一路从第一反应器进入；另一路从第三反应器进入。在第一、第二反应器采用高空速、较低反应温度及较低氢油比，有利于环烷烃的脱氢反应，以及抑制加氢裂化反应；后面的 1 个或 2 个反应器则采用低空速、高反应温度及高氢油比，利于烷烃脱氢环化反应。

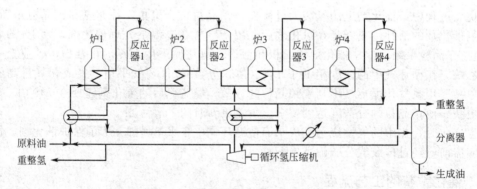

图 5-3　麦格纳重整反应系统工艺流程

固定床半再生式重整工艺过程的特点是：反应系统简单，运转、操作和维护方便，建设费用较低，应用很广泛。但也有一些缺点，由于催化剂活性的变化，要求不断更新运转条件至运转末期，反应温度相当高，导致重整油收率下降，氢纯度降低，稳定气增加。同时，停工会影响生产，使装置开工率较低。

② 移动床连续再生式工艺流程 半再生式重整会因催化剂的积炭而停工进行再生。为了能保持催化剂的高活性，并且随炼油厂加氢工艺的日益增多，需要连续供应氢气。美国 UOP 公司和法国 IFP 公司分别研究和发展了移动床反应器连续再生式重整。主要特征是设有专门的再生器，反应器和再生器都采用移动床反应器，催化剂在反应器和再生器之间不断地进行循

环反应和再生，一般每 3～7 天全部催化剂再生一遍。UOP 及 IFP 连续重整反应系统的流程分别见图 5-4、图 5-5。

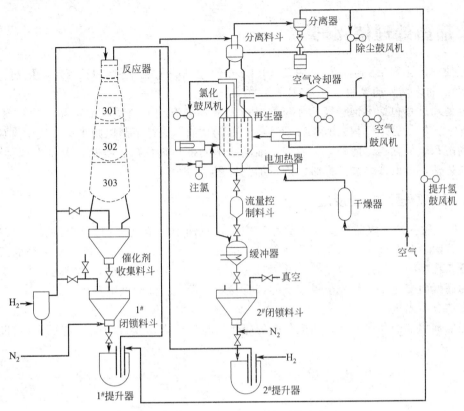

图 5-4　UOP 连续重整反应系统流程

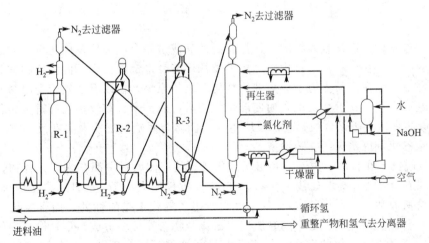

图 5-5　IFP 连续重整反应系统流程

　　UOP 连续重整和 IFP 连续重整反应采用的反应条件基本相似，都采用铂锡催化剂。从外观上看，UOP 连续重整的三个反应器是叠置的，称为轴向重叠式连续重整工艺。催化剂依靠重力自上而下一次流过各个反应器，从最后一个反应器出来的待生催化剂用氮气提升至再生器的顶部。IFP 连续重整的三个反应器是并行排列，称为径向并列式连续重整工艺，催化剂在每两个反应器之间是用氢气提升至下一个反应的顶部，从末段反应器出来的待生剂则用氮气提升至再生器顶部。

5.2　加氢处理催化剂

加氢处理催化剂主要包括加氢脱硫（HDS）催化剂、加氢脱氮（HDN）催化剂、加氢饱和（HYD）催化剂和加氢脱金属（HDM）催化剂。

加氢处理过程包括不饱和烃的加氢饱和以及从不同石油原料或石油产品中除去 S、N、O 及金属元素。加氢处理过程之所以特别重要，首先是油品通过精制以减少向空气中排放的能导致酸雨的硫和氮氧化物。此外，多数用于油品加工的催化剂抗硫、抗氮以及抗金属性能较差，因此，在炼油厂中的许多油品都必须进行加氢处理。

5.2.1　基本原理和主要反应

（1）加氢脱硫　加氢脱硫反应为放热反应，在石油中的硫化合物大约有硫醇、二硫化物、硫化物、噻吩、苯并噻吩及二苯并噻吩等几类，在 $200 \sim 400 \, ^\circ\!C$ 之间，各种硫化物的反应速率依次降低。在噻吩、苯并噻吩、二苯并噻吩的分子上，常常带有侧链，侧链的长度及数量随石油馏分的高低而变化。一般分子量较低的噻吩、硫醇常在石油的低馏分中出现，而二苯并噻吩则常在高馏分中出现。

在加氢催化剂的存在下，石油馏分中的硫化物与氢反应，其目的反应是 C—S 键断裂的氢解反应。

$$R-SH+H_2 \longrightarrow RH+H_2S \qquad R-SS-R'+3H_2 \longrightarrow RH+R'H+2H_2S$$

$$R-S-R'+2H_2 \longrightarrow RH+R'H+H_2S \qquad \text{[噻吩]}+4H_2 \longrightarrow CH_3CH_2CH_2CH_3+H_2S$$

$$\text{[苯并噻吩]}+3H_2 \longrightarrow \text{[乙苯]}-CH_2CH_3+H_2S \qquad \text{[二苯并噻吩]}+2H_2 \longrightarrow \text{[联苯]}+H_2S$$

加氢脱硫过程的反应是较简单的，加氢后的产品或是一个饱和烃及硫化氢，或是一个不饱和烃及硫化氢。原存在于石油馏分中的二烯类及稠环芳烃也都能得到不同程度的饱和。这些反应可使产品稳定，或使产品更适于作为催化裂化工艺的原料。在以石油残渣为原料时，由于稠环芳烃含量甚高，很容易发生炭沉积而使催化剂失活；而其中含有较多的有机金属化合物，尤其是 V 和 Ni 的有机金属化合物，它们反应生成的固体金属硫化物能聚集在反应器中，最终使催化剂的孔或催化剂固定床的空隙堵塞。

（2）加氢脱氮　在石油、页岩油和由煤液化得到的液体燃料中都含有含氮化合物，一般原料油中的含氮量在 0.1%（质量分数）左右，其 N/S 质量比大约为 1/2（高含氮原油）~1/5 及 1/10（一般含氮原油）。由于石油馏分加工过程所用的催化剂是酸性的，而含氮化合物有一部分是碱性的，会造成催化剂中毒；同时燃烧含氮化合物会对环境造成污染，燃料中的含氮化合物是有毒性的。含氮化合物的存在会使产品质量和性能下降，因此，加氢脱氮过程日益受到重视。

与加氢脱硫相比，加氢脱氮过程是近年来才受到重视的。含氮化合物的性质与含硫化合物的性质有很大差异，因而两者的规律不完全相同。加氢脱硫是一个高选择性的过程，而加氢脱氮则选择性不高，并且由于脱氮的氢解反应是在含氮化合物的不饱和键被饱和后才发生，因而增加氢的消耗。加氢脱氮过程一般是含氮的杂环先加氢饱和，然后再发生 C—N 键断裂并氢解成烃类和氨。例如：

（反应式：喹啉经快快氢化为二氢喹啉，再氢解为邻丙基苯胺（C_3H_7、NH_2），再生成丙基苯 $C_3H_7 + NH_3$；以及喹啉经完全氢化为十氢喹啉，再氢解生成丙基环己烷 $C_3H_7 + NH_3$）

　　在石油中的含氮有机物大都为杂环化合物，非杂环化合物的含量很低，它们大都是脂肪胺类和腈类。这些含氮化合物比杂环含氮化合物更容易进行脱氮反应，如苯胺及环己胺在含 12%WO_3、8%MoO_3、4.5%NiO、75.5%Al_2O_3 的硫化物催化剂上，在温度 190～310℃、压力 5MPa 的条件下，很快氢解为环己烷及苯。因而，工业脱氮过程所关注的重点是杂环含氮化合物。

　　杂环含氮化合物包括碱式含氮化合物。单环及双环含氮化合物，由于其沸点较低，在石油的轻馏分中含量较高；而多环的含氮化合物则在重馏分中含量较高。五元氮杂环化合物的氢解作用主要在镍、铜、铬和铂催化剂上进行，但也有的采用硫化物催化剂。Landa 等曾用 MoS_2 研究 2-甲基吡咯，当反应温度低于 340℃时主要反应为吡咯环加氢；当温度高于 340℃时，氢解程度增加，产物中除戊烷外，同时有大量高聚物。六元氮杂环化合物发生彻底氢解，并以 NH_3 的形式将氮完全除去，比较困难，与含硫化合物相比更是如此。

　　通常某些低沸点的含氮化合物脱氮速度比较快，而分子量较大的含氮杂环化合物氢解很困难，因而需要很高的氢压。这是由于某些杂环化合物在加氢后生成新的杂环化合物，它们不易脱氮；同时在杂环化合物氢解时，首先是使环加氢，而在高分子量化合物中，杂环往往处在分子间，由于空间位阻原因使杂环加氢特别困难。

5.2.2　催化剂组成和种类

　　（1）加氢处理催化剂的组成　　加氢脱硫催化剂通常呈多孔颗粒状或条状，典型尺寸是 1.5～3mm。颗粒大小和孔的几何形状显著地影响催化剂的性能，尤其是对于重质油，因为颗粒内部的传质对反应速率有重要影响。为满足工业催化过程需要，具有特殊形状的催化剂得到越来越多的使用，这些催化剂的外表面与体积的比值很高，且具有耐压强度高、耐金属污染性高、扩散速度大、催化剂床层压力降小等特点。目前，加氢脱硫工艺的催化剂大部分为 Co、Mo、Ni、W 的不同组合，工业用载体大多数为 γ-Al_2O_3，工业状态均为硫化物。Co（或 Ni）和 Mo（或 W）结合后比单独 Mo 或 W 活泼，因此通常把 Co 和 Ni 称为助催化剂。镍钨催化剂比镍钼催化剂或钴钼催化剂昂贵，主要应用在某些特殊情况，如当原料中的硫含量不高，需要较高的氢化度或适量的裂解活性时，这些催化剂一般负载在氧化铝和氧化硅的混合物上。尽管在一定条件下，镍钼类催化剂和钴镍钼类催化剂能同样有效地脱除其他原料中的硫，不过在一般条件下用于直馏原料脱硫的大多为钴钼类催化剂。镍钼类催化剂通常对氢气分压变化较为敏感，在高压下操作，镍钼催化剂较之于钴钼催化剂更有优势，能更有效地脱氮和使芳烃加氢。

　　工业用的氢解催化剂，氧化物常用 γ-Al_2O_3 或加入少量的 SiO_2 稳定的 γ-Al_2O_3 为载体，最常用的金属氧化物组合是 Co-Mo、Ni-Mo、Ni-Co-Mo、Ni-W 等。其中 Ni-Mo、Ni-W 常用于脱氮催化剂；Co-Mo 催化剂广泛用于石脑油加氢精制，其脱硫活性高于 Ni-Mo 催化剂；Ni-Mo 和 Ni-Co-Mo 催化剂有较强的脱氮和脱芳烃饱和能力，较多地用于二次加工汽油、煤、柴油的脱硫、脱氮和改质；Ni-W 催化剂的脱氮、脱硫及芳烃饱和活性更强，裂解性能也较高，用于深度脱氮和煤油的芳烃饱和等方面。

　　常用的载体有两种：中性载体如活性氧化铝（γ-Al_2O_3、η-Al_2O_3）、活性炭或硅藻土等；

酸性载体如硅酸铝、硅酸镁、活性白土或分子筛等。用中性载体制成的催化剂有较强的加氢活性和较弱的裂解活性。用硅酸铝制备加氢催化剂时，提高 SiO_2 比例，可使催化剂酸性活性增强，从而提高脱氮活性并增加机械强度；提高 Al_2O_3 比例，则可增强其抗氮能力，延长使用寿命。研究结果表明，对加氢精制催化剂组成以 63% Al_2O_3 和 37% SiO_2 为好。对于实际工业用的载体，分子筛往往与硅酸铝混合使用，这样制成的加氢精制催化剂活性和稳定性都有很大提高，而脱氮性能也很好。

（2）加氢处理催化剂的种类 最常用的加氢精制催化剂有 Co-Mo-γ-Al_2O_3、Ni-Mo-γ-Al_2O_3、Ni-Co-Mo-γ-Al_2O_3、Ni-W-γ-Al_2O_3 等。国产加氢精制催化剂如表 5-1 所示。

表 5-1 国产加氢精制催化剂

金属组分	载体	堆积密度/(g/cm³)	形状	应用范围
CoO-MoO_3	γ-Al_2O_3		片	直馏或二次加工汽油
NiO-MoO_3	γ-Al_2O_3	0.84	片	直馏或二次加工汽油、煤油
CoO-NiO-MoO_3	γ-Al_2O_3	1.03	片	直馏或二次加工汽油、煤油、柴油
Ni	γ-Al_2O_3		球	裂解汽油
Pd	δ-Al_2O_3	0.65	球或片	裂解汽油
NiO-MoO_3	γ-Al_2O_3/SiO_2	0.76	异形条	减压馏分油
NiO-MoO_3	γ-Al_2O_3/SiO_2	0.71	条	二次加工煤油、柴油
NiO-MoO_3	γ-Al_2O_3/SiO_2-P	0.70	球 $\phi 2\sim 3mm$	56～58 号粗石蜡
CoO-NiO-MoO_3	γ-Al_2O_3/SiO_2	0.86	球 $\phi 1.25\sim 2.5mm$	直馏汽油或二次加工汽油、煤油
NiO-MoO_3-WO_3-助剂	γ-Al_2O_3/SiO_2	1.15	球 $\phi 1.5\sim 2.5mm$	渣油、催化裂化柴油
NiO-WO_3-助剂	γ-Al_2O_3		异形条	二次加工煤油、柴油、减压蜡油

对于 Co-Mo-γ-Al_2O_3 催化剂，断裂 C—S 键的活性较高，对 C=C 键饱和、C—N 键断开也有一定活性，而对油品精制所不希望的 C—C 键的断开活性很低。在这种催化剂作用下，在正常操作温度时，几乎不发生聚合和缩合反应。所以，Co-Mo 催化剂具有寿命长、热稳定性好、液体产品收率高、氢耗低和积炭速度慢的特点。

Ni-Mo-γ-Al_2O_3 催化剂，其对 C—N 键断开的活性优于 Co-Mo 系列的活性，因此随着近年来加氢精制原料逐渐变重，许多过程中出现了 Ni-Mo 系列取代 Co-Mo 系列的趋势。

Ni-W-γ-Al_2O_3 催化剂，其脱硫活性比 Co-Mo 高，对烯烃和芳烃加氢活性也很高，多用于航空煤油脱芳烃改善烟点的精制。

5.2.3 催化剂的制备

通常加氢处理催化剂的制备方法有混捏法和浸渍法两种。

（1）混捏法 混捏法是较早使用的加氢处理催化剂的制备方法。该方法的要点是将制备的催化剂所需原料——拟薄水含氧化铝、含金属及助剂组分的化合物及黏结剂在一起混合、捏合，然后成型、焙烧。因而该法具有制备过程简单等特点。混捏法的缺点是催化剂的活性组分金属 Mo（W）和助剂 Co（Ni）的分散状态较差，在焙烧过程中会有部分活性组分因与载体（γ-Al_2O_3）发生强相互作用并生成非活性物种，如镍（钴）铝尖晶石和钼（钨）酸铝等。

（2）浸渍法 浸渍法包括分步浸渍法和共浸渍法两种。这两种方法均需要先制备载体（γ-Al_2O_3 或 SiO_2-Al_2O_3），然后用含活性组分溶液浸渍该载体，经干燥、焙烧等过程，最后制成催化剂。由于活性金属组分是通过与载体之间的相互作用而分散在载体表面上的，因此制备表面性质优良的载体是浸渍法的关键和前提。浸渍法的优点是活性金属组分易均匀分布在载体表面，缺点是制备工艺过程比较复杂。

分步浸渍法，是以含 Mo（或 W）溶液浸渍载体（γ-Al_2O_3），干燥、焙烧，制成 Mo（W）/

Al_2O_3。再用含 Ni（或 Co）溶液浸渍，经过干燥、焙烧后，制成 $Mo(W)$-$Ni(Co)/Al_2O_3$ 加氢处理催化剂。

共浸渍法是首先将氧化钼（或钼酸铵）和硝酸镍（或碱式碳酸镍）或硝酸钴（或碱式碳酸钴）一起配制成含双活性组分（或含多活性组分）的溶液，然后用该溶液浸渍 γ-Al_2O_3，经干燥、焙烧等，制成 Mo-$Ni(Co)/Al_2O_3$ 加氢处理催化剂。配制高浓度而且稳定的浸渍溶液是共浸渍法的另一个关键问题。含 Mo-$Ni(Co)$ 溶液可以在碱性（含氨）介质中配制，但是该溶液的稳定性较差（尤其是在高浓度时）。此外，在工业生产中，高浓度的氨水会严重污染环境，现在多采用磷，以制成含有三种组分的 Mo-$Ni(Co)$-P 溶液。含磷化合物可以采用磷酸铵或磷酸，引入磷的目的是通过生成磷钼酸盐配合物以加速钼的溶解并使溶液稳定。

5.2.4　催化剂的失活与再生

（1）加氢处理催化剂的失活　在催化加氢过程中，由于部分原料的裂解和缩合反应，催化剂因表面逐渐被积炭覆盖而失活。失活通常与原料组成和操作条件有关，原料分子量越大、氢分压越低和反应温度越高，失活越快。与此同时，还可能发生另一种不可逆中毒，例如溶存于油品中的 Pd、As、Si 等金属毒物的沉积会使催化剂活性减弱而永久中毒，而加氢脱硫原料中的 Ni、V 则是造成催化剂孔隙堵塞进而使床层堵塞的原因之一。此外，反应器顶部的各种机械沉积物，也会导致反应物在床层内分布不良，引起床层压降过大。

上述引起催化剂失活的各种原因带来的后果各异，因结焦而失活的催化剂可用烧焦办法再生；被金属中毒的催化剂不能再生，顶部有沉积物的催化剂可卸出过筛。

（2）加氢处理催化剂的再生　催化剂再生采用烧焦作业，分为器内再生和器外再生。两种方法都采用惰性气体中加入适量空气的方法进行逐步烧焦，用水蒸气或 N_2 作为惰性气体并充当热载体。采用水蒸气再生时过程简单，易进行；但是水蒸气处理时间过长会使 Al_2O_3 载体的结晶状态发生变化，造成表面损失、催化剂活性下降及力学性能受损，在正常操作条件下催化剂可以经受住 $7\sim10$ 次这种类型的再生。用 N_2 作稀释剂的再生过程，在经济上比水蒸气法贵，但对催化剂的保护效果较好且污染较小。

如果催化剂失活是由于金属沉积，则不能用烧焦方法再生，操作周期将随金属沉积物前沿的移动而缩短，在这个前沿还没到达催化剂床层底部之前，就需要更换催化剂。若装置因炭沉积和硫化铁锈在床层顶部的沉积而引起床层压降增大而停工，则必须全部或部分取出催化剂过筛。然而，为防止活性硫化物和沉积在反应器顶部的硫化物与空气接触后自燃，可在催化剂卸出之前将其烧焦再生或在 N_2 保护下将催化剂卸出反应器。

5.2.5　加氢处理的工艺流程

加氢处理的工艺过程很多。按原料加工的轻重和目的产品的不同，可分为石脑油、煤油、柴油和润滑油等石油馏分的加氢处理，其中包括直馏馏分和二次加工产物，此外还有渣油的加氢脱硫。加氢处理装置中所用的氢气多数来自催化重整的副产氢气。当重整的副产氢气不能满足要求或者没有催化重整装置时，氢气由制氢装置提供。

（1）石脑油加氢处理　石脑油泛指终馏点低于 220℃ 的轻馏分，一般富含烷烃，是裂解乙烯较为理想的原料。石脑油加氢处理是指对高硫原油的直馏石脑油和二次热加工石脑油进行加氢处理，脱除其中的硫、氮等杂质和烯烃饱和，从而获得（裂解制）乙烯原料。常用的催化剂是以氧化铝或含硅氧化铝为载体的钼-钴型和镍-钨型。

焦化石脑油采用一段式是可以生产优质石脑油的，但由于烯烃含量低、床层温升很大而且会缩短催化剂使用周期，在两段加氢处理中，应适当降低第一反应器入口温度，使部分烯烃饱和转移至第二反应器中。总温升合理地分配在两个反应器的床层，既易操作，也有利于延长催化剂使用周期。焦化石脑油制取合格的乙烯裂解料，应采用两段式加氢处理。无论一段还是两段工艺流程，最好采用直馏和二次热加工混合石脑油进料，这样可减少加工难度。焦化石脑油加氢处理典型工艺流程如图 5-6 所示。

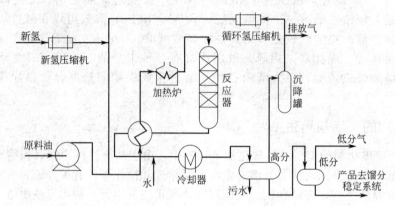

图 5-6　焦化石脑油加氢处理典型工艺流程

(2) 喷气燃料临氢脱硫醇　硫醇是喷气燃料中的有害杂质。油品中的少量硫醇会使油品发出臭味并对飞机材料有腐蚀作用，影响喷气燃料的热稳定性。目前从直馏喷气燃料中脱除硫醇的技术包括抽提、吸附、氧化及抽提和氧化组合的工艺等。这些技术都是非临氢的方法，虽然投资费用低，但会不同程度地污染环境，并且对原料的适应性较差。采用加氢处理工艺，虽然能达到脱硫醇的目的，但投资及操作费用高。中国石化石油化工科学研究院研制开发了一种喷气燃料临氢脱硫醇技术。该技术集合了非临氢和加氢两种工艺的特点，在投资和操作费用较低的条件下，克服了常规非临氢脱硫醇法用于高硫油生产喷气燃料时质量不稳定的特点，可生产出对环境友好且符合喷气燃料质量标准的产品，其工艺原则流程如图 5-7 所示。

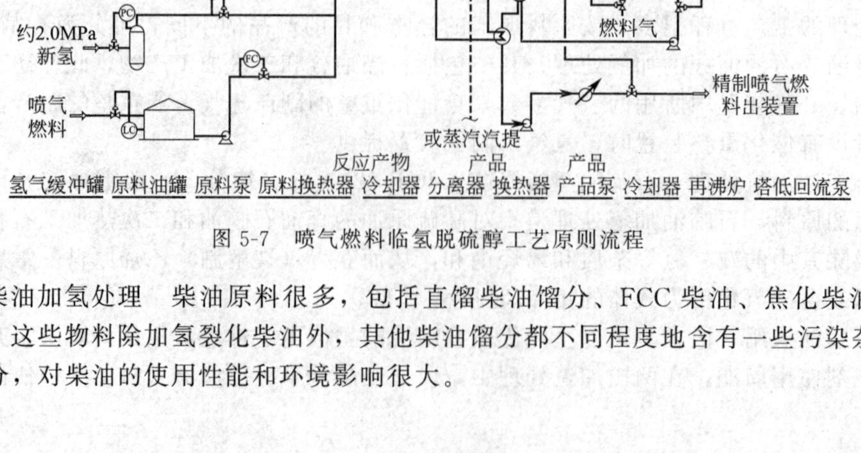

图 5-7　喷气燃料临氢脱硫醇工艺原则流程

(3) 柴油加氢处理　柴油原料很多，包括直馏柴油馏分、FCC 柴油、焦化柴油、加氢裂化柴油等。这些物料除加氢裂化柴油外，其他柴油馏分都不同程度地含有一些污染杂质和各种非理想组分，对柴油的使用性能和环境影响很大。

柴油加氢处理装置由反应系统、产品分离系统和循环氢系统组成。在二次加工柴油加氢处理装置中，大多数还设有原料脱氧和生成油注水系统。典型柴油加氢处理工艺流程如图 5-8 所示。

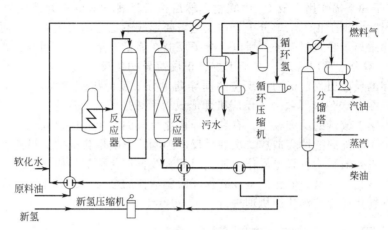

图 5-8　典型柴油加氢处理工艺流程

柴油加氢处理工艺的主要操作条件为：柴油馏分（180～360℃）的反应压力为 4.0～8.0MPa（氢分压 3.0～7.0MPa），反应温度一般为 300～400℃，空速一般为 1.2～3.0h^{-1}，轻油比一般为 150～600m^3/m^3。

5.3　低碳烷烃的异构

烷烃的异构化是指在一定反应条件和有催化剂存在下，原料烃分子结构重新排成相应异构体的反应，反应结果只发生分子结构的改变而不增减原料烃分子的原子数。轻质烷烃异构多属于气-固相的多相催化作用。催化剂是载体，反应物是气体。工业异构化过程主要采用 C$_5$/C$_6$ 烷烃为原料生产高辛烷值汽油组分，是炼油厂提高轻质馏分辛烷值的重要方法。在清洁汽油的生产中，异构化工艺将发挥越来越重要的作用，因此受到人们的普遍重视。

5.3.1　基本原理

正构烷烃的异构化反应是石油加工过程中的重要反应。正构烷烃是石油产品中的非理想组分，馏分油中正构烷烃的异构化，可以提高汽油的辛烷值和改善含蜡产品的低温性能。对于汽油组分来说，烷烃的异构化程度越高，越有利于提高汽油的辛烷值。在炼油工业中，异构化是指在一定条件和催化剂的作用下，将正构烷烃转变为异构烷烃，以生产高辛烷值汽油组分。

烷烃异构化工艺主要是指 C$_5$/C$_6$ 异构化，目的是生产 RON（研究法辛烷值）为 85～91 的高辛烷值汽油馏分。n-C$_5$、n-C$_6$ 辛烷值较低，异构化就是将辛烷值较低的 n-C$_5$、n-C$_6$ 烷烃转化成辛烷值较高的异构体。可供选择的原料有直馏或轻重整原料等。虽然异构化产品相对烷基化油、醚化产品等辛烷值并不高，但有以下优点：①硫含量很低，不含烯烃、芳烃和苯；②可减少汽车发动机在低速条件下的爆震，使汽油具有较好的挥发性；③可提高汽油的前端辛烷值。针对酸催化剂上正构烷烃异构化反应的机理，目前主要有三种不同的观点。

（1）单分子反应机理　这是在烷烃异构化反应中普遍认同的机理，这一机理是在酸性位上生成碳正离子，然后重排形成异构烷烃。

（2）双分子反应机理　在少于 7 个碳的正构烷烃分子的反应中，还存在双分子反应机理。以正丁烷异构化为例，该机理认为：在酸性位上形成的 C_4 碳正离子进一步脱除 H^+ 生成丁烯，然后 C_4 碳正离子和丁烯作用生成 C_8 中间物，然后进行重排和 β 断裂，形成异丁烷以及少量丙烷和戊烷。同时，由于正丁烷单分子异构反应需要形成不稳定的伯碳离子，而双分子异构化反应形成的是仲碳离子和叔碳离子，所以双分子反应在能量上是比较有利的。

（3）单分子-双分子反应机理　在正丁烷、正戊烷异构化反应过程中，提出单分子机理与双分子机理并存的反应历程。认为在反应的诱导期单分子反应机理起决定作用并在 L 酸位上发生反应，而后在 B 酸位上以双分子反应机理形成表面烯烃为主要反应。

由于在热力学上较低的反应温度，有利于异构化反应的发生，所以催化剂最好可以具有很强的酸性。但由于较强的酸性会造成二次裂化反应加剧，影响催化剂的选择性。为了解决这一矛盾，研究工作者普遍采用负载金属作为加氢组元来改善催化剂的异构化性能。一般认为，在异构化反应中负载金属的这类催化剂是具有加氢脱氢活性的金属和酸载体所构成的双功能催化剂，正构烷烃异构化反应按双功能机理进行。

5.3.2　异构化在清洁汽油生产中的作用

与催化裂化汽油相比，异构化汽油无硫、无芳烃、无烯烃、辛烷值高，因此是清洁汽油的理想组分。为了提高汽油的辛烷值和降低汽油的硫含量、苯含量和烯烃含量，增加异构化汽油的生产成为必然。

C_5/C_6 烷烃存在于炼油厂石脑油的轻馏分中，它们的辛烷值比较低。如果作为催化重整原料，C_5/C_6 烷烃在重整反应中，相当大的一部分裂解为小分子烃类，少量转化为苯和异构烷烃，因此 C_5/C_6 烷烃作为重整进料将会影响重整产物的液体收率和氢纯度，为此重整反应必须尽可能减少重整原料油中 C_5/C_6 烷烃的含量。而 C_5/C_6 烷烃的辛烷值又很低，如直接混入成品油中，会造成成品汽油的辛烷值严重下降，影响产品出厂。随着加工进口轻质原料油的增加，炼油厂就会积累大量的以 C_5/C_6 烷烃为主的轻质拔头油而难以处理。如果将这部分 C_5/C_6 烷烃转化为 C_5/C_6 异构烷烃，其辛烷值可从 50～60 提高到 80 左右，这将大大改善这部分轻质油的调和性能。正构烷烃异构化是提高汽油辛烷值的最经济有效的方法之一。

C_5/C_6 烷烃异构化汽油有以下优点：①C_5/C_6 正构烷烃转化为异构烷烃，辛烷值会明显提高；②异构化汽油的产率高；③异构化汽油的辛烷值敏感度小，RON（研究法辛烷值）与MON（马达法辛烷值）通常仅相差 1.5 个单位；④异构化汽油是依靠异构烷烃而非芳烃提高汽油的辛烷值，同时不含硫和芳烃，对保护环境有重要意义；⑤催化重整只能改善 80～180℃重汽油馏分的辛烷值，而异构化可提高轻馏分的辛烷值，可以弥补催化重整汽油的不足，二者合用可以使汽油的馏程和辛烷值分布更加合理。

1958 年 C_5/C_6 异构化技术首次实现工业化，目前已经是比较成熟的技术。典型的技术有UOP 与壳牌合作的完全异构化技术（TIP）。该工艺由异构化和分子筛吸附分离两部分组成。直馏 C_5/C_6 馏分，经异构化后研究法辛烷值可从 68 左右提高到 79，然后用分子筛吸附，将正构烃分离出来进行循环异构，研究法辛烷值可以提高到 88～89。另外，UOP 还推出了多代异构化技术，如基于 HS-10 分子筛催化剂的异构化，金属氧化物 LPI-100 催化剂的 Par-Isom 技术和基于贵金属含氯氧化铝 I-8 催化剂的 Penex 技术等。轻质烷烃异构化工艺按操作温度可分为高温异构化（＞320℃）、中温异构化（200～320℃）、低温异构化（＜200℃）三种，其中高温异构化现已基本淘汰。

目前使用的异构化催化剂主要有两类。一类是无定形催化剂，使用此类催化剂时，反应温度较低（120～150℃），氢烃比小于 0.1，不需要氢气循环，但对原料需进行严格的预处理和干燥。另一类是沸石类催化剂，使用此类催化剂时，反应温度高（230～270℃），氢烃比大于1.0，因此需要氢气循环。

美国车用汽油中异构化油的加入量已超过7.0%，欧洲车用汽油中的异构化油占5%，我国 C_5/C_6 烷烃异构化目前加工能力约为 0.15Mt/a，约占汽油总量的1.8%。

5.3.3 异构化反应和异构化催化剂

（1）异构化反应的特点 芳烃的异构化反应是可逆反应，异构体之间存在着热力学平衡关系。正构烷烃的异构化是可逆的放热反应，放热量约为 4～20kJ/mol。产物的异构化程度越高，反应的放热量越大。从不同温度下的丁烷、戊烷和己烷的异构体平衡组成可以看出（表 5-2），温度越低，对生成辛烷值较高的多支链异构产物越有利。在一定温度下，分子中碳原子数越大，平衡混合物中正构烷烃的含量越少。因而，从热力学平衡的观点出发，异构化过程时应在较低温度下进行，以便达到较高的异构烷转化率，获得辛烷值较高的产物。

表 5-2 不同温度下丁烷、戊烷和己烷的异构体的平衡组成

烷烃	反应温度/K				
	298	400	500	600	800
正丁烷	28.0	44.0	54.0	60.0	68.0
异丁烷	72.0	56.0	46.0	40.0	32.0
正戊烷	3.0	11.0	18.0	24.0	32.0
异戊烷	44.0	65.0	69.0	67.0	63.0
二甲基丙烷	53.0	24.0	13.0	9.0	5.0
正己烷	1.3	6.3	13.0	19.0	26.0
甲基戊烷	9.6	23.5	36.0	42.0	64.0
二甲基丁烷	89.1	70.2	51.0	39.0	10.0

从动力学角度看，提高反应温度，烷烃的异构化反应速率随之加快，因此为提高转化率，异构化反应需要在适当温度下进行，这就产生了异构化选择性与转化速率之间的矛盾，因此理想的异构化催化剂应该是低温高效型催化剂，使异构化反应在维持低温反应而获得较多高辛烷值异构烷烃的同时，又有较高的转化率和反应选择性。

（2）异构化催化剂 烷烃异构化过程所使用的催化剂品种很多。目前使用的主要是双功能型催化剂，并广泛采用在氢气压力下进行烷烃异构化的临氢异构化方法。临氢异构化所用的催化剂和重整催化剂相似，是将镍、铂、钯等有加氢活性的金属担载在氧化铝类或沸石等酸性载体上，组成双功能型催化剂。双功能型催化剂按照工艺操作温度的不同，可分为中温型（反应温度 210～300℃）和低温型（反应温度 100～180℃）两种。

① 中温型双功能催化剂 中温型双功能催化剂随着载体酸性的提高，异构化活性提高，反应温度可以降低，载体对催化剂使用温度的影响见表 5-3。中温型催化剂对原料的要求不是很苛刻，操作温度为 210～280℃，可以再生。目前研究和应用较多的中温型双功能异构催化剂是 Pt/HM 脱铝丝光沸石催化剂。

表 5-3 载体对催化剂使用温度的影响

催化剂载体	催化剂具有较强活性所需温度/℃
氧化铝	510
氧化硅-氧化铝，氧化铝-氧化硼	320～450
具有强酸性的泡沸石	316～330
具有更强酸性的丝光沸石（HM）	<280

烷烃异构化的反应可以用碳正离子机理解释。高温双功能型催化剂的烷烃异构化反应由所载金属组分的加氢脱氢活性和载体的固体酸性协同作用。正构烷首先靠近具有加氢脱氢活性的金属组分脱氢变成正构烯，生成的正构烯移向载体的固体酸性中心，按照碳正离子机理异构成异构烯，异构烯返回加氢脱氢活性中心加氢变为异构烷烃。

中温型双功能催化剂用于 C_5/C_6 异构化过程时副反应少、选择性好，对原料精制要求低，硫含量低于 $10\mu g/g$，水含量低于 $500\mu g/g$。但由于反应温度相对较高，导致异构烷烃平衡转化率较低，因此单程反应产物辛烷值较低，需要与正构烷烃循环技术相结合，以提高化率和产物的辛烷值。典型的中温型异构化催化剂的性能如表 5-4 所示。

表 5-4　典型的中温型异构化催化剂的性能

催化剂	CI-50（国产）	FI-15（国产）	I-7	HS-10
	Pd/HM	0.32%Pt/HM	0.32%Pt/HM	0.3%Pt/HM
反应温度/℃	260	250	260	260～280
反应压力/MPa	2.0	1.47	1.8	2.0
空速/h^{-1}	1.0	1.0	1～2	1.0
氢油比/(mol/mol)	2.7	2.7	1～2	2～2.5
马达法辛烷值（MON）	80.6	80.7	79.4	82.1
C_5 异构化率/%	62.30	66.8	66.67	66.40
C_6 异构化率/%	82.23	83.0	85.66	86.45

② 低温型双功能催化剂　低温型双功能催化剂是通过用无水三氯化铝或有机氯化物（如四氯化碳、氯仿等）处理铂-氧化铝催化剂而制成的，具有较好的活性和选择性。反应温度为 $115～150℃$。与中温型催化剂相比，低温型催化剂在一次通过的操作条件下，马达法辛烷值可提高 5 个单位左右。低温型双功能催化剂具有非常强的路易斯酸中心，所以可以夺取正构烷的负氢离子而生成碳正离子，使异构化反应得以进行。而具有加氢活性的金属组分则将副反应过程中的中间体加氢除去，抑制生成聚合物的副反应，延长催化剂的寿命。典型的低温型异构化催化剂的性能如表 5-5 所示。

表 5-5　典型的低温型异构化催化剂的性能

催化剂	Pt-Cl/Al_2O_3（国产）	UOP I-8	催化剂	Pt-Cl/Al_2O_3（国产）	UOP I-8
反应温度/℃	140	130～170	马达法辛烷值（MON）	80.2	84.5
反应压力/MPa	2.0	1.7～1.8	C_5 异构化率/%	>60	76.98
空速/h^{-1}	1.0	0.8～1.0	C_6 异构化率/%	>80	88.83
氢油比/(mol/mol)	1～2	1～2			

低温型催化剂的主要缺点是对原料中水和含硫化合物特别敏感。为了维持催化剂的活性又必须向原料中注入卤化物，这将造成设备腐蚀，另外环保要求日益严格，人们不希望使用卤化物。

③ C_5/C_6 异构化催化剂研究进展　由于工业应用的低温型和中温型 C_5/C_6 异构化催化剂各自存在不同缺点，因此开发新型低温高效催化剂一直是异构化催化剂研究的重点。

a. 采用新型分子筛作载体。UOP 公司以 Pt/HMCM-22 为催化剂，在230℃、0.1MPa、空速=$1.0h^{-1}$、氢油摩尔比为 4.5 的条件下，正己烷的转化率为 59.8%。采用 Pt/Hβ 为催化剂，在相同反应的条件下，正己烷的转化率为 74.77%，且选择性高于 Pt/HMCM-22。

b. 采用固体超强酸作载体。目前研究较多的固体超强酸是将硫酸根负载到金属氧化物（如 ZrO_2、TiO_2、SnO_2 等）上面制成的 SO_4^{2-}/M_xO_y 新型固体超强酸。

UOP 与日本公司合作开发出 LPI-100 硫酸化金属氧化物超强酸异构化催化剂和技术，目前已有两套工业装置在试运转。在反应温度 $200 \sim 220℃$ 下，一次通过，产品的 RON 达到 $82 \sim 84$，比中温异构化高 2 个单位，液体收率 97%，催化剂可以再生。

5.3.4 异构化的原料及其预处理

（1）C_5/C_6 馏分组成 C_5/C_6 异构化的原料可以是直馏 C_5/C_6 馏分、重整拔头油或加氢裂化轻石脑油的 C_5/C_6 馏分，不同炼油厂的 C_5/C_6 异构化的原料组成中正构烷烃和异构烷烃的含量是有差异的，因此异构化工艺流程需要根据原料的性质来确定。

（2）催化剂对原料中杂质的限制和预处理 C_5/C_6 馏分中通常有少量的硫化物、氮化物、氧化物、苯、水和重金属等，氢气中含有硫化物、水和 CO 等，会不同程度地对催化剂活性造成影响。

原料油中硫是使贵金属催化剂失活的重要因素之一。硫含量超标会造成催化剂中毒，重金属超标会使贵金属催化剂永久失活。低温型催化剂的耐硫性能较差，要求原料油中硫含量小于 $1\mu g/g$，中温型催化剂具有较好的抗硫性能，可以允许硫含量达到 $35\mu g/g$。采用重整拔头油为原料，硫含量和重金属含量一般不会超标。

低温型催化剂中含有大量卤素，遇水会造成卤素的流失，造成设备腐蚀，因此严格限制原料中水的含量不大于 $0.5\mu g/g$。中温型催化剂耐水性能较好，但是水含量过高将导致裂解和积炭加重，影响催化剂的活性和寿命，缩短生产周期。中温型催化剂允许的原料水含量为 $75\mu g/g$。工业上常采用的脱水方法是采用装有 4A 分子筛干燥塔进行吸附干燥。对于异戊烷含量较高的原料，在异构化反应前设置脱异戊烷塔，进行脱异戊烷预处理也可以解决原料含水超标问题。

低温临氢异构化催化剂严格限制原料中水、硫和含氧物的含量，因此要求工艺流程中设置原料脱硫、脱水和脱氧的加氢预处理系统，对原料油和氢气都设置分子筛干燥系统。

中温型异构化催化剂由于反应温度较高，原料中苯含量大于 3%，催化剂的结焦速率将迅速提高，影响生产周期。

氢气中的杂质也是影响催化剂活性的重要因素，因此要严格限制氢气中的硫、水和 CO 含量。采用配合吸附剂可以脱除氢气中微量的 CO，同时也可脱水。

5.3.5 异构化的工艺流程

烷烃异构化的工艺流程有多种，可以分为单程一次通过异构化流程和全循环的异构化流程。

（1）单程一次通过工艺流程 单程一次通过异构化流程包括 UOP 的 Penex 和 Par-Isom 以及 IFP 的 Axens 工艺。

如图 5-9 所示，单程一次通过的异构化流程较为简单，投资省。反应段由两个串联的反应器组成，通过特殊的阀门控制，可改变两个反应器的在线顺序，即每个反应器都可被用于前反应器或后反应器，使催化剂得以充分利用。当一个反应器进行催化剂更换或再生时，另一个反应器可单独操作。氢气也是一次通过，无须循环压缩机和分离器。单程一次通过流程没有正、异构烷烃的分子筛吸附分离部分，产品中含有较多未反应的正构烷烃，辛烷值的提高幅度相对较小。单程一次通过的异构化流程采用低温型异构化催化剂或金属氧化物超强酸催化剂，正构烷烃转化为高度分支的异构烷烃的平衡转化率较高，C_6 异构烷烃更多地集中在理想的二甲基丁烷，而甲基戊烷相对较少。利用氯化铝催化剂时对原料和补充氢气都要进行预处理，如原料需经过加氢处理脱硫，原料和氢气需经分子筛干燥脱水等。

（2）全循环异构化工艺流程 单程一次通过的异构化工艺不能将原料中的正构烷烃完

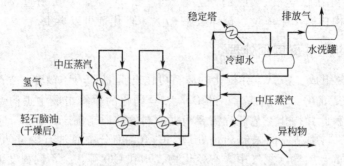

图 5-9 IFP Axens 单程一次通过异构化工艺流程

全转化为异构烷烃，尤其不能将辛烷值较低的甲基戊烷转化为异构化程度更高的二甲基丁烷，这就需要将异构烷烃和正构烷烃分离，并将正构烷烃返回反应器中，再次进行异构化转化。

图 5-10 是一种 C_5/C_6 烷烃完全异构化（TIP）的工艺流程。异构化是可逆反应，在工业反应条件下平衡转化率并不高。因此，该工艺将未转化的正构烷烃在吸附器中用分子筛选择性吸附分离出来，然后用氢气通过吸附器使被吸附的正构烷烃吸附与循环氢一起返回异构化反应器（两个反应器切换吸附、脱附）。不被吸附的混合异构烷烃进入稳定塔。这样正构烷烃大部分都能异构化，从而使稳定塔中得到的异构化高辛烷值高达 90~91。完全异构化过程可使汽油前段馏分辛烷值提高约 20 个单位，比单程一次通过的情况高 7 个单位，并且受热力学平衡的限制比单程一次通过的情况宽松。完全异构化原料不需进行干燥、脱硫等预处理，而且加工费用低。

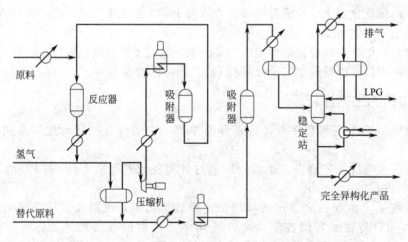

图 5-10 C_5/C_6 烷烃完全异构化（TIP）的工艺流程

（3）部分循环异构化工艺流程 除完全循环异构化工艺流程外，将单程一次通过异构化技术与多种烷烃分离工艺相结合，可以形成多种烷烃循环异构化工艺，如 Penex/DIH、Penex/DIH/PSA、IFPAxen/Hexorb 等。

① Penex/DIH 工艺 单程一次通过流程中增加一座脱异己烷塔（DIH），C_5/C_6 原料首先进行异构化反应，异构化产物进入 DIH，塔顶的二甲基丁烷、C_5 及其他低沸点组分与塔底馏分混合作为产品，侧线抽出的低辛烷值的正己烷和甲基戊烷返回反应器。该工艺主要用于处理 C_6 含量高的进料，生成的异构油 RON 可达 86~89。与单程一次通过流程相比，RON 提高

了 5~6 个单位。

② Penex/DIH/PSA 工艺 该工艺与单程一次通过流程加脱异己烷塔（DIH）工艺相似，只是增加了 DIH 塔顶戊烷变压吸附系统，将正戊烷回收后，与 C_6 烷烃一起返回异构化反应器。该工艺生产的异构化油的 RON 达 90~93。

③ IFPAxen/Hexorb 工艺 IFP 的 Hexorb 工艺将全循环异构化工艺的分子筛系统和脱异己烷塔（DIH）连用，DIH 塔顶馏分富含异戊烷和二甲基丁烷，作为异构化油；塔侧线的甲基戊烷一部分和其他两个较高沸点馏分循环返回进料，另一部分进入分子筛作为脱附剂。对 C_5/C_6 的比值为 40∶60 的进料，采用 Hexorb 工艺生产的产品的 RON 为 91~91.5。

5.4 催化裂化催化剂

催化裂化（FCC）是石油炼制的重要工艺过程，是借助催化剂的作用在一定温度（460~550℃）条件下，使重馏分油或残渣油直接进行裂化、异构化、环化和芳构化等一系列化学反应，裂化成轻质油产品的核心技术。它具有装置生产效率高、汽油辛烷值高、副产气中含 C_3~C_4 组分多等特点。

催化裂化起初采用固定床的方法，反应和再生过程交替地在同一设备中进行，由于生产操作麻烦，能力又小，因此很早就被淘汰。20 世纪 40 年代出现了移动床的方法，催化剂改用小球形，生产能力比固定床有明显提高，但对处理量在 80 万吨/a 以上的大型装置，移动床在经济上远不如流化床优越。因此，现代的大型催化裂化装置都采用流化床技术，采用直径为 20~100nm 的微球状催化剂。催化裂化反应-再生系统的五种主要形式如图 5-11 所示。

原料油在催化剂上进行催化裂化时，一方面通过分解等反应生成气体、汽油等较小分子的产物，另一方面同时发生缩合反应生成焦炭。这些焦炭沉积在催化剂表面，使催化剂活性降低。因此，经过一段时间的反应后，必须烧去催化剂上的焦炭以恢复催化剂的活性。这种空气烧去积炭的过程称为"再生"。一个工业催化裂化装置必须包含反应和再生两个部分。

5.4.1 基本原理和主要反应

裂化反应是 C—C 键的断裂反应，分为热裂化与催化裂化两大类。裂化反应从热力学观点看，高温是有利的，因为该反应是吸热反应，此反应可看成是烷基化反应与聚合反应的逆过程。催化裂化与热裂化的机理不同，烃类的热裂化按自由基机理进行，而催化裂化按碳正离子反应机理进行。热裂化时 C—C 键发生均裂。在催化裂化时，在催化剂的作用下使 C—C 键发生异裂，生成离子。

催化裂化所用的原料油由烷烃、烯烃和芳烃等组成，因此主反应包括：

烷烃裂化： $C_n H_{2n+2} \longrightarrow C_m H_{2m} + C_p H_{2p+2}$

烯烃裂化： $C_n H_{2n} \longrightarrow C_m H_{2m} + C_p H_{2p}$

芳烃裂化： $ArC_n H_{2n+1} \longrightarrow ArH + C_n H_{2n}$

5.4.2 催化剂及其发展

在工业上使用的裂化催化剂必须具备以下条件：催化剂活性、选择性要高，从而使生成的汽油量多且辛烷值高；使用过程中活性、选择性要稳定，催化剂寿命要长；由于原料油中含有重金属盐，故裂解催化剂必须对这些盐类有较大的抗毒性，才能长期维持催化剂的活性与选择

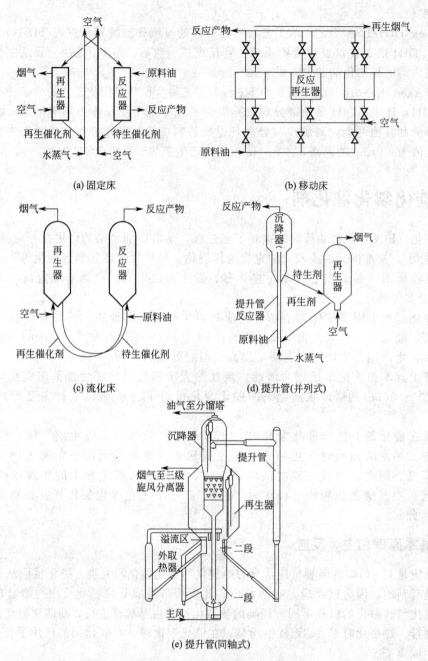

图 5-11　催化裂化反应-再生系统的五种主要形式

性。由于催化裂化反应器采用流化床、移动床形式，要求催化剂强度大、耐磨且有适当的粒度，流动性好；催化剂的再生性要好，要求表面生成的焦炭易于安全燃烧；从经济上考虑，要求催化剂制备方便、价格低廉、原料易得。

催化裂化催化剂的发展大致经历了五个变化较大的阶段。自从 1936 年催化裂化装置运转以来，所使用的催化剂是采用经过精制活化的天然白土，此催化剂在流动性及耐热性方面存在不少缺点。人工合成硅酸铝的使用，使催化剂活性提高 2～3 倍，选择性明显改善，此为催化裂化工艺的第一阶段。工业上所用裂化催化剂大多是 SiO_2-Al_2O_3 系催化剂，大致可分为三大类，即天然白土、合成的 SiO_2-Al_2O_3 催化剂、由天然和合成两者制成的半合成催化剂。

第二阶段是分子筛作催化剂，这一技术上的突破使催化裂化水平提高了一大步，汽油产率增加 7%～10%，焦炭产率降低约 40%，这一阶段还包括从 X 型到 Y 型分子筛的演变。第三阶段是 20 世纪 70 年代中期以后，改变了载体路线，采用了黏结剂和天然白土来代替合成的硅铝凝胶，使轻质油产率增加 3% 以上，催化剂的耐磨损强度提高约 3 倍。第四阶段乃是 20 世纪 80 年代以来，采用超稳 Y 型分子筛，提高了汽油的辛烷值，改善焦炭选择性，也为重油催化裂化提供了更为合适的催化剂。进入 21 世纪，推动催化裂化工艺的原动力主要来自：对柴油和石油化工原料（烯烃和芳烃）的需求变得更加突出，重质燃料油市场的萎缩促使将更多渣油转化为轻质油，加氢工艺为渣油的催化裂化提供了重质原料，环保要求更加严格。

（1）无定形硅酸铝催化剂　这类催化剂是由氧化硅（SiO_2）、Al_2O_3 结合而成的复杂硅、铝氧化物，并含有少量结构水。SiO_2、Al_2O_3 及两者的简单混合物均没有足够的裂化活性，用共凝胶法制得的以 SiO_2 为主体的 SiO_2、Al_2O_3 的合成凝胶有相当高的催化活性。合成硅酸铝是由 Na_2SiO_3 和 $Al_2(SO_4)_3$ 溶液按一定比例配合生成凝胶，再经过水洗、过滤、成型、干燥、活化等步骤制成的。用在流化床反应器中的合成硅酸铝催化剂是微球状的，粒径集中在 $20\sim100\mu m$。合成硅酸铝催化剂中 Al_2O_3 的含量在 13% 左右的称为低铝催化剂，含量在 25% 左右的称为高铝催化剂。

无定形硅酸铝催化剂具有许多不规则的微孔，其颗粒密度约为 $1g/cm^3$，孔容 $0.4\sim0.7cm^3/g$，平均孔径 $4\sim7nm$，比表面积 $500\sim700m^2/g$。

（2）SiO_2-MgO 催化剂　这种类型催化剂与无定形硅酸铝催化剂相比，碱性增强，酸中心的酸强度几乎集中在 $-2.1\sim-3.0$ 左右，但总酸量为无定形硅酸铝催化剂的两倍左右，即酸中心的强度降低，酸强度分布集中，酸中心数目增多。其缺点是耐热性差，在空气中，760℃ 以上加热 6h，比表面积、孔容积与活性几乎完全丧失，这是由于生成了 $MgSiO_3$ 结晶的原因。但在较低温度下对于水蒸气的稳定性较无定形硅酸铝催化剂要好。

SiO_2-MgO 催化剂的另一个特殊物性是它的平均细孔径较小，为 $2\sim3nm$，且水蒸气处理后几乎不变；而无定形硅酸铝催化剂的平均细孔径为 5nm 左右，而且经水蒸气处理后，孔径增大到 10nm 左右。

由于以上特殊性能，所以这种催化剂就呈现出不同的催化裂化性能。它具有比无定形硅酸铝催化剂较多的酸中心，但酸中心活性较小，因此可在高空速、高温度下进行裂化，而又可避免过度裂化成小分子反应，所以汽油收率高，而且在水蒸气下具有热稳定性好的优点。但酸中心强度较小且分布单一，使产品汽油的辛烷值较低。这类催化剂最大的缺点是由于平均细孔径小，且难以扩大，从而影响了催化剂内部积炭的燃烧，即催化剂的再生性较差，随着使用时间增长，再生越来越困难；再生过的催化剂残留较多的炭未燃烧，运转 200d 后，再生过的催化剂还具有 3.5% 的炭。

SiO_2-MgO 催化剂中 MgO 含量以 25%～30% 为适当，通常在 30% 左右较好。

（3）分子筛催化剂　分子筛催化剂具有以下催化特性：①高活性，源于沸石的巨大比表面积，酸化催化剂活性来源于 B 酸、L 酸的酸性中心，而沸石中的酸性中心密度大，酸强度适宜，并且酸中心的大部分能与反应物分子接近，与碱中心较好配合，更有利于催化裂化反应的进行；②高选择性，源于沸石分子筛结构的规整性，对于烷烃、环烷烃、芳烃的侧链烷基的裂化选择性极好，但不易裂化芳烃环，特别是对于多环芳烃，因此对于同一原油来说，轻馏分油比重馏分油有更好的选择性；此外，由于分子筛催化剂上酸性太强或太弱的酸中心大大减小，而合适的裂化活性中心相对数目增加，从而减少了过度裂解与聚合副反应的发生；③热稳定性比无定形催化剂高，这是由晶体骨架结构稳定性决定的。目前分子筛裂化催化剂有以下几种。

● REY 或 REHY 分子筛　REY 是稀土金属离子（如 Ce、La、Pr 等）置换得到的稀土-Y 型分子筛，后者是兼用 H$^+$ 和稀土金属离子置换得到的。REY 由于稀土离子取代了钠 Y 型沸石中的 Na$^+$，使 Y 型分子筛的水热稳定性大大提高，同时阳离子周围的电场强度发生改变，形成均匀的高密度酸中心，因此，其活性和稳定性较 NaY 分子筛有较大提高。REHY 较 REY 分子筛骨架中的稀土含量大幅度降低，从而降低酸性中心的密度，因此，提高反应的选择性和稳定性，具有良好的焦炭选择性。由于它们的催化活性要比无定形硅铝高 4 个数量级，远远超出工艺过程可以接受的水平，所以一般采用无定形硅铝胶或改性高岭土作为载体，分子筛含量在 10%～20%。

● 超稳 Y 型分子筛（USY）　此为一种经脱铝改性的 Y 型分子筛，由 NH$_4$ 型经超稳化处理制得。超稳化处理是在水蒸气气氛下通过 500～550℃ 温度下的热处理，使分子筛部分脱铝，硅铝比提高，在脱铝空位附近进行骨架重排。使用 USY 催化裂化催化剂，因硅铝比提高和酸中心密度减少，其裂化活性比 REY 有所降低，使得它在催化裂化反应中的氢转移反应活性又显著降低，即环烷烃与烯烃进一步反应生成芳环和烷烃的反应减少，这样催化裂化汽油中的烯烃含量增加，辛烷值提高，焦炭产率也相应降低。所以，USY 具有良好的反应选择性和更好的热稳定性。

● 载体　在分子筛引入催化剂前，酸性白土或无定形硅铝本身就是催化剂，无活性组分和载体之分。分子筛出现后，由于其活性太高无法单独使用，同时也由于它本身难于制成符合强度的微球，故将其均匀分散于 SiO$_2$-Al$_2$O$_3$ 载体上，既起稀释活性作用，又提供力学性能。通过对该载体进行处理，如改有活性的载体为无活性或低活性载体，用处理过的高岭土加硅（或铝）溶胶作黏结剂，这样裂化活性就全靠分子筛提供，因而改善了选择性。同时，由于溶胶的黏结性比凝胶好，磨损指数大大改善，加上白土的骨架密度大，堆积密度也大为提高；而比表面积和孔体积降低，结构稳定性好，减少了细孔的封闭现象。

分子筛与载体的结合有两种途径：一种是先将分子筛进行离子交换，然后负载在载体上；另一种是先将 Na$^+$ 分子筛载于载体上，然后再进行离子交换。

● 助剂　为了配合催化裂化催化剂的使用，开发多种催化裂化助剂，如助燃剂、钝化剂、辛烷值助剂和降低烯烃助剂等，如表 5-6 所示。

表 5-6　部分催化裂化助剂列表

助剂名称	组分特点	作　用
助燃剂	Pt、Pd/Al$_2$O$_3$ 等	将再生烟气中 CO 转化为 CO$_2$，减少空气污染，并降低再生剂碳含量和利用反应热
钝化剂	含 Ti 或 Bi 化合物以及其他非 Ti 化合物	钝化渣油裂化催化剂上污染的金属镍
辛烷值助剂	含 H-ZSM-5 分子筛	择形裂化汽油中低辛烷值的直链烷烃等
吸收 SO$_x$ 剂	含 MgO 类型的化合物	在再生器中与 SO$_x$ 反应生成硫酸盐，然后在反应器、汽提段中还原析出 H$_2$S，回收硫黄，减少排入大气中的 SO$_x$
渣油裂化助剂	含少量脱铝 Y 型沸石，根据原料性质，含有不同量的活性载体	协助渣油催化剂裂化大分子
流动改进剂	细粉多的裂化催化剂	改善流动状态

我国生产的 FCC 催化剂分为无定形硅铝微球裂化催化剂、全合成低铝稀土-Y 型沸石裂化催化剂、全合成高铝稀土-Y 型沸石裂化催化剂、半合成低铝稀土-Y 型沸石裂化催化剂、全白土稀土-Y 型沸石裂化催化剂和超稳 Y 型沸石渣油裂化催化剂几类。

5.4.3 催化剂的制备

(1)无定形硅铝微球裂化催化剂的制备 无定形硅铝微球裂化催化剂是用于流化床催化裂化装置的一种催化剂。在制备工艺上有间断成胶分步沉淀法、连续成胶分步沉淀法和共沉淀法三种工艺流程。

① 间断成胶分步沉淀法 间断成胶分步沉淀法采用水玻璃和稀硫酸溶液进行中和反应，生成硅凝胶，然后再向反应物料中加入硫酸铝和氨水溶液，进行中和反应，与硅胶结合，生成硅酸铝胶体。经真空过滤、喷雾干燥成型、洗涤和气流干燥，就可获得催化剂的成品，其制备工艺流程如图5-12所示。

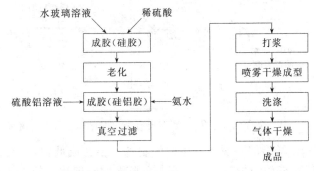

图5-12 间断成胶分步沉淀法制备催化剂工艺流程

② 连续成胶分步沉淀法 连续成胶分步沉淀法是水玻璃和硫酸溶液同时进入混合气连续混合，连续流过溶胶罐，形成硅溶胶，在凝胶罐和老化罐中经打浆、老化，最后流入成胶罐中，加硫酸铝和氨水溶液生成硅酸铝胶体；其后，即与间断成胶分步沉淀法一样，经真空过滤、喷雾干燥成型、洗涤和气流干燥，即得催化剂成品。

③ 共沉淀法 共沉淀法是用水玻璃和酸化硫酸铝进行中和反应，使硅胶和铝胶同时反应生成硅铝溶胶，通过油柱成型，变成凝胶小球，然后进行热处理、活化和水洗等过程。这些过程与小球硅铝催化剂的生产过程相同。水洗后的小球，经破碎打浆，再经喷雾成型和最后的气流干燥，即得催化剂成品。

(2)全合成稀土-Y型沸石裂化催化剂的制备

① 全合成低铝稀土-Y型沸石裂化催化剂 全合成低铝稀土-Y型沸石裂化催化剂是一种中等活性的裂化催化剂，主要用于床层式反应装置上，是采用全合成的无定形硅铝为载体，在适当位置加入一定量的稀土-Y型沸石而制成的，其制备工艺流程如图5-13所示。这种催化剂随着我国提升管催化裂化装置的发展，用量日益减少。

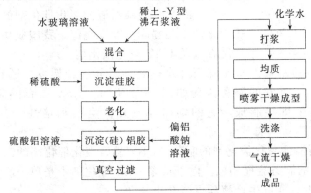

图5-13 全合成低铝稀土-Y型沸石裂化催化剂制备工艺流程

② 全合成高铝稀土-Y 型沸石裂化催化剂　沸石催化剂随着载体硅酸铝中氧化铝含量的提高，催化剂的稳定性显著提高。当催化剂中含有相同的沸石时，含氧化铝 25%～30% 的催化剂比含氧化铝 13%～15% 的催化剂反应活性高，老化后比表面积和孔容积的保留值也高，其制备工艺流程如图 5-14 所示。这种催化剂主要用于短接触时间的提升管催化裂化装置。

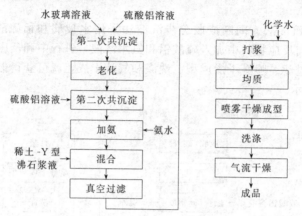

图 5-14　全合成高铝稀土-Y 型沸石裂化催化剂制备工艺流程

（3）半合成低铝稀土-Y 型沸石裂化催化剂的制备　半合成低铝稀土-Y 型沸石裂化催化剂是我国 20 世纪 80 年代发展的一种催化剂，它与凝胶法制备催化剂的工艺有很大差别，采用铝或硅溶胶作胶黏剂，将沸石和高岭土等组分黏合而成，制成的催化剂具有高密度、高耐磨、低比表面积、小孔容、大孔径等特点。由于高密度、高耐磨，降低了使用中催化剂的损耗，减少粉尘的污染；催化剂的低比表面积、小孔容、大孔径，有利于反应分子的扩散，减少二次裂化，改善汽提性能和再生性能，提高裂化选择性和汽油收率。这种催化剂与全合成裂化催化剂的制备工艺相比，简化制备流程，能耗低，废水等污染物排放少，其制备工艺流程如图 5-15 所示。

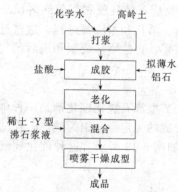

图 5-15　半合成低铝稀土-Y 型沸石裂化催化剂制备工艺流程

（4）全白土稀土-Y 型沸石裂化催化剂的制备　20 世纪 80 年代初我国还发展了 LB-1 全白土型沸石裂化催化剂，它以高岭土为原料，经喷雾成微球，焙烧后在一定水热条件下使高岭土微粒进行晶化，部分转化成 Y 型沸石，剩余部分作为基质。再经离子交换，即得沸石催化剂。这类催化剂的制备特点是原料单一，将活性组分和基质的制备合为一个流程，简化了生产步骤。在催化剂的性能上具有磨损指数低、堆积密度大、孔径大、活性指数高、水热稳定性好、结构稳定性好和抗重金属污染能力强等特点。

（5）超稳 Y 型沸石渣油裂化催化剂的制备　为满足渣油催化裂化加工和提高汽油辛烷值，我国成功开发了一系列超稳 Y 型沸石以及 USY 裂化催化剂。

① 超稳 Y 型沸石的制备　NaY 沸石经水热处理，分子骨架发生脱铝等过程即生成热稳定性更好的 USY 沸石，通常的制备流程如图 5-16 所示。USY 沸石的制备方法很多，有的只经过一次交换和焙烧即可制成，有的则需经过几次交换和焙烧，有的还使用其他处理方法。

② 超稳 Y 型沸石渣油裂化催化剂的制备　USY 沸石裂化催化剂的制备流程（图 5-17）与 REY 沸石裂化催化剂的制备流程相似。由于很多 USY 催化剂不是单一沸石的催化剂，载体也会有改性处理等。因此，实际生产流程可能会更复杂一些。

图 5-16　USY 沸石的制备流程

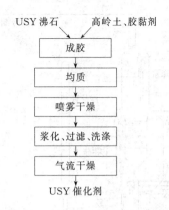

图 5-17　USY 沸石裂化催化剂的制备流程

5.4.4　催化剂的失活与再生

（1）焦炭沉积　催化裂化在反应过程中会产生焦炭沉积使催化剂活性下降，所以应将结焦的催化剂及时移出反应器，进入再生器进行空气烧焦再生。多次反应再生循环后，催化剂活性和选择性逐渐下降并达到一个接近平衡的水平。通常离开反应器的待再生催化剂含碳约 1%，主要成分是碳和氢。当裂化原料含硫和氮时，焦炭中也含有硫和氮。对于硅铝催化剂，要求再生后含碳量<0.5%；而分子筛催化剂因积炭对选择性影响较大，要求含碳量<0.2%。再生反应产物有 CO_2、CO、H_2O、SO_x（SO_2、SO_3）、NO_x（NO、NO_2）。

（2）原料油中的氮化合物　原料油中的氮化合物尤其是碱性氮化物会吸附在裂化催化剂的部分酸性中心上，使其活性被暂时毒化，可通过烧炭作业恢复活性。

（3）原料油中的重金属　重金属如 Ni、V、Fe、Cu 等沉积在裂化催化剂表面上，使其活性下降，选择性变差。重金属对催化剂的影响是积累性的，烧焦再生对其无效。其中毒效应主要表现为：转化率和液体产品产率下降，产品不饱和度，干气中 H_2 比例与焦炭产率增加。在各种重金属元素中，Ni、V 影响最大：Ni 增强了催化剂的脱氮活性；V 在低含量时，影响比 Ni 稍小，但含量高时，对催化剂活性的影响为 Ni 的 3~4 倍，它在再生的分子筛表面形成低熔点的 V_2O_5，使分子筛结晶受到破坏。重金属污染问题在渣油催化裂化中尤为突出。

分子筛催化剂比硅铝催化剂的抗重金属污染性能要好。重金属污染水平相同时，前者活性下降得少一些。在馏分油催化裂化时，平衡催化剂的 Ni、V 总含量在 $100\sim1000\mu g/g$，但渣油催化裂化时则可达 $1000\sim10000\mu g/g$。解决重金属污染问题主要有三种途径：降低原料油中重金属的含量；选用对重金属容纳能力较强的催化剂；在原料中加入少量能减轻重金属对催化剂中毒效应的药剂，即金属钝化剂。

（4）原料油中的 Na^+　原料油中的 Na^+ 会影响分子筛裂化催化剂的活性和热稳定性。

5.4.5　催化裂化的工艺流程

催化裂化装置一般由反应-再生系统、分馏系统和吸收-稳定系统三部分组成，在处理量较大、反应压力较高的装置中，常常设有再生烟气能量回收系统。

（1）反应-再生系统　工业催化裂化装置的反应-再生系统在流程、设备、操作方式等方面的特点多种多样。图 5-18 是馏分油同轴式提升管裂化装置反应-再生系统工艺流程。

新鲜原料油和回炼油混合后换热至 220℃左右进入提升管反应器下部的喷嘴，回炼油浆进入提升管上喷嘴，与来自再生器的高温催化剂（600~750℃）相遇，立即气化进行反应。油气

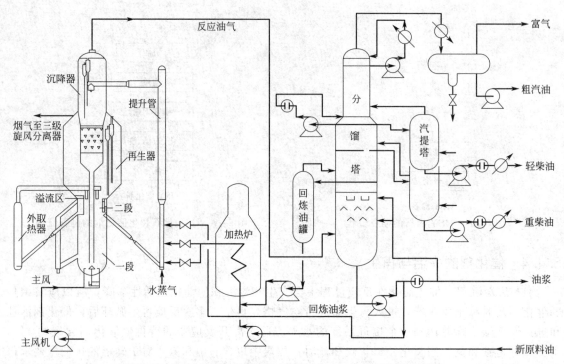

图 5-18　馏分油同轴式提升管裂化装置反应-再生系统工艺流程

和雾化蒸气及预提升蒸气携带催化剂沿提升管向上流动，通过提升管出口，经快速分离器进入沉降器，夹带少量催化剂的反应产物和蒸气的混合气经若干组两级旋风分离器，进入集气室，通过沉降器顶部出口进入分馏系统。

经快速分离器分出的、积有焦炭的催化剂由沉降器落入汽提段，反应油气经旋风分离器回收的催化剂通过料腿也流入汽提段。汽提段内装有多层人字形挡板并在底部通入过热水蒸气。待生剂上吸附的油气和颗粒之间的油气被水蒸气置换出来。经汽提后的待生剂通过待生立管进入再生器一段床层。再生器的主要作用是用空气烧去催化剂上的积炭，使催化剂的活性得以恢复。再生所用空气由主风机供给，空气通过再生器下面的辅助燃烧室及分布管进入一段流化床层。一段再生后氢几乎全部烧尽，再进入二段床层进一步烧去剩余焦炭。再生催化剂经再生斜管和再生单动滑塞阀进入提升管反应器循环使用。

烧焦产生的再生烟气，经再生器稀相段进入旋风分离器，经两级旋风分离除去夹带的大部分催化剂，烟气通过集气室和双动滑阀进入烟囱。回收的催化剂经料腿返回床层。

(2) 分馏系统　典型的催化裂化分馏系统见图 5-18。由反应器来的 460～510℃ 反应产物油气从底部进入分馏塔，经底部的脱过热段后在分馏段分割成几个中间产品：塔顶为汽油和富气，侧线有轻柴油、重柴油和回炼油，塔底产品是油浆。

为了避免催化分馏塔底结焦，催化分馏塔底温度控制在 380℃，循环油浆用泵从脱过热段底部抽出后分为两路：一路直接送入提升管反应器回炼，若不冷却，可经冷却送出装置；另一路先于原料油换热，再进入油浆蒸气发生器，大部分作循环回流返回脱过热段上部，小部分返回分馏塔底，以便于调节油浆取热量和塔底温度。

如在塔底设油浆澄清段，可脱除催化剂出澄清油，可用于生产优质炭黑和针状焦的原料。浓缩的稠油浆再用回炼油稀释返回反应器进行回炼并回收催化剂。

分馏塔的特点是进料为带有催化剂的过热油气，因此，分馏塔底设有脱过热段，用经过冷却至 280℃ 左右的循环油浆与反应油气接触后，可洗掉反应油气中的催化剂，同时回收过剩热量；全塔的剩余热量大而且产品的分离精度要求比较容易满足。一般设有塔顶循环回流、一至两个中段循环回流、油浆循环回流等多个循环回流；尽量减小分馏系统压降，提高富气压缩机的入口压力。

（3）吸收-稳定系统　吸收-稳定系统主要由吸收塔、再吸收塔、解吸塔及稳定塔组成。从分馏塔顶油气分离出来的富气中带有汽油组分，而粗汽油中则溶解有 C_3、C_4 组分。吸收-稳定系统的作用就是利用吸收和精馏的方法将富气和粗汽油分离成干气、液化气和蒸气压合格的稳定汽油，其工艺流程图如图 5-19 所示。

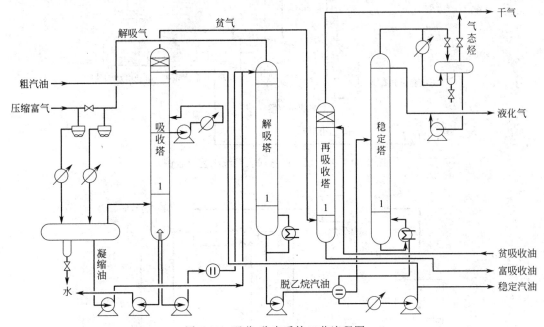

图 5-19　吸收-稳定系统工艺流程图

从分馏系统来的富气经气压机两段加压到 1.6MPa，经冷凝冷却后，与来自吸收塔底部的富吸收油以及解吸塔顶部的解吸气混合，冷却至 40℃ 后进入平衡关进行平衡液化，之后将不凝气和凝缩油分别送去吸收塔和解吸塔。

富吸收油中含有 C_2 组分，不利于稳定塔的操作，解吸塔的作用就是将富吸收油中的 C_2 组分解吸出来。稳定塔实质上是一个从 C_5 以上的汽油中分出 C_3、C_4 的精馏塔。在吸收系统中，提高 C_3 回收率的关键在于减少干气中的 C_3 含量（提高吸收率、减少气态烃的排放），而提高 C_4 回收率的关键在于减少稳定汽油中的 C_4 含量（提高稳定深度）。

吸收塔和解吸塔是分开的，它的优点是 C_3、C_4 的吸收率较高，脱乙烷汽油的 C_2 含量较低。

（4）再生烟气能量回收系统　再生高温烟气中可回收能量（以原料油为基准）约为800MJ/t，相当于装置能耗的 26%。所以，不少催化裂化装置设有烟气能量回收系统，利用烟气的热能和压力能做功，驱动主风机以节省电能，其工艺流程图如图 5-20 所示。

能量回收还有其他方案，例如再生烟气水洗除尘工艺，其流程图如图 5-21 所示。再生烟气先通过余热锅炉发生蒸汽，使烟气温度降至 290～430℃，然后在换热器中降温后进入水洗塔除去催化剂颗粒。净化后的烟气进入换热器升温，最后去烟气轮机回收动能。其特点是可不使用三级旋风分离器，避免烟机冲蚀，烟气系统不需要设置经典除尘器，可直接排入大气中。

（5）重油催化裂化　重油催化裂化是以 350～500℃ 的馏分油和一定量的大于 500℃ 的减压

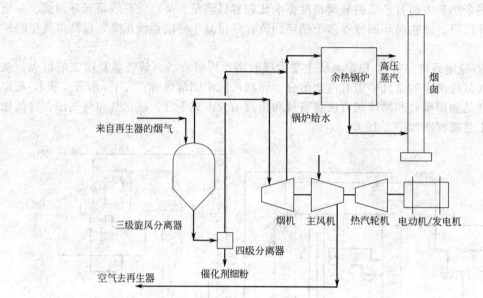

图 5-20 再生烟气能量回收系统工艺流程图

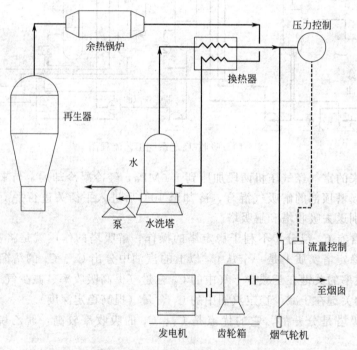

图 5-21 再生烟气水洗除尘工艺流程图

渣油为原料的石油加工工艺。常压重油、减压渣油与 VGO（减压柴油）不同，必须解决若干问题，如渣油中镍、钒等重金属在催化剂上的沉积，渣油中少量的钠、钾等金属，渣油中的胶质组分、沥青质组分、硫等。

为此，要实现重油催化裂化一般要采取一定的措施，如选择合适的催化剂，采取降低金属污染的技术，选用高效进料喷嘴，提升管反应器按高温段接触时间进行设计和操作，分排油浆，再生器取热等。与馏分油催化裂化技术相比，重油催化裂化工业也包括反应-再生系统、分馏系统、吸收-稳定系统、再生烟气能量回收系统。

UOP 与 Ashland 合作开发的第一套加工常压重油的 RCC 装置于 1983 年建在美国 Catettsburg 炼油厂，此装置的反应-再生系统流程如图 5-22 所示。RCC 技术的主要特点是在提升管下部设置了催化剂预提升段，使催化剂与进料快速接触以改善产品分布并使催化剂上的金属钝化；提升管出口为敞开式，使催化剂与油气快速分离，避免在反应区内结焦；采用逆流两段式再生，在再生器之间设取热器，不仅可以调节再生温度，还可以保持催化剂循环量以实现适宜的反应苛刻度；适应原料油变化能力强，这是由于其具有调节进料温度、烧焦量和剂油比的能力。

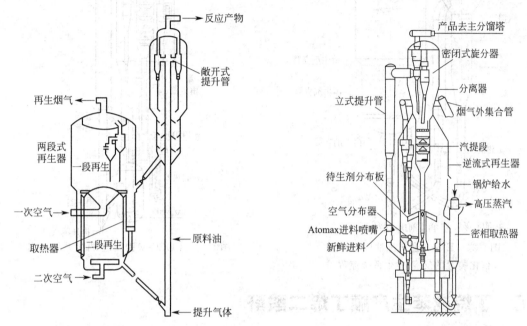

图 5-22 RCC 反应-再生系统流程   图 5-23 正流式反应-再生系统流程

Kellogg 公司的第一套重油催化裂化装置于 1961 年建于美国 Borger 炼油厂，采用正流式 C 型装置加工常压重油。20 世纪 80 年代初，该公司又开发了超正流型催化裂化技术。正流式反应-再生系统流程见图 5-23，其主要特点是：催化剂在立管和提升管呈完全垂直流动，再生催化剂立管和待生催化剂立管较短，有利于催化剂循环；再生器为逆流式，待生剂通过分配器均匀到达密相床的顶部，催化剂和空气的逆向流动使最初的烧焦在氧分压较低条件下进行，再生过程中催化剂水热减活效应大大降低；密闭式旋风分离器系统，可以消除后提升管的热裂化反应和减少由此产生的干气和丁二烯产量。

Exxon 公司所属炼油厂采用的裂化催化装置中，其反应-再生系统流程如图 5-24 所示，其特点是反应器、再生器为并列式布置，再生剂和待生剂循环系统采用 J 形输送管以保证催化剂输送平稳、顺畅；采用专利进料喷嘴以便在低压降、低蒸气量下实现快速雾化；采用适宜的提升管高度及反应终止设施，减少稀相段的裂化反应；改进汽提段结构设计，提高气体性能，减少生焦和反应产物在再生器中的失活；采用高速密相床降低催化剂藏量。

中国洛阳石化工程公司开发设计的 ROCC-V 重油催化裂化示范装置于 1996 年在该公司炼油实验厂投产，其反应-再生系统流程见图 5-25。其主要特点是，沉降器和第一、第二再生器采用"三器联体"的同轴式结构，降低投资和装置总高度；反应系统对原料的适应性好，轻油收率高达 76%；使用 LPC 型进料喷嘴，改善雾化效果；加长粗旋风分离器升气管高度，减少过度裂化；再生系统操作方便，灵活性好；采用烟气串联两段再生流程，有利于第一、第二再生器内烧焦速度的提高，同时有利于催化剂的循环输送和装置的操作。

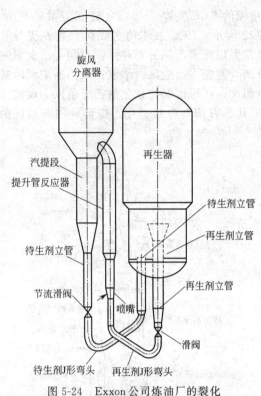

图 5-24　Exxon 公司炼油厂的裂化
催化装置的反应-再生系统流程

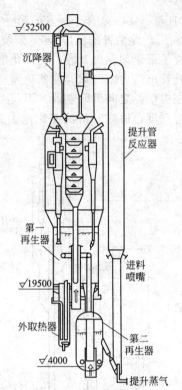

图 5-25　ROCC-V 型反应-再生系统流程

5.5　丁烷或苯生产顺丁烯二酸酐

顺丁烯二酸酐（简称顺酐）广泛用于石油化工、农药、染料、纺织、食品、造纸及精细化工等行业，其衍生物主要有 γ-丁内酯、四氢呋喃、1,4-丁二醇和 N-甲基吡咯烷酮等。

1920 年 Weiss 和 Downs 以 V_2O_5 催化苯制得顺酐，1933 年 National Aniline and Chemical A 公司将该技术首先工业化。由于苯价格的上升和苯对环境的污染，1970 年日本三菱化成公司开发了以含丁二烯的 C_4 馏分为原料的流化床氧化工艺，建成 20kt/a 的工业装置；1974 年美国 Monsanto 公司开发了以正丁烷为原料的固定床氧化工艺；20 世纪 80 年代中后期日本三菱化学、英国 BP 公司和意大利 Alusuisse 公司相继开发了以正丁烷为原料的流化床氧化工艺。这些工艺都采用焦磷酸氧钒（VPO）催化剂。由于正丁烷价格相对低廉，且环境污染小，因而近年来发展迅速。20 世纪 80 年代全球苯法占 80％左右；1995 年正丁烷法占 70.3％，而苯法仅为 25.7％，其余为苯酐的联产。

我国顺酐生产自 20 世纪 50 年代开始，1998 年天津中河化工厂引进美国 SD 公司的苯氧化法技术建成第一套 10kt/a 装置。1994 年辽宁盘锦有机化工厂引进 SD 公司正丁烷固定床氧化工艺建成我国第一套正丁烷氧化的顺酐生产装置，其生产能力为 10kt/a。1996 年山东东营胜化精细化工有限公司引进 ALMA 正丁烷流化床氧化工艺，其生产能力为 15kt/a。由于流化床正丁烷进料浓度（摩尔分数）高达 4％，而固定床仅 1.70％，故能耗和投资优于固定床。

5.5.1　丁烷氧化制顺酐

（1）催化反应及反应机理

① 催化反应　顺酐最初采用苯氧法生产，在一段时期又曾采用以丁烯为原料的方法，由

于对环境的影响，苯氧化法在美国已经停止使用。而 20 世纪 80 年代开发的正丁烷氧化制顺酐方法，因其技术及催化剂的明显优越性而使产品成本大幅度下降，得到迅速推广和应用。

正丁烷和空气（或氧气）在 V_2O_5-P_2O_5 系催化剂上发生气相氧化反应生成顺酐。其反应式如下：

主反应 $C_4H_{10} + \dfrac{7}{2}O_2 \longrightarrow C_4H_2O_3 + 4H_2O$ $\Delta H = -1261\text{kJ/mol}$

副反应 $C_4H_{10} + \dfrac{11}{2}O_2 \longrightarrow 2CO + 2CO_2 + 5H_2O$ $\Delta H = -209\text{kJ/mol}$

② 催化反应动力学   目前较为人们所接受的氧化反应动力学模型如下所示。

$$\begin{array}{c} \text{正丁烷} \xrightarrow{\quad r_1 \quad} \text{顺酐} \\ {\scriptstyle r_2} \searrow \qquad \swarrow {\scriptstyle r_3} \\ CO, CO_2 \end{array}$$

研究表明，氧化速率受 O_2 的化学吸附及表面氧和正丁烷气体的反应步骤控制。化学吸附的表现活化能比表面反应的活化能大。在较大正丁烷压力时，速率控制步骤是 O_2 的化学吸附，而在低正丁烷压力下，氧化反应是速率控制步骤。在正丁烷压力小于 1kPa 时，其氧化反应可以用一级反应来描述。估计的反应速率常数为 $K_1 = 11.44 \times 10^5 e^{-7180/T}$，$K_2 = 7.20 \times 10^6 e^{-9310/T}$，$K_3 = 2.53 \times 10^4 e^{-5558/T}$，$T$ 为热力学温度（K）。正丁烷氧化至 CO_2 的反应收率并不与烃类浓度有关，而是同氧浓度有关。

③ 催化反应机理   一般认为，正丁烷氧化为顺酐的反应历程：正丁烷先氧化脱氢得正丁烯，丁烯反应则有两个途径：一是生成丁二烯；二是生成丁烯醛。丁二烯和丁烯醛都可以通过呋喃中间物或直接生成顺酐。这些中间物都在实验中被监测到。但是实际反应更为复杂，除了丁烯醛、丁烯酸、呋喃外，还副产乙酸、甲基乙烯基酮、甲醛、乙醛、二羟基乙酸等。

（2）催化剂的生产

① 载体和活性组分的选择   正丁烷固定床氧化制顺酐催化剂一般不用载体，对不同形状催化剂 VPO 的催化反应性能等研究表明，床层阻力大小依次为圆柱状＞三叶草状＞环状；在相同操作条件下，催化剂活性大小顺序依次为环状＞三叶草状＞圆柱状。

正丁烷流化床和移动床氧化制顺酐催化剂除具有良好的活性和选择性外，颗粒大小和分布对其反应是至关重要的。颗粒尺寸大小不仅对流化质量有影响，而且也影响反应效果。采用同种型号的催化剂前体，并经喷雾干燥可制得不同粒度的催化剂，在相同反应条件下测得的反应效果有明显差异。平均粒径在 $75\mu m$，其中小于平均粒径的细粒子占 70% 以上的粒度分布，流化和催化反应的效果最佳。这种粒度的催化剂易流化，床层更稳定，无明显气泡聚并。气相呈分散型，属于细粒流化床操作范围。

提高流化床或移动床催化剂的耐磨强度同样重要。由于焦磷酸钒呈结晶体状态，很难单独成型，为克服其疏散性，可使用硅溶胶作黏结载体。从元素周期表的 ⅠA、ⅢA、ⅣA、ⅧA 族和镧系中可选择某些元素作添加组分。结果表明，正丁烷转化率提高约 10%，顺酐收率提高 20%～30%。

② 催化剂结构及物化性能 $(VO)_2P_2O_7$ 是正丁烷选择氧化制顺酐的活性相，存在 α、β、γ 三种异构体。活性顺序为 β＞γ＞α，选择性顺序为 α＞γ＞β。当在氧化活性高、顺酐选择性低的 β 相内加入过量的磷元素后，催化剂活性下降、选择性提高。

用 BET、XRD、NARP、TPD 等技术对催化剂表征的结果表明，各种助催化剂的加入诱发晶体失序和缺陷，从而增加了比表面积和表面 V=O 物种，进而改善活性和选择性，同时不同离子势元素的加入改变了表面化学结构，包括对表面酸碱度做了调整。添加 Zr、Mo 金属具有较明显作用是因为它们是电负性较强的电子受体，在反应过程中对钒离子的价态起调节作用，以利于催化剂的氧化还原循环。

③ 催化剂的生产　固定床和流化床正丁烷制顺酐催化剂前体准备基本相似，但成型过程不一样。前者采用黏结剂如淀粉，即在基质粉中掺入改性淀粉和适量硬脂酸和石墨，经捏合、挤条、切粒、干燥，得到如三叶形等要求的催化剂；后者采用喷雾成型法。以天津大学开发的流化床催化剂为例，生产过程简述如下。

对于工艺流程，用球磨机将 V_2O_5 研磨成粒度为 5nm 的粉末，磷酸、异丁醇计量后一起进入带有蒸馏塔的反应釜，将反应生成的水与异丁醇形成共沸混合物蒸出，反应一直到 V^{5+} 还原为 V^{4+} 为止。反应产物经热滤后，在离心机内将液体甩干，用滤饼烘干即得催化剂前体。该前体在水中（或有机溶剂中）进行改性处理，即加热后再脱水（或有机溶剂），除去有害杂质，以使活性相中微晶量增加。改性后的催化剂添加微量金属第三活性组分作助催化剂，如锆、钼、铁等，以改善催化剂活性价态。

将上述催化剂粉料掺加黏结剂（最好是硅胶，也可用铝胶、聚乙烯）之后，调浆喷雾成型，雾粒经并流或热流式干燥塔干燥，即得成品，其制备工艺流程如图 5-26 所示。

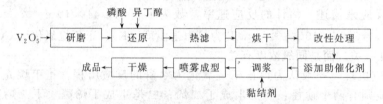

图 5-26　正丁烷氧化法制顺酐催化剂制备工艺流程

对于原料要求：V_2O_5，工业级，研磨粒径为 5nm；磷酸，工业级，H_3PO_4 含量 85%；异丁醇，工业级，沸程 107~108℃；硅溶胶，SiO_2 含量 20%。

对于制备工艺参数：还原条件，反应釜温度 107~108℃；蒸馏塔回流比 0.5~1，馏出速度 0.1~0.5L/h；反应时间 6~12h，以 V^{5+} 基本还原为 V^{4+} 为宜；热滤浆液温度 35~40℃，干燥温度 110℃，干燥时间 4~8h，喷雾温度 120~160℃，喷雾压力 0.1~0.8MPa，气液质量比 0.01~0.1。

（3）催化剂类型　丁烷氧化法制顺酐的催化剂是在丁烯氧化制顺酐的催化剂基础上发展起来的。主要催化体系可分为 Co-Mo 系、V-Mo 系及 V-P 系三类。在其中可添加各种金属氧化物作助催化剂，以构成三元、四元及五元等催化体系。

Co-Mo 系催化剂是早期研究的一类催化剂，用于丁烷氧化制顺酐时，顺酐选择性只有 20% 左右。收率低的主要原因是丁烷制顺酐需经连续脱氢和异构化以及与之平行的一系列副反应。因此，为了提高催化剂对丁烷的脱氢能力，将脱氢催化剂 $CeCl_3$ 混入，构成 Co-Mo-Ce/SiO_2 催化剂。这种催化剂对顺酐的选择性明显提高。总的来说，这种催化剂由于顺酐收率较低且由于氯化物的存在使腐蚀性严重，加上 Co 的来源及价格问题等原因，未能用于工业化装置。

V-Mo 系催化剂是丁二烯氧化制顺酐的较佳催化剂，但用于丁烷时，效果很差，没有工业使用价值。也有在 V-Mo 系中加入第三组分的。一般来说，顺酐收率也只有 20% 左右。

对于 V-P 系催化剂，目前无论是丁烯氧化反应或是丁烷氧化反应，V-P 系催化剂均是最佳催化剂。但两类催化剂差别很大，首先是丁烯氧化催化剂的 P/V 比要比丁烷氧化催化剂的 P/V 比高。其次是丁烯氧化催化剂常使用 α-Al_2O_3 等载体，而且载体的比表面积都很低，而丁烷氧化催化剂几乎不使用载体。

5.5.2　苯氧化制顺酐

（1）催化反应及反应机理

① 催化反应　苯氧化制顺酐催化剂，早期采用负载于浮石上的 V_2O_5 催化剂，其后开发了 V_2O_5-MoO_3、V_2O_5-WO_3。V_2O_5 中加入适量 MoO_3、WO_3 可产生少量活性较大的供氧中心，同时可增加供 [O] 中心数目。流化床中苯在催化剂孔内停留时间较长，需要抑制供 [O] 活性，故常用 V_2O_5-P_2O_5 系催化剂或在 V_2O_5-MoO_3 中加入较多的 P_2O_5；再加入其他组分如 Li、Na、Ca、Sr、Co、Fe、Ni、Cu、P、Mo 等作为助剂。浸渍型催化剂大多采用 α-Al_2O_3、SiC、SiO_2 等作为载体；成型催化剂的载体多采用硅藻土、TiO_2 等。

苯和空气（或氧气）在以 V_2O_5-MoO_3 等为活性组分、γ-Al_2O_3 等为载体的催化剂上气相催化氧化反应生成顺酐。其反应式如下：

主反应　$C_6H_6 + \dfrac{9}{2}O_2 \longrightarrow C_4H_2O_3 + 2CO_2 + 2H_2O$　　　$\Delta H = -1850\text{kJ/mol}$

副反应　$C_6H_6 + \dfrac{15}{2}O_2 \longrightarrow 6CO_2 + 3H_2O$　　　$\Delta H = -3274\text{kJ/mol}$

　　　　$C_6H_6 + \dfrac{3}{2}O_2 \longrightarrow C_6H_4O_2 + H_2O$　　　$\Delta H = -532\text{kJ/mol}$

主反应主要产物是顺酐，但苯有两个 C 变成 CO_2，副反应除生成 CO_2 和水外，还有酚类、羟基化合物和羧酸。

② 催化反应动力学　一般认为，反应包括两个各自独立的步骤，即苯分子与催化剂上氧原子作用，部分还原表面由气相氧再氧化。通常的反应简化模型为：

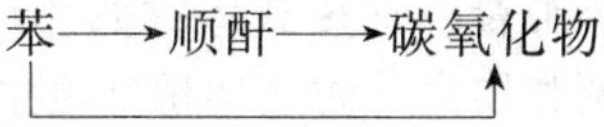

苯 ⟶ 顺酐 ⟶ 碳氧化物

实验表明，平行副反应的活性能大于生成顺酐主反应的活化能。所以，在反应前期，由于苯浓度较高，保持较高温度有利于顺酐反应。串联副反应活化能最高，所以在反应后期应保持较低温度，以降低顺酐深度氧化，提高产物收率。

③ 催化反应机理　苯在 V_2O_5-MoO_3 催化剂上的氧化制顺酐反应机理目前已经进行了详细研究，其中在选择氧化中通过氧化加成物生成氢醌的反应过程如图 5-27 所示。

将苯醌、苯和氢醌在 MoO_3 含量为 30% 的 V_2O_5-MoO_3/Al_2O_3 催化剂上氧化，三者选择性分别为 3%、60%、60%。苯和氢醌制顺酐的选择性相同，由此推断氢醌是苯氧化为顺酐的中间物，而苯醌则为非选择性氧化的中间体。苯的氧化是在同吸附氧分子之间相互作用而发生的。

（2）催化剂的生产

① 载体和活性组分的选择　苯法固定床制顺酐采用 V-Mo 系或 V-P 系负载型催化剂。载体除对活性组分起分散承载作用外，而且可以通过对载体化学组成以及物化性能参数的调节使反应得以优化。

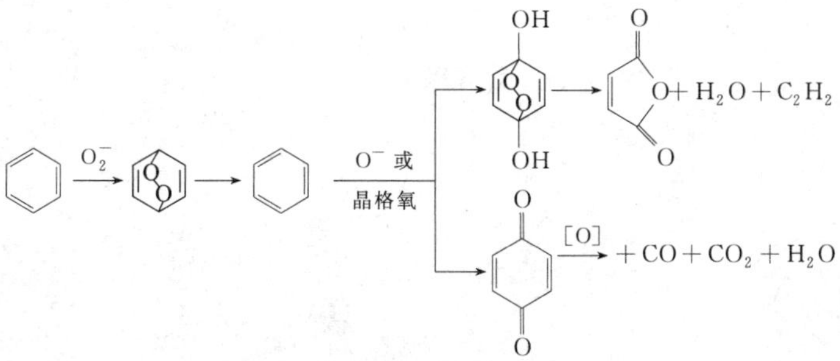

图 5-27　苯氧化制顺酐反应过程

载体的形状和颗粒尺寸十分重要，通常球形载体装填的催化剂粒子最多，是圆柱形和环形载体的 1.5 倍。催化剂的外表面积以环形为最大，因而制得催化剂的散热性能最好，催化剂床层分布更平缓，有利于提高选择性。另外，环形载体阻力降也较小，因而近期开发的苯法制顺酐催化剂载体以环状为多。

低比表面积、粗孔径和高粗孔隙率是有利于防止产物的深度氧化，并避免反应热过于集中。合适载体的比表面积在 $0.01 \sim 0.1 m^2/g$，95% 以上孔径在 $50 \sim 1500 \mu m$，表观孔率在 0.5% 以上。

各种惰性的无机耐火材料均可用于本反应的催化剂载体。载体中 Al_2O_3 含量增高，催化剂活性和选择性都有所增加。Fe_2O_3 含量增加，顺酐收率下降。载体中钠含量过高会导致催化剂活性下降。XRD 和原子吸收光谱分析表明，长期高温反应时，载体钠离子会向表面迁移并形成 $Na_2O \cdot V_2O_4 \cdot 5V_2O_5$，使活性相 V_2MoO_4 相应减少。

工业用苯法固定床制顺酐催化剂的主要活性组分为 V_2O_5 和 MoO_3。适量 P_2O_5 加入会使顺酐选择性提高。适量的 Na_2O 对活性选择性有良好作用，但增加到一定程度时活性反而下降，这是因为 Na_2O 可以夺走 V_2O_5，减少活性相 V_2MoO_8 的生成。

② 催化剂的结构组成　V_2O_5 属斜方晶系，它的晶格结构是由公共顶点的两个三方两锥形 VO_5 多面体连成，在通常制备的 V_2O_5 中就存在 V^{4+} 和氧负离子缺位。然而，V_2O_5 中加入 MoO_3 后才会有较好的活性和选择性。这是因为 V_2O_5 是 N 型半导体，加入 MoO_3 后形成固溶体，V_2O_5 中的 V^{5+} 被 Mo^{6+} 取代，放出一部分氧成为晶格氧缺欠，带有两个正电荷，输出 2 个电子，生成 V^{4+}，具有 N 型半导体性质，是强的电子接受体，从而提高了活性。

（3）催化剂的使用技术和操作

① 催化剂的装填与卸出　固定床催化剂的装填通常包括以下步骤：反应器的清洗；催化剂装填反应器列管时，从底部起依次为弹簧、预热载体（如瓷环或玻璃球）、催化剂，上部再放预热载体及弹簧；装填催化剂要及时调整层高，防止架桥并测量压力降，其平均值在 ±5% 为好。

催化剂的卸出必须用惰性气体将催化剂冷却，最好降至常温，然后装入铁桶。

② 催化剂使用的开工方法　以固定床苯法为例，包括升温活化和投苯两个过程。投苯生产前，先要将熔盐在储槽内用电炉加热至 320℃。送熔盐至反应器列管外循环 5min 后才可投苯。开始投苯 1h 测一次转化率，然后慢慢提高苯浓度和空速。

③ 催化剂再生　再生方法包括物理处理和化学处理两个过程。物理处理过程是将旧催化剂进行严格筛选，使颗粒大小颜色深浅、比表面积大小达到所需工艺要求。化学处理过程则采用喷洒 V_2O_5、K_2CO_3、NH_4MoO_3、H_3PO_4、$H_2C_2O_4$ 的混合物溶液，再经类似制备过程的一系列步骤处理，使催化剂恢复。

④ 催化剂的安全使用及保护　需要控制原料苯中毒物含量，其中主要是砷化物、硫化物和噻吩等。生产过程中应尽量减少停车次数，因为多次开停车会造成催化剂工作状态的失调，尤其是 V^{5+} 与 V^{4+} 比例失调。催化剂在装填和运输过程中必须避免剧烈震动。同时，催化剂要防潮。

第6章

无机材料在催化中的应用

6.1 钼在催化中的应用

钼（Mo）是一种过渡元素，极易改变其氧化状态，在氧化还原反应体系中起着传递电子的作用。在氧化的形式下，钼很可能是处于+6价状态。虽然在电子转移期间它也很可能首先还原为+5价状态。由于 Mo 有良好的配位能力，配体可进行丰富的调变，从而改善 Mo 对过氧化物的 O—O 键的活化能力。Mo 独特的耐硫性能使其在加氢精制、CO 耐硫变换及低碳醇合成过程中具有不可替代的作用，其氧化物或复合氧化物是低碳烃选择性氧化的良好催化剂，其优良的配位性能可以发挥配合物催化剂在烯烃选择性氧化及不对称氧化过程中的优势。除此之外，它还是甲烷无氧芳构化过程理想的催化体系。钼基催化剂在化工生产过程中发挥着重要作用。

6.1.1 加氢精制过程

以 Mo 为主要活性组分的加氢精制催化剂在工业上的应用已有 40 多年历史，一般是以多孔物质（如 Al_2O_3）为载体，担载活性组分 Mo 或 W 及助剂 Co 或 Ni。在加氢精制过程中，往往根据不同的反应类型来选择不同的催化剂，一般在加氢脱硫过程中使用 Co-Mo 催化剂（如中国石化石油化工科学研究院研制开发的钴钼催化剂 RSDS-Ⅰ、RSDS-Ⅱ），在加氢脱氮过程中使用 Ni-Mo 或 Ni-W 催化剂。

对已有催化剂进行改性是常用的一种提高催化剂性能的手段，可以通过添加助剂或者改变载体来实现。石国军等研究了介孔碳担载的 Co-Mo 和 Ni-Mo 加氢脱硫催化剂，发现介孔碳担载的催化剂活性要好于相应的活性炭担载的催化剂，并且在模型汽油和模型柴油的加氢脱硫反应中，表现出比工业催化剂好得多的活性。这种优异的催化性能归结于介孔碳较大的孔径及它和活性组分之间较弱的相互作用力。杨晓宇等通过添加 TiO_2 来削弱活性组分 MoO_3 和 HZSM-5 载体间的相互作用，也使催化剂的脱硫活性大大提高。霍全等研究了纳米晶簇多级孔道 L 沸石作为 Al_2O_3 载体的添加剂对加氢脱硫性能的影响，发现添加该沸石后，脱硫率达到99.3%，加氢后柴油的硫含量仅为 $9.3\mu g/g$，提高加氢脱硫性能的主要原因是沸石适宜的酸量及孔道结构。刘建平等认为一定酸量的载体可以提高活性组分的分散度，并且使活性金属的电子发生迁移，形成电子空穴，提高脱硫性能；而合适的孔道结构可以减少扩散阻力。

新型的含钼加氢精制催化剂主要有碳化钼、氮化钼、磷化钼系列催化剂，它们比工业应用的硫化物催化剂有更为优良的催化性能。Aegerter 等研究了噻吩在 Mo_2C/Al_2O_3 和 $Mo_2N/$

Al_2O_3 及硫化态催化剂上的加氢脱硫性能，发现 Mo_2C/Al_2O_3 和 Mo_2N/Al_2O_3 的加氢脱硫活性比硫化态催化剂高很多。对使用过的催化剂进行表征，结果表明，在 Mo_2C 和 Mo_2N 表面有一薄层 MoS_2 存在，该高分散的硫化钼层是催化剂具有较高活性的原因。Ozkan 等对非负载的 Mo_2C、Mo_2N 的加氢脱硫性能进行研究，也发现使用过的催化剂表面有一薄层硫化物存在。笔者认为体相的 Mo_2C 和 Mo_2N 作为表层硫化物的载体，而表层硫化物反过来促进了反应的进行。在碳化物或氮化物上添加少量过渡金属或稀土组成的双金属催化剂的脱硫脱氮活性有所改善，如靳广洲等研究了镍助剂对碳化钼催化剂的加氢脱硫性能的影响，发现当 Ni/Mo 原子比为 0.3 时，其催化效率比相应的碳化钼催化剂提高 1.57 倍。

为了满足深度加氢的需要，高效脱硫催化剂的研发一直备受关注。Mo 以其优越的抗硫性能仍然是最受关注的活性组分。

6.1.2 CO 变换过程

可用于加氢处理的 Co-Mo 基催化剂在 20 世纪 70 年代以来被成功开发为一氧化碳变换的新型耐硫变换催化剂，与铁铬系和铜锌系变换催化剂不同，它只有在硫化态下才具有活性。随着以渣油和煤制合成气的兴起，耐硫变换催化剂的地位日益提高。耐硫变换催化剂按其性能可分为两大类：一类是可适用于高压（约 8MPa）及高汽气比（约 1∶4）的中温耐硫变换催化剂，这类催化剂主要以 Co-Mo 为活性组分、镁铝尖晶石为载体；另一类是适用于低压（约 3MPa）的低温耐硫变换催化剂。这类催化剂以 Al_2O_3 为载体，通过添加碱金属如 K 来促进 Co-Mo 活性组分的催化性能。虽然助催化作用明显，但是容易流失，从而导致催化剂失活和后续设备腐蚀等问题，目前提高催化剂的稳定性是一个重要的研究方向。复合氧化物载体可通过对载体性能的调变来改善催化剂的性能。李玉敏等研究了以复合氧化物 ZrO_2-Al_2O_3 为载体的 Co-Mo-K 耐硫变换催化剂的性能，发现由于 ZrO_2 对 Al_2O_3 的促进作用，改善了催化剂的热稳定性、氧化还原性、吸硫性和吸水性，从而提高催化剂的活性。

6.1.3 低碳醇合成过程

作为碳化学的重要内容，CO 催化加氢合成低碳混合醇一直被认为是极具工业价值和应用前景的研究课题之一。在不同的催化剂体系里，MoS_2 催化剂具有独特的抗硫性，不易积炭，受到众多学者的关注。碱改性/MoS_2 催化剂（ADM）以其独特的耐硫性能和高的水煤气变换反应活性被认为是最具应用前景的催化剂体系之一。然而，现有的低碳醇合成工艺单程转化率及生成 C_2^+OH 的选择性仍较低，大多数体系合成的主要产物是甲醇，使该工艺的商业应用大受限制。在 ADM 催化剂中引入第三组分（Fe、Co、Ni）后，鉴于它们较强的加氢能力和链传播能力，催化性能有不同程度的改善。尤其是 C_2^+OH 的比例增加，成为目前该领域的研究热点。如 Co 修饰后，$C_2 \sim C_9$ 醇的含量大大提高。1.5% 的 Rh 修饰的催化剂上，乙醇的选择性为 16%。此外，载体的性能对高碳醇的生成也有重要影响，Surisetty 等在研究中发现载体的孔结构对醇的分布影响很大。马晓明等研究了碳纳米管对 Co-Mo-K 硫化物催化剂的促进作用，利用碳纳米管对 H_2 的较强的吸附活化能力，在一定程度上抑制水煤气变换副反应的发生，提高催化剂的活性和选择性。碳化钼基催化剂是该领域极具应用前景的催化体系，和硫化钼基催化剂类似，利用碱改性及添加第三组分可大大提高催化剂的性能。

6.1.4 烯烃环氧化过程

含 Mo 催化剂在烯烃选择性催化氧化方面的应用，以 ARCO 公司开发的丙烯环氧化催化剂最具代表性，催化剂中 Mo 以配合物形式存在，溶于反应体系中。Romão 研究小组把对钼配合物催化活性的研究扩展到了 Cp'MoO_2Cl 配合物（η-C_5R_5）-MoO_2Cl [R＝H，Me，（Bz）]，发现环上取代基的性质会显著影响到配合物在烯烃环氧化反应中的催化活性和稳定性。由于均相催化剂在分离、回收、循环方面的缺点，均相钼配合物催化剂的固载化被广泛研究。Sherrington研究小组在这方面做了系统的研究工作，在提高催化剂稳定性及活性方面取得了重要的研究成果。

由于钼配合物中配体的可调变性，可以通过引入手性配体将配合物用于烯烃的不对称环氧化反应。Kühn等在2008年发表了关于手性钼配合物的合成和应用的综述。Burke等综述了含过氧基的手性钼基配合物 $[MoO(O_2)_2Ln]$ 的合成及对烯烃不对称环氧化的催化性能。Mo的配合物在不对称环氧化领域的研究仍然是眼下的研究热点之一。

除了上述以Mo的配合物为基础的催化剂外，以固体 MoO_3 为活性组分的催化剂也具有很好的催化活性。该类催化剂中钼物种的分散程度对催化性能影响很大，笔者所在课题组曾对硅基材料负载的 MoO_3 催化剂进行过系统研究，发现载体表面钼物种的分散情况及分布状态对催化剂的活性有重要影响。

6.1.5　低碳烷烃的烯丙基氧化过程

自BP公司采用以Mo-Bi-O为主要活性组分的复合氧化物作为催化剂成功开发丙烯氨氧化制丙烯腈工艺后，Bi-Mo催化体系在选择性氧化制备丙烯醛、丙烯醇、丙烯腈、甲基丙烯醛、甲基丙烯腈等领域中得到广泛应用，并由简单组分发展为多组分催化体系。引入不同的阳离子，会形成不同结构的铋钼催化体系，如 α-$MnMoO_4$ 结构、白钨矿结构及多相结构。一般认为，反应的第一步是决速步，是在催化剂表面形成烯丙基中间物种，然后再插入晶格氧形成目标产物。

相对烯烃而言，低碳烷烃的来源更为丰富，具有良好选择性氧化性能的Mo-Bi催化体系被延伸到低碳烷烃的选择性氧化领域。陶跃武等在铋钼复合氧化物、钒钼复合氧化物表面上激光促进异丁烷选择氧化制甲基丙烯酸，选择性达到90%且无 CO_x 产生。杨汉培等在研究铋钼复合氧化物对丙烷选择性氧化反应的催化性能中发现，复合氧化物的结构对催化性能影响很大。

6.1.6　低碳烷烃的选择性氧化过程

分子氧氧化烷烃直接生成含氧有机物是催化领域的一个难题，反应往往需要维持在一个低的转化率以达到一定的选择性。在众多的催化体系中也包含了钼基催化剂。如 SiO_2 负载的 MoO_3 催化剂可以催化甲烷选择性氧化制甲醇或甲醛。张益群等研究了 La_2O_3 负载的 MoO_3 催化甲烷氧化制甲醇的性能。张昕等研究了钙钛矿型氧化物负载的Mo催化剂催化甲烷转化的性能，负载量为7%时，甲醇的选择性为60%，收率为6.7%。利用 MoO_3 的半导体性能，可将其用于光催化领域。早在1984年，Roberge等就研究了 MoO_3/SiO_2 光催化丙烷的选择性氧化，认为产物分布与 MoO_3 的含量有关。当 MoO_3 的含量低于2%时，产物为醇和酮；高于2%时，产物为醛。Mo作为配位原子形成的杂多酸或杂多酸盐也可用于低碳烷烃的选择性氧化。陈亚中等综述了杂多酸在低碳烷烃的选择性氧化领域中的应用。由于杂多酸比表面积小，且分离回收困难，如若选用合适的载体，不仅可以更充分地发挥杂多酸自身的催化性能，而且利于回收利用，所以近年来杂多酸的固载化成为研究的热点。如裴素鹏等研究了SBA-15负载的P-Mo-V杂多酸对甲烷选择氧化制甲醛的催化性能。

6.1.7　甲烷无氧芳构化过程

甲烷在无氧条件下的脱氢芳构化可以生成高附加值的液态芳烃产物。该反应理想的催化剂体系是以Mo为活性组分，ZSM-5或MCM-22为载体的催化剂。Mo物种的作用是使甲烷的

C—H 键极化，部分被活化的甲烷与分子筛的质子酸相互作用，生成 H_2 和 CH_3^+，后者分解生成碳烯和 H^+，释放出的 H^+ 再返回给分子筛，构成循环。目前，在催化剂改性方面，Mo 仍然是被广泛研究的最佳的活性组分。分子筛载体的调变作用至关重要，这是由于分子筛载体的酸性虽然对反应有重要作用，但它也是产生积炭的部位，合适的孔道结构可以减少反应分子及中间产物的扩散障碍，从而减少积炭的生成。也可通过添加助剂、对分子筛进行适当处理及在原料气中添加其他组分来抑制积炭的生成，提高催化剂的稳定性。如用 NH_4F 对 Mo-HZSM-5 分子筛进行处理，可以减少载体表面的 B 酸中心，抑制积炭。催化剂的合成方法对其催化性能也会有明显影响，舒玉瑛等用机械混合法、固相反应法和微波处理法合成的 Mo/HZSM-5 催化剂，比一般浸渍法具有更高的芳烃选择性，且能减少积炭生成。研究发现，在不同的 Mo/HZSM-5 催化剂上，Mo 物种的分布不同，机械混合法、固相反应法和微波处理法能使 Mo 物种较多地分布于分子筛外表面。

6.2 金在催化中的应用

金作为珠宝、货币储备以及贵重器皿应用几乎伴随着整个人类历史。然而由于金价格较为昂贵，且人们一直认为金的化学反应能力差和催化活性低，长期以来在催化领域几乎没有任何进展。早期虽也有零星的金催化反应的报道，但都被认为与其他金属比较没有任何优越性。自从 1977 年 Huber 等报道了金在 30～40K 低温条件下对 CO 氧化具有反应活性以来，金催化剂开始受到人们的关注。人们不断对金催化剂的化学性质进行挖掘，拓展其在能源领域、化工行业和环境保护等方面的潜在应用，从而引发了一股全球"淘金"热。从全球资源的开发及利用角度出发，对一些重要的但又十分稀缺的催化金属如铑、铂、钯等资源的战略储备角度考虑，金元素也是一个十分值得关注的元素。金在世界范围内的储量及开采量均远大于其他贵金属。目前，金价虽有进一步上涨的趋势，但不排除收藏及市场炒作行为，若回归到不同金属开采难度及催化活性大小，金作为贵金属一员，可充分发挥其优异的催化性能。在不久的将来，替代或是部分替代某些稀缺催化贵金属是大有可能的。

从催化作用机理考虑，已有学者总结了多相金催化的纳米效应及金离子的"π 酸性"及"亲碳活化"概念。该总结无疑是对金催化机理的有力诠释，但由于金催化仅有 20 多年的发展历史，许多新的催化现象还有待人们去揭示，如 Au^+/Au^{3+} 的配合物在许多催化反应中均有良好的催化作用。因此，可以说 Au^{n+}/Ln 配合物的催化作用也应属于配位催化的范畴。

6.2.1 烯烃加氢反应

早在 1906 年，Bone 等就曾报道了首例关于金在 600℃下烯烃催化加氢方面的工作。由于当时的设备等条件所限，只能通过观察压力的变化来判定反应发生的情况。然而，通过多次实验，他们发现 H_2 的压力对整个反应有重要影响，由此得出结论，H_2 与金催化剂之间的相互作用是整个反应的关键。诸多后人的研究也表明了这一点，在金的表面能够形成氢的活性物种，

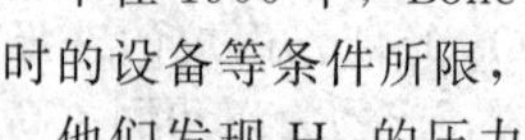

图 6-1 Au 催化环己烯的
歧化加氢反应

也就是说，金能够活化 H_2。

1963 年，Erkelens 等报道了在 196～342℃条件下，用金催化环己烯的歧化加氢反应（图 6-1）。在此反应中，环己烯既是氢的受体，也是氢的给予体，因此得到了两种产物，即加氢产物环己烷和脱氢产物苯。随后 Chambers 等报道了用金粉为催化剂在 203～285℃下催化环己烯的自歧化，得到了类似结果。由于加氢的活化能比脱氢的活化能高，所以脱氢产物占主导。

1973 年，Bond 等发表了一篇关于负载金催化烯烃加氢的重要文章，该报道被视为多相金催化的一个重要转折。如图 6-2 所示，所研究的烯烃中包括 1-丁烯、二丁烯和二丁炔，加氢反应温度在 100～217℃。值得一提的是，催化活性金属金的负载量仅为 0.01%（质量分数），大大降低了金的用量，提高了金的利用率，所用载体为 SiO_2、Al_2O_3 和勃姆石等。此项工作的报道引起了人们对黄金作为活性金属应用于催化领域的极大关注。使人们认识到金作为催化元素在某些方面有可能优于其他传统催化剂，此类反应具有明显的工业应用价值。

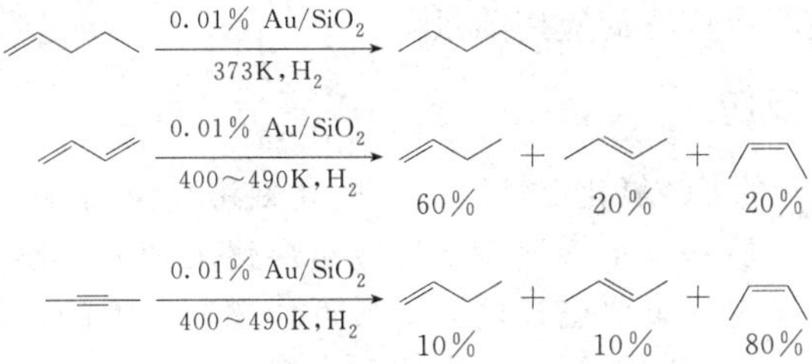

$$\xrightarrow[373K, H_2]{0.01\% \ Au/SiO_2}$$

$$\xrightarrow[400\sim490K, H_2]{0.01\% \ Au/SiO_2} \quad + \quad + \quad$$
$$60\% \qquad 20\% \qquad 20\%$$

$$\xrightarrow[400\sim490K, H_2]{0.01\% \ Au/SiO_2} \quad + \quad + \quad$$
$$10\% \qquad 10\% \qquad 80\%$$

图 6-2 Au 催化剂催化烯烃的加氢反应

6.2.2 低温 CO 氧化反应

20 世纪 80 年代初，Haruta 等发现，负载型纳米金催化剂对 CO 的氧化反应有着很高的活性，而且即使反应温度在 0℃ 以下，也能得到较好的结果，见图 6-3。大量研究表明，这种出乎人们预料的活性结果只是发生在金纳米颗粒上，目前为止尚未发现其他拥有相似活性的金属。他们发现 $\alpha\text{-}Fe_2O_3$ 是一种很好的载体，随后又发现 Au/TiO_2 也有相类似的催化活性。其中，催化剂制备方法对整个反应有着至关重要的影响。起初人们都认为活性部位可能是在氧化物载体上形成新的金氧化物，而不是单独的金颗粒，对金的超高活性持有怀疑。但是，通过细致的电镜分析后人们发现，活性组分全部由 2～4nm 的金颗粒组成。这种对 CO 低温氧化的活性研究结果很快得到了人们的认可，引起了人们对纳米金催化剂的极大关注。由于 CO 的低温选择性氧化具有重要的应用前景，对纳米金催化剂催化 CO 低温氧化的研究一直

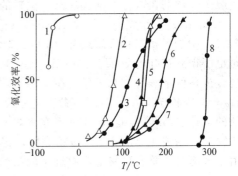

图 6-3 负载型纳米金催化剂催化 CO 氧化反应
1—$Au/\alpha\text{-}Fe_2O_3$；2—Co_3O_4；3—$5\%Au/\alpha\text{-}Fe_2O_3$；
4—NiO；5—$0.5\%Pd/\gamma\text{-}Al_2O_3$；6—$\alpha\text{-}Fe_2O_3$；
7—$5\%Au/\gamma\text{-}Al_2O_3$；8—Au 粉

趋于狂热。Carrettin 等随后发现 CeO_2 作为载体时，也具有较好的活性。Lahr 等研究发现，将纳米金负载在 Ni(111) 上，即使在 −203℃ 的超低温情况下，仍然能够得到较好的活性，将载体扩展到了非氧化物载体上。Haruta 等发现，复合纳米颗粒氧化物 $SiO_2\text{-}Al_2O_3$ 作为载体时，所得负载纳米金催化剂在 CO 低温氧化中也显示出了优越的活性。由美国国家标准与技术研究院、利哈伊大学及英国卡迪夫大学的研究人员组成的科研小组，研究了纳米金晶簇被吸收到氧化铁表面的情况。研究人员发现，纳米金晶簇的催化活性的确与其大小有关。有些结构表现得毫无活性，一氧化碳的转化率不到 1%，而有些结构的转化效率相当高，几乎达到 100%。最具活性的纳米金晶簇是由 10 个金原子组成的，直径为 0.5～0.8nm 的双层结构。这个发现与此前对氧化钛金催化模型所获得的结论一致。

郑起等近期也报道了金催化剂对 CO 选择性氧化反应和水煤气变换（WGS）反应中的催化性能，他们采用溶胶-凝胶法制备了新型 $Cu_xMn_yO_z$ 复合氧化物，并利用沉积-沉淀法制备了 $1\%Au/Cu_xMn_yO_z$ 系列催化剂样品，在富 H_2 条件下评价了该催化剂在 CO 选择性氧化反

应和水煤气变换反应中的催化性能。结果发现，极少量 Au 的负载使得 $Cu_xMn_yO_z$ 复合氧化物不仅具有良好的 CO 氧化活性和选择性，而且在 WGS 反应中也表现出较高的催化性能；负载的 Au 物种大部分是以金属态 Au^0 粒子形式分散在复合氧化物上，并与其中 $Cu_{1.5}Mn_{1.5}O_4$ 形成良好的协同效应，从而提高了催化剂的还原能力。

CO 低温催化氧化反应一直是人们关注的重要反应，在能源工业、化学工业、环保产业及某些国防工业（如军舰船舱中 CO 低温消除）中有重要应用。CO 低温氧化反应高效纳米金负载催化体系的开发无疑将有广泛的应用前景。

6.2.3　水煤气变换反应

在发现纳米金有较好的 CO 氧化活性后，人们立刻将其应用到了水煤气变换反应，如图 6-4 所示。水煤气转换反应是煤化工和 C_1 化工中的重要反应，是工业制氢的重要途径之一。最近，燃料电池的发展也引起了人们对 CO 氧化反应的重视，使人们对水煤气转换反应的新催化体系的探讨产生了兴趣，特别是在低于 250℃ 下有较好活性的催化剂。传统的低温水煤气

$$CO + H_2O \xrightarrow{Au} CO_2 + H_2$$
$$H_2O \longrightarrow O + H_2$$
$$CO + O \longrightarrow CO_2$$

图 6-4　水煤气变换反应

变换反应催化体系分为低温耐硫变换催化剂 $Co\text{-}Mo/Al_2O_3$ 体系及铜系的 $Cu\text{-}Zn/Al_2O_3$ 体系，但是 Cu 基催化剂也是良好的加氢催化剂，低温耐硫变换催化剂 $Co\text{-}Mo/Al_2O_3$ 体系则必须在硫存在条件下才能工作，这些都不适合燃料电池体系，而目前研究的负载金催化剂在这方面则表现出了优越的催化性能。

Andreeva 首先研究了在 Au/Fe_2O_3 上的水煤气变换反应，随后 Venugopal 等在 Au/Fe_2O_3 中加入第二种金属组分 Ru 极大地增加了催化剂的活性，并且发现羟基磷灰石作为载体时也能得到较好的效果。Daniells 等研究了 Au/Fe_2O_3 在不同水蒸气浓度下反应的情况并发现，少量的水蒸气有利于反应在室温下发生；而随着水浓度的增加，也需要较高的反应温度。Hamta 等报道了 Au/TiO_2 在此反应中也有较好的活性。Idakiev 等报道介孔 TiO_2 是一种很有效的载体。Fu 等报道 Au/CeO_2 在水煤气转换反应中拥有比 Au/TiO_2 更高的活性，随后很多研究者开始关注 Au/CeO_2。Fu 等称，将 Au/CeO_2 经过处理后，活性能够得到提高，可能是由于大部分单质金被移走，而真正的活性组分是离子态的金。通过 DFT 计算发现，在 CeO_2 表面上出现了大量未成键的空位，有利于金的氧化，也促使了对 CO 的吸附。预计在不久的将来，高活性负载型 Au 催化剂在某些场合下的水煤气转换反应中将会得到实际应用。

6.2.4　丙烯环氧化反应

丙烯环氧化直接制备环氧丙烷是一个潜在的十分重要的工业过程，所得环氧丙烷可用于制备高分子化合物，如聚氨酯及一些多羟基化合物，此反应也是重要的基本有机合成反应之一。目前乙烯的直接环氧化反应研究已经取得了很好结果，选择性高于 90%，但是在对丙烯的环氧化研究过程中，一直存在着诸多问题，大多数催化剂对该反应的选择性很低，仅为 10% 左右。Hamta 课题组首先提出在以 O_2 为氧化剂、H_2 存在下，负载金催化剂对丙烯环氧化有潜在的作用。H_2 的作用是在低温下活化 O_2，促使反应的发生。同时，还发现采用沉淀法制备的 Au/TiO_2 对该反应有一定的选择性，活性组分为与 TiO_2 密切接触的半球状的纳米金颗粒（2~5nm）。为了提高其选择性，筛选出了众多载体，包括 TS-1、Ti-Zeolite、Ti-MCM-41 以及 Ti-MCM-48，见图 6-5。前期的研究都集中在 TS-1 载体上，因为在以 H_2O_2 为氧化剂时，环氧丙烷在此种载体上有较好的选择性。但是

$$\triangle + O_2 \xrightarrow{Au/Ti\text{-}MCM\text{-}41} \triangle\!-\!O$$

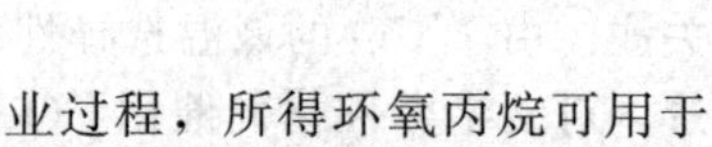

图 6-5　金催化的丙烯环氧化反应

Hamta 等研究发现，在 $Au/TS\text{-}1$ 上产生大量丙醛而非环氧化合物。随后 Moulijin 等提出 $Au/TS\text{-}1$ 是一种很好的环氧化催化剂，对环氧化合物的生成有较好的选择性，并且在反应温度下

比较稳定，通过机理研究还发现，反应中形成了双齿的丙烯中间物种。这个结果被 Delgass 等证实，而且在 Si/Ti 摩尔比为 500、0.01% Au/TS-1 上，反应温度 200℃条件下，环氧化合物的生成速率为 350g/(h·g Au)，活性组分被认为是粒径小于 2nm 的金颗粒。

　　Hamta 等报道，以介孔钛硅材料为载体时，在 160℃下，催化剂的活性为 93g/(h·kg cat)，环氧化合物的选择性大于 90%，丙烯转化率约为 7%，氢的利用率为 40%。尽管催化剂寿命很短，但是容易再生，有着一定潜在的商业价值。Hughes 等研究了不同烯烃的环氧化，在 1%Au/石墨为催化剂下，加入少量正丁基过氧化氢，反应条件为 80℃、24h，包括环己烯、苯乙烯、环辛烯在内，都得到了选择性较高的环氧化合物；依据溶剂的不同选择性会发生变化，取代苯为溶剂时，能得到较高的选择性。在后来的研究中发现，该催化剂在没有溶剂时，也能有较好的催化效果，加之反应条件较温和，可称为新的绿色化学工艺技术。丙烯直接环氧化反应虽已取得许多成果，但由于多相催化氧化反应自身的复杂性，在转化率、选择性及催化剂寿命方面还有待进一步深入研究，此催化反应体系工业化还有待时日。

6.2.5　醇及多羟基化合物的氧化反应

　　醇及多羟基化合物的氧化制备含氧化合物也是一个重要的化工过程。负载 Pt 和 Pd 的催化剂对多羟基化合物的氧化有着较好的活性，然而在多羟基化合物的氧化中却选择性较低。Rossi 等报道负载金催化剂对脂肪醇氧化具有很好的活性。在 Au/C 用于脂肪醇氧化研究中，对多种底物都具有较好的活性，并且在气固反应床中、非碱环境下，也能得到较好的效果。这一研究结果的报道，促使人们进一步扩展其普适性，于是人们开始研究糖类物质的氧化。

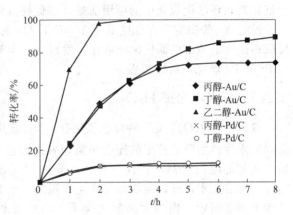

图 6-6　Au 催化醇的氧化反应

　　Carrettin 等扩展了此项研究，他们将金负载在石墨上应用于甘油的氧化制备甘油酸，以 O_2 为氧化剂，反应条件比较温和，产率 60%，选择性高达 100%。随着甘油与 NaOH 比例的变化，选择性会发生变化。当降低甘油的浓度、增加催化剂用量和增加 O_2 的浓度时，主产物为羟基丙二酸，此物质在该反应条件下很稳定。通过控制反应条件，在 1% Au/C 上，能够得到选择性为 100% 的甘油酸。当用 Pd/C 和 Pt/C 为催化剂时，只得到少量甘油酸，主要为 C_2、C_3 物质，也得到一些 C_1 副产物，见图 6-6。甘油是生物柴油生产过程中的主要副产物，甘油过剩将严重阻碍生物柴油新能源工业发展，开发甘油下游产品有助于生物柴油新能源产业链的延伸。

　　Prati 等发现裸的纳米金粉体在葡萄糖氧化中有很高的活性，如图 6-7 所示。反应速率与 Au/C 相当，随后 Mertens 等用这种金粉为催化剂在乙二醇的氧化中得到了较好的活性结果。Tsunoyama 等也用类似的催化剂应用于苯甲醇的氧化中。

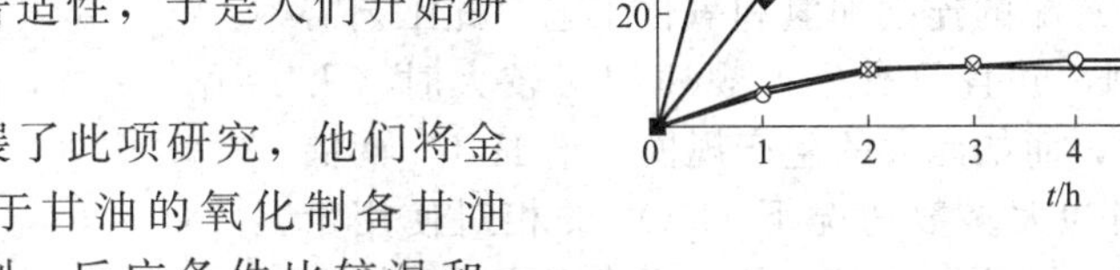

图 6-7　金催化的葡萄糖氧化反应

6.2.6　C—H 键的活化反应

烷烃的 C—H 键活化不仅具有深远的学术意义，同时还具有重要的工业价值。由于负载金催化剂在烯烃和醇的氧化中表现出了较高的活性，所以人们也将其应用到 C—H 的氧化中。在 C—H 键活化反应中，最重要的反应是关于环己烷的低温活化制备环己醇和环己酮。这也是目前一个重要的化工过程，环己烷的氧化也是生产尼龙 6 和尼龙 66 的关键步骤之一，每年全世界的产量超过百万吨，引起人们的极大关注，但这一反应也相当具有挑战性。其反应温度在 150～160℃，最初使用的是 Co-环烷酸酯催化剂，得到 4% 环己烷的转化率和 70%～85% 产物的选择性。倘若想得到较高转化率，就必须提高反应温度，而此时又容易得到完全氧化产物 C_1 化合物，所以工业上一直以来都以较低的转化率来进行此反应。

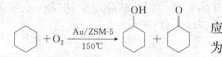

图 6-8　金催化的环己烷选择氧化反应

Zhao 等首先将 Au 催化剂用于环己烷 C—H 活化反应中。在 150℃ 时，采用介孔分子筛（ZSM-5、MCM-41）为载体，经过一定的诱导期，能得到 90% 的环己酮选择性，如图 6-8 所示。催化剂可以重复使用，随着使用次数的增多，活性有所下降，并且产物的选择性也由环己酮变成环己醇。这一报道充分证明了负载金催化剂在环己烷氧化中的应用前景，也促使人们在 C—H 键活化方面加大了对金催化剂的关注。最近 Xu 等研究了在温度低于 100℃ 下 O_2 为氧化剂、负载金为催化剂下，环己烷的氧化反应；研究了 Au/C 催化剂的活性，发现在一定转化率下，对环己醇和环己酮的选择性很高，与 Pt 和 Pd 催化剂活性相当。

6.2.7　H_2/O_2 合成 H_2O_2

双氧水（H_2O_2）是一种绿色氧化剂，被广泛用于化工、环保、医疗、漂白和消毒等行业。目前双氧水生产主要是蒽醌的连续加氢和氧化工艺。此工艺需使用大量的醌类溶剂，并且只有生产规模相对较大时（万吨/a）经济上才合理，而如此大的生产规模，给 H_2O_2 的储运带来诸多问题，因为大多数情况下 H_2O_2 的相对使用量较小且使用地点分散。因此，探讨一种小规模、高效经济型合成方法势在必行。而直接采用 H_2 与 O_2 合成 H_2O_2 将是非常有意义的。前期人们仅仅是在学术上进行了探索研究，直到 2002 年才有人将 Pd 催化剂应用于此反应中；在较高压力下，能够得到 35% 的 H_2O_2。但是此反应气氛一直处于爆炸极限之内，比较危险，于是人们开始探寻安全的直接合成方法，其反应途径如图 6-9 所示。

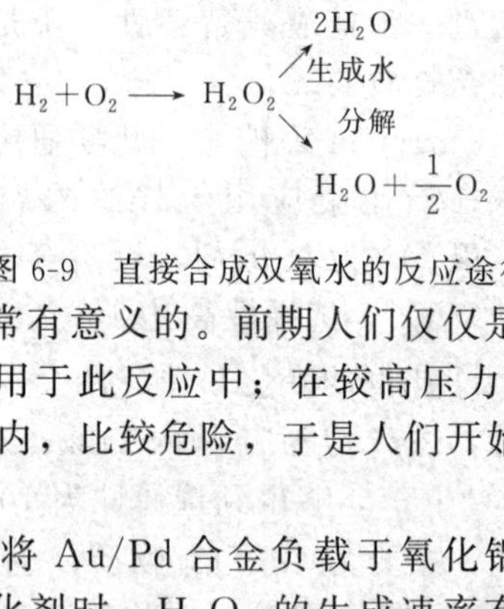

$$H_2 + O_2 \longrightarrow H_2O_2 \begin{array}{l} \nearrow 2H_2O \text{ 生成水} \\ \searrow \text{ 分解} \\ \quad H_2O + \frac{1}{2}O_2 \end{array}$$

图 6-9　直接合成双氧水的反应途径

Hutchings 等将 Au/Al_2O_3 应用于此反应中，随后发现，将 Au/Pd 合金负载于氧化铝载体上时，活性得到了大幅提高，比单独使用 Au 或者 Pd 为催化剂时，H_2O_2 的生成速率有很大提升。然而，与单纯用 Pd 作为催化剂一样，合金 Au-Pd 催化剂相对于 H_2 的选择性只有 14%，如何提高选择性也是遇到的最大问题。H_2O_2 容易自分解为 O_2 和 H_2O，也能够在 H_2 作用下氢解为 H_2O。所以，如何提高选择性成为关键性问题。随后，Moulijn 和 Ishihara 分别报道了以 SiO_2 为载体的纳米金以及纳米 Au-Pd 合金催化剂，在 10℃ 时对该反应有较好的活性。Pd 的加入促使了活性的提升，可能是因为增加了 H_2 的活性，而过多 Pd 的加入能够导致大量 H_2O_2 的分解。

6.2.8　羰化反应中的应用

羰基合成法可利用廉价的合成气生产各类有机酸、酯、酰胺、内酯等含氧化合物，此工艺路线具有工艺简单、原料费用低、原子利用率高等优点，符合绿色化学的要求，在能源及煤化工方面有十分重要的意义。从学术观点看，对 CO、O_2、H_2 及 ROH 小分子化学键的活化及重构一直是化学界十分关心的核心问题。迄今为止，已有众多研究工作报道及评述。其中，所使用的传统催化剂主要为 Rh、Pd、Co、Cu 等过渡金属羰基化合物及相关配合物，能否开发新的催化羰化反应体系一直是人们关注的焦点。

Souma 等在 1997 年曾报道了 $[Au(CO)_2]^+$ 在酸性条件下可将烯烃羰化生成叔碳酸，如图 6-10 所示。在浓硫酸中，以 Au_2O_3 为前体，制备催化剂 $[Au(CO)_n]^+$（$n=1$、2），对烯烃的羰化具有较高活性。其中 CO 作为配体非常活泼。在浓 H_2SO_4 中，$[Au(CO)]^+$ 和 $[Au(CO)_2]^+$ 共同存在，$[Au(CO)]^+$ 比后者拥有更高的稳定性。

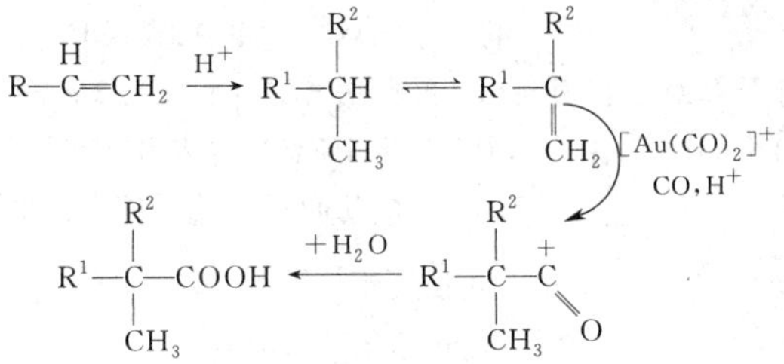

图 6-10　Au 催化剂催化的烯烃羰化反应

核磁研究表明，两种 Au 羰基配合物在浓硫酸中互相转换，其中 $[Au(CO)_2]^+$ 为羰化的活性物种，在常温、常压下能对烯烃的羰化表现出很高的活性，得到相应的三级羧酸，以己烯为底物时，能够得到 56％的羧酸收率。Sonma 等认为在以金属羰基化合物为催化剂的羰基化反应中，在强酸性介质中，烯烃与羰基金所形成的配合物可能是反应的活性中间体。

2001 年，邓友全课题组用 $AuCl(PPh_3)$ 催化剂研究了有机胺的羰化反应，如图 6-11 所示。在甲醇中直接羰化己二胺，得到己二胺的转化率为 100％，甲酰胺的选择性只有 47.2％。当向反应体系中加入少量 O_2 时，于 175℃下反应，相应甲酰胺的选择性达到 95％。紧接着，该课题组用同样的催化剂用于胺的氧化羰化制备氨基甲酸甲酯，其中在苯胺的氧化羰基化反应中得到了非常好的结果。在 $AuCl(PPh_3)$ 催化体系中，O_2 为氧化剂，在甲醇溶液中进行了苯胺氧化羰基化反应，底物转化率大于 97％，产物选择性接近 90％，与同类 Pd 催化剂活性相当，其催化反应机理尚未见到详细报道。

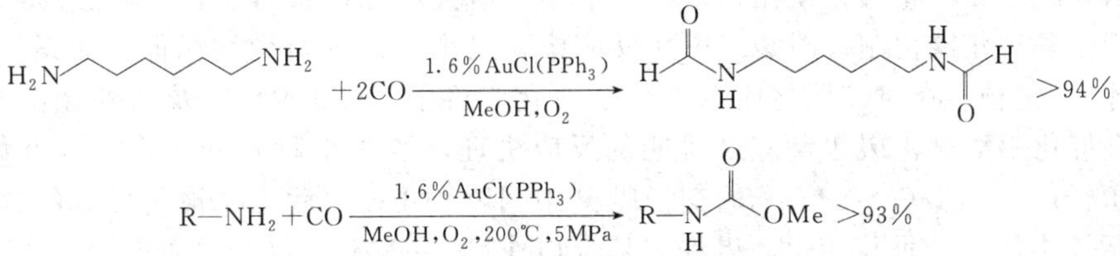

图 6-11　Au 催化剂催化的胺类化合物氧化羰化反应

近期，邓友全课题组还对在纳米金催化下芳香硝基化合物与醇反应一步合成烷基化苯胺进行了研究。在相对温和的条件下，烷基化苯胺产率约达到 90％。该反应无须使用有机配体和碱催化剂，反应简单易操作，有望应用于清洁简便合成烷基化苯胺。芳香胺大量存在于生物活性分子、药品、染料和用于过渡金属催化反应的配体。以往发展了很多方法制备芳香胺，然而已有的制备方法或对环境有害或需使用有机配体以及碱作为助催化剂，催化剂系统复杂。该方法简便高效，为高产率、高效地合成烷基化苯胺提供了新方法。有关反应过程见图 6-12。

Galia 等于 1997 年研究了 $AuCl_3$ 上电催化羰化合成碳酸二甲酯（DMC）。Yamanaka 等对在 Au/C 上用电催化氧化羰化合成草酸二甲酯（DMO）及 DMC 反应进行了探讨，通过在

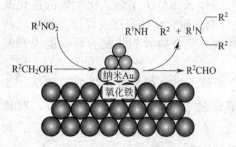

图 6-12 纳米 Au 催化剂催化的
胺类化合物烷基化反应过程

HAuCl$_4$ 溶液中浸渍活性炭得到 Au/C 阳极电极,他们认为 DMO 和 DMC 的选择性可以通过 Au/C 电极上的电位来控制。该课题组还研究过 Pd/C 电极上甲醇羰化反应,主要产物为 DMC,只有很少的 DMO 生成。而在 Au/C 电极上,通过控制电极电位可以高选择性地得到 DMO。同时,当 Au/C 电极上的电极电位小于 1.2V 时,主要得到 DMO,只有很少量的 DMC 生成;当 Au/C 上的电极电位大于 1.3V 时,主要得到 DMC。进一步研究表明,浸渍于活性炭电极上的金为 Au^0,而在电极电位低于 1.3V 时,基本上都

以 Au^0 的形式存在,有利于 DMO 的生成;而电极电位高于 1.3V 时,都以 Au^{3+} 的形式存在,有利于 DMC 的生成,见图 6-13。由于 DMC 及 DMO 均为重要的化工产品,DMC 被认为是 21 世纪的绿色化工品,有广泛的应用,DMO 可以通过加氢得到重要的化工产品乙二醇,因此该法有着潜在的应用前景。

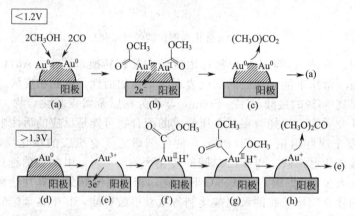

图 6-13 甲醇电催化羰化过程
(a)~(c)—DMO 形成过程;(d)~(h)—DMC 形成过程

李光兴课题组在均相催化羰化领域进行了多年研究,近期致力于探讨将金/希夫碱配合物催化剂用于甲醇氧化羰化制备碳酸二甲酯反应中,发现了一种新型均相催化体系——金(Ⅲ)/希夫碱配体/卤化物。在对该催化体系进行了电化学性能、ESI-MS 以及紫外光谱研究后,讨论了均相金催化甲醇氧化羰化反应及可能的反应机理,如图 6-14 所示。在反应开始前,通过卤素离子 I$^-$ 与 [AuCl$_2$(phen)]$^+$ 的交换得到中间物种 B;而后 CO 被所形成的含 I$^-$ 的活性物种 B 的活性中心 Au(Ⅲ) 活化,得到羰基金物种 C;甲醇作为亲核试剂与 Au(Ⅲ) 发生亲核取代反应得到甲氧基金物种 D,并且得到一分子的 HI;而后是 CO 的插入重排反应得到物种 E;E 在亲核试剂的作用下生成 F;随后另一分子的甲醇与之发生亲核取代反应得到配合物 G,同时得到一分子的 HI;配合物 G 通过消除得到产物 DMC 以及配合物 H;前面得到的 HI 在氧气的作用下生成 I$_2$,配合物 H 被 I$_2$ 氧化为活性物种 B,从而完成催化循环。若上述反应机理通过进一步研究得到完善,将大大充实金离子配合物的催化反应机理,特别是为 Au$^+$/Au^{3+} 催化循环提供有力证据。

为探讨均相金催化剂的普适性,李光兴等还将 Au(Ⅲ)/希夫碱配体/卤化物催化体系应用于亚硝酸酯羰化制备碳酸酯反应中,研究了配体种类、卤化物添加剂种类和用量对反应活性的影响;给出了均相金催化亚硝酸酯羰化反应及可能的反应机理,如图 6-15 所示。在

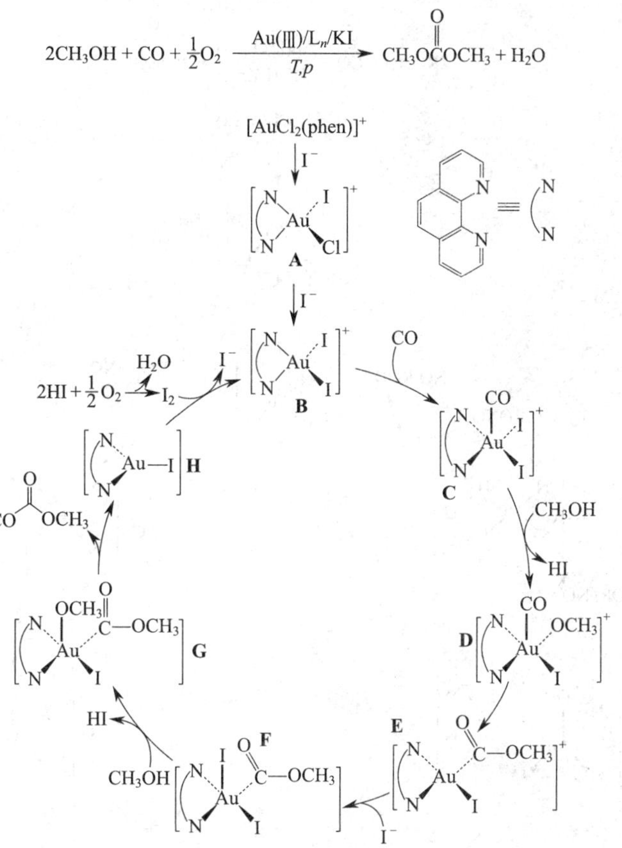
2CH3OH + CO + 1/2O2 Au(Ⅲ)/Ln/KI T,p CH3OCOCH3 + H2O
[AuCl2(phen)]+
I−
A
B
C
D
E
F
G
H
CO
CH3OH
HI
I−
H2O
2HI + 1/2O2
I2
H3CO OCH3

图 6-14 均相金催化甲醇氧化羰化反应及可能的反应机理

反应开始前，通过卤素离子 I^- 与 $[AuCl_2(phen)]^+$ 的交换得到中间物种 B，卤素离子在该反应中必不可少；而后亚硝酸酯与活性中心 Au(Ⅲ) 发生亲核反应，形成金烷氧基物种 C；随后由于 CO 的配位插入作用，得到配合物 D 和 E，接着另一分子的醇对配合物 E 发生亲核进攻，得到配合物 F；之后得到产物碳酸酯并释放出一分子的 NO；在卤素离子和亚硝酸酯的共同作用下，形成配合物 B，从而完成催化循环，并得到一分子的醇和 NO。在整个反应中，溶剂参与了反应，提供 H 物种，而通过催化循环，溶剂的量最终并没有发生变化，消耗了 2 分子的亚硝酸酯，得到 2 分子的 NO。通过反应机理可以发现，整个反应消耗了 1 分子的 CO，最终生成了 2 分子的 NO，是一个体积增大的反应。在实验过程中也观察到上述现象，与所提出的机理基本相符；而且前部分研究讨论表明，亚硝酸酯容易与活性中心 Au 结合，并且也作为氧化剂以维持活性金属的价态，从而完成整个催化循环，与所提出的机理基本相符合。

6.3 纳米碳材料在催化中的应用

非金属催化剂作为新兴的绿色催化剂体系在近年来受到广泛关注。这是由于与传统的金属催化剂相比，非金属催化在许多工业催化过程中具有更加高效、环保和经济等优点。

纳米碳材料是近年来发展起来的一类重要的无机非金属催化剂。纳米碳材料在烃类转化、精细化工、燃料电池、太阳能转化等多个领域里表现出了优于传统金属催化剂的性能，具有巨大的发展潜力，逐渐成为非金属催化领域的前沿方向之一。

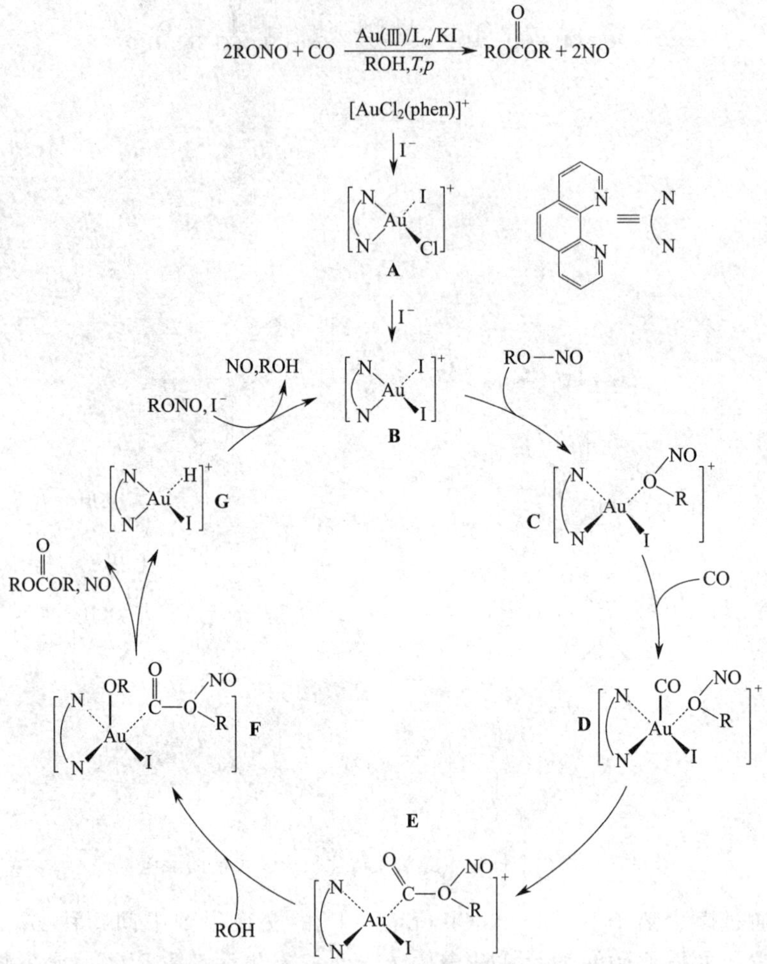

图 6-15　均相金催化亚硝酸酯羰化反应及可能的反应机理

　　纳米碳非金属催化直接使用纳米碳材料自身作为催化剂，并不负载或添加任何金属，活性中心为表面的缺陷结构或官能团。相对于金属催化剂，纳米碳材料作为催化剂具备成本低廉、无重金属污染、环境友好等优点，在许多催化过程中表现出选择性高、条件温和、长期稳定性好等优势。

6.3.1　纳米碳材料的结构

　　许多应用于催化过程中的纳米碳材料通常具有基本的石墨结构，按照结构维度的不同，既包括传统的活性炭、炭黑和石墨，也包括富勒烯、纳米管及纳米纤维、石墨烯、多孔碳等新型纳米碳材料。纳米碳材料可以通过弧光放电、氧化减薄、化学气相沉积等剧烈过程而制得；其石墨结构无法保持完整，经过化学方法纯化处理后，缺陷和边界位置的碳原子为了实现自身价键的饱和，这些结构缺陷将被修饰上杂原子官能团，进而具备一定的酸碱性质和氧化还原能力。通常以含氧或含氮官能团最为常见，图 6-16 给出了纳米碳材料表面存在的各

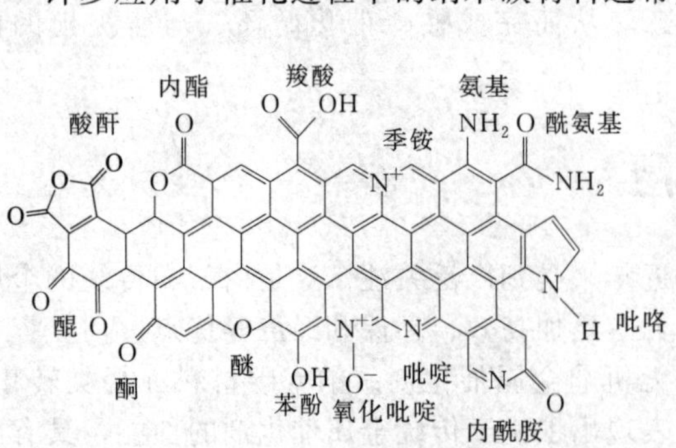

图 6-16　纳米碳材料表面存在的含氧、氮官能团

种不同种类的含氧、氮官能团。含氧官能团由于在碳材料长期接触空气的过程中即可被氧分子缓慢氧化而形成，因而被广泛研究。酸性氧官能团包括羧酸、酸酐、内酯和酚；羰基氧和醚类氧物种，如醌、吡喃酮、苯并吡喃，通常被归属为碱性或中性氧官能团。

6.3.2 纳米碳材料的催化性能

纳米碳材料本身具有的独特优势决定了其具有优异的催化性能。首先，纳米碳材料大多具有纳米尺度的石墨结构，具有一定的导电性和储存/释放电子能力，可以促进催化反应关键基元步骤的电子转移效率，进而大大提高总包反应速率。其次，纳米碳材料一般具有较高的比表面积和中孔体积，表面活性位总数远高于常规材料，气体或液体分子可以在中孔内高效率扩散，其催化性能必然可以得到大幅度提高。最后，纳米尺寸的碳材料表面缺陷程度也高于常规材料，丰富的缺陷位可以容纳更多的含氧、氮等活性杂原子。表 6-1 列出了可被纳米碳材料催化的一些常见反应和所需的表面官能团或活性位种类。

表 6-1 可被纳米碳材料催化的一些常见反应和所需的表面官能团或活性位种类

反应类型	活性位点
气相反应	—
氧化脱氢	醌类
醇类脱水	羧酸
醇的脱氢	路易斯酸和碱位
NO_x 还原反应（NH_3 的选择催化还原）	酸性表面氧化物
	羧酸和内酯
	碱位点（羰基或 N5，N6）
NO 氧化反应	碱位点
SO_2 氧化反应	碱位点，吡啶——N6
H_2S 氧化反应	碱位点
脱氢卤化	吡啶氮
液相反应	
过氧化氢反应	碱位点
臭氧氧化	碱位点
湿式催化氧化	碱位点

6.3.2.1 气相反应

以往纳米碳催化气相反应的研究主要集中在氧化脱氢体系。2001 年，Schlögl 研究小组使用纳米碳纤维作为催化剂实现了乙苯氧化脱氢；发现反应温度为 547℃时，纳米碳纤维的催化活性高于高分散的石墨，稳定性远远优于无定形的传统炭黑。随后的一系列研究表明，多种结构的纳米碳材料均体现较好的催化性能，其活性接近甚至优于传统的氧化铁催化剂（图 6-17）。这是由于纳米碳材料表面的缺陷结构能够锚定官能团作为反应活性位，同时石墨结构能够紧密固定这些活性物种，使纳米碳材料在氧化气氛中仍能保持很好的热稳定性。2008 年，苏党生研究组首次实现纳米碳管催化丁烷制丁烯和丁二烯，经过微量 P 元素掺杂的纳米碳管对应的工艺反应温度比现有工业

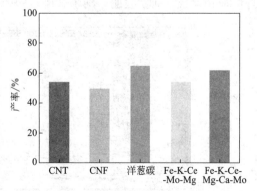

图 6-17 纳米碳材料和金属催化剂氧化催化苯乙烯产率

催化过程降低了 $100\sim200℃$。纳米碳材料的表面氧物种分为亲核氧和亲电氧两种，亲核氧吸

附缺电子的烷烃反应物分子，并催化氧化脱氢反应生成烯烃；亲电氧吸附电子云密度高的烯烃产物分子，催化烯烃深度氧化为 CO 和 CO_2，导致催化剂的选择性降低。

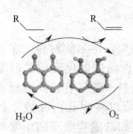

图 6-18 纳米碳材料催化降解烷烃机理图

探讨碳催化材料的活性位本质也日益成为研究热点之一。Pereira 等将乙苯氧化脱氢活性与表面羰基、苯醌含量进行了关联，发现两者之间呈现线性关系。动力学研究表明，活性炭上乙苯氧化脱氢过程可以用 Mars-van-Keverlan 型反应机理描述，反应活性高低与表面氧物种的氧化还原能力大小密切关联。苏党生研究小组通过研究乙苯脱氢和丁烷脱氢反应动力学，并首次尝试使用拟原位 X 射线光电子能谱对碳材料的表面活性进行考察，相继在反应机理和活性物种识别上取得突破。与多数金属和金属氧化物类似，纳米碳催化过程遵循双活性位的 Langmuir-Hinshelwood 反应机理，烷烃活化的活性物种应为类酮结构的 C＝O 氧物种。研究认为反应发生的机理是烷烃分子 C—H 键先在类酮 C＝O 位上进行脱氢反应，同时类酮结构 C＝O 转变成羟基（C—OH），氧分子随后与脱下的氢原子反应生成产物水，C＝O 活性位得以循环，如图 6-18 所示。除乙苯氧化脱氢反应之外，该机理也被用于解释纳米碳纤维催化环己醇脱氢制环己酮，1-丁烯氧化脱氢制丁二烯，丙烷氧化脱氢制丙烯以及乙烷氧化脱氢制乙烯等过程。

表面缺陷位在纳米碳催化作用本质的研究中也占据重要地位。Muradov 发现碳材料可以催化甲烷高温裂解制氢反应，包括活性炭、炭黑、石墨、C_{60}、CNT、金刚石等在内的 30 余种碳材料均具有催化活性，其中炭黑具有最好的比活性。研究发现，甲烷分解的反应活性与碳材料结构的有序程度有明显关联，随着碳材料微晶尺寸的减小，无序度增加，催化活性提高。由此可以推测甲烷分解的活性位为碳材料中的缺陷结构。这一结论最近由 Huang 等通过第一原理计算和 Lee 等通过乙炔化学吸附实验所证明。Liang 研究组在富勒烯结构的石墨碳材料上的异丁烷氧化脱氢的研究结果表明，反应催化活性与表面含氧官能团的含量无明显关系，而主要取决于富勒烯开笼的比例。由于目前还无法有效地直接识别和定量表面缺陷位的种类和数量，因此大部分碳催化气相反应的机理和活性位本质仍然存在争议。

最近，在新型反应体系中取得的一些进展为拓展非金属碳材料作为下一代新型催化剂提供了新的方向。Su 课题组近期的研究工作表明，纳米金刚石作为催化剂在无氧和无水蒸气保护的较低温度下即可实现乙苯直接脱氢制取苯乙烯（见图 6-19），其催化活性为工业氧化铁催化剂的 3 倍，且反应过程中没有发生明显积炭，具有较好的稳定性，在乙苯脱氢工业领域具有良好的应用前景。研究表明，纳米金刚石中的碳原子并非完全的 sp^3 杂化，表面碳原子在较大的

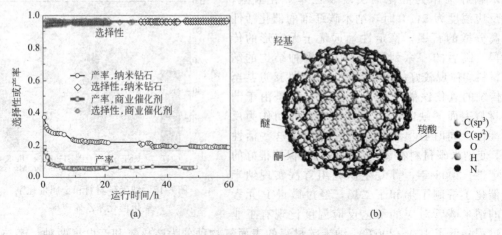

图 6-19 纳米碳材料和 Fe_2O_3 催化降解活性对比

表面曲率作用下会发生部分石墨化，同时表层石墨烯的结构缺陷被大量氧原子饱和，形成了独特的"金刚石-石墨烯"的核壳纳米结构，从而使纳米金刚石具有优异的催化性能。随后在纳米金刚石催化正丁烷氧化脱氢反应中发现，纳米金刚石表面容易发生相变而石墨化，转变成一种外层为包裹 3～10 层洋葱状的富勒烯层、内核为金刚石的核壳结构，并诱发亲电氧物种的脱除和亲核氧物种的原位生成，从而促进烯烃的生成。最近，Frank 等考察了多种碳材料在丙烯醛氧化制丙烯酸反应中的催化性能，结果表明具有弯曲的石墨烯片层结构的碳材料，如碳纳米管、洋葱碳等具有较好的催化性能，而主要为 sp^3 杂化的纳米金刚石则具有很低的

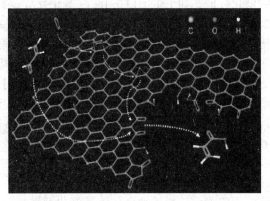

图 6-20　C_3H_4O 在石墨表面催化氧化途径

丙烯酸选择性。他们将反应机理归结为氧分子解离吸附在（0001）面后形成活泼的环氧官能团，然后迁移到棱边缘位点。丙烯醛分子吸附在酮/醌类氧等亲核氧位，使其被环氧物种氧化生成丙烯酸（见图 6-20）。

6.3.2.2　液相反应

除气相脱氢反应之外，纳米碳材料作为催化剂在液相反应中的应用也日益受到关注。Besson 等报道了活化处理的酚醛树脂衍生的碳材料可以催化环己酮液相氧化反应，产物中己二酸的选择性可达 33%。他们对碳材料上含氧官能团与其环己酮氧化反应性能进行关联时发现，两者之间不存在明显的基团含量与活性之间的线性关系，这表明液相氧化反应过程远较气相的氧化脱氢反应过程复杂。Kuang 等发现，纳米碳材料可以直接参与到醇类催化氧化的反应循环，温和条件下即可在硝酸介质中实现氧分子与醇的反应。纳米碳管也可以催化苯、甲苯、氯苯和硝基苯的 H_2O_2 羟基化，其氧活化能力与碳管表面曲率有一定联系。曲率与催化性能的相关性在纳米碳管催化 9,10-二氢蒽液相氧化脱氢反应中也有报道，研究人员归结到"屋顶"型的 9,10-二氢蒽分子与纳米碳管之间有着更强的范德华力作用。从 2004 年起，彭峰课题组在酸修饰的碳材料催化酯化反应方面进行了许多研究。他们最近在环己烷氧化制环己醇反应中发现，碳纳米管的催化性能与其氧官能团含量成反比，这可能是由于官能团与缺陷的引入导致了电子的定域作用，而材料的长程有序度和电子离域作用才有利于反应性能的提高。纳米碳材料也可用于含酚废水的湿空气氧化，一般认为该过程涉及 OH·自由基链式机理的亲电反应，然而关于碳材料表面的活性中心及催化性能的影响因素尚未有定论。Yang 等认为纳米碳管催化苯酚氧化反应的主要活性中心是表面羧基；而 Aguilar 等认为碳材料催化含氮污染物氧化消除反应的活性与其酸性基团无关，反应的活性中心应为碱性的类酮类苯醌基的结构。马丁等报道了还原的氧化石墨烯（RGO）能在室温条件下高效催化硝基苯加氢制取苯胺，认为还原后的石墨烯边缘缺陷有利于反应物分子的活化。

通过对碳材料进行功能化可使其表面具有特定的酸性或碱性，从而成为固体酸或固体碱催化剂。Wang 等通过重氮苯磺酸来磺化多孔碳材料，得到的固体酸催化剂对酯化、缩合反应具有良好的催化性能。氨基功能化可使碳材料表面具有一定碱性。据报道，经氨基功能化后的碳管作为具有活性的固体碱催化剂可高效催化甘油三酸酯和甲醇的酯交换反应，且催化剂易于循环使用。袁晓玲等通过乙二胺修饰多孔碳材料，其苯酚和草酸二甲酯酯交换合成草酸二苯酯和草酸苯甲酯的催化性能明显优于负载型金属氧化物催化剂，并且催化剂通过处理后即可重复使用而催化性能基本不变。Kannaril 报道了活性炭经过氨基功能化后，催化 Knoevenagel 缩合和酯交换反应具有较高的活性。

　　介孔的石墨相氮化碳 mpg-C_3N_4 作为一种类石墨材料也在某些液相有机反应中表现了良好的催化性能，如 Friedel-Crafts 酰基化反应、氰基和炔基化合物的环化反应。研究认为，mpg-C_3N_4 催化剂可以通过其氨基基团形成氢键或者电子转移来活化反应物分子，经过碱处理的氮化碳可作为固体碱催化剂催化 Knoevenagel 缩合和酯交换反应。王心晨等的一系列研究发现，使用双氧水或者氧气作氧化剂，掺杂的 mpg-C_3N_4 在液相氧化反应中有非常优异的催化性能，克服了传统氧化过程中污染严重的问题，同时具有高选择性、易与产物分离回收等优势。硼和氟掺杂的 C_3N_4 可催化环己烷氧化制环己酮；硼和氟取一定比例时，催化剂的选择性甚至可接近 100%（转化率 5.3%）。硼掺杂的 C_3N_4 可高选择性（接近 100%）地催化甲苯、乙苯液相氧化制苯甲醛、苯乙酮反应，以及许多其他芳香烃的氧化反应。

6.3.2.3 电化学氧还原反应

　　氧还原反应（oxygen reduction reaction，ORR）的高效催化剂长期以来都是优化燃料电池性能的关键。虽然贵金属铂基催化剂被视为最佳的燃料电池负极材料，但 Pt 电极存在稳定性不高、CO 中毒、成本高和储量有限等缺点，导致燃料电池目前仍无法实现商业化应用。为降低和替代贵金属铂的使用，人们对过渡金属簇硫族化合物、酶催化剂、含氮碳材料等替代催化剂进行了研究，其中原位掺杂的纳米碳管和介孔石墨阵列由于具有优异的电催化活性、低成本、环境友好等优点，被认为是很有前景的非金属催化剂。

　　氮原子与碳原子具有相近的原子半径，通过 5 个共价电子与碳原子成键。因此，通过控制氮原子的掺杂量和掺杂方法，可以控制和改变碳材料的物理化学性质，包括电子特性、导电性、碱性、氧化性以及催化性能等。氮掺杂的碳材料通常是采用过渡金属大环化合物的热解或者是金属盐与含氮前驱体来合成。不过即使通过极端的纯化方法，也很难排除极少量金属杂质对氧还原反应性能的影响，因此对于金属是否在 ORR 催化机理中起作用一直存在争议。2006 年，有学者通过乙腈在氧化铝（1×10^{-6} 以下金属污染）上分解制备氮掺杂碳催化剂，证实氮掺杂碳催化剂的 ORR 活性并不需要金属的存在。Liu 等报道了运用非金属纳米浇铸方法合成的掺氮有序介孔石墨阵列（NOMGAs），其对 ORR 活性和稳定性远远高于商用 Pt-C 催化剂，他们将其归因于催化剂中氮原子的掺入。Gong 等（见图 6-21）通过化学气相沉积法合成了垂

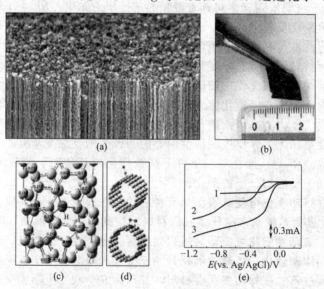

(a)　　　　　　　　　　(b)

(c)　　　(d)　　　(e)

1—Pt-C/GC；2—VA-CCNT/GC；3—VA-NCNT

图 6-21　VA-NCNT 的 SEM 图 （a）；VA-NCNT 的照片 （b）；
NCNT 的结构图 （c） 和 （d）；旋转圆盘电极伏安图 （e）

直生长的掺氮纳米碳管阵列（VA-NCNT），作为燃料电池负极的催化材料，在碱性电解液中对四电子的 ORR 过程表现出优异的电催化性能和稳定性，同时高于商业的 Pt 基电极且不存在 CO 的毒化。这主要由于氮原子在接受电子时导致邻近碳原子正电荷密度的增加。该研究成果也为发展可替代铂的非金属电催化材料提供了新的实验依据和乐观前景。

目前发现至少存在三种不同的表面氮原子形态，即吡咯型、吡啶型和石墨型（见图 6-22），但对于氮原子的本质作用还没有一致结论。一般认为，在石墨层边缘位上的吡啶型氮原子对催化过程起活性作用。最近有研究表明，石墨型的氮原子对 ORR 起活性非常重要。此外，也有学者提出氮原子仅仅是通过给出电子增加了与氧原子的相互作用，表面形成的阴离子自由基·O^{2-}对氮掺杂碳催化剂更有效。

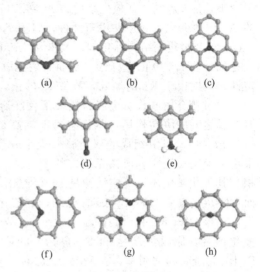

图 6-22　N 在碳纳米管中的不同键合方式
(a) 吡啶型 N；(b) 吡咯型 N；(c) 石墨型 N；(d) 腈类型 CN；(e) —NH$_2$；(f) 吡啶型 N 空位化合物；(g) 吡啶型 N$_3$ 空位；(h) 空隙 N

与碳管结构相比，石墨烯由于具有二维平面几何构型的单原子薄片结构，更有利于电子的传递，因此也可作为更有效的电极材料。有研究表明，具有相同氮含量的掺氮石墨烯与掺氮的纳米碳管相比，具有同样优异的氧还原性能。最近，Mullen 研究组制备了一种石墨烯基底的氮化碳纳米片（G-CN nanosheets）。该材料具有高氮量、薄片层厚度、高比表面积等优点，在 ORR 反应中表现出高电催化活性、长期稳定性和高选择性，并且优于无石墨烯存在的氮化碳纳米片以及商业的 Pt-C 催化剂。另外，其他种类的碳材料在电催化中的应用也在研究。Ozaki 等最近报道了在 0.5 mol 硫酸及在乙酰丙酮化物和金属酞菁化合物存在下，通过呋喃树脂碳化生成的壳状纳米碳材料作为催化剂也具有较高的氧还原反应性能。

6.4　核壳结构纳米复合材料在催化中的应用

随着纳米材料研究的不断深入，人们发现将两种或两种以上的纳米粒子有效地结合，会导致很多新的性质出现。核壳型纳米粒子是一种纳米粒子通过化学键或其他相互作用将另一种纳米粒子包覆起来形成的纳米尺度的有序组装结构。制备核壳结构的纳米包覆粒子，除了可将多种功能结合在一起外，也可能产生新的特性。这种结构的纳米粒子比单一成分的纳米粒子具有更好的物理化学性质。通过改变内核与外壳的材料、结构、光学或表面特性，产生了许多特殊的性质，在催化、生物、医学、光、电、磁以及高性能机械材料等多方面具有应用价值。其中核壳型结构的催化剂不仅可实现可控催化反应，还可以保护芯材不受外界环境的化学侵蚀，解决纳米粒子的团聚等问题，成为近年来催化领域的研究热点之一。

6.4.1　金属-金属核壳结构催化剂

金属-金属核壳结构催化剂主要有贵金属-贵金属型、贵金属-过渡金属型，对燃料电池中的电催化氧化还原、有机物加氢、富氢条件下的 CO 选择性氧化、环境催化等反应，都具有较好的催化活性、选择性和稳定性。

6.4.1.1　电催化氧化反应

Zhou 等以活性炭为载体，采用连续还原的方法制备了负载型的核壳结构 Au@Pd 电催化剂，应用到甲酸电催化氧化反应中。该反应一般有两种途径产生 CO_2，一种是通过产生活性中间体，另一种是产生有毒的中间体。研究显示，核与壳之间的相互作用阻止了有毒中间体聚集，且更多的 Pd 有利于甲酸通过活性中间体直接分解产生 CO_2，因而 Au@Pd/C 的活性比 Pd/C 更稳定。Zhou 等和 Larsen 等也研究了 Pd 电催化氧化甲酸的过程，发现负载型的 Pd 粒子越小，活性越高；而核壳结构的 Au@Pd(7nm)/C 催化剂的活性远远高于 Pd(4nm)/C，单一的 Au 对电催化氧化甲酸没有活性。Hiroaki 等以炭为载体，采用多元醇还原工艺制备了 Pt@Ru/C 双金属核壳结构催化剂，其催化 MOR 的活性比商用的要高出很多。这是因为 Ru 的加入有效地降低 CO 的选择性，从而有效地解决催化剂中一氧化碳中毒的问题，提高催化剂的稳定性；同时由于 Ru 的加入，节省 Pt 的量，降低成本。

以过渡金属取代贵金属为核，不仅能有效地减少贵金属的使用，而且可以产生贵金属-过渡金属之间的协同作用，从而有可能提高催化剂的活性、选择性、稳定性，主要有 Ni、Cu、Co、Fe 和 Pt、Ru 组成的双金属核壳催化剂。Shimizu 等以单层碳纳米管（CNTs）为载体，采用电流交换反应合成核壳结构的 Pt@Fe 催化剂。这种结构的催化剂中 Pt 具有高的比表面积，其催化氧化还原反应活性是 Pt/C 催化剂的 4 倍多。Zhao 等以多壁 CNTs 为载体，采用表面置换反应制备 Co@Pt-Ru 核壳结构的催化剂，其直径 25~35nm，均匀分散在多壁 CNTs 之间，钴核和 Pt-Ru 合金壳的粒子大小平均为 30nm 和 3.4nm。该催化剂对 MOR 表现较好的电催化活性，原因可能是 Pt-Ru 合金壳的适合厚度和良好的分散性大大提高覆盖在钴核上的 Pt-Ru 合金壳的利用率，有关 MOR 中催化剂的壳厚度和核粒子大小的影响还在进一步的研究之中。Fu 等在乙二醇溶液中制备出了不同 Pt/Ni 原子比的 Ni@Pt 核壳结构的纳米粒子，将此催化剂应用到碱性介质中的 MOR。结果表明，所有核壳结构催化剂都比单独 Pt 纳米催化剂具有更好的活性和有效防止积炭的能力；活性随着 Pt/Ni 原子比的增加而增加，当 Pt/Ni 原子比为 1/10 时，Pt 壳最薄，电催化活性最好，同时这种复合的纳米粒子也节省 Pt 的使用，降低成本。Chen 等采用改进的多羟基还原方法，制备了小于 10nm 的核壳结构的 Ni@Pt 粒子，应用到 PEMFC（质子交换膜燃料电池）的阴极反应中，循环伏安数据表明，Ni@Pt 比纯 Pt 要高出 60mA，其原因是在单层的 Pt 表面发生了压缩变形，使 Pt-Pt 之间的距离减少，削弱 Pt 表面原子和一些小分子的被吸附物（H、CO、OH）之间的相互作用，使得 Ni@Pt 比纯 Pt 中解离吸附更加容易。相关研究发现，在 Pt 表面吸附 OH（H、CO）后，其 ORR 活性会降低。他们的实验结果表明 Ni@Pt 催化 ORR 的活性高于纯 Pt。Ni@Pt 结构也减少 Pt 的使用量，可为质子交换膜燃料电池提供价廉物美的阴极材料。

核壳结构纳米颗粒具有较多暴露的贵金属原子数目。另外，核本身与壳之间产生的电子交换效应也促进壳层上活性氧物种的生成，起到贵金属表面氧化反应的促进作用。因而，核壳结构纳米颗粒在电催化氧化反应中具有很高的催化活性，该结果对提高燃料电池的效率及降低贵金属的用量以降低燃料电池的生产成本等具有重大意义。

6.4.1.2 有机物加氢反应

Toshima 等采用共还原和自组装的方式，制备了 3 层核壳结构的 Au/Pt/Rh 催化剂，此催化剂应用于丙烯酸酯加氢反应。该催化剂比同类的双层和单层结构的催化剂活性要高，XPS 数据显示了高活性是由于不同原子的迁移，在 Au/Pt/Rh 中，电子电荷从 Rh 表面迁移到夹层的 Pt 原子上，再迁移到 Au 核原子中。Toshima 等制备了聚乙烯基吡咯烷酮（PVP）保护的 Pd@Au 双金属核壳结构纳米粒子，此催化剂应用到丙烯酸甲酯加氢反应中。研究表明，核壳结构 Pd@Au 催化剂的活性比单一的 Pd 或 Au 纳米颗粒均有所提高，且其活性随 Pd/Au 的原子比呈现火山形变化趋势。该催化剂活性的提高是由于壳与核接触面上的原子间相互渗透产生的协同效应。

Sarkdny 等报道了核壳结构的 Pd@Au/SiO_2 催化乙炔加氢反应的研究。他们以 SiO_2 为载体，采用种子生长技术，在柠檬酸钠和丹宁酸的条件下，将 15%、30%、45%、65%、80% 的 Pd 沉积在 5nm 金的表面，得到了厚度为 0.12~1.5nm 的 Pd 壳。研究结果表明，低温下催化活性随着 Pd 壳厚度的增加而降低，但当反应温度达到 573 K 时，催化活性随着 Pd 壳的厚度增加反而提高。这是由于高温还原导致 Pd-Au 合金粒子的形成以及 Au 向最外层的偏析，这种在高温下产生的混合 Pd-Au 集合体比在 Pd 壳层中的 Pd 催化性能更好。

与此类似的纳米粒子进行有序的组装，形成双层或者多层核壳结构的纳米复合催化材料，由于核壳之间的特殊界面会产生一些新的电子效应，从而改变其催化行为。

6.4.2　金属-氧化物核壳结构催化剂

金属-氧化物核壳结构催化剂主要用于加氢、氧化、还原及光催化降解反应中。Li 等利用正硅酸乙酯的水解和缩合反应将 SiO_2 覆盖在 PVP 保护的 Pd 表面制备了 $Pd@SiO_2$ 核壳结构纳米粒子，在 400℃ 焙烧催化剂时发现由于 PVP 的挥发，产生孔径小于 4nm 的多孔 SiO_2 壳层，将催化剂应用于对醛基苯甲酸加氢反应中，反应温度为 160~175℃ 时收率稳定在 99%，而市售的 Pd/C 催化剂反应温度需要在 250~270℃ 时收率才能达到 99%。这种核壳结构的催化剂大大降低了反应温度，从而降低生产成本。

Xue 等分别采用微乳法、溶胶-凝胶法、浸渍法制备了 $Pd-CuO/SiO_2$ 催化剂，应用到苯酚氧化羰基化合成碳酸二苯酯（DPC）反应中。研究结果表明，微乳法合成的催化剂比溶胶-凝胶法具有更高的活性，比浸渍法具有更长的反应时间。原因可能是该法合成的催化剂中 $CuPdO_2$ 和 CuO 被包裹或者部分包裹在 SiO_2 里面，这种核壳结构的催化剂能够大大减少反应过程中活性组分的流失，但同时 SiO_2 的表面上仍有部分 Pd 和 Cu，造成活性组分流失现象仍然比较严重。Ge 等采用溶胶-凝胶法和表面保护的雕刻技术，制备带孔的 SiO_2 壳包裹卫星状的 $Fe_2O_3@SiO_2@Au$ 复合催化剂，以液相中 $NaBH_4$ 还原 4-硝基酚为探针反应。研究表明，雕刻技术处理的催化剂循环使用 6 次，转化率降低约 20%，而未处理的则降低约 60%；一定孔大小的 SiO_2 壳层防止了 Au 团聚和反应过程中的流失，而反应物可以通过孔在 Au 表面发生反应，从而提高催化剂的活性和稳定性；还可以通过磁性分离循环利用，降低成本，是一种理想的液相催化剂。Yu 等先使用 $NaBH_4$ 将 $HAuCl_4$ 和 $SnCl_2$ 还原得到 AuSn，再采用三步氧化工艺，制备耐高温核壳结构的 $Au@SnO_2$ 负载型催化剂，应用于 CO 氧化反应。在此核壳结构（Au 15nm）催化剂上 CO 的半转化温度为 230℃；而在同样粒子大小的没有 SnO_2 包覆的 Au 上则为 330℃。XPS 结果表明，$Au@SnO_2$ 中金和氧化层之间的相互作用得到加强，产生协同束缚效应，从而提高催化活性。

金属-氧化物核壳结构催化剂中的无机氧化物外壳起到稳定内部纳米颗粒的作用，赋予该核壳结构催化材料良好的稳定性与重复使用性。核壳结构的双金属纳米粒子不仅可提高单位质量金属的表面积，而且由于其特殊的结构而导致特殊的催化性能。

6.4.3　氧化物-氧化物核壳结构催化剂

氧化物-氧化物核壳结构催化剂可以根据功能划分为磁性催化材料和非磁性催化材料，主要用于光催化反应。

6.4.3.1　核壳结构的磁性催化材料

Shchukin 等通过共沉淀法制备出混合锌镍铁氧体 $Zn_{0.35}Ni_{0.65}Fe_2O_4$ 前体，再以其为磁核依次在其表面沉积 SiO_2 层和 TiO_2 层，从而制备出 $Zn_{0.35}Ni_{0.65}Fe_2O_4@SiO_2@TiO_2$。其对草酸光催化降解反应呈现出显著的光催化活性。邵启伟等采用溶胶-凝胶结合光还原沉积法在普通玻璃片上制备三层结构的 $Ag@ZnO@NiO$ 系复合催化剂，并以甲基橙为模型底物测试了该催化剂在紫外线下的光催化氧化能力。三层结构的 $Ag@ZnO@NiO$ 的活性相比 ZnO 单层和双层结构均有不同程度提高，这是由于上层薄膜不能完全包裹下层膜，导致在表面形成许多微电极结构。这些微电极结构能够使光生电子-空穴对得到有效分离。Rana 等制备了 $NiFe_2O_4$@TiO_2、Lu 等制备了 MFe_2O_4@TiO_2 和 MFe_2O_4@SiO_2@TiO_2（M＝Co，Mg）纳米粒子，它们对甲基橙溶液均具有较好的降解活性。当 SiO_2 在 TiO_2 与 MFe_2O_4（M＝Co，Mg）之间时，SiO_2 就会阻止 TiO_2 光生电子-空穴向 MFe_2O_4 转移，减少电子-空穴的复合，增加迁移到表面的电子-空穴，可提高 MFe_2O_4@TiO_2 的光催化活性。

陈金媛等采用溶胶-凝胶法，在磁性 Fe_3O_4 表面包覆 TiO_2，制备了一种新型核壳结构的纳米 Fe_3O_4@TiO_2 光催化复合材料；对染料废水的降解脱色率可达 100%，与纳米 TiO_2 降解率相近。由于该材料以 Fe_3O_4 磁核为中心，可经磁铁吸附回收，反复使用，具有降低成本、防止二次污染的优点。吴自清等采用溶胶-凝胶法在表面包覆了 SiO_2 的磁基体 Fe_3O_4 上负载 TiO_2，制备了多层复合光催化剂 TiO_2@SiO_2@Fe_3O_4。研究结果表明，当 pH＝4、催化剂用量为 2g/L、初始溶液浓度为 30mg/L、光照时间为 30min 时，溴氨酸脱色率可达 96.2%，COD 去除率为 85.1%；其光催化活性略高于 Degussa 公司 P25 TiO_2 催化剂，4 次循环使用后仍可保持较高的光催化活性和较高的回收率，具有可多次循环利用的特性。隔离层 SiO_2 的引入，一方面减少了 TiO_2 和 Fe_3O_4 在热处理过程中的不利结合；另一方面可增大催化剂的比表面积，提高其光催化活性。夏淑梅等采用溶胶凝胶-逐层包覆的方法制备了三层核壳结构磁性纳米 TiO_2@SiO_2@$NiFe_2O_4$ 催化剂，以光催化降解亚甲基蓝为探针反应。研究结果表明，当 SiO_2@$NiFe_2O_4$ 的负载量为 15% 时，焙烧温度为 500℃ 时脱色率最高。这是由于 SiO_2/$NiFe_2O_4$ 的加入抑制 TiO_2 纳米粒子的生长，使晶粒尺寸减小，促进锐钛矿相向金红石相的转变，催化剂的回收率和光催化性能均得到提高。薛娟琴课题组采用改进 Stöber 法制备了介孔结构 SiO_2 包覆 Fe_3O_4 复合微球。分析表征结果表明，制备的复合微球呈球形，粒径分布均一，随着正硅酸乙酯质量浓度的增加，SiO_2 壳层增厚，复合粒子形貌更均匀，饱和磁化强度有所下降，矫顽力保持不变，具有良好的超顺磁性。在此基础上，通过接枝法在复合微球的表面接枝—NH_2，制备了一种新型磁性纳米吸附剂（Fe_3O_4@SiO_2@$mSiO_2$—NH_2），进而研究了其对水中重金属离子 Cr(Ⅵ) 的吸附性能。在磁性介孔氧化硅基础上采用浸渍法制备了"磁核-介孔硅-半导体"三元体系光催化剂，研究了负载 TiO_2 量不同的光催化剂降解亚甲基蓝的性能，发现钛酸四丁酯的添加量为 2.5mL 的 Fe_3O_4@SiO_2@$mSiO_2$@TiO_2 光催化剂催化效率最高。研究发现是由于磁性介孔氧化硅特殊的孔道结构，使得二氧化钛在结晶时被限制，在特殊的孔道内部生长为纳米颗粒，纳米尺寸的二氧化钛结构使得光生空穴-电子对的复合概率降低，从而提高了光生载流子浓度，进一步提高其光催化性能。

核壳结构磁性催化材料是近年的研究热点之一。随着磁性质的引入，可以大大地简化催化剂在反应结束后的回收再利用步骤，并同时可控地操纵反应进程。将具有优异磁学性能的磁性纳米粒子与催化性能相结合制备的磁性催化剂，可以在外加磁场作用下实现简单分离，解决了常规悬浮式催化剂难以连续生产的问题，为纳米催化剂的分离提供了新的思路，是未来催化剂发展的重要领域。

6.4.3.2 非磁性的核壳纳米催化材料

非磁性的核壳纳米催化材料主要用于光催化降解和选择性氧化反应中。颜秀茹等以纳米 $SnO_2 \cdot nH_2O$ 胶体粒子为基质，采用活性层包覆法制备了核壳结构的 SnO_2@TiO_2 复合光催化剂，应用于光催化敌敌畏的降解反应。结果表明，核壳结构的 SnO_2@TiO_2 光催化活性比单一的 TiO_2 显著提高，且光催化活性稳定，可重复使用。这是由于 SnO_2@TiO_2 形成了核壳式结构，TiO 的导带能级低于 SnO_2 的。当二者接触后，光生电子容易从 TiO_2 表面向 SnO_2 转移，使 TiO_2 表面的电子密度减少，即可减少 TiO_2 表面的电子和空穴的复合概率，从而提高催化剂的光催化活性。

　　黄浪欢等以单分散性良好的 SiO_2 微球为模板，以钛酸四丁酯为钛源，利用化学吸附和原位水解方法制备了 TiO_2/SiO_2 核壳结构复合微球，催化可见光下罗丹明 B 水溶液的降解反应。由于结合了 SiO_2 核优良的吸附性能及氮掺杂 TiO_2 壳的可见光响应性能，该复合微球在整体上表现出比商业纳米 TiO_2（Degussa 公司 P25）更优的光催化活性。Chang 等在 973 K 使用预处理的 $CaCO_3$ 和 In_2O_3 固相反应，合成出核壳结构的 $In_2O_3@CaIn_2O_4$ 复合氧化物光催化剂。与 $CaIn_2O_4$ 相比，这种催化剂在可见光的条件下催化降解亚甲基蓝的性能显著提高。这是由于当可见光照射时，在核壳结构的界面发生了电荷选择性分离和有效的转移。Yang 等采用浸渍法制备了负载量分别为 5%、10%、20%、30%、40% 的具有核壳结构的 $WO_3@TiO_2$ 催化剂，应用到 H_2O_2 溶液中催化氧化环戊二烯制备戊二醛反应。研究表明，20% 的 $WO_3@TiO_2$ 催化活性最好，环戊二烯的转化率达到 95%，戊二醛的收率为 69.3%；WO_3 高度分散在球状体 TiO_2 的表面、WO_3 和 TiO_2 之间强烈的相互作用以及强酸性的介质是 WO_3/TiO_2 具有高活性的主要原因。

　　Sreedhar 等报道了核壳结构的 $SiO_2@WO_4^{2-}$ 催化剂在水相中选择性氧化硫代苯甲醚反应，比文献上报道的 WO_3/MCM-48、SiO_2-钨酸盐、LDH-WO_4^{2-} 催化剂有更明显的优势，在相同条件下转化率和产率高，反应时间短，循环数次后活性仍然没有下降；溶剂为水，大大降低环境污染。反应结束后，通过简单的萃取可以将催化剂从有机相中分离出来，回收方便。

6.4.4　其他类型核壳结构催化剂

　　Yang 等采用树枝状大分子作为模板或稳定剂，由其自身的氨基螯合金属离子，随后通过还原生成铂纳米颗粒/聚醚类树枝状大分子核壳结构的纳米催化剂，用于硝基苯与苯甲醛系列衍生物加氢反应。研究结果表明，随着树枝状大分子作为壳层材料的引入，铂纳米颗粒间的团聚倾向被大大削弱，在反应中体现出良好的稳定性与重复使用性。

　　Harada 等采用双涂层技术和化学雕刻技术，合成了空心多孔炭包裹的 Rh 核纳米粒子（Rh@hmC 催化剂），催化水相中丁基苯的加氢反应。研究结果表明，Rh@hmC 催化剂活性最优，产率高达 97%；而传统浸渍法制备的 Rh/AC 催化剂产率几乎为零，市售的（Wako Pure Chemical 公司）Rh/AC 催化剂产率为 71%，市售的（Wako Pure Chemical 公司）5% Rh/Al_2O_3 产率仅为 36%。此催化剂在催化联苯加氢制双环己烷中也有不错的效果，反应 14h 后产率仍达到 97%。高活性的原因是这种多孔的壳层水相中形成很多渠道和能够让有机物有效地渗透和吸附到含有 Rh 纳米粒子的隔水的空间。

　　Tsang 等采用连续喷涂、化学沉积和可控热解等步骤制备出炭包覆纳米磁体（铁基二元合金）。将此炭保护的纳米磁体作为催化活性中心（Pd 纳米粒子）的载体，用于精细化学品合成时具有优于常规炭负载的催化剂的催化活性。将磁性核整个包覆在碳网络中也可以直接在酸性溶液或空气中处理永久性磁性材料，以防磁体被分解，然后利用外加磁场将纳米催化剂分离，其具有很广阔的应用前景。

　　通过以上对核壳结构的纳米复合材料在催化领域的分析，可以获悉很多核壳材料具有独特的功能，应用前景十分广泛。通过设计不同组成的核壳结构催化材料，将在以下 3 个方面提升催化剂的效率，拓展现有复合型催化剂的应用范围。

　　(1) 形成独特的反应环境　由于壳层包裹，在其封闭的内部将形成一个微环境，在催化反应过程中，内腔往往通过对反应物的积累而形成局部的高浓度，促进反应更高效地进行，提高催化剂的整体活性。另外，在很多液相反应中，壳层能阻止内部微环境中活性物种向外流失，延长催化剂的使用寿命，提高内核的稳定性。对于一些有机物类催化反应，壳层能够阻挡反应过程中的积炭，提高催化剂抗积炭性能；同时，对于某些易于团聚失活的纳米颗粒在表面涂覆一层稳定的物质形成核壳结构后，其纳米颗粒的团聚倾向将大大削弱，提高催化剂的稳定性。

（2）颗粒在表面涂覆一层稳定的物质　形成核壳结构后，其纳米颗粒的团聚倾向将大大削弱，提高催化剂的稳定性。

（3）壳层与核易于改性　可以采用化学、物理方法，对催化剂的壳层与核进一步改性，引入更多的功能性基团，如将具有优异磁学性能的物质与催化材料相结合制备的磁性催化剂，可以在外加磁场作用下实现简单分离，解决了常规悬浮式催化剂难以连续生产的问题，使催化剂成为多重功能的集合体以适应更复杂的实际催化反应体系。

6.5　金属氧化物纳米复合材料在催化中的应用

过渡金属的氧化物是一类很重要的催化剂，通过改变其粒径尺寸、粒子形状等来提高其催化活性的研究多有报道。金属氧化物粒子可以通过溶剂热法、溶胶-凝胶法和浸渍法等方法进行制备。此外，金属氧化物的形状可通过调节作为诱导剂的表面活性剂的比例而改变。据报道，很多金属氧化物如 TiO_2、Al_2O_3 和 ZnO 表面既有路易斯酸，又有路易斯碱，使之对很多有机化合物具有良好的吸附性能。金属氧化物高的表面积、体积比，良好的稳定性和可循环使用性，使之成为各种有机化学反应催化剂的不二选择。

6.5.1　赤铁矿（α-Fe_2O_3）

赤铁矿（α-Fe_2O_3）基于氧与铁在八面体空穴 2/3 处六方紧密堆积的结构特征，作为催化剂已被广泛研究，由于其成本低、高抗腐蚀、环境友好等特点，广泛用于气体传感器和电极材料等。良好的应用前景促进了对各种纳米结构 α-Fe_2O_3 材料制备方法的研究，现已提出热分解、热氧化和水热合成法等方法。Zheng 等首次利用硝酸铁作为金属离子源在聚乙烯吡咯烷酮（PVP）体系中合成制备出了单分散、单晶、晶粒大小为 40nm 的准立方体形 α-Fe_2O_3 纳米粒子，且形貌可通过改变合成制备参数调控。所制备的准立方形 α-Fe_2O_3 纳米催化剂的活性由催化氧化 CO 来验证，其在催化反应过程中的活化温度、转化效率和热稳定性等特征表明，其催化活性远远优于其他形式的纳米或微小尺寸氧化铁催化剂。通过溶剂热法合成制备了 6 个相同 {110} 晶面的准立方体形 α-Fe_2O_3 纳米粒子，结果显示表面活性剂聚乙烯吡咯烷酮（PVP）对制备的最终产品的形貌结构起着重要作用。表面活性剂 PVP 不仅是 α-Fe_2O_3 纳米粒子的稳定剂和分散剂，还控制形成的准立方体形的几何形态。如果没有 PVP，大部分纳米粒子被截断或者不能形成准立方体形构型；随着 PVP 加入量的增加，α-Fe_2O_3 纳米粒子附着在 PVP 的长碳链上，聚集速率缓慢，使其具有更长时间以选择最优的空间位置而最终形成准立方形结构。

类似贵金属和半导体催化剂，α-Fe_2O_3 的催化活性强烈依赖于颗粒的形状，且可以通过控制前体的比例和反应时间来改变颗粒的形状。以准立方体形 α-Fe_2O_3 为催化剂，在 230℃下可将 CO 完全氧化成 CO_2；而在相同实验条件下，花形 α-Fe_2O_3 只能将不到 5% 的 CO 氧化为 CO_2。α-Fe_2O_3 纳米粒子有 6 个当量晶面 {110}，含有较高密度的 Fe 原子，CO 首先被吸附在 Fe 的表面，随后被氧化成 CO_2，氧原子的协同氧化作用较小。准立方体形 α-Fe_2O_3 表现出比花形、中空或其他形式的不规则晶面更高的催化活性，是由于准立方体形具有更多的具有活性 Fe 原子的 {110} 晶面。不同形状的 α-Fe_2O_3 纳米粒子的 TEM 照片如图 6-23 所示。

6.5.2　氧化锌（ZnO）

多组分反应是有机合成领域一种新兴的有效反应方法，在一步反应过程中生成多种新的化学键。众所周知，在多步法合成过程中，反应和纯化的次数可用于评价该反应的有效性和实用性，而且操作越简单越好。单组分多步合成法与多组分一步合成法如图 6-24 所示。

ZnO 是价格低廉、环境友好的多组分一步合成法反应催化剂，其在合成化学和制药工业

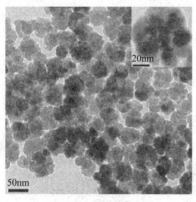

(a) 花形α-Fe₂O₃纳米
粒子的TEM照片

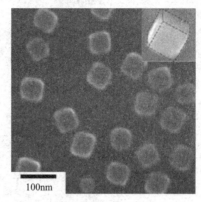

(b) 准立方体形α-Fe₂O₃纳米
粒子的TEM照片

(c) α-Fe₂O₃纳米粒子的HRTEM
照片和FFT模式晶界分析图

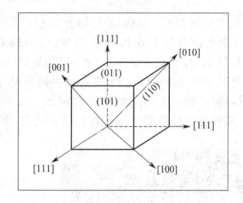

(d) 准立方体形α-Fe₂O₃纳米
粒子结构模型图

图 6-23　不同形状的 α-Fe$_2$O$_3$ 纳米粒子 TEM 照片

中重要化合物 β-乙酰氨基酮/酯的反应中表现出良好的催化活性。β-乙酰氨基-β-苯基苯丙酮的合成在室温下进行，在以 ZnO 为催化剂的反应体系中，ZnO 的摩尔分数为 $10\%\sim20\%$ 时反应产率可增加到 88%；而在相同反应体系中不添加任何催化剂的情况下，反应 30h 只有 5% 的产率；而在 ZnO 摩尔分数为 10% 的体系中，反应 1h 产率就可达 4%。推断其催化反应机理，一方面可能是纳米粒子 ZnO 协同醛上的氧原子激活苯甲醛亲核攻击的活性（见图 6-25）；另一方面，ZnO 纳米粒子具有较高的比表面积使其具有更强的催化活性，更有利于苯乙酮的烯醇化。

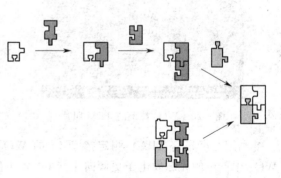

图 6-24　单组分多步合成法与
多组分一步合成法示意图

6.5.3　氧化钨（WO$_3$）

金属氧化物粒子如纯的或掺杂的 TiO$_2$、WO$_3$ 可有效分解挥发性有机化合物（VOC）。由于 WO$_3$ 的导带水平（$+0.5$V）比 O$_2$ 的氧化还原水平更正，长期以来被视为不适合催化降解空气中有机物和具有很强电子受体的反应体系，而掺杂 Pt 的 WO$_3$ 在可见光照射下降解有机

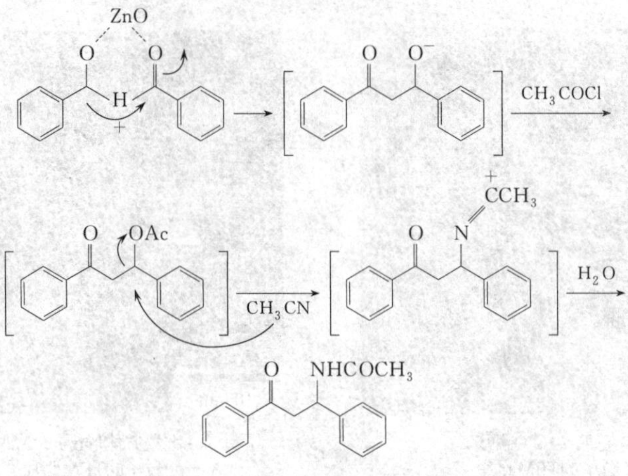

图 6-25　ZnO 催化反应机理

化合物的能力显著提高。Abe 等利用光沉积法用 $H_2PtCl_6 \cdot 6H_2O$ 作 Pt 源，在纯水体系中，在有可见光照射的条件下将 Pt 负载到 WO_3 微球上，而后转移到甲醇溶液中，Pt 得以高度均匀分散负载到 WO_3 微球上。WO_3 粒子与 $Pt-WO_3$ 粒子的 TEM 照片如图 6-26、图 6-27 所示。在可见光照射下评价 $Pt-WO_3$ 降解有机物的催化活性，并与在相同实验条件下将 $N-TiO_2$ 和 WO_3 同时降解乙酸、乙醛的结果进行对比，结果表明 $Pt-WO_3$ 的催化活性显著高于 $N-TiO_2$ 和 WO_3，其催化活性甚至可与在紫外线下 TiO_2 的催化活性相提并论。

图 6-26　WO_3 粒子的 TEM 照片

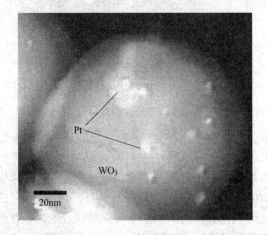

图 6-27　$Pt-WO_3$ 粒子的 TEM 照片

　　利用光声光谱（PA）测定掺杂 Pt 的 WO_3 在反应过程中的电子转移机理，惊奇地发现 WO_3 中产生的光激发电子更倾向于与 O_2 发生反应，且 Pt 的存在增强了这种反应效应。掺杂 Pt 后 WO_3 催化活性的提高归因于 Pt 的存在促进了多电子还原而非单电子还原。该研究表明，利用简单氧化物负载纳米离子的复合催化剂促进多电子还原 O_2，从而导致显著提高可见光下高催化活性和耐用性催化剂的策略是行之有效的。

6.5.4　氧化亚铜（Cu_2O）

　　与贵金属催化剂相似，金属氧化物纳米粒子的催化性能可通过制备特殊晶型结构和裸露晶面来控制。氧化亚铜（Cu_2O）的催化活性取决于其晶型结构在 CO 的氧化反应中得到了验证。$o-Cu_2O$（八面体 Cu_2O）、$c-Cu_2O$（立方体 Cu_2O）、$CuO/o-Cu_2O$ 和 $CuO/c-Cu_2O$ 催化氧化

CO（见图 6-28）的实验结果表明，其他 3 种晶型结构均比 c-Cu_2O 表现出优越的催化活性。此外，发现 o-Cu_2O 和 CuO/o-Cu_2O 分别在 150℃ 和 240℃ 下具有好的催化活性，在 240℃ 时 CO 转化率高达 92%；而在 190℃ 时反应温度下 c-Cu_2O 和 CuO/c-Cu_2O 催化氧化 CO，其转化率均低于 50%。就 CO 的氧化反应而言，对 Cu_2O{111} 和 {100} 晶面所做的密度函数理论计算表明，由于反应中间产物的活化能不同（分别为 0.37eV 和 1.15eV），催化发生在 CuO 催化活性薄膜上且不同的晶面催化活性不同。这些实验结果证明，独特的催化活性可以在氧化物纳米粒子特定的结晶面来实现，并可通过控制晶面的生长进一步提高。

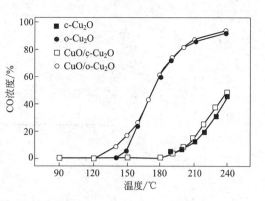

图 6-28 o-Cu_2O、c-Cu_2O、CuO/o-Cu_2O 和 CuO/c-Cu_2O 催化氧化 CO 活性比较

最近，在 Cu_2O 与 TiO_2 组成的复合纳米催化材料中，+1 价 Cu 具有很高的抗菌活性，+2 价 Cu 在可见光下对 VOC 具有很高的光催化氧化活性。除了高活性 Cu_2O-TiO_2 复合纳米催化剂外，纳米团簇 Cu_xO 与 TiO_2 组成的复合纳米催化材料具有降解室内 VOC 催化活性和抗菌活性这一现象表明，在 Cu_xO-TiO_2 复合催化剂中，TiO_2 是活性物质，Cu(Ⅱ) 有效提高了 TiO_2 在可见光下的光催化活性，同时在界面间电子转移过程中 TiO_2 价带电子激活 Cu(Ⅱ) 电子，被激活的电子通过多电子还原有效减少氧分子。除此之外，价带上具有较强氧化能力的空穴结构能有效降解有机物质。纳米复合材料的抗菌活性可利用光催化抗菌作用的标准方法观察噬菌斑测定，其中包括能够感染大肠杆菌的噬菌体 Qβ 测试解决方案。对比可见光和避光条件下 0.25% Cu(Ⅱ)/TiO_2 催化失活噬菌体发现，其在可见光下催化活性显著，避光下具有微弱的催化活性。虽然纳米复合催化剂的活性在避光下超过 +1 价 Cu，当光照射类似组成的纳米复合材料时，在短时间内即能获得很高的催化活性。推测 Cu_xO/TiO_2 中 Cu(Ⅱ) 和 Cu(Ⅰ) 在可见光照射与避光条件下光催化氧化 VOC 和抗菌剂的机理见图 6-29。

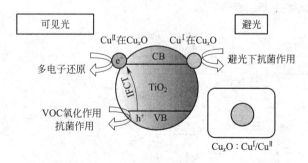

图 6-29 推测 Cu_xO-TiO_2 复合催化剂中 Cu(Ⅱ) 和 Cu(Ⅰ) 在可见光照射与避光条件下光催化氧化 VOC 和抗菌剂的机理

此外，通过辐照 Cu_xO/TiO_2 纳米复合材料发现，复合材料中存在过量的 +1 价 Cu 有更好的抗病原体活性。+1 价 Cu 随后产生由 TiO_2 到 +2 价 Cu 的界面电子转移，同时界面电子转移到 TiO_2 的空穴价带中。这两种电子迁移显著提高了其抗病原体活性。

第7章

催化在能源转化中的应用

能源资源是指为人类提供能量的天然物质，包括柴草、煤、石油、天然气和水能等，也包括太阳能、风能、生物质能、地热能、海洋能和核能等新能源。其中，煤、石油、天然气和核燃料是不可再生资源，水能、太阳能、风能、生物质能、地热能和海洋能是可再生资源，两者总称为一次能源资源。一次能源资源通常要经过加工或转化成二次能源，如煤气、液化石油气、电力、蒸汽、热水（工业与民用燃料）、汽油、煤油、柴油（运输燃料）、焦炭、甲醇、乙醇、甲烷和氢能（化工原料）等，含碳资源转化利用系统如图7-1所示。由图7-1可知，煤、石油、天然气和柴草（生物质能）均可以通过燃烧等过程直接转化为工业与民用燃料，石油还可以通过炼油等过程直接转化为运输燃料和化工原料，它是目前液体燃料和化工原料的主要来源。但煤、天然气和柴草（生物质能）要转换成运输燃料和化工原料，必须通过化学方法。在这些一次能源转化成二次能源的过程中，催化转化起重要作用，是解决能源问题的关键技术。我国能源资源的特点是煤炭相对丰富、缺油、少气；能源消费以煤为主，长期难以改变。我国能源资源面临能源供给短缺，特别是液体燃料严重短缺，能源转化效率低。

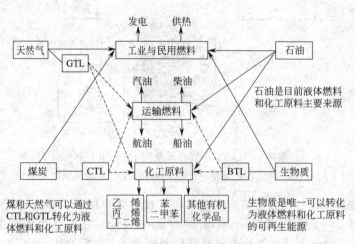

图 7-1 含碳资源转化利用系统

CTL—煤制液体燃料；BTL—生物质制液体燃料；GTL—天然气制液体燃料

在国家能源发展规划中明确提出"石油替代工程"，要求按照"发挥资源优势、依靠科技进步、积极稳妥推进"的原则，加快发展煤基、生物质基液体燃料和煤化工技术，统筹规划，有序建设重点示范工程，为更长时期石油替代产业的发展奠定基础。新能源产业主要包括可再生能源技术、节能减排技术、清洁煤技术、核能技术、节能环保和资源循环利用，以低碳排放为特征的工业、建筑、交通体系和新能源汽车等。

本章介绍化石能源、新能源和可再生能源转换过程中的催化作用以及煤制清洁燃料和化工原料的关键技术。

7.1 化石能源的催化转化

7.1.1 煤炭利用中的催化转化

目前，煤是主要能源，特别是在发电能源方面，76％靠煤炭，应向高效率和洁净化燃烧方向研究和发展。若提高效率 5％～10％，则每年节煤 1 亿～2 亿吨。煤炭的高效和清洁化燃烧催化剂，煤炭发电排放的 CO_x、SO_x 和 NO_x 的有效脱除和净化以及煤炭的液化方法包括煤炭的干馏（焦化）、直接液化、间接液化以及煤制合成气经化学（费-托）合成转化为液体燃料和化工原料等是煤炭利用中的主要催化过程。图 7-2 为煤炭利用和催化转化系统。

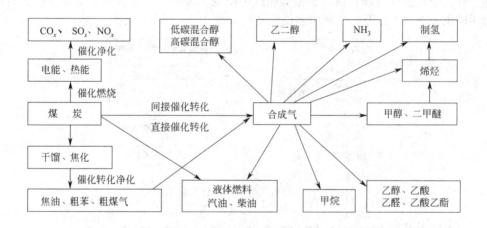

图 7-2 煤炭利用和催化转化系统

7.1.2 石油利用中的催化转化

石油炼制中的主要催化过程有催化裂化、催化异构化、催化重整、催化烷基化以及催化加氢，包括加氢脱硫、加氢脱氮和加氢脱金属等。其中，90％化工原料来自石油，称为"油头化尾"。石油化工中 90％以上的生产过程采用催化剂，产品数以万计。在石油化工的催化过程中，面临的挑战是低质原油和高硫油的精制以及对油品和化工生产及其产品的环保要求更严。石油化工的重大发展是绿色化工，要求达到低物耗（原子经济性、循环利用、可再生）、低能耗（过程绿色化）和零排放（环境友好）。因此，绿色化学要求采用无毒原料、无毒溶剂和生产无毒产品，必须改变化学反应途径及其过程与条件，只有采用新型催化剂才有可能实现。因此，绿色化学化工的关键在于新型高效催化剂的开发。石油利用和催化转化系统见图 7-3。

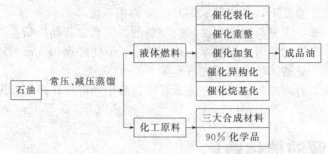

图 7-3　石油利用和催化转化系统

7.1.3　天然气利用中的催化转化

　　世界天然气储量较石油丰富。据估计，天然气及其水合物在能源中的比重到 21 世纪 20 年代将超过其他能源，成为主导能源，约在 2050 年达到最高峰，占一半以上。但在化工利用方面，天然气化工产品的经济成本高于石油化工产品。因为石油是多碳烷烃，加工过程是将高碳烷烃裂解成低碳烷烃和烯烃；而天然气是以甲烷为主，化学加工是将一个碳的甲烷转化成两个及两个以上碳的烷烃和烯烃。

　　如何对甲烷进行有效的化学转化，并且能与石油化工产品相竞争，一直是需要解决的难题，其关键在于高选择性和高活性新型催化剂的研究。天然气化学转化主要有直接化学转化和间接化学转化。图 7-4 为天然气利用和催化转化系统。

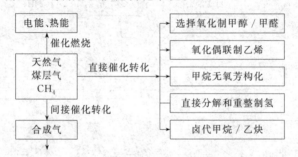

图 7-4　天然气利用和催化转化系统

7.2　新能源和可再生能源转换中的催化转化

　　新能源和可再生能源技术是 21 世纪世界经济发展中具有决定性影响的技术领域，新能源包括太阳能、生物质能、风能、地热能和海洋能等一次能源以及二次能源中的氢能等。

7.2.1　生物质能

　　生物质是地球上唯一的可再生含碳资源。在可再生能源中，生物质能源具有独特地位，资源最丰富，影响面大，CO_2 零排放，特别是对缓解我国"三农"困境有特殊意义，应成为我国能源转型和清洁能源的战略主题，具备全面替代化石燃料的潜力。从转化利用方式上看，生物质资源和化石资源具有很大的兼容性，完全可以利用现有的工业体系实现从石油基经济向生物基经济的转变，从而将目前源于化石资源的商品生产及服务转向源于生物类原材料。因此，世界各国在调整本国能源发展战略时，都把高效利用生物质资源摆在高技术研究与开发的重要地位。

　　非粮生物能源原料主要来自于农林废弃物和利用边际性土地种植的能源植物。全国年产约

15 亿吨农作物秸秆和林木枝丫及林业废弃物，除部分作为造纸原料和饲料外，大约有 6 亿吨可作为燃料使用，折合 3.5 亿吨标准煤。如实行热电与化学品联产，取代约 3 亿吨石油是可能的。

生物质能源转化方式有生物质气化、固化、液化和发电等。在热化学转化法中包括生物质气化多联产和热解多联产技术，把生物质转化为可燃气，用于生活煤气，直接发电，进一步转化制氢或作为合成液体燃料的合成气源，对实现生物质能的高质化利用有重要意义。生物质气化多联产系统示意图见图 7-5。

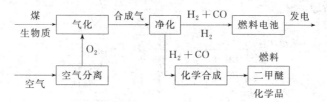

图 7-5　生物质气化多联产系统示意图

生物化学转化法包括利用植物油法和生物质致密成块（固化）法。因此，生物质转化是化学催化、化工技术与生物催化的集成与组合。

21 世纪生物炼制将飞速发展，将廉价可再生的植物性原料进行燃料、材料、化学品、药品、食品及饲料转化，在矿物和化石资源日趋匮乏的时代，将对社会经济的可持续发展产生巨大的影响。如果将 20 世纪称为烃类化合物经济时代，则 21 世纪将是糖类经济时代。与烃类化合物经济相比，糖类经济将农业与工业之间关系拉近，形成一个全新的工农业体系。由于原材料的广泛地域分布，会出现地理上的分散资源和分散能源，影响合理生产和消费，也许未来的工农业体系规模不是越大越好。应当创造有利于造福环境和财富的分布，与自然、地理联系更密切。生物炼制需要人们继续努力以应对一个全新理念下迅速变化的世界。

7.2.2　太阳能

将太阳能转化为化学能，其能效比太阳能直接转换成电能更高，并可实现太阳能的储存和输送。工质有氨、甲醇和甲烷。图 7-6 是氨为工质的太阳能转化、输送和储存原理示意图。

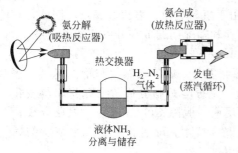

$$CH_4 + H_2O(g) \longrightarrow CO + 3H_2$$
$$\Delta H_{298}^{\ominus} = 206\,kJ/mol$$
$$CH_4 + CO_2 \longrightarrow 2CO + 2H_2$$
$$\Delta H_{298}^{\ominus} = 247\,kJ/mol$$

图 7-6　氨为工质的太阳能转化、
输送和储存原理示意图

图 7-7　甲烷与水蒸气和甲烷
与二氧化碳的重整反应

此系统为封闭系统，不消耗化石燃料，也没有任何污染物释放，不产生任何环境污染。因此，此系统（包括甲醇和甲烷为工质）在太阳能化学蓄热研究初期得到了很好的发展。甲烷重整制合成气是甲烷化工利用的主要路线，广泛应用于合成氨、甲醇和 H_2 等的生产过程。甲烷重整包括甲烷与水蒸气和甲烷与二氧化碳的重整反应，如图 7-7 所示。

甲烷重整反应是强吸热反应。从热力学计算可知，温度高于 600℃时才有合成气生成；而且随反应温度升高，反应物转化率增大，合成气收率也升高。其高吸热特性使工业生产能耗很高，但此特性可被用于储存太阳能、核能以及工业的高温废热。重整反应所制合成气可通过管道远程输送，再经可逆的放热反应释放能量，从而实现能量的转换、储存和输送。因此，甲烷重整反应系统又被称为"化学热管"。

如果将太阳能与甲烷重整制合成气结合，则合成气可在室温储存并可远距离输送到用户，用于生产重要化工原料、汽轮机发电或通过 CO 变换催化剂制取 H_2 应用于燃料电池，而 CO_2 作为甲烷重整原料返回太阳能重整反应器（见图 7-8），这是合理、有效利用现有能源和优化使用可再生能源的重要技术。

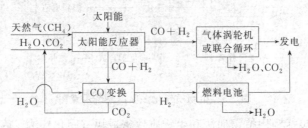

图 7-8　太阳能与甲烷重整开放式系统示意图

7.2.3　氢能

氢能在 21 世纪可能在世界能源舞台上成为举足轻重的二次能源。国家能源发展规划中提出"加强能源前沿技术研究"，其中，"重点发展的前沿技术"包括氢能及燃料电池等。氢是自然界最普遍的元素，质量占宇宙的 75%，质量最轻，导热性最好，发热值最高（除核燃料），是汽油的 3 倍，且氢本身无毒，产物为水，是理想的清洁燃料。氢能利用形式多，可以是气态、液态和固态以适应储运和不同环境的要求；能与现有的能源系统匹配和兼容，实现 CO_2 的集中处理；能方便转换成电能、热能和机械功且能源效率较高，将来利用可再生能源由水制氢有可能实现不依赖化石能源的可持续循环。氢能大规模工业应用还有待解决以下问题。

（1）高效低成本的化石能源和可再生能源制氢技术，包括氢的分离与纯化技术　氢是二次能源，制取消耗大量能量，目前制氢效率很低，因此，寻求大规模廉价的制氢技术是各国科学家共同关心的问题。

（2）安全可靠、经济高效的储氢和输配方法　由于氢易气化、着火和爆炸，因此，如何妥善解决氢能的储存和输配问题成为开发氢能的关键。

氢能来源及其制备技术可以分为以下两类。

① 化石能源制氢——煤、天然气和重油制氢，包括工业副产气回收氢　化石能源制氢通常要先将原料气化，然后经过 CO 变换反应，脱除 CO_2。这些过程在合成氨工业中均有成熟的实践和技术，而且世界上几乎所有的煤气化技术在我国均有引进。

② 可再生能源制氢——核电、风电和水电电解水制氢　利用太阳能分解水制氢被认为是高效制氢的基本途径，

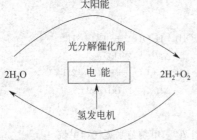

图 7-9　太阳能光催化水解制氢

包括太阳能热解、电解和光解水制氢以及太阳能生物质制氢，最引人注目的是太阳能光催化水解制氢（见图 7-9），其关键在于寻找合适的光分解催化剂。

7.3　煤制清洁燃料和化工原料关键技术

新型煤化工是以煤炭为基本原料（燃料）、C_1 化工技术为基础，以国家经济发展和市场急

需的产品为方向，采用高新技术、优化工艺路线，充分注重环境友好和有良好经济效益的新兴产业，包括煤炭液化（直接和间接）、煤炭气化、煤焦化、煤制合成氨、煤制甲醇和煤制烯烃等技术以及集煤转化、发电、冶金和建材等工艺为一体的煤化工联产和洁净煤技术。新型煤化工产业将迎来一个蓬勃发展的新时期，成为 21 世纪高新技术产业的组成部分。

煤制清洁燃料关键技术包括煤制油（CTL）、煤制烯烃（MTO/MTP）、煤制天然气（SNG）、煤制二甲醚（DME）和煤制乙二醇等。其中，煤制油、煤制烯烃和煤制天然气是最重要的三大方向。

7.3.1 煤制合成天然气

我国天然气剩余可采储量约 1.57 万亿立方米，约占世界 0.9%。天然气能量密度高，单位能量体积小，无毒，可以将边远地区煤炭转化为 CH_4，通过管道实现远距离输送，被认为是第五条"油气通道"。煤制天然气包括煤的直接转化和煤的间接转化工艺技术。

煤直接转化包括煤低温催化气化（$2C+2H_2O \rightarrow CH_4+CO_2$，温度约 700℃，压力超过 20MPa，合成气甲烷含量>30%）和煤加氢气化（$C+2H_2 \rightarrow CH_4$，温度 800~1000℃，压力 4~7MPa，产品气中甲烷含量>60%）。煤加氢气化工艺需要建立两条生产线（煤制氢装置和煤加氢气化装置），类似于煤的间接转化工艺。

煤间接转化制合成天然气是将煤先制成合成气，然后在催化剂作用下将合成气转化为甲烷：

$$C+H_2O \longrightarrow CO+H_2 \longrightarrow CH_4$$

煤间接法制天然气催化剂性能见表 7-1。

表 7-1 煤间接法制天然气催化剂性能

项目	转化率/%			产物选择性/%			
	CO	H_2	$CO+H_2$	CH_4	CO_2	C_2H_6	C_3H_8
Ni/Al_2O_3	99.87	92.27	94.20	84.30	3.87	3.43	0.37

由表 7-1 可知，在 Ni 催化剂作用下，CO 和合成气（$CO+H_2$）转化率分别达到 99.87% 和 94.20%，产物 CH_4 选择性达 84.30%。目前，我国在建的煤制合成天然气项目超过 24 项，部分项目如表 7-2 所示。

表 7-2 目前国内在建的煤制合成气天然气生产装置部分项目

建设单位	地点	生产规模/(m³/a)	技术
大唐国际发电	内蒙古克什克腾旗	40×10^8	鲁奇
大唐华银电力	内蒙古鄂尔多斯	36×10^8	蓝气
内蒙古华庆集团	新疆伊宁	55×10^8	托普索

7.3.2 煤制烯烃（MTO/MTP）

目前，乙烯和丙烯等化工原料主要来自石油。如果把煤制成合成气，合成气再制甲醇或二甲醚，实现甲醇或二甲醚制烯烃，从烯烃中分离出乙烯和丙烯，乙烯和丙烯的比例可根据市场需要进行调整，则"煤代油"便成为可能：煤或天然气→合成气→甲醇(二甲醚)→低碳烯烃。煤制烯烃可有效缓解我国石脑油的不足以及低碳烯烃对国际市场的依赖程度。中国科学院大连化学物理研究所采用改进的 SAPO-34 催化剂，掌握了甲醇制烯烃（DMTO）核心技术，并建立了甲醇制烯烃国家工程实验室。大型煤制烯烃技术包括甲醇制烯烃工艺、高效催化剂和关键设备及相关技术，是煤制烯烃需要解决的关键技术。

我国已有多个甲醇制烯烃项目规划，总规模达到 7Mt/a。目前正式批复和在建的有神华宁煤集团 520kt/a（MTP）、大唐电力 470kt/a（MTP）和神华包头 600kt/a（MTO）等。将要实施的项目主要有安徽淮化集团甲醇及转化烯烃项目、兖矿陕西榆林 800kt/a（MTO）、陕西新兴 1Mt/a（MTO）、陕西彬长 600kt/a（MTO）、中煤集团鸡西 600kt/a（MTO）和新疆广汇 600kt/a（MTO）等。

7.3.3　煤的部分液化——干馏

迄今为止的煤炭加工利用均属于热化学过程。在热解过程中，煤中所含挥发物挥发，产生焦油、苯和煤气，剩余物则变成多孔的焦炭，其干馏产品收率见表 7-3。其中，焦炉气含有大量氢、甲烷和烃；焦油含石蜡烃、烯烃、芳烃、环烷烃和酚类等。焦炉气的利用途径主要包括作为城市燃气、初步净化后发电、从焦炉气中提氢、深度净化后生产甲醇，二甲醚或合成氨以及经甲烷化生产压缩天然气（CNG）或液化天然气（LNG）。

表 7-3　煤的干馏产品收率

项目	焦炭	焦油	粗煤气	粗苯	氨
高温干馏	75.6%	4.27%	320m³/t	1.09%	0.27%
焦炭产量[①]	3.27 亿吨	1847 万吨	1384 亿立方米	471 万吨	116 万吨

① 2008 年数据。

我国焦炭总产能已达 3.6 亿吨，超过全球总产量的 60%，并副产数量巨大的焦炉气。除企业回炉加热自用及民用（城市燃气）、生产合成氨或甲醇外，每年还放散约 200 亿立方米焦炉气，热值超过"西气东输"一期工程的天然气热值。若每年回收 200 亿立方米放散的焦炉气，可得到约 87 亿立方米压缩天然气，热值相当于 646 万吨汽油，并减排大量的甲烷、SO_2 以及焦油、萘和氨等有害物质。

焦炉气催化纯氧转化得到的合成气氢碳体积比为 2.67，用于生产甲醇则氢气过剩。由于焦炉气中的 CH_4、CO、CO_2 和 C_2^+ 含量近 40%，氢含量高，将焦炉气进行甲烷化反应，可以使绝大部分 CO、CO_2 转化成 CH_4，得到主要含 H_2、CH_4 和 N_2 的混合气体，然后通过膜分离技术得到甲烷体积分数超过 90% 的合成天然气，再经压缩得到压缩天然气。对于产量较大的装置，还可将甲烷进一步液化生产液化天然气。同时，还可以得到清洁能源氢气（氢气纯度约 97%），焦炉气中的有效组分均可以得到有效利用。催化热解核心工艺及装备、气/液/固产物的综合利用是煤分级炼制清洁燃料关键技术。图 7-10 为焦炉气制氢气和甲烷（CNG 或 LNG）工艺流程。

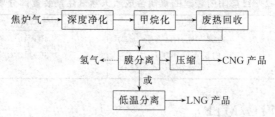

图 7-10　焦炉气制氢气和甲烷(CNG 或 LNG)工艺流程

7.3.4　煤的直接液化（催化加氢法）

煤制油及天然气合成油将是我国发展清洁汽车代用燃料的合适途径。煤的直接液化是煤炭在高温高压和催化剂作用下，加氢生成液化油的过程，也称催化加氢法。液化油经提质加工生产汽油、柴油、石脑油和 LPG。煤在加氢液化过程中的化学反应复杂，主要包括下列反应。

（1）煤热裂解反应　煤在加氢液化过程中加热到一定温度（约 300℃）时，煤的化学结构中键能最弱的部位开始断裂成自由基碎片：煤 $\xrightarrow{\text{热裂解}}$ 自由基碎片 $\sum R\cdot$。

（2）加氢反应　在具有供氢能力的溶剂环境和较高氢气压力下，自由基加氢（氢自由基即氢原子）成为沥青烯及液化油分子：$\Sigma R\cdot + H \longrightarrow \Sigma RH$。

（3）脱氧、硫和氮杂原子反应　煤结构中的一些氧、硫和氮键产生断裂，分别生成 H_2O（CO_2、CO）、H_2S 和 NH_3 气体而脱除。

（4）缩合反应　煤热解的自由基碎片或反应物分子会发生缩合反应生成分子量更大的产物。煤直接液化反应机理和工艺流程分别见图 7-11 和图 7-12。

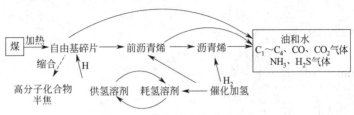

图 7-11　煤直接液化反应机理

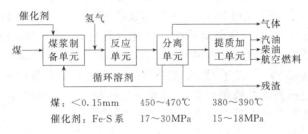

图 7-12　煤直接液化工艺流程

在煤的直接液化过程中，溶剂及催化剂起到极其重要的作用，是影响煤液化成本的关键因素。溶剂必须具有供氢能力，主要有四氢化萘、9,10-二氢菲和四氢喹啉。可作为煤直接液化催化加氢的催化剂如下：

① 金属催化剂，如 Co、Mo、Ni 和 W 等；

② 铁酸盐催化剂，含氧化铁的矿物，如赤泥、天然硫酸铁、冶金飞灰和高铁煤矸石等；

③ 金属卤化物催化剂，如 $SnCl_2$ 和 $ZnCl_2$ 等。

煤直接液化技术是德国于 20 世纪 20 年代发现的，称为 Pott-Broche 或 IG Farben 液化工艺。第二次世界大战期间，德国首次将煤液化工业化。1973 年，中东石油危机以后，以美国和德国为代表的发达国家重新关注煤液化技术研究与开发，主要目标是开发新工艺。20 世纪 80 年代初，开发了许多煤直接液化新工艺，如德国 IGOR 工艺（装置规模 200t/d）、美国 HTI 工艺（装置规模 200t/d）、日本 NEDOL 工艺（装置规模 150t/d）以及俄罗斯 CT 工艺等，但因石油价格下跌，煤制油缺乏竞争力。20 世纪 90 年代后期，以中国和日本为代表的亚洲国家，由于石油资源短缺，积极开发煤液化技术，特点是以催化剂开发为核心。2008 年，我国神华集团在内蒙古建立的世界上首套百万吨级煤制油工业化示范装置建成投产，标志着我国已经掌握了煤直接液化核心技术。

对于直接法煤制油工艺，煤油转换系数为 5:1，煤的热能转化率为 28.6%，并存在工程放大、装备制造、催化剂性能和生产工艺控制等诸多工程风险。煤基液体产品（煤加氢液化油、F-T 合成油、煤热解油和煤加氢液化残渣热解油等）联合加工及煤液化残渣制取碳材料技术、催化剂和工程化技术是目前有待继续进行研究和开发的工程化关键技术。

7.3.5　煤的间接液化（水煤气法）

煤的间接液化是将含碳原料［如煤（CTL）、天然气（GTL）和生物质（BTL）等］转化成合成气，再经 F-T 合成反应转化为烃类的聚合反应。F-T 合成过程中发生以下反应：

烃类合成反应：

$$CO+2H_2 \longrightarrow (-CH_2-)+H_2O$$
$$CO_2+3H_2 \longrightarrow (-CH_2-)+2H_2O$$

甲烷生成反应：

$$CO+3H_2 \longrightarrow CH_4+H_2O$$
$$CO_2+4H_2 \longrightarrow CH_4+2H_2O$$

CO 变换反应（WGS）：

$$CO+H_2O \longrightarrow H_2+CO_2$$

CO 歧化（Boudouard）反应：

$$2CO \longrightarrow C+CO_2$$

含氧化合物生成反应（WSO）：

$$CO+2H_2 \longrightarrow CH_3OH$$
$$CO+H_2 \longrightarrow HCHO \text{（醇、醛、酮、酸和酯等）}$$

Fe、Co、Ni 和 Ru 是 F-T 合成最有效的催化剂，但 Ru 太贵，Ni 合成甲烷活性最高，Co 合成烃类活性最高且适用于天然气基合成气（$H_2/CO \geqslant 2$）。Fe 是廉价和常用的催化剂，适用于煤基合成气（$H_2/CO \leqslant 2$）。F-T 合成 Fe 催化剂分为高温 F-T 和低温 F-T 合成催化剂。按制备方法可分为熔铁催化剂和沉淀铁催化剂。前者一般适用于高温 F-T 合成，后者适用于低温 F-T 合成。F-T 合成工艺流程如图 7-13 所示。

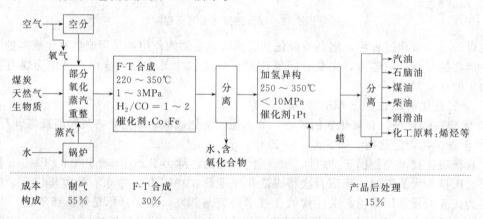

图 7-13 F-T 合成工艺流程

F-T 合成与氨合成不仅工艺过程相似，而且所使用的催化剂也类似。其中，熔铁催化剂既是氨合成的优良催化剂，也是最早应用于 F-T 合成的工业催化剂。Liu Huazhang 等于 1986 年发现了 $Fe_{1-x}O$ 基熔铁催化剂，比传统熔铁催化剂具有更高的活性和更低的反应温度。1999年将新一代 $Fe_{1-x}O$ 拓展到 F-T 合成，开展了对 CTL、GTL 和 BTL 共性关键核心技术 F-T 合成催化剂的研究。表 7-4 为 F-T 合成 $Fe_{1-x}O$ 熔铁催化剂性能。

表 7-4 F-T 合成 $Fe_{1-x}O$ 熔铁催化剂性能

项目	固定床反应器		浆态床反应器
	高温（305℃）	低温（250℃）	$Fe_{1-x}O$（250℃）
CO 转化率/%	94.95	98.5	79.7
（CO+H_2）转化率/%	71.93	76.5	50.2
CH_4 选择性/%	11.73	6.7	3.3
CO_2 选择性/%	29.51	37.1	39.7

续表

项目	固定床反应器		浆态床反应器
	高温（305℃）	低温（250℃）	$Fe_{1-x}O$（250℃）
烃产物分布			
$w(C_1)/\%$	16.64	8.02	8.5
$w(C_2\sim C_4)/\%$	36.21	23.34	33.6
$w(C_5\sim C_{11})/\%$	31.29	20.2	52.6
$w(C_{12}\sim C_{18})/\%$	5.97	20.2	
$w(C_{19}^+)/\%$	5.99	22.6	溶在介质中
WSO/%	3.90	5.6	4.6
烯烷比	3.92	2.27	2.9
C_2^+ 收率/[g/(g·h)]	0.458	0.161	0.113
C_2^+ 收率/[g/(cm³·h)]	1.104	0.388	0.273

由表7-4可知，高温F-T合成产物分布以低碳烃$C_2\sim C_{11}$为主，占67.5%，低温F-T合成产物分布偏向重质烃，C_5^+达到63%。该催化剂在固定床和浆态床反应器中分别连续运行2379h和1230h，活性未降低，表明稳定性较高。因此，开发大型高温与低温F-T合成多联产技术及其高效铁基高温F-T合成催化剂具有重要的现实意义。

神华-浙江工业大学联合开发的煤基浆态床F-T合成催化剂成功应用于中国神华集团公司内蒙古鄂尔多斯180kt/a工业示范装置，主要指标达国际水平，目前正在进行浆态床合成油大型工程化关键技术的研究。

除了神华集团外，中国科学院山西煤化所和兖矿集团都建立了F-T合成工业示范装置。据统计，截至2017年年底，我国较大规模的煤制油项目有潞安煤制油项目，生产180万吨/a油品及化学品，全球单套装置规模最大的煤制油项目——宁夏煤业集团400万吨/a煤炭间接液化示范项目，就地转化煤炭达2046万吨/a。

7.4 煤催化气化技术的研究进展

煤气化技术是将固体煤或煤焦中可燃部分转化为气体燃料，实现煤炭的高效、清洁利用。近年来，国内外大力发展先进煤气化技术及以煤气化技术为核心的多联产体系。传统的煤气化技术要求气化温度高达1100～1700℃，气化反应速率才可满足工业化生产要求。为了维持高温气化状态，需消耗大量的煤，同时存在出口气温度高、湿法除尘降温能量损失大、粗煤气净化困难等问题。此外，高温气化会对设备的投资、运行带来较大的经济负担。

为降低煤气化温度并有效提升煤气化效率，100多年前，研究者们便开始探索煤催化气化技术，而煤催化气化的深入研究开始于20世纪70年代末，如今催化剂类型、催化反应机理和催化气化工艺等方面已有诸多研究。煤催化气化技术作为第三代煤气化技术，使气化反应温度降低200～300℃，实现"温和气化"，可显著提高气化反应速率几倍到几十倍，降低能耗和对设备与材料的要求，提高气化生产量，并能够定向调节产品气的组成，利于工业产品如甲烷、甲醇和氨等的合成，缩短煤化工产品工艺流程，实现能源的综合利用及工业生产经济性的提高。

7.4.1 催化剂

为寻找适合于煤和煤焦气化的催化剂，研究者们几乎对元素周期表中所有的金属元素进行了考察。早期研究主要集中于单一金属催化剂以及煤中自身含有的矿物质对煤气化反应速率的影响及其催化机理；中期主要研究碱金属、碱土金属和过渡金属盐类对煤气化反应的催化作用及机理。近年来，国内外研究者们还进行了大量复合催化剂和含有某些有效金属离子（Ca^{2+}、

K^+）的废弃物，如矿渣、生物质灰、造纸黑液、酸洗废液等的研究，以探究其催化活性方面的应用。

煤催化气化中高活性的催化剂，主要可分为碱金属、碱土金属和Ⅷ副族中的过渡金属三类。碱金属类催化剂主要指以 Na、K、Li 为主的金属氢氧化物、氧化物和盐类，如 NaOH、KOH、K_2CO_3、Na_2CO_3、K_2SO_4 等；碱土金属类催化剂与碱金属催化剂类似，主要以 Ca、Ba 元素为主，如 $CaSO_4$、$BaSO_4$、$CaCO_3$、$Ca(OH)_2$ 等；过渡金属催化剂包括该系列元素的氧化物和盐类，如 $FeSO_4$、Fe_2O_3、$Ni(NO_3)_2$ 等。表 7-5 为碱金属、碱土金属和过渡金属催化剂的主要特性比较。

表 7-5　碱金属、碱土金属和过渡金属催化剂的主要特性比较

影响因素	碱金属(Na、K)	碱土金属(Ca)	过渡金属(Fe、Ni)
表面积	小	大	大
炭的表面形态	不敏感	不敏感	敏感
矿物质	易失活	不稳定	相对不敏感
水蒸气气化主要碳产物	CO_2	CO_2	同未催化时一样
添加量	正相关	容易达到平衡	正比

7.4.1.1　碱金属催化剂

碱金属对煤气化的催化特性最早由 Taylor 于 1921 年发现，他发现 K_2CO_3 和 Na_2CO_3 对煤催化气化有很强的催化作用。如今国内外众多研究者已对碱金属催化剂在煤气化过程中的催化特性和催化效果进行了广泛而深入的研究。

Yeboah 等通过大量的实验研究，对常见单组分碱金属催化剂在 CO_2 气氛下的活性进行了排序：$Li_2CO_3 > Cs_2CO_3 > CsNO_3 > KNO_3 > K_2CO_3 > K_2SO_4 > Na_2CO_3 > CaSO_4$。锂和铯的活性高于其他碱金属与碱土金属，但由于这两种金属价格相对较高，在无法保证催化剂回收利用的前提下，成本问题将是阻碍其实际工业发展的最大障碍。钾、钠、钙类的催化剂也具有很高的活性，且因其价格低廉、催化效果好等众多优点，成为煤催化气化实验研究中最常见的催化剂。

Kwon 等使用综合热分析仪对褐煤焦进行了等温常压下的催化气化动力学实验，用 K_2CO_3、Na_2CO_3、Li_2CO_3 作为煤焦气化反应的催化剂，通过物理浸渍法向褐煤焦中添加等量的催化剂（K_2CO_3、Na_2CO_3、Li_2CO_3），在 $700 \sim 800℃$ 下考察 3 种催化剂对褐煤焦-水蒸气气化反应的催化作用，研究结果表明 3 种催化剂对煤气化的反应速率均有明显的提升效果；当催化剂的添加量为 3% 时，所添加催化剂的催化活性依次为：$Na_2CO_3 > K_2CO_3 > Li_2CO_3$。

Hüttinger 等从一系列钾类催化剂的水蒸气催化气化实验中发现，所有钾盐均能形成活化过程的关键组分 KOH，而 KOH 最终形成形式为 K_xO_y（$x \gg y$）的氧化活性物质，作为水的解离中心并将活性氧原子转移到炭表面，碳与活性氧原子结合并在表面释放出 CO。催化剂转换成 KOH 的难易程度决定了它的活性，所以钾盐的催化活性排序为：$KOH \approx K_2CO_3 \approx KNO_3 > K_2SO_4 > KCl$。钾盐中除了硫酸盐和氯化物之外都具有极高的活性，$K_2SO_4$ 可通过加入少量铁进行还原从而发挥催化性能；KCl 可用碱土金属的碳酸盐或者硫酸盐进行离子交换。

对于碱金属的机理，国内外的研究者们也做了许多探究。陈凡敏等在固定床反应器中研究了钾在热解和水蒸气气化过程中的变迁，并在 TG-DSC 上考察了钾类催化剂对煤焦水蒸气气化的催化效果及随钾化合物形态变化的关系。结果表明，煤焦的气化反应性随钾添加量的增加而增大，饱和添加量为 10%。在煤样热解和气化过程中，钾的化学形态会发生变化，生成还原态钾中间体。钾系催化剂的催化作用和还原态钾中间体的数量之间存在对应关系，呈现先增加后减少的趋势。

Matsukata 等在 $740 \sim 900℃$ 对钾盐催化的炭黑进行了水蒸气气化实验，并利用盐酸溶液提取钾的方法探讨了气化过程中炭表面钾的变换量。气化过程中的钾离子分为三类：第一

类是附着于炭表面且在气化过程中起作用的钾离子；第二类是附着于炭表面但不参与气化反应的钾离子；第三类是未附着于炭表面的钾离子，钾盐催化剂依次以一、二、三类的顺序附着于炭表面。气化过程中的碳转化速率与第一类钾离子量有关，而与气化反应的进程无关；附着于炭表面的钾离子对产品气组成有很强的影响。Kopyscinski 等研究发现，K_2CO_3 能使热解温度降低 240～320℃，气化过程中催化剂与煤进行反应并释放出 CO，在 800℃以上时钾开始从炭表面挥发，K-C 复合物开始解体，而在 700℃以下时催化剂并没有出现在气体成分内。在此基础上提出 700℃时 K_2CO_3 在气化过程中的转化路径与存在形式，参考如图 7-14 所示。

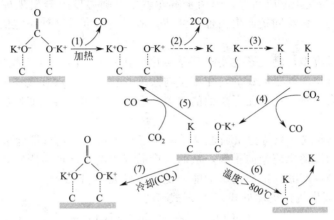

图 7-14 K_2CO_3 与脱灰煤在 N_2 或 CO_2 气氛的反应途径

碱金属催化剂对煤气成分的平衡作用为生产不同的产品气（低 CO 城市煤气、中热值燃料气和合成气）提供了可行性。加拿大不列颠哥伦比亚大学（UBC）开发了处理量为 2～5kg/h 的水蒸气催化气化制取中热值城市煤气的加压喷动床中试装置，在 900kPa、800℃的条件下，添加质量分数 5% 的 K_2CO_3 作为催化剂后，H_2 质量分数从 35.4% 提升至 53.5%，CO_2 含量增加了一倍，而 CO、CH_4 含量则有非常明显的降低。韩国科学技术院报道了处理量为 5.3～12.1kg/h 的水蒸气催化气化制取中热值煤气的导流管内循环流化床催化气化实验。实验采用澳大利亚次烟煤，K_2CO_3 的加入促进了水蒸气-半焦气化，导致大量 H_2 的产生，而 CH_4 的含量随着水蒸气重整反应而减少。

碱金属类催化剂作为煤和煤焦气化最常用的催化剂，在 550～800℃时对水蒸气、CO_2 和 O_2 催化均具有很高的活性，能够显著提高反应速率并降低气化温度，碱金属催化剂能增加产品气中 H_2 的产量，利于甲烷合成反应，可促进水煤气变换反应；但超过 800℃时该类催化剂易挥发，同时也存在腐蚀设备、与煤中矿物质中的硅酸盐形成非水溶性的硅酸盐而失活等问题。水洗法通常回收率仅为 60%～80%。

7.4.1.2 碱土金属催化剂

碱土金属具有一定的催化活性。由于来源广泛、成本低等优点，同样受到众多研究者的重视。McKee 发现，ⅡA 族的碱土金属在水蒸气气化石墨过程中具有很强的催化作用。铍和锶是其中最有活性的元素，而镁的活性相对较低。对于 Ba 的化合物类，其催化能力排序如下：$BaCO_3 > Ba(NO_3)_2 > BaO > BaCl_2 > BaS$。其催化机理主要是在催化剂与碳的接触面发生一系列连续的碳酸盐-氧化物转换和氧化-还原循环过程。

Ohtsuka 等通过对 16 种不同煤阶与硫含量的煤添加 $Ca(OH)_2$ 进行了水蒸气气化实验，气化温度为 600～700℃。结果显示 5%（质量分数）的 Ca 对所有煤种的气化都有催化作用，尤其对于低阶煤气化速率具有明显的提升，可使气化温度降低 110～150℃。

Ca(OH)$_2$ 与低阶煤脱挥发分后在煤焦上形成分散均匀的 Ca，保证了催化剂的高活性。添加 Ca(OH)$_2$ 时，Ca 与—COOH 官能团中的 H$^+$ 进行离子交换，形成—(COO)$_2$Ca，使褐煤气化速率有明显的提升。煤中的硫可以被钙类催化剂吸收转化为 CaS，其对褐煤的气化仍具有催化作用。

钙类催化剂在初始阶段具有很高的活性，但其催化性能随着烧结问题出现而降低。Joly 等通过 CO$_2$ 化学吸附、X 射线衍射等技术手段，发现钙成分以两种或两种以上的形式存在于催化反应中，同时也检测到一种表面氧复合体。高度分散的钙元素在碳与氧之间的气化反应中起着很重要的作用，为氧从水蒸气和 CO$_2$ 上转移提供活性位，所以经钙元素催化的煤在低温区 650℃ 左右具有很高的气化反应活性。但由于碱性催化剂随温度上升出现挥发、与矿物质反应或烧结导致晶体结构变化等问题而失去催化活性，所以当温度升高到一定值后，钙元素对褐煤气化基本没有影响。

在挥发分二次反应中，钙元素主要对其总转化率和所生成的产物气体成分产生影响，负载钙元素的煤挥发分转化率高于原煤的转化率。与酸洗煤相比，在水蒸气气氛下，钙元素不仅明显促进挥发分的二次分解，还催化了焦油的水蒸气重整反应和水煤气变换反应，使 CO$_2$ 和 H$_2$ 的产率明显增加。

Clemens 等研究发现，只有少量通过离子交换存在于炭上的钙可以起催化作用。钙催化剂的存在会使水蒸气的变换反应趋向平衡，从而对产品气中的组分产生影响，当产品气被从煤焦表面快速吹扫后，钙对产品气组成的影响能力受到了极大抑制。

CaCO$_3$ 水蒸气催化气化机理见式（7-1）～式（7-3）。

$$CaCO_3 + C \rightleftharpoons CaO + 2CO \tag{7-1}$$

$$CaCO_3 + H_2O \rightleftharpoons Ca(OH)_2 + CO_2 \tag{7-2}$$

$$Ca(OH)_2 + CO \rightleftharpoons CaCO_3 + H_2 \tag{7-3}$$

CaO 是催化气化反应中的活性成分，CaCO$_3$ 与碳的反应式（7-1）是速率限制步骤，CaCO$_3$ 的热分解过程见式（7-4）。

$$CaCO_3 \rightleftharpoons CaO + CO_2 \tag{7-4}$$

反应式（7-4）与反应式（7-1）为竞争反应，限制了整体转换速率。

$$CO + H_2O \rightleftharpoons CO_2 + H_2 \tag{7-5}$$

反应式（7-5）为放热反应，增大了产品气中 H$_2$ 含量，但同时也产生了额外的 CO$_2$。

碱土金属促进了水蒸气重整反应和水煤气变换反应，使 CO$_2$ 和 H$_2$ 的产率明显增加。Wang 等对低阶煤进行超临界水气化实验，Ca(OH)$_2$ 作为催化剂，不仅提高了 H$_2$、CO$_2$ 的产量，对 CH$_4$ 等烷烃类成分也有促进作用。除此之外，催化剂还能吸收产品气中绝大部分的 CO$_2$ 形成 CaCO$_3$。

碱土金属存在于多种工业废料中，在经济性上具有优势；采用机械混合法时催化剂活性较低，通过离子交换将催化剂负载于煤样才能发挥高效的催化能力。

7.4.1.3 过渡金属催化剂

过渡金属催化剂中主要有铁、钴、镍类催化剂，对水蒸气气化和加氢气化有较好的催化效果，能加速气化中间产物的解离。通常过渡金属在单质状态下才能发挥其催化能力，所以过渡金属被还原的难易程度决定了它的催化能力。Ohtsuka 等在煤-水蒸气气化实验中得到过渡金属的催化性能比较：Co＞Ni＞Fe。

Tomita 等在对过渡金属镍催化剂的研究中发现，镍催化剂对一些褐煤的水蒸气气化表现出很高的催化活性，从 300℃、500℃、800℃ 温度下的结果来看，其催化速率随着温度增高有非常明显的提升，但镍的添加量高达 4%，并要求煤中氧含量高且硫含量低。该催化气化的产品气组成主要为 H$_2$ 和 CO$_2$。镍的价格相对较贵，一般方式仅能回收 55%～65%，在没有很好的回收利用方式的情况下难以实现工业应用。此外，镍在 $800 \sim 900℃$ 时易因硫中毒而失去催化活性。

铁作为过渡金属中最理想的催化剂，对设备没有腐蚀，价格较低，在分散性良好、高温条件下，小于 1% 添加量便能有很好的催化活性。Yu 等在石英管反应器中进行褐煤-水蒸气的 $FeCl_3$ 催化气化实验。实验结果表明，$FeCl_3$ 对褐煤水蒸气气化反应具有明显的催化作用，且 $FeCl_3$ 能够提高最终气化产物中 H_2、CH_4 等的含量。Popa 等的研究中提到，在催化过程中铁的氧化物可能的存在形式有 Fe_3O_4、FeO 和铁单质等，存在状态会随着气化条件的改变而改变；铁催化剂使产品气中 H_2 含量提高 3 倍以上。Asami 等的实验结果显示，铁系催化剂可以明显地加快褐煤-水蒸气的气化反应速率，降低反应温度约 $130 \sim 160℃$；铁最初是以超细颗粒 $FeOOH$ 的形态存在于褐煤的表面。大部分 $FeOOH$ 经加温热解后被还原为 Fe_3C，随着催化气化反应的进行，大部分 Fe_3C 被转化为 $\alpha\text{-}Fe$、$\gamma\text{-}Fe$，最终氧化为 FeO 和 Fe_3O_4。

此外，过渡金属催化剂具有定向调节产品气并提高产品气量等特点。Srivastava 等研究发现，硝酸镍可以增加产品气中 CO、H_2、CH_4 等的含量，相对于非催化气化产品气提高 $1.2 \sim 1.5$ 倍。高温下镍负载量高时，产品气中含有更多的 H_2 与 CO_2；而低温下镍负载量低时，产品气中倾向于产生更多甲烷；在 $500℃$ 时添加 10%（质量分数）的镍，则低阶煤的产气量为最佳。Domazetis 等发现，铁催化剂使产品气中的 H_2 含量高于预期值，其原因是水分子被 Fe—C 活性位点化学吸收，生成 $[Fe—OH_2]$ 并反应产生 H_2 与 CO。

7.4.1.4　复合催化剂

目前，学术界一直致力于新型催化剂的开发，希望进一步提高反应速率，降低反应温度，以低污染、无腐蚀、更环保为目标，满足煤气化工业生产的高强度要求。研究者们将复合催化剂作为近年来热门的研究对象，致力于将不同催化剂的优点结合，以弥补单一催化剂的不足。对二元和三元复合催化剂的研究主要集中于开发以碱金属为主，与其他具有催化活性的金属组成的复合催化剂。

复合催化剂的熔点比其中的单一组分催化剂的熔点更低，因此复合催化剂的流动性更好，可以增加其与煤焦表面的接触面积并形成更多的催化活性中心位点，所以能表现出比单一催化剂更好的活性。Yeboah 等对超过 50 种二元催化剂和 12 种三元催化剂的制备和评估发现，43.5% Li_2CO_3-$31.5\%Na_2CO_3$-$25\%K_2CO_3$ 和 $39\%Li_2CO_3$-$38.5\%Na_2CO_3$-$22.5\%Rb_2CO_3$ 是最佳的三元催化剂；29% Na_2CO_3-71% K_2CO_3 是最有效的二元催化剂。通常来说，催化活性顺序为三元催化剂＞二元催化剂＞一元催化剂。催化剂的负载方式对催化活性有着显著影响，浸渍法因能更好地将催化剂分散至煤焦，效果优于机械混合法。Monterroso 等将 $FeCO_3$ 与 Na_2CO_3 的二元催化剂添加于煤气化过程中，根据合成气组分来考察催化剂的催化性能，并与 $FeCO_3$ 和 Na_2CO_3 的单一催化剂相比较，结果显示二元催化剂融合了单一催化剂的优点，气化速率相比于无催化剂的煤气化过程提高了 2 倍，反应活化能降低了 $30\% \sim 40\%$，并能提高合成气中的有效成分如 H_2 和 CO 的比例。

不同的催化剂之间也存在协同作用，如通过与煤中的矿物质反应降低催化剂的失活；增加在煤焦表面的散布特性等。Jiang 等在烟煤热解过程中加入 $Ca(OH)_2$、$Ca(Ac)_2$、$CaCO_3$ 催化剂，热解得到的半焦再与 K_2CO_3 催化剂在水蒸气条件下进行气化。结果表明钙的存在对 K_2CO_3 的失活有抑制作用。$Ca(OH)_2$、$Ca(Ac)_2$ 比 $CaCO_3$ 效果更好，因此这两种催化剂的互相作用在不同程度上提高了催化气化效率。原因有两方面：①$Ca(OH)_2$ 或 $Ca(Ac)_2$ 在热解半焦阶段形成的双金属碳酸盐 $K_2Ca(CO_3)_2$ 与 K_2CO_3 混合后，本身具有协同作用；②钙与煤中矿物质反应减少了不可溶钾盐的形成，降低 K_2CO_3 损失。

多元催化剂融合了单一催化剂的优点，通过改变催化剂种类与配比，可以兼具提高气化反应速率与控制产品气组成的作用。Akyurtlu 等将 K_2SO_4-$FeSO_4$ 复合催化剂与 K_2CO_3 催化剂在煤气化反应过程中的催化性能进行了比较，实验结果表明，当 K_2SO_4-$FeSO_4$ 复合催化剂中 K/Fe＝9 时，煤的转化率最高，高于 K_2CO_3 单独作用下的转化率。复合催化剂中 K/Fe 的比值对煤气化反应产生的合成气组分有很大影响，产品气中 CO 含量随 K 含量的增加而增大，产品气中 CH_4 含量则相反。陈鸿伟等在固定床上对 CaO 和 $Fe(NO_3)_3$ 复合催化剂催化的煤-CO_2 气化反应过程进行了研究。结果表明复合催化剂最佳质量添加比为 1％Ca、2％Fe，此条件下气化时间比原煤焦和单组分催化剂下的气化时间分别缩短了 103min 和 18min，催化强度系数分别是原煤焦、单组分催化剂 CaO 和 $Fe(NO_3)_3$ 的 5.71 倍、1.65 倍和 2.04 倍，气化温度降低了 100℃，气化温度降低程度介于单组分催化剂 CaO 和 $Fe(NO_3)_3$ 之间。Lee 等对负载复合催化剂 K_2SO_4-$Ni(NO_3)_2$ 的煤焦-水蒸气气化反应的催化作用进行了研究，研究结果表明在高温下复合催化剂可以使碳转化率提高 14％～57％，增加气体产量 5％～46％，产品气热值与冷煤气效率分别提高 16％～38％和 7％～44％。同时，复合催化剂也面临经济和技术方面的难题：催化剂的投资成本与循环特性是否达到工业利用要求；催化剂的使用可能导致煤气化过程中副反应的发生及气化炉的腐蚀、催化剂的再生问题和灰分处理不当等带来的环境问题等也是催化剂研究一直面临的挑战。

7.4.2　影响因素

除了上文讨论的催化剂种类以外，煤种自身特性、催化剂的负载过程、气化条件等均包含许多因素对煤催化气化过程造成影响。在部分研究中，影响催化剂催化性能的因素并没有得到很好的分离，导致许多实验受多种因素的同时影响。了解各个因素的单独作用，对催化气化技术的实际应用具有重要意义。

7.4.2.1　煤种

煤种自身对煤催化气化反应过程有很大影响，了解不同煤种对催化剂的影响，针对不同煤种设计最合适的催化剂，对煤催化气化工业应用具有重要意义。煤种的影响因素包括煤阶、煤表面积和自身所含有的矿物质等。

在煤气化中，通常低阶煤的反应速率更佳。而不同催化剂种类有独特的催化条件要求，某些催化剂仅对特定煤种的气化反应具有很好的催化作用，例如碱土金属催化剂在对褐煤的气化过程中有较高的催化活性。表 7-6 为各个煤阶的煤与生物质等半焦在 K_2CO_3 催化条件下的气化反应速率的变化，可见 K_2CO_3 的催化提升性能随着煤阶的升高而有明显提升。

表 7-6　各个煤阶的煤与生物质等半焦在 K_2CO_3 催化条件下的气化反应速率的变化

半焦来源	反应温度/℃	K_2CO_3 质量分数/％	催化反应速率/未催化反应速率
木材	750	17	4.9
褐煤	700	10	3.8
次烟煤	700	10	7.5
烟煤	700	10	16
无烟煤	800	10	25
石墨	900	10	470

煤或半焦表面积与催化气化过程有关。实际上主要影响催化性能的是煤或半焦表面上活性位点的数目，所以当催化剂在气化过程中稳定、负载量足以覆盖所有煤或半焦表面时，催化剂的催化性能才与煤或半焦的表面积成正比。杨景标等验证了钙-半焦和钾-半焦的气化反应性随催化剂添加量的增加而升高，并且主要取决于活性位点，而不是焦的比表面积。此外，他们考察了添加碱金属钾、碱土金属钙、过渡金属镍和铁的褐煤焦的孔隙结构和表面形态，发现焦的

孔隙结构向中、大孔发展，微孔比表面积减小；而钙-半焦、镍-半焦和铁-半焦的中、大孔比表面积增大，相对于原煤焦，钾-半焦的微孔和中、大孔的比表面积均大幅度减少。

煤中矿物质对催化剂的影响具有两面性，某些矿物质包含碱（土）金属或过渡金属本身就具有一定的催化能力；而部分矿物质包含二氧化硅或铝等，在催化气化反应过程中会与添加的催化剂发生物理化学反应而导致催化剂失活。在考虑影响煤催化气化的诸多因素时，应该把矿物质的影响作为一个非常重要的因素综合考虑并按照具体情况进行处理。王兴军等考察了钾与10种煤中矿物质的相互作用。结果表明，在煤水蒸气气化过程中，碳酸钾催化剂与煤中矿物质相互作用形成难溶于水的化合物。当煤的灰分中钙含量较少时，钾催化剂与矿物质反应的量和气化灰渣中铝含量呈线性关系，即 $K:Al=1:1$。当煤的灰分中含钙量较多时，钙能够以钙铝黄长石（$Ca_2Al_2SiO_7$）的形式固定大量铝，一定程度上抑制钾催化剂和矿物质的反应。

7.4.2.2　催化剂的负载过程

催化剂负载的目的是使分布在煤样或煤焦样表面的催化剂在气化反应过程中通过与煤样中的一些官能团结合形成催化活性位点的同时并对煤样孔结构进行侵蚀开槽，增加催化剂与气化剂和煤样接触的表面积，改变气化反应的路径，降低气化反应的活化能，提高气化反应速率。负载的方法多种多样，常见的有干混法、干磨法、湿磨法、物理浸渍法、离子交换法等；其中适合小规模实验负载的方法虽然在负载效果上比较好，但是在工业应用上因为流程复杂、材料和成本耗费高而难以应用。陈鸿伟等以 CaO 为催化剂，在固定床实验台研究了机械混合法与浸渍法对煤气化转化率的影响。结果表明，机械混合法添加 CaO 几乎没有催化作用，而浸渍法添加 CaO 催化活性高，不仅初始反应速率高，且在恒温 700℃ 与 800℃ 时碳转化率分别高出原煤直接气化 30% 和 25% 左右。王西明等在 K_2CO_3 作为催化剂的气化实验中发现，随着气化温度升高，催化剂添加方式对煤焦气化反应速率的影响减弱，在气化温度高于 750℃ 时影响差别较小，其与钾的流动性在高温下改变有密切关系。

在较低催化剂添加量时，催化剂的催化活性将随添加量的增加而增加，高于最佳添加量时，过剩的催化剂出现较低的分散性，其相互堆积只会使煤焦平均粒径增加，反而降低了与煤焦表面的接触，表现出较低的催化活性。杨景标等考察了煤焦的气化反应性与催化剂添加量的关系，并分析了煤和焦样气化残渣组成和表面形态。实验结果表明，煤焦的气化反应性随 K 和 Ca 添加量的增大而提高，K 和 Ca 的负荷饱和度均为 10%。添加 K 和 Ca 催化剂的原煤制焦后，K 和 Ca 分布在煤焦的表面。原煤焦气化残渣中主要为钙铝黄长石。当 Ca 的添加量从 5% 升高到 10% 时，煤焦表面有大量 CaO 存在，但由于 CaO 发生团聚反而使分散度降低。

7.4.2.3　气化条件

气化温度作为煤催化气化影响最大的因素之一，对合成气组分和热值、碳转化率和反应速率等具有显著影响；气化温度受煤种挥发分、气体副产物、灰熔融特性、气化炉材料等条件限制，例如流化床气化温度通常在 750~1000℃ 左右。H_2 和 CO 产率、碳转化率与冷煤气效率随着气化温度升高而增长，而 CO_2、CH_4 和烃类则呈现降低的趋势。Popa 等通过常压固定床对低硫次烟煤进行气化，结果表明 900℃ 时碳转化速率常数比在 700℃ 时提高了 2.47~5.75 倍，温度升高对非催化气化的提升作用比催化气化更明显；但在更高温度时，碳转化速率会因为烧结问题的出现而降低。Jing 等发现气化温度对灰熔融特性有很大的影响，当温度从 800℃ 升高至 1090℃，高温矿物质渐渐形成，伴随着更多的造渣矿物与长石矿物出现，最终低共熔体形成而使灰熔融温度降低。

煤焦气化最常用的气化剂有 O_2、空气、水蒸气、CO_2 和 H_2 等，气化过程中气化剂与产物对反应过程有很大影响。煤气化反应过程中会产生一些对催化剂有害的气体，如硫氧化物和氮氧化物，可导致催化剂失活，影响煤催化气化的反应速率。李伟伟等在小型加压固定床上考察了不同气化剂（水蒸气、CO_2、H_2）、水蒸气分压、H_2 分压和 CO 分压对碳转化率和气化反应速率的影响。结果表明，对于非均相的催化气化反应来说，反应速率顺序为 C-H$_2$O＞C-CO$_2$＞C-H$_2$。CO 对抑制煤焦水蒸气气化反应的作用明显大于 H$_2$。Zhang 等在热天平上开展了常压和加压条件下烟煤半焦在 H$_2$O 和 CO$_2$ 的混合，以及在 H$_2$O、CO$_2$、H$_2$ 和 CO 多种气体混合气氛下的气化实验。实验结果为共用活性位理论提供了依据。此外，气化过程中半焦-CO$_2$ 反应会抑制半焦-H$_2$O 反应，H$_2$ 和 CO 的加入明显地抑制了 H$_2$O 和 CO$_2$ 的气化反应，在加压条件下抑制作用更加明显。

通过催化剂的副反应控制调节产品气中 H$_2$/CO 比例是非常新颖的研究方向。碱金属与碱土金属催化剂能增加产品气中 H$_2$（和 CO$_2$）的产量，对甲烷和其他烃类也有少量促进作用；铁系催化剂（尤其是镍）对合成气中的 H$_2$/CO 比具有很高的选择性；合成气中 H$_2$ 成分对钙类催化剂的活性有非常明显的抑制；相反地，对铁系金属催化剂的活性有提升作用。铬元素虽然对提高催化气化速率没有较强的作用，但会极大地促进水蒸气变换反应。除了镍以外的其他金属催化剂增加了产品气中的 CO$_2$，催化活性与产品气中 CO$_2$ 比例呈线性关系。利用这一特性，可以通过分析产品气的组成来监测催化剂的状态。

7.4.3　工业化进程

有关催化气化工艺的半工业化中试研发基本仍停留在采用外部加热炉供热或气化炉外电加热方式来满足气化所需热量阶段，规模较小，成果有限，加之催化剂的高成本、难回收及含碱灰渣的二次污染等问题，导致催化气化至今仍未能进入实际工业化阶段。

催化气化工艺工程的实践与中试装置的研发对该技术能否根据实验室小试结果取得进一步工业化应用具有至关重要的意义。催化气化中试装置根据其目标产品选用不同的流化床条件和反应器，表现出不同流程特色。

7.4.3.1　合成甲烷工艺

美国埃克森（Exxon）公司于 1979 年在得克萨斯贝城搭建了处理量为 1t/d（41.67kg/h）的水蒸气催化气化制取甲烷工艺的中试装置。其工艺由以下四部分组成：

① 煤料预加工；

② 流化床气化；

③ 催化剂补充和回收；

④ 产品分离和热回收。

该工艺气化条件为 700℃、3.5MPa；1981 年期间运转 23d，水蒸气转化率 35%，碳转化率 85%～90%，产品气中 CH$_4$ 体积分数 20%～25%，产量为 509.7m^3 CH$_4$/t 煤。催化气化过程中添加 8% KOH＋K$_2$CO$_3$（质量分数）混合催化剂，采用分段和逆流水洗的过程，回收率＜70%。由于催化剂回收与深冷分离循环两套辅助系统增加了投资和操作费用与煤气成本，导致预计至 20 世纪 90 年代中期实现水蒸气催化气化制取甲烷工艺工业化的计划流产。

近几年来，煤制天然气在美国又重新兴起，美国 Great Point Energy 公司在 Exxon 技术的基础上，成功地完成了 1t/d 的实验，将原料拓宽为石油焦和生物质，增加了 CO$_2$ 捕集材料［如 CaO、Ca(OH)$_2$ 等］或矿物黏结剂材料，可实现超过 90% 的碳转化率，气体组分甲烷含量超过 80%，粗煤气产物可直接用于燃料。但该工艺由于催化气化过程温度较低，达到 90% 以上的碳转化率需要较长的反应时间，很难实现气化和甲烷化的热量耦合，需要用大量过热蒸汽提供系统所需热量。

新奥科技发展有限公司近年来投入巨资致力于开发将热解、气化、燃烧耦合于一个流化床中，以催化气化制甲烷为中心进行能量分配，实现全价开发的煤催化气化制天然气技术。其工艺采用多区耦合气化，气化炉部分热解区（450～650℃）利用催化气化产气余热加热粉煤进行部分热解，产生甲烷气体等产品；催化气化区（650～750℃）发生催化气化主反应；残渣气化区（750~1200℃）通入气化剂来气化剩余残渣，提供所需的热量、H_2 和 CO，保证反应进行。

7.4.3.2 催化气化制氢工艺

日本 HyPr-RING (hydrogen production by reaction integrated novel gasification) 技术于 2000 年开始实施，其工艺流程见图 7-15。该工艺将煤气化反应、水-气变换反应、CO_2 吸收反应集成到单一反应器中，在 923~973K、12~105MPa 的超临界水中实现褐煤、次烟煤和烟煤的气化制氢，属于超临界或亚临界操作。NaOH 和 Na_2CO_3 作为反应催化剂，$Ca(OH)_2$ 作为 CO_2 的吸收剂与煤直接混合参与反应，利用 CO_2 水合反应放热供给煤气化热量。中试实验给煤量为 500kg/d，冷煤气效率可达 75% 以上，成品气中 H_2S 体积分数控制在 10^{-6} 以下，并实现 CO_2 的回收封存。

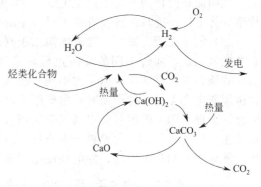

图 7-15 HyPr-RING 工艺流程

煤催化气化对提高煤气化效率有很好的效果，但同时也面临着技术难题和经济性的挑战。添加催化剂会增加煤气化工艺的投资成本；催化剂的使用可能导致煤气化过程中副反应的发生及气化炉的腐蚀等问题。此外，催化剂再生较难和灰分处理不当等带来的环境问题也是煤催化气化一直面临的研究挑战。

当前催化气化的研究重点仍然围绕催化剂的改良与开发展开。根据目前的研究现状，应在以下几个方面进行深入研究：①进一步研究当前碱（土）金属和过渡金属催化剂的催化机理；②研究催化剂失活和流失的原因与解决方法；③提高廉价可弃催化剂的催化活性；④研发高效复合催化剂；⑤探索简单高效的煤预处理方法、催化剂负载方法；⑥开发催化剂回收利用方式。催化剂在经济性上取得突破性进展后，将会得到快速工业化发展，逐渐取代当前的煤气化技术。

7.5 能源转化发展建议

煤与石油、天然气都是化石燃料，以煤替代石油或天然气是以一种不可再生资源代替另一种不可再生资源，不但没有降低煤炭在国家能源中的比重，反而加速了我国煤炭资源的枯竭速率，而且还有环境污染问题。因此，国家石油替代工程提出要求，按照"发挥资源优势、依靠科技进步、积极稳妥推进"的原则，加快发展煤基、生物质基液体燃料和煤化工技术，统筹规划，有序建设重点示范工程，为"十二五"及更长时期石油替代产业发展奠定基础。

根据煤液化投资大和产物分布广的特点，我国应发展煤替代油气技术，认为应该重视"节能优先""合理有效利用""联合生产"和"综合利用"等原则。

7.5.1 节流比开源重要

中国低碳能源战略始终将节能、提效和减排放在第一位。2010 年，我国一次能源消费量为 32.5 亿吨标准煤，成为世界第一位能源消费国。我国万元 GDP 能耗是发达国家的 3~11 倍，如我国万元 GDP 能耗是日本的 5 倍。如果万元 GDP 能耗降至 1/3，GDP 再翻 3 番（超过美国）也不需增加能源，因此，降低能耗、提高能效和节约能源比开发能源更重要。在煤制清洁燃料的各种工艺中，焦炉气、煤层气和油田气的有效利用是首选。而清洁煤基能源化工体系应该优先发展高能效和以先进的煤气化技术为龙头的联合循环系统。

7.5.2 含碳资源合理有效利用

(1) 低碳排放原则 化石能源的碳排放系数高，其中以煤为最高。生物质燃烧释放的碳相当于植物生长所积聚的碳量；核能在浓缩和运输过程中有碳排放，但发电时不产生；通常水能、太阳能和海洋能发电不产生 CO_2。可再生能源可降低碳排放。因此，我国在替代能源的战略安排上，不能只注重仅有的不可再生的资源，应把重点放在可再生的清洁能源上。

(2) 氢碳比相近原则 含碳能源用于制造运输燃料、石化原料和有机化学品时，利用其含有的碳氢元素，通过不同的反应过程，可形成新的与碳氢元素含量不同的化合物（表 7-7）。若含碳原料与产品的氢碳原子比不同，碳氢元素的利用率和加工过程的成本有较大差异。利用含碳原料生产上述各种产品时，氢碳原子比越接近，加工过程越简单，投资和运行费用越低。因此，合理利用含碳能源应遵循氢碳比相近原则。在含碳能源中，石油是最紧缺的优质能源，用于生产运输燃料、石化原料和有机化学品是经济和合理的。因此，石油应该保护性地只用于生产液体燃料和化工原料，发电和民用宜采用煤。

表 7-7 含碳能源、运输燃料、石化原料及典型产品的氢碳原子比和氢碳质量比

项　目	氢碳原子比	氢碳质量比/%
含碳能源		
煤（烟煤）	0.82	8.38
原油	1.92	16.01
天然气	4.00	33.33
生物质（多聚葡萄糖）	2.00	16.67
运输燃料		
汽油、航煤、柴油	1.89～1.94	15.74～16.14
石化原料及典型产品		
石脑油	2.14	17.95
乙烯、丙烯、聚乙烯、聚丙烯	2.00	16.68
对二甲苯	1.23	16.68
丁二烯	1.50	12.50

(3) 高能效原则 煤制油、甲醇/二甲醚和煤制合成气/甲烷均可用于发动机的燃料。能源产品热能利用率为：煤制油 26.9%～28.6%，煤制甲醇 28.4%～50.0%，煤制甲烷 53%，煤制合成气 82.5%，煤发电 36%～40%，合成气发电（IGCC）60%。其中，煤制合成气的能效较高。天然气与合成气的混合燃气理论上同样可以驱动汽车。煤制合成气的热、电、蒸汽和氢气联合循环系统具有较高能效。因此，大力发展以先进的煤气化技术为龙头的联合循环系统应是清洁煤基能源化工体系的首选技术。

7.5.3 综合利用

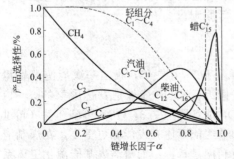

图 7-16 F-T 合成产物分布模型

F-T 合成产物分布广，妨碍了 GTL（天然气制油，gas-to-liquids）合成液体燃料的经济性和能效。F-T 合成产物分布模型（图 7-16）表明，不可能开发只选择性产生一种化合物的 F-T 合成催化剂（除 CH_4 和甲醇外）。该过程的吸引力，首先是选择性合成化学工业价值高的化合物，如 C_2～C_4 烯烃、线性醇、中长链 α-(β-) 烯烃、石蜡和环烷烃。生产高附加值的产品是有效降低合成燃料的生产成本和提高经济效益的重要途径。其次是产物的综合利用，如利用副产的烯烃生产高

附加值的合成醇类，副产的液蜡制造表面活性剂、洗涤剂、塑料增塑剂和化肥添加剂等高附加值产品。对于 GTL 催化剂研究，重要的是提高某些特定化合物的选择性。

GTL 装置投资较大。其中，煤制合成气装置的投资占 50％以上，F-T 合成装置投资只占 18％。但 F-T 合成装置与现有的大型合成氨和能源企业有较强的互补性。现有大型合成氨装置由煤、天然气和石脑油制气技术已经十分成熟，在大型合成氨（甲醇）装置上增加侧线，依托现有炼油厂设施，省去合成气和合成油加工的投资，形成合成油的附加生产线，形成"氨联油"和"醇联油"，只需增加 F-T 合成反应装置投资，使投资大幅减少。图 7-17 是合成氨-能源联产一体化系统。

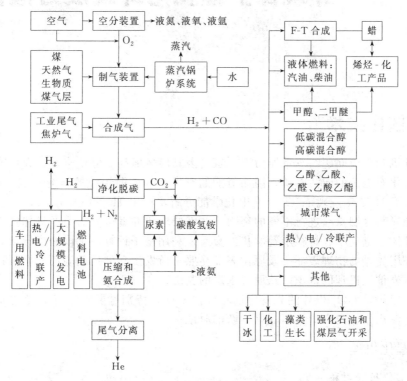

图 7-17　合成氨-能源联产一体化系统

合成氨生产的原料和燃料都是能源，其本身也是能源转化装置，每年消耗煤炭（标准）约 1 亿吨。同时，按照国家提出的"在原料产地生产的化肥比重提高到 60％"的方针，"在原煤产地，按照一体化、园区化、集约化模式和发展循环经济、保护生态环境的要求"，组成大型能源企业与氮肥企业的战略联盟势在必行，是发展煤制油工业的重要途径和大好机遇。

从国家安全与国家能源战略角度考虑，一旦战略油气通道受阻，我国各地的多数中小型合成氨厂即可转为生产液体燃料的工厂，形成集散生产与消费模式，稳固自我能源支撑体系，保证在非正常情况下发动机燃料的自给，对于国家应付可能发生的能源封锁及突发事件，具有重要的战略作用。

随着石油资源短缺，以煤作为补充和替代石油的新型煤化工产业已成为战略性新兴产业。在煤制清洁燃料的各种工艺中，焦炉气、煤层气和油田气的有效利用应该是首选。而清洁煤基能源化工体系应该优先发展高能效和以先进煤气化技术为龙头的联合循环系统。可再生能源是人类共同关注的发展方向。催化在炼油、化工、环保和材料等传统领域中继续发挥重要作用，并将在新型煤化工领域打开新的一页，在生物质等可再生能源领域中将迎来新的挑战，催化转化是解决能源问题的关键技术。

第**8**章

环境保护催化与环境友好催化技术

8.1 光催化技术

在能源危机和环境问题的双重压力下，氢能因其燃烧值高、储量丰富、无污染而成为最有希望替代现有化石能源的清洁能源，因而氢能的开发成为能源领域的研究热点。自从 Fujishima 和 Honda 于 1972 年发现了 TiO_2 光电化学能分解水产生 H_2 和 O_2 以来，科学研究者一直为实现太阳能光解水制氢在进行不懈的努力。这就要求研究者一方面要通过加强固体物理、量子物理、半导体光电化学、材料学等学科的交叉，利用量子计算等手段来指导新型光催化剂的创制，同时采用先进的物理表征手段原位表征光照下所发生在催化剂表面的微观物理和化学过程，以促进对光催化机理的认识，从而寻求新的突破。

近一二十年来，TiO_2 以外的光催化剂相继被发现，特别是能响应可见光的光催化材料的出现，使得光解水制氢研究进入了非常活跃的时期。

8.1.1 光催化机理

8.1.1.1 光催化反应过程

被广泛研究的用于光催化的半导体大多为金属氧化物或者硫化物。半导体的能带结构通常是由一个充满电子的低能价带（valent band，VB）和一个空的高能导带（conduction band，CB）构成，价带和导带之间的区域称为禁带，区域的大小称为禁带宽度。半导体的禁带宽度一般为 $0.2 \sim 3.0eV$，是一个不连续区域。半导体的光催化特性就是由它的特殊能带结构所决定的。当用能量大于或等于半导体带隙能的光波辐射半导体光催化剂时，处于价带上的电子（e^-）就会被激发到导带上并在电场作用下迁移到粒子表面，于是在价带上形成了空穴（h^+），从而产生了具有高活性的空穴/电子对（图 8-1）。空穴可以夺取半导体表面被吸附物质或溶剂中的电子，使原本不吸光的物质被激活并被氧化，电子受体通过接受表面的电子而被还原。

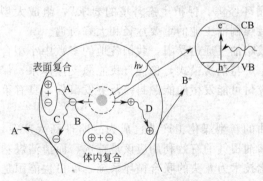

图 8-1 半导体电子和空穴的光激发

那么，光生载流子（光生电子和空穴）在光照作用下是如何被激发和产生的？在激发后又是如何与吸附分子相互作用等，这些都与半导体材料的能带结构有关。同时，这些光生载流子在半导体内和表面的活动方式又直接影响其光催化性能。由图 8-1 可见光激发后产生的电子和空穴有四种运动途径（A，B，C，D），其中途径 A 和途径 B 分别是电子和空穴在半导体表面和内部的再结合过程，这两个过程只是放出热量，对光催化反应没有帮助。途径 C 是指光生电子逸出到半导体表面，与吸附在半导体表面的物种（在含氧气的溶液中常常是氧）发生还原反应。途径 D 则是光生空穴迁移到半导体表面和吸附在半导体表面的供电子物发生氧化反应，将该物种氧化。光催化机理可用下式说明：

$$TiO_2 + H_2O \longrightarrow e^- + h^+$$

$$h^+ + H_2O \longrightarrow {}^*OH + H^+$$

$$h^+ + OH^- \longrightarrow {}^*OH$$

$$O_2 + e^- \longrightarrow {}^*O_2^-, \quad {}^*O_2^- + H^+ \longrightarrow HO_2^*$$

$$2HO_2^* \longrightarrow O_2 + H_2O_2$$

$$H_2O_2 + O_2^- \longrightarrow {}^*OH + OH^- + O_2$$

8.1.1.2　能带位置

半导体的光吸收阈值 λ_g 与带隙 E_g 有关，其关系式为：

$$\lambda_g(nm) = 1240/E_g(eV)$$

常用宽带隙半导体吸收波长阈值大都在紫外光区，应用最多的锐钛矿型 TiO_2 在 pH 值为 1 时的带隙为 3.2eV，光催化所需入射光最大波长为 387nm。半导体的能带位置及被吸附物质的还原电势，决定了半导体光催化反应的能力。热力学允许的光催化氧化还原反应要求受体电势比半导体导带电势低（更正）；给体电势比半导体价带电势高（更负），才能供电子给空穴。

8.1.1.3　电子、空穴的捕获

光激发产生的电子和空穴可经历多种变化途径，其中最主要的是捕获和复合两个相互竞争的过程。对光催化反应来说，光生空穴的捕获并与给体或受体发生作用才是有效的。如果没有适当的电子或空穴捕获剂，分离的电子和空穴可在半导体粒子内部或表面复合并放出热能。选用适当的表面空位或捕获剂捕获空位或电子可使复合过程受抑制。如果将有关电子受体或给体（捕获剂）预先吸附在催化剂表面，界面电子传递和被捕获过程就会更有效，更具竞争力。由电子、空穴的电荷分离机理可知，为提高 TiO_2 的光催化效率需着重考虑以下两点：提高光生电子、空穴电荷的分离效率及提高光生活性物种，特别是电子的消耗速率。

8.1.2　TiO_2 光催化影响因素

目前针对 TiO_2 主要通过增加表面缺陷结构、减小颗粒大小、增大比表面积以及贵金属表面沉积、过渡金属离子掺杂、半导体复合、表面光敏化、改变 TiO_2 形貌和晶型等方法来提高其量子效率并扩展其光谱响应范围。研制具有高量子产率，能被太阳光谱中的可见光激发的高效半导体光催化剂，探索适合的光催化剂负载技术，是当前解决光催化技术中难题的重点和热点。

8.1.2.1　表面缺陷结构的影响

通过俘获载流子可以明显压制光生电子与空穴的再结合。在制备胶体和多晶光催化剂时，和制备化学催化剂一样，一般很难制得理想的半导体晶格。在制备过程中，无论是半导体表面还是体内都会出现一些不规则结构。这种不规结构和表面电子态密切相关，可是后者在能量上不同于半导体主体能带上的能量；这样的电子态就会起到俘获载流子的阱的作用，从而有助于压制电子和空穴的再结合。

8.1.2.2　颗粒大小与比表面积的影响

研究表明，溶液中催化剂粒子颗粒越小，单位质量的粒子数就越多，体系的比表面积越

大，越有利于光催化反应在表面的进行，因而反应速率和效率也越高。催化剂粒径的尺寸和比表面积的一一对应直接影响着二氧化钛光催化活性的高低：粒径越小，单位质量的粒子数目越多，比表面积也就越大。比表面积的大小是决定反应物的吸附量和活性点多少的重要因素：比表面积越大，吸附反应物的能力就越强，单位面积上的活性点也就越多，发生反应的概率也随之增大，从而提高其光催化活性。当粒子大小与第一激子的德布罗意半径大小相当，即在 1～10nm 时，量子尺寸效应就会变得明显，成为量子化粒子，导带和价带变成分立的能级；能隙变宽，生成光生电子和空穴的能量更高，具有更高的氧化、还原能力，而粒径减小，可以减小电子和空穴的复合概率，提高光产率。再者，粒径尺寸的量子化使得光生电子和空穴获得更大的迁移速率，并伴随着比表面积的加大，有利于提高光催化反应效率。

8.1.2.3 贵金属沉积的影响

电中性并相互分开的贵金属的费米（Fermi）能级小于 TiO_2 的 Fermi 能级，即贵金属内部与 TiO_2 相应的能级上，电子密度小于 TiO_2 导带的电子密度，因此当两种材料连接在一起时，载流子重新分布，电子就会不断地从 TiO_2 向贵金属迁移，一直到二者的 Fermi 能级相等时为止，见图 8-2。在 TiO_2 表面沉积适量的贵金属有两个作用：一是减少 TiO_2 表面的电子密度，有利于光生电子和空穴的有效分离；二是降低还原反应（质子的还原、溶解氧的还原）的超电压，从而大大提高了催化剂的活性。研究较多的为 Pt 的沉积，应用其他贵金属如 Ag、

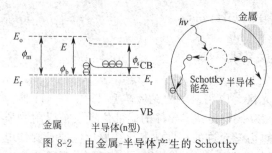

图 8-2 由金属-半导体产生的 Schottky 能垒的原理和作用图

Au、Ru、Pd 等共沉积修饰的也有报道。

8.1.2.4 表面光敏化的影响

宽禁带的半导体（TiO_2）通过化学或物理吸附一些光活性化合物，利用光敏剂对可见光有较好的吸收来拓展激发波长范围，如 Pd、Pt、Rh 的氯化物，及各种有机染料包括玫瑰红、紫菜碱、赤藓红 B（erythrosin B）、硫堇（thionine）和叶绿酸等，而使表面增敏。其光敏化电子传输过程如图 8-3 所示。在可见光的照射下，颜料分子中电子的激发可以导致生成分子的激发单重态和三重态。若颜料分子激发态的氧化能级相对半导体的导带能级更负（活性物质激发态电势比半导体导带电势更负），那么颜料分子就能向半导体的导带转移电子。这时表面从激发的颜料分子接受一个电子，并可将其转移到吸附在表面的有机受体。这类光敏化物质在可见光下有较大的激发因子，使光催化反应延伸至可见光区域，扩大激发波长范围，从而更多地利用太阳能。表面光敏化现象常受到半导体的能级、色素的最高占有能级以及最低空能级的支配。只有色素的最低空能级的电位比半导体的导带能级的电位更负时，才会产生电子输入的光敏化。半导体的能隙高于色素，所以在这种情况下，色素可被激发而半导体则不能被激发。符合光敏剂的基本性能是其能够牢固地吸附在 TiO_2 表面，对太阳光有较强的吸收能力，光敏剂的氧化态和激发态稳定性较高。同时，激发态具有足够负的电势和基态尽可能具有正电势，且激发态寿命长。

8.1.2.5 过渡金属离子掺杂的影响

过渡金属离子的掺杂对 n 型半导体 TiO_2 光催化性质影响显著。当有微量过渡金属离子掺入半导体晶体之中，能级处于 TiO_2 价带和导带之间的过渡金属离子能降低半导体的带隙能，它不仅可以接受半导体价带上的激发电子，也可以吸收光子使电子跃迁到半导体的导带上，增强对可见光的吸收，从而扩展吸收光谱的范围。从而可在其表面引入缺陷位置或改变结晶度，

缺陷对催化剂的活性起着重要作用，可成为电子或空穴的陷阱，阻碍电子-空穴对的再结合，而延长寿命；可以造成晶格缺陷，有利于形成更多的 Ti^{3+} 活性中心而增加反应活性。Choi 等较早时候即对包括 Sn^{4+}、Fe^{3+}、Zr^{4+}、Ru^{3+}、Os^{3+}、Ga^{3+}、Sb^{5+}、Re^{5+}、Nb^{5+}、Ta^{5+}、Mo^{5+}、V^{5+} 和 Rh^{3+} 等在内的 21 种金属离子对 TiO_2 的掺杂效果进行了系统研究。Litter 等对 Fe^{3+} 掺杂的 TiO_2 光催化性质做了较为详细的介绍。Kanga 等在 Fe_xO_y/TiO_2 催化降解三氯甲烷时发现，通过水热法过渡金属 Fe 可以适当地结合在锐钛矿结构框架中，使吸收光波长红移。

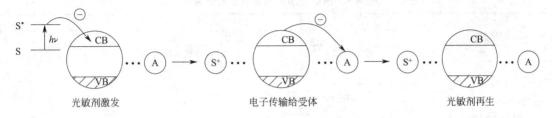

图 8-3　光敏化电子传输过程

8.1.2.6　半导体复合的影响

半导体复合从本质上就是一种修饰过程，其复合方式有组合、多层结构、导相组合、掺杂等。通过半导体复合可提高系统的光诱导电荷分离效率，扩展其光谱相应范围，从而提高光催化体系的太阳光利用率。半导体复合纳米粒子的复合方式有核壳结构、偶联结构和固溶体结构等几种形式，利用其粒子之间的耦合作用，使两种半导体的能带宽度发生交叠，从而使两者之间发生光生载流子的输送与分离，可扩大半导体激发波长的范围。从复合组分的不同性质看，复合半导体可分为半导体-半导体及半导体-绝缘体复合物。选取 TiO_2 作为基准复合物的原则为 Spanhel 等提出的夹心结构。

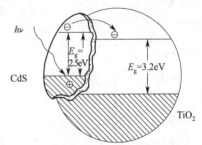

图 8-4　复合半导体 TiO_2-CdS 光催化剂中的光激发过程示意图

（1）复合物的禁带宽度要窄，从而扩大复合 TiO_2 吸收光谱，提高 TiO_2 的光催化活性和可见光的利用率。

（2）复合物要有合适的导带位置，能有效地促进光生电子和空穴的分离，提高光量子效率，见图 8-4。目前关于复合 TiO_2 光催化剂的研究有 TiO_2-SnO_2、TiO_2-ZnO、TiO_2-CdS、TiO_2-WO_3、TiO_2-CdSe、TiO_2-SnO_2、TiO_2-PbS 等。这些复合半导体几乎都表现出高于单一半导体的光催化活性。

8.1.3　复合氧化物体系光催化剂

8.1.3.1　d 区具有 d^0 构型的复合氧化物

近来，研究者把目光投向了具有半导体性质的过渡金属复合氧化物，试图寻求一些新型高效光解水制氢材料。由于光催化现象首先发现于半导体 TiO_2 中，在复合金属氧化物中，人们首先对钛酸盐进行广泛研究，继钙钛矿型的 $CaTiO_3$、$SrTiO_3$、A_2Ti_{13}（A＝Na、K、Rb）、$Na_2Ti_3O_7$、$K_2Ti_4O_9$ 等光解水特性被报道，同处于 d 区具有 d^0 电子构型的铌酸盐（Nb^{5+}）、钽酸盐（Ta^{5+}）体系也引起了一些研究者的兴趣。其中 $A_4Nb_6O_{17}$（A＝K、Rb）、$Sr_2Nb_2O_7$、$ATaO_3$（A＝Na、K）、MTa_2O_6（M＝Ca、Sr、Ba）、$Sr_2Ta_2O_7$ 以及 $A_2La_2Ti_3O_9$（A＝K、Rb、Cs）、$ALaNb_2O_7$（A＝K、Rb、Cs）、$RbLnTa_2O_7$（Ln＝La、

Pr、Nd、Sm）四元复合物等表现出光解水活性。这些复合氧化物是由 TaO_6、NbO_6、TiO_6 八面体以共棱或共角等形式构成了层板，而碱金属离子、碱土金属离子等穿插在层间形成的钙钛矿型和类钙钛矿型结构之中。在 ABO_3 这种三元类钙钛矿型的复合物中，A 位阳离子相对于 B 位来说其对光催化性能的影响比较小，因为导带和价带分别由 B d 电子轨道和 O 2p 电子轨道决定。而在 $RbLnTa_2O_7$（Ln=La、Pr、Nd、Sm）等四元复合物中，Ln 系元素未占据和部分占据的 4f 电子轨道与 O 2p 和 Ta 5d 电子轨道的杂化对价带和导带都有影响，从而影响其光催化性能。部分铌酸盐、钽酸盐、钛酸盐的制氢活性如表 8-1 和表 8-2 所示。

表 8-1 部分铌酸盐的光解水制氢活性

催化剂	活性/(μmol/h)		
	H_2[①]		O_2[②]
	没有担载	担载 Pt(质量分数 0.1%)	
$KLaNb_2O_7$	28	54	46
$RbLaNb_2O_7$	60	90	2
$CsLaNb_2O_7$	12	28	3
$KCa_2Nb_3O_{10}$	14	100	8
$RbCa_2Nb_3O_{10}$	3	26	16
$CsCa_2Nb_3O_{10}$	2	10	10
$KSr_2Nb_3O_{10}$	10	110	30
$KCa_2NaNb_4O_{13}$	5	280	39

① MeOH 50mL，300mL H_2O。
② 0.01mol/L $AgNO_3$ 溶液 350mL。
测试条件：催化剂 1.0g；450W 高压汞灯。

表 8-2 部分钽酸盐和钛酸盐的光催化制氢活性

催化剂	活性/(μmol/h)		催化剂	活性/(μmol/h)	
	H_2	O_2		H_2	O_2
$LiTaO_3$	6	2	$CuTa_2O_6$	11	4
$NaTaO_3$	4	1	$ZnTa_2O_6$	7	0
$KTaO_3$	29	30	$PbTa_2O_6$	3	0
$BaTa_2O_6$	33	15	$LaTaO_4$	6.9	2.5
$SrTa_2O_6$	52	18	$SrTiO_3$	微量	
$CrTaO_4$	2	0	$Na_2Ti_6O_{13}$	微量	
$MnTa_2O_6$	0.2	0	$K_2Ti_6O_{13}$	微量	
$CoTa_2O_6$	11	4	$BaTi_4O_{19}$	微量	

测试条件：催化剂 1.0g 分散于 350mL 蒸馏水中；400W 高压汞灯内部照射。

在钛酸盐中，K_2TiO_{13}、$Na_2Ti_6O_{13}$ 以及 $BaTi_4O_9$ 等属于网状结构，其表面有凹凸不平、均匀分布的纳米级"雀巢"。Zou 等合成了一系列新的光催化材料 Bi_2XNbO_7（X=Al、Ga、In、Y、稀土元素和 Fe）、BMO_4（M=Nb、Ta），$InMO_4$（M=Nb、Ta、V），并且考察了其晶型结构、电子结构及其光解水制氢活性。尽管这些催化剂有着不同的晶型结构，但它们都有一个共同的 TaO_6 或者 NbO_6 八面体，并且其能带结构的导带由 Ta、Nb 或 V 的 d 电子轨道决定，价带由 O 2p 电子轨道决定。晶体结构中的 M—O—M 的键角和键长是影响半导体光催化剂光物理和光催化性能的重要因素。其相对于 TiO_2 光催化活性较低的原因是用通常的高温固相法合成的催化剂的比表面积很小（<1m²/g），而二氧化钛 P25 的比表面积在 50m²/g 左右。

8.1.3.2 p 区具有 d^{10} 构型的复合氧化物

从电子结构来看，处于 d 区的具有 d^0 电子构型的复合物由于其全空的 d 层电子轨道有利于电子从 O 2p 轨道跃迁至由 d 电子轨道确定的导带能级。d 层电子轨道全充满的 p 区复合氧化物的光催化活性也引起了人们的研究兴趣。Sato 等考察了铟酸盐（In^{3+}）、锡酸盐（Sn^{4+}）、锑酸盐（Sb^{5+}）、锗酸盐（Ge^{4+}）、镓酸盐（Ga^{3+}）等一系列 p 区具有 d^{10} 构型的复合氧化物 [MIn_2O_4（M=Ca、Sr）、$NaInO_2$、$LaInO_3$、Sr_2SnO_4、$M_2Sb_2O_7$（M=Ca、Sr）、$CaSb_2O_6$、$NaSbO_3$、Zn_2GeO_4、$ZnGa_2O_4$ 等]，揭示了这些复合物在表面负载 RuO_2 后在紫外线下的光解水制氢活性，其中 $Ca_2Sb_2O_7$、$Sr_2Sb_2O_7$ 和 $NaSbO_3$ 在紫外线辐射下，可以实现纯水的完全分解。该区的部分光催化剂的制氢活性如表 8-3 所示。

表 8-3 部分 p 区具有 d^{10} 电子构型的半导体光催化剂的光催化制氢活性

催化剂	活性/(μmol/h)		催化剂	活性/(μmol/h)	
	H_2	O_2		H_2	O_2
$NaSbO_3$	1.8	0.9	$NaInO_2$	0.9	0.4
$CaSb_2O_6$	1.5	0.3	$CaIn_2O_4$	13	5.5
$Ca_2Sb_2O_7$	2.4	1.1	$SrIn_2O_4$	3.8	1.9
$Sr_2Sb_2O_7$	7.9	3.1	$BaIn_2O_4$	微量	0
$ZnGa_2O_4$	9.0	3.5	Zn_2GeO_4	21	10

测试条件：催化剂 1g 于 300mL 蒸馏水中；200W Hg-Xe 灯（248～643nm）内部照射；担载 1%（质量分数）RuO_2。

在该系列复合物中，O 2p 电子轨道能级决定了价带，导带则由 In、Sn 等原子的外层 sp 杂化轨道决定，这和处于 d 区的复合氧化物的导带由 d 电子轨道决定不一样，其原因是全充满的 d^{10} 电子轨道对电子从价带的跃迁基本没有影响。由此形成的能级结构有助于光生电子迁移，减少与空穴的复合。同时，从晶型结构上来看，其畸变的八面配位体 InO_6、SnO_6、SbO_6、GaO_6 或四面体 GeO_4 产生的内部偶极矩也有助于电子空穴的分离，该特性对光催化活性起着重要作用。d 区和 p 区体系的光催化剂集成图如图 8-5 所示，该图显示了目前光催化剂材料研究领域的重点考察区域。

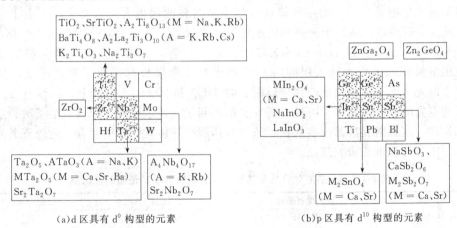

(a)d 区具有 d^0 构型的元素 (b)p 区具有 d^{10} 构型的元素

图 8-5 d 区和 p 区光催化剂集成图

薛娟琴课题组在采用水热法制备 Zn_2SnO_4 的基础上，通过离子液体辅助水热法制备了 Zn_2SnO_4，分别考察了水热过程影响因素（溶液 pH 值、水热反应时间、水热反应温度）、离子液体种类及离子液体添加量对产物相结构及形貌的影响。与此同时，使用石墨烯改性水热法制备 Zn_2SnO_4，可进一步提高 Zn_2SnO_4 的光催化活性。对光催化机理的探究说明，·OH 是主要的活性氧化物质，存在·OH 间接与有机化学染料反应的机制。Zn_2SnO_4 和石墨烯/Zn_2SnO_4 具有优异的光催化稳定性，可重复使用。

8.1.3.3 层柱复合氧化物

在光催化领域，研究插层反应的目的是将主体和客体的光学和电性质通过插层复合而进行修饰和改性。由于层状材料具有二维的可膨胀的层间空间，插层则意味着客体物质可逆地进入层状的主体材料中，又能保持主体材料的结构特点。插层化合物作为催化剂及催化剂载体，具有选择性吸附、离子交换和光催化功能，其基质材料为石墨、黏土矿物、层状的双氢氧化合物、金属磷酸盐和膦酸盐以及过渡金属氧化物等。通过插层后的复合物具有高比表面积、多孔结构且孔径可调，具有酸中心并且可以通过层板和插层化合物的调控来改变其电学性质和光催化活性等优点。通常插层的步骤如下。

(1) 主体材料的制备　常采用固相反应。

(2) 质子的交换　层状的钙钛矿结构或蒙脱石结构层间的碱金属或碱土金属离子被 H^+ 取代。

(3) 主体修饰　将质子交换后的层状物移入含插层剂的液态溶液（一般为烷基胺，$C_nH_{2n+1}NH_2$，$n=3\sim10$），在一定温度下搅拌，过滤分离，得到有机胺溶胀后的层状物。

(4) 插层反应　将需要插入的客体物质（如 Al_2O_3、TiO_2、SiO_2、CdS、ZnS、Fe_2O_3 等）经不同的盐（柱化剂）离子交换插入后再通过光沉积、煅烧等手段实现柱撑。部分插层化合物与其预支撑有机胺以及其使用的柱化剂如表 8-4 所示。Uchida 等合成了 $HNbWO_6/Pt$、$HNbWO_6/(Pt、TiO_2)$、$HNbWO_6/Fe_2O_3$ 和 $HNb\text{-}WO_6/(Pt、Fe_2O_3)$，并发现其制氢活性比没有经过插层的制氢活性大大提高，相同现象也被发现在 $H_2Ti_4O_9\text{-}TiO_2$、$H_4Nb_6O_{17}\text{-}TiO_2$、$H_2Ti_4O_9\text{-}Fe_2O_3$ 和 $H_4Nb_6O_{17}\text{-}Fe_2O_3$ 体系中。Fujishiro 等通过离子交换、$C_3H_7NH_2$ 预胀，再与柱化剂 $[Fe_3(CH_3COO)_7OH\cdot2H_2O]^+$ 和 $[Pt(NH_3)_4]Cl_2$ 离子交换制备了 $H_4Nb_6O_{17}/Cd_{1-x}Zn_xS$、$H_2Ti_4O_9/Cd_{1-x}Zn_xS$、$H_4Nb_6O_{17}/Fe$、$H_2Ti_4O_9/Fe_2O_3$、$H_4Nb_6O_{17}/(Pt、TiO_2)$、$H_2Ti_4O_9/(Pt、TiO_2)$ 等层柱氧化物，柱撑后的氧化物的带隙比原客体的要稍大一些，但比由于粒子粒径减小引起的量子效应产生的带隙增大要小。光催化制氢活性得到强化的原因可能是光生电子由插入的半导体迁移到主体材料的层板上，从而提高了电子空穴的分离。Shangguan 等通过直接离子交换和硫化处理在层状 Nb-Ti 复合氧化物中插入 CdS，制备了 $CdS/KTiNbO_5$、$CdS/K_2Ti_4O_9$、$CdS/K_2Ti_{3.9}Nb_{0.1}O_9$ 等，并考察了其光催化制氢性能。把光催化性能的提高归因于在插入层间的 CdS 纳米粒子和层板间形成了紧密连接，从层间的 CdS 上产生的光生电子能很快地迁移到层板上的 TiO_6 和 NbO_6 八面体上，从而有效地抑制了光生电子与空穴的复合，实现了可见光诱导光解水制氢。由于层柱支撑具有显著改善层状复合物的空间结构，能显著提高其比表面积，通过与插层半导体化合物的复合，能改善其光催化性能，是光解水光催化剂的研究热点。

表 8-4　部分插层化合物与其预支撑有机胺以及其使用的柱化剂

插层化合物	预支撑有机胺	柱化剂	层间距(500℃)/nm
$Al_2O_3\text{-}H_2Ti_4O_9$	正己胺	Al_{13}^{7+}	1.70
$Al_2O_3\text{-}HNb_3O_8$	正己胺	Al_{13}^{7+}	1.90
$Al_2O_3\text{-}H_2La_2Ti_3O_{10}$	正己胺	Al_{13}^{7+}	2.10
$SiO_2\text{-}H_2Ti_3O_7$	$C_nH_{2n+1}NH_2(n=3\sim12)$	TEOS	$1.04\sim294$
$SiO_2\text{-}HNb_3O_8$	无	APS	1.30
$SiO_2\text{-}HLaNb_2O_7$	正己胺	APS	1.32
$TiO_2\text{-}HLaNb_2O_7$	正辛胺	TiO_2 胶体	1.13
$Fe_2O_3\text{-}H_2Ti_4O_9$	无	$FeSO_4$ 溶液	1.00
$ZrO_2\text{-}HLaNb_2O_7$	正十六胺	$[Zr(OH)_{4-n}(H_2O)_{8+n}]^{n+}$	1.36
$Cr_2O_3\text{-}H_2Ti_4O_9$	正丙胺	$Cr(OAc)_3$	1.06

注：其中 Al_{13}^{7+} 指的是含铝 Keggin 离子 $[Al_{13}O_4(OH)_{24}(H_2O)_{12}]^{7+}$；TEOS 指的是四乙氧基硅烷；APS 指的是 $NH_2(CH_2)_3Si(OC_2O_5)_3$。

8.1.4　光催化剂的应用

8.1.4.1　清洁新能源的开发

化石燃料的燃烧与石油和煤的不断开采，人们赖以生存的非可再生资源在日益减少。同时，它们经过燃烧后释放出的温室气体和一些硫氧化物、氮氧化物对环境产生的副作用是无法估量的，所以研究新的可替代的清洁能源受到广泛关注。由于氢气能量高，燃烧后产生水，对环境友好，如果能够把太阳能转化为氢能源并储存起来是解决未来能源的主要途径之一。利用以二氧化钛为代表的半导体光催化分解水制氢是实现这一目标简单易行、有发展前途的方法。光催化产生的氢气是无污染的、高效的、洁净的能源，但此法产生的氢气产率低，进展慢。据报道，$Pt-RuO_2/TiO_2$ 是目前光解水制氢效果最好的催化剂。

8.1.4.2　有机废水的降解

生产实际的需要和新型药物的合成导致大量医药中间体和有机废液被人们制造出来，这些有机物多数都是有毒并且很难自然分解，在一些生物体内容易富集。如果随意废弃到自然界中就会对环境、其他生物造成很大的污染，最终将危害人类。纳米 TiO_2 在光催化降解有机物中有很大优势，有机物经其降解后的终产物 H_2O、CO_2、NO_3^-、PO_4^{3-}、卤素等无机小分子，不会产生二次污染，达到了安全无机化的目的。目前已发现有 3000 多种难降解的有机物可以利用光催化降解技术迅速分解，尤其是当水中有机污染物降解难度高和浓度高时，采用此方法有着更明显的优势。目前，随着科研条件的日益变革，人们对 TiO_2 光催化在实验室中进行了广泛研究。张颖等对工业废水中含有的多种有机污染物的光催化降解进行了系统研究，结果表明纳米 TiO_2 的光催化氧化法可将水中的表面活性剂、卤代物、烃类、羧酸、含氮有机物、多氯联苯、染料、有机磷杀虫剂等复杂的有机试剂快速并完全氧化为 CO_2 和 H_2O 等无机的无害物质，无二次污染。将 Naomi Stock 技术和光催化技术联合起来研究偶氮染料（naphthol blue black，NBB）的降解，得到了良好的结果。由日本三菱制纸公司合成的 TiO_2 和无机黏着剂复合材料的光催化薄板，对甲硫醇、乙醛、硫化氢、氨、甲醇、三甲氨等有良好的降解性能。

8.1.4.3　有害气体的降解

随着汽车工业和装修行业的日益发展，大气污染和室内空气污染越来越严重，气体污染问题已不容忽视。目前这一问题的主要解决途径是依靠逐渐发展起来的纳米 TiO_2 光催化降解技术。室内装修产生的有害气体主要有装饰材料等释放的甲醛及日常生活中能够产生的硫化氢、氨气、甲硫醇气等，这些气体在含量极少时便会使人感到不适。纳米 TiO_2 可以通过光催化技术将这些有毒气体吸附于其表面并将这些物质氧化降解，从而降低室内空气中有害气体的浓度。大气污染气体主要来自于汽车尾气与化工工业废气等带来的硫氧化物和氮氧化物。纳米 TiO_2 可以通过光催化技术将这些气体氧化成人们常用的无机酸，这些酸可溶解在雨水中，从而达到净化空气的目的。

8.1.4.4　金属离子回收与处理

在实际生产试验中，不可避免地会用到一些金属离子。有些金属离子是有毒的，如任意排放就会污染环境；有些金属稀缺，若变成离子排放到自然界中是一种极大的浪费，所以有毒的金属离子需要处理，昂贵的需要回收再利用，纳米 TiO_2 光催化可以有效地处理这些离子。当高价金属离子接触光催化剂的表面时，可以有效地捕获表面的光生电子而发生还原反应，从而使高价离子变成低价离子，降低毒性。如有毒的重金属离子 Cr^{6+}、Hg^{3+} 被还原为毒性较低和无毒的离子 Cr^{3+}、Hg^{2+}。若体系中加入有较强还原能力的俘获剂，它能够俘获光催化中所产生的 h^+，减少 e^- 与 h^+ 的再结合，能够使更多的 e^- 参与离子的还原反应，将有助于金属单质的析出，用此方法可以回收贵金属离子。如 Rh^{3+}、Pd^{2+}、Au^{3+}、Pt^{4+} 在光催化剂表面俘获光生电子，发生再生还原沉淀并回收。Fusheng hang 等利用活性炭和纳米 TiO_2 制成一种快速回收 Hg 的光还原催化剂，将 73% 的 Hg^{2+} 还原为 Hg 金属单质只需 20min。

8.1.4.5 良好的抗菌材料

TiO_2 的抗菌作用是指在光照下对细菌等微生物的抑制或杀灭作用。在自然条件下，有些微生物是对人有益的，但是在人们生活的家居环境中，常常会出现对人身体有害的微生物。例如，在有些潮湿的地方（卫生间、厨房）生长的微生物细菌经常都是传播疾病的源头。所以，TiO_2 的抗菌作用日益受到人们的重视。由于其产生的羟基自由基可以直接和病毒细胞内部组分发生生化反应，使细菌失活，所以是一种很好的抗菌材料。日本的 TOTO 公司已经将涂有二氧化钛纳米膜的抗菌瓷砖和卫生陶瓷商业化生产，用于医院、食品加工等公共卫生场所。另外，还可利用纳米二氧化钛的光致亲水性，开发出兼具自清洁和抗雾性能的汽车挡风玻璃、后视镜、幕墙玻璃等。

8.1.4.6 制备太阳能电池

太阳能光生电池的基本结构主要包括染料敏化剂、多孔纳米 TiO_2 薄膜、透明导电基片（导电玻璃）、电解液以及透明对电极。入射光能量必须满足两个条件：①低于半导体纳米二氧化钛禁带宽度；②等于染料分子特征吸收波长。照射在电极表面时，吸附于 TiO_2 表面的染料分子中的电子吸收能量跃迁至激发态，处于激发态的染料分子向 TiO_2 纳米晶导带中注入电子，电子在 TiO_2 纳米晶导带中靠浓度扩散流向基底传向外电路。由于纳米粒子掺杂浓度很低，所以其复合的概率很小；而染料分子失去电子后转变为氧化态，此时的氧化态染料分子再吸收电极提供电子变为原状态，这就完成一个光电化学循环，形成光电流。

8.2 CO_2 甲烷化技术

进入 21 世纪以来，温室效应导致的全球变暖及其带来的南极冰川融化、灾害性气候频发等一系列不良后果已经严重威胁到人类的生存环境。大气中 CO_2 浓度的升高是温室效应日益显著的主要因素。在减少 CO_2 产生的同时，CO_2 的循环利用已经成为各国政府和科学研究人员关注的焦点。甲醇是一种重要的化工原料，同时也是很有发展前景的清洁燃料。CO_2 加氢合成甲醇是 CO_2 利用的最有效途径之一，在环保、化工和能源等诸多领域均具有重要意义。

制备性能优越的催化剂是实现 CO_2 加氢合成甲醇工业化的关键。近 20 年来，CO_2 加氢催化剂的研制一直是 C_1 化学领域的研究热点，相关的报道很多。本章就催化剂组分的选取、制备方法的改进创新及催化反应机理等方面的研究进展进行了归纳和评述，以期对今后的研究有所帮助。

8.2.1 催化剂的组成

8.2.1.1 活性组分

根据活性组分的不同，CO_2 加氢合成甲醇的催化剂可大致分为两大类：一类是以铜作为主要活性组分的铜基催化剂；另一类是以贵金属作为活性组分的负载型催化剂。

（1）铜基催化剂 CO_2 加氢合成甲醇用铜基催化剂多数是在合成气制甲醇催化剂基础上发展而来的。尽管自 20 世纪 60 年代起，以 ICI 公司为代表生产的 $Cu/ZnO/Al_2O_3$ 催化剂就已成为合成气制甲醇的商用催化剂，但有关活性中心的问题，尤其是 Cu 在催化反应中的存在状态仍然存在不少争议。当铜基催化剂用于 CO_2 加氢时，由于 CO_2 气体自身具有一定的氧化性，该问题就变得更为复杂。一些研究者认为在 CO_2 加氢合成甲醇反应中，铜基催化剂中的铜以 Cu^0 和 Cu^+（或 $Cu^{\delta+}$）的形式存在，这两种形式的 Cu 物种均为活性中心。其依据来自于实验检测与理论计算两方面。

Cu^+ 的检测一般采用 XPS 技术。由于金属 Cu 与 Cu_2O 的键合能（Cu $2p_{3/2}$ 分别为 932.6eV 和 932.4eV）十分接近，无法分辨 Cu^0 和 Cu^+，而金属 Cu 和 Cu_2O 的 Auger 谱 Cu KLL 线差别较大（分别为 918.65eV 和 917.9eV），可以区分 Cu^0 和 Cu^+。Słoczyński 等将 $Cu/ZnO/ZrO_2$ 催化剂用于 CO_2 加氢，反应 10d 后对催化剂进行检测，发现 Cu_2O 的存在。Toyir 等采用甲氧基铜、乙酰丙酮锌作前体制备了 $Cu/ZnO/SiO_2$ 催化剂，在反应中检测到 Cu^+ 的存在。他们发现 Cu^+ 的存在提高了甲醇的选择性，且 Cu^+/Cu^0 的比值可通过改变助剂 镓（Ga）的加入量进行调节。Saito 等也提出了类似观点，并认为当 Cu^+/Cu^0 的比值为 0.7 时，催化剂的性能最好。徐征等研究了 CuO-ZnO 基催化剂上的 CO_2 加氢反应，认为活性中心是存在于 CuO-ZnO 固溶体中的 Cu-□-Zn-O（□ 为氧空穴），活性中心的 Cu 价态为 Cu^+ 和 Cu^0。Fierro 等利用 H_2-CO_2-H_2 氧化还原循环证实还原后的 CuO/ZnO 中 Cu 可部分被 CO_2 氧化，说明有 $Cu^{\delta+}$ 存在，而纯 CuO 中的 Cu 不存在这种情况。原位 EXAFS 研究表明，Cu/ZrO_2 在催化加氢反应中有 76% 的 Cu^0 被 CO_2 氧化，其中 Cu^+ 占 27%，Cu^{2+} 占 49%。

Arena 等则采用 CO 分子作探针分子，通过红外光谱检测到 $Cu/ZnO/ZrO_2$ 催化剂中 $Cu^{\delta+}$ 的形成，指出 $Cu^{\delta+}$ 位于金属氧化物界面上，Cu 与 ZnO、ZrO_2 之间的相互作用有利于 $Cu^{\delta+}$ 的稳定。此外，密度泛函理论的计算也表明 $Cu^{\delta+}$ 出现在 Cu/金属氧化物界面上，甲醇生成反应主要在 $Cu^{\delta+}$ 上进行，而逆水汽反应在 Cu^0 上进行。Wang 等采用 Unity Bond Index-Quadratic Exponential Potential 方法对 Cu（100）上的 CO_2 加氢反应进行了理论计算。结果表明铜晶面上氧的覆盖度与反应性能之间呈一火山形曲线的关系，Cu^+/Cu^0 的比例控制催化反应的活性。然而，也有不少研究者认为铜基催化剂在催化 CO_2 加氢合成甲醇反应中仅以 Cu^0 一种形式存在。Clausen 等采用原位 XRD 技术研究甲醇合成过程中铜基催化剂的变化，只检测到 Cu^0 的物相。许勇等用 XPS-Auger 技术对 Cu/ZnO 基催化剂进行了研究，实验结果发现催化剂在还原前以 Cu^{2+} 存在，在还原后和反应状态下以 Cu^0 存在，倒是 Zn 在还原后和反应状态下有部分被还原为 $Zn^{\delta+}$。Chinchen 小组及 Pan 等的工作发现甲醇收率与金属铜的表面积之间存在很好的线性关系，这也为 Cu^0 是唯一活性中心的观点提供了强有力的证据。

多数研究者认为不能把铜组分从整个催化剂中剥离出来孤立地讨论活性中心的问题。实际上，铜组分往往与载体和助剂之间存在相互作用，该作用会影响铜组分的状态和活性。许多作者认为 ZrO_2 的加入会与 Cu 产生相互作用，有助于 Cu 活性位的稳定并使其活性提高，类似的相互作用也存在于 Cu 与 ZnO 之间。张强等还认为 Cu 与 ZnO 形成了固溶体，Cu_2O 与 ZnO 一起作为活性中心。也有氧空穴与 Cu 一起作为活性中心的报道。Arena 等则认为铜/金属氧化物界面在 CO_2 吸附和加氢中都起到了重要作用。钟顺和等在研究 Cu-Ni 双金属催化剂的 CO_2 加氢性能时，认为活性中心是 Cu-Ni 合金。即使是铜单独作为活性中心，也有作者认为应该是金属铜的团簇，而不是单个的铜原子。

（2）贵金属催化剂 贵金属也可用于 CO_2 加氢合成甲醇催化剂的活性组分，这类催化剂一般是采用浸渍法制备的负载型催化剂。

Shao 等报道 PtW/SiO_2 和 $PtCr/SiO_2$ 催化剂有较高的甲醇选择性，在 473K、3MPa、CO_2 与 H_2 的摩尔比为 1:3 的条件下，PtW/SiO_2 催化剂上 CO_2 转化率为 2.6%，甲醇选择性为 92.2%。他们还研究了 SiO_2 负载的 RhM（M=Cr、Mo、W）复合催化剂。原位 FT-IR 的结果表明，反应中间体含有甲酸盐，CO_2 与 CO 的加氢行为有所不同。Inoue 等报道了 ZrO_2、Nb_2O_5、TiO_2 负载 Rh 催化剂上 CO_2 加氢的试验结果。Rh/ZrO_2、Rh/Nb_2O_5 显示出高的催化活性，但产物主要是甲烷，Rh/TiO_2 上的甲醇选择性最高。Solymosi 等考察了 SiO_2、MgO、TiO_2、Al_2O_3 负载 Pd 催化剂上 CO_2 与 H_2 的作用。结果表明 Pd 起到活化 H_2

的作用，活化的 H 再溢流到载体上对吸附的碳物种加氢生成甲酸盐。他们还发现 Pd 的分散度影响反应的产物分布。当 Pd 的分散度高时，主要生成甲烷；当 Pd 的分散度低时，发生逆水汽反应，同时有甲醇生成。因此，他们认为 CO_2 加氢主要还是通过逆水汽反应生成的 CO 来进行的。Shen 等制备了 Pd/CeO_2 催化剂，研究了还原温度对催化剂结构和性能的影响；随还原温度的升高，Pd 会发生烧结，同时表面的 CeO_2 部分被还原，这导致 CO_2 的转化率和甲醇选择性急剧下降。

Słoczyński 等制备了 Au（或 Ag）$/ZnO/ZrO_2$，并与 $Cu/ZnO/ZrO_2$ 的性能进行了比较；催化剂的活性顺序为 Cu＞Au＞Ag，而甲醇选择性则是 Au＞Ag＞Cu。Baiker 课题组采用溶胶-凝胶法制备了 Ag/ZrO_2 催化剂，探讨了制备条件对催化剂物化和催化性能的影响，在优化的条件下，Ag 的颗粒仅为 5～7nm。然而，该催化剂与 Cu/ZrO_2 相比，尽管甲醇选择性相近，但 CO_2 转化率要低得多。这些实验结果说明相对于 Cu 来说，Ag 与 Au 的 CO_2 加氢效果较差。此外，还有把贵金属负载在铜基催化剂上的报道。Fierro 研究组采用浸渍法制备了 $Pd/Cu/ZnO/Al_2O_3$ 催化剂。结果表明 Pd 促进了 CuO 的还原，提高了单位面积 Cu 上甲醇的收率。他们还用氢溢流机理对此进行了解释。然而，由于 Pd 的浸渍在旋转蒸发仪中进行（该过程相当于水热过程），会导致 $Cu/ZnO/Al_2O_3$ 水滑石结构发生重排，CuO 颗粒会变大。同时，Pd 负载覆盖了部分表面 Cu 位，导致 Cu 的表面积减小。因此，总的甲醇收率比未负载 Pd 时更低。他们还采用共沉淀和分步沉淀两种方法制备了 $Pd/Cu/ZnO$ 催化剂。共沉淀法制备催化剂的铜粒子大，比表面积小，难还原，残留的 Na^+ 的影响大，催化性能很差，Pd 的负载也不能弥补 Cu 表面的损失。在分步沉淀法所制备的催化剂中，Pd 与 Cu 产生协同作用，还原时耗氢量增加。分步沉淀的方式在保持原有铜分散度的同时，由于 Pd 的促进作用使催化性能得到提高。

以上几类催化剂中，以铜基催化剂研究得最多，综合性能最好，因此，以下论述主要针对铜基催化剂。

8.2.1.2 载体

载体不仅对活性组分起到支撑和分散作用，而且往往会与活性组分发生相互作用，或者影响活性组分与助剂之间的作用。因此，合适的载体是催化剂的重要组成部分。就 CO_2 加氢制甲醇用铜基催化剂而言，其载体主要有 ZnO、Al_2O_3、ZrO_2、TiO_2 及 SiO_2 等。根据载体使用的氧化物组分数目可将其分为单组分氧化物载体（含经改性的单组分）和复合氧化物载体。

(1) 单组分氧化物载体　就单组分氧化物载体而言，载体的酸碱性、形貌和结构均会对催化剂的性能产生影响。Tagawa 等认为酸性载体表现出更高的甲醇选择性和较低的催化活性，中性和碱性载体只产生 CO，两性载体表现出高的活性。其中以 TiO_2 的效果最好，它能抑制 CO 的生成。同时，他们还用助剂 K_2O、P_2O_5 和 B_2O_3 调节载体的酸碱性，并考察所制备催化剂的催化性能。然而，他们只是对载体的酸、碱性进行了定性描述，并没有对载体的表面酸、碱位进行测定和表征。Liu 等制备了纳米尺度的介孔 ZrO_2，并将其用于铜基催化剂的载体。他们发现这种 ZrO_2 有更多的边角缺陷和氧缺陷，导致活性组分和载体之间的电子状态和相互作用发生了变化，降低了 CuO 的还原温度，从而提高了催化性能。Jung 等研究了 ZrO_2 的相态对铜基催化剂催化性能的影响。结果显示 CO_2 加氢活性在 m-ZrO_2 上比 t-ZrO_2 上高许多，其原因在于 m-ZrO_2 上生成甲醇中间体的浓度比 t-ZrO_2 上高。

(2) 复合氧化物载体　相对于单组分氧化物载体而言，复合氧化物载体通常表现出更好的催化性能。其中，被广泛研究的是 ZnO 与其他氧化物组成的复合载体。许勇等在 Cu/ZnO 中加入 ZrO_2，发现 ZrO_2 的加入提高了 Cu 的分散度，有助于催化剂活性和甲醇选择性的提高。丛昱等采用 EPR 和 XPS 技术对 $Cu/ZnO/ZrO_2$ 催化剂进行了研究，结果表明 ZrO_2 的加入改变了催化剂的表面结构和配位状态，提高了活性组分的分散度和催化剂的稳定性。徐征等也考

察了第三组分 ZrO_2 的加入对 Cu/ZnO 催化剂性能的影响，结果表明适量 ZrO_2 的加入，增加了甲醇的选择性和收率。实验还发现 Cu/ZnO 上 CO_2 的脱附温度在 $500℃$ 以上，加入 ZrO_2 后脱附温度降至 $200\sim300℃$，即 ZrO_2 的加入改变了 Cu/ZnO 催化剂表面 CO_2 的状态，提高了 CO_2 加氢制甲醇的能力。李基涛等研究了 Al_2O_3 在 $Cu/ZnO/Al_2O_3$ 催化剂中的作用，认为 Al_2O_3 不但起骨架作用，而且能分散催化剂的活性组分。适量的 Al_2O_3 能提高 CO_2 加氢合成甲醇的收率和选择性，而过量的 Al_2O_3 则会降低甲醇的收率。Nomura 等在 Cu/TiO_2、Cu/Al_2O_3 中加入 ZnO 或 ZrO_2，结果表明复合氧化物载体催化剂的催化性能得到提高，其中以 $CuO-ZnO/TiO_2$ 性能为最佳。Saito 等考察了 Al_2O_3、ZrO_2、Ga_2O_3 及 Cr_2O_3 对 Cu/ZnO 催化剂的影响，发现 Al_2O_3、ZrO_2 的加入增加了铜的比表面积，而 Ga_2O_3、Cr_2O_3 能稳定 Cu^+，提高单位铜的活性。

Arena 等和 Ma 等报道，合成气制甲醇的商用催化剂 $Cu/ZnO/Al_2O_3$ 用于 CO_2 加氢时性能不如 $Cu/ZnO/ZrO_2$，原因是 Al_2O_3 对水的亲和力太强。除了含 ZnO 的复合氧化物载体外，其他复合氧化物也有报道。Zhang 等考察了 ZrO_2 对 $Cu/\gamma-Al_2O_3$ 物化和催化性能的影响。ZrO_2 的加入提高了铜的分散度，同时 ZrO_2 与 CuO 之间的相互作用有利于催化性能的提高。齐共新等将 $Cu-MnO_x/Al_2O_3$ 催化剂用于 CO_2 加氢合成甲醇。Al_2O_3 的加入显著提高了 CO_2 的转化率和甲醇的选择性。当 Al_2O_3 的摩尔分数在 $5\%\sim10\%$ 时，催化效果较好。钟顺和等采用表面反应改性法制备了 SnO_2-SiO_2（SnSiO）表面复合物载体，SnSiO 是 SnO_2 单分子层连接于 SiO_2 表面的复合氧化物，仍保持类似 SiO_2 载体的孔结构和比表面积。SnO_2 引入 SiO_2 表面后可以有效地促进 CuO、NiO 的还原，有利于催化性能的提高。朱毅青等还制备了用于 CO_2 加氢合成甲醇的 $Cu/ZnO/SiO_2-ZrO_2$ 催化剂，该催化剂具有比表面积大、孔径分布均一的特点，从而表现出较高的活性和甲醇选择性。

综上所述，载体的作用可以概括为以下几个方面：一是作为骨架支撑活性组分；二是对活性组分起分散作用，增加活性位数目；三是与活性组分产生相互作用，稳定某些活性位，提高其活性。另外，还有载体直接参与催化反应的报道，如 Fisher 等和 Bianchi 等认为甲酸盐等含碳中间体的加氢是在载体 ZrO_2 上进行的。

8.2.1.3　助剂

铜基催化剂中助剂的添加可以使 Cu 的分散度、Cu 的电子状态、Cu 与载体的相互作用及载体自身的性质发生变化，从而使催化剂的催化性能发生改变。因此，在铜基催化剂中添加助剂也是其研究的一个重要内容。

（1）稀土元素的添加　迟亚武等的研究表明，在 $Cu/ZnO/SiO_2$ 中掺杂 La_2O_3、CeO_2 后，CO_2 的转化率显著提高，甲醇的选择性略有下降，甲醇的收率有所增加。La_2O_3 使 $CuO/ZnO/SiO_2$ 催化剂的还原温度提高，CeO_2 使催化剂的还原温度下降。La_2O_3、CeO_2 的添加影响 $Cu/ZnO/SiO_2$ 各组分间的相互作用。刘志坚等研究了 La_2O_3 对 Cu/ZnO 催化剂物化性能及催化 CO_2 加氢性能的影响。催化剂经 La_2O_3 改性后，CuO 晶粒明显变细，CO_2 加氢生成甲醇的活性增加。Wang 等在 $Cu/\gamma-Al_2O_3$ 中加入 CeO_2 或 $Y-CeO_2$（Y 掺杂的 CeO_2），催化剂活性和甲醇选择性显著增加。活性和选择性的提高是因为 Cu 与 CeO_2 的表面氧之间有协同作用并形成了界面活性中心，而与载体 Al_2O_3 的分散度和 BET 表面无关。Y 掺入 CeO_2 后产生的氧空穴有利于 CO_2 的活化。CeO_2 或 $Y-CeO_2$ 加入还影响 CuO 的还原峰温度。黄树鹏等考察了经助剂改性的 $Cu/ZnO/Al_2O_3$ 催化剂对 CO_2 加氢合成甲醇反应的性能，结果显示 La_2O_3、CeO_2 掺杂后活性反而有所降低。

（2）过渡元素的添加　Zhang 等研究发现 V 的掺杂提高了 $Cu/\gamma-Al_2O_3$ 催化剂中铜的分散度，从而提高了催化剂的活性，V 的最佳添加量为 6%（质量分数）。王仁国等也有类似的报道。阴秀丽等采用共沉淀法制备了四组分的 $Cu/Zn/Al/Mn$ 催化剂，结果发现添加适量的锰助剂能显著提高催化剂的活性和热稳定性。利用 SEM 和 XRD 方法对催化剂的结构和形貌进行了表征，结果表明锰助剂可以起到阻止 CuO 晶粒长大和促进 CuO 分散的作用。Lachowska 等和 Słoczyński 等也报道了 Mn 对 Cu/ZnO/ZrO$_2$ 催化剂有促进作用。

(3) ⅢA 元素的添加　Toyir 等采用浸渍法制备了 Ga 掺杂的 Cu/ZnO 和 Cu/SiO$_2$ 催化剂。结果表明 Ga$_2$O$_3$ 有促进作用，且促进作用与 Ga$_2$O$_3$ 粒子的大小有关，小的 Ga$_2$O$_3$ 粒子有利于 Cu$^+$ 的生成。Inui 等制备了 Pd、Ga 掺杂的 Cu/ZnO 催化剂。Pd 上吸附的氢有溢流现象，Ga 上的则有反溢流现象。通过 Pd、Ga 的溢流和反溢流可调节催化剂中金属氧化物的还原状态，达到最佳的催化效果。在大的空速下，甲醇的收率显著提高。Liu 等发现 Ga$_2$O$_3$ 与 B$_2$O$_3$ 的掺杂会导致催化剂表面 CuO 含量的变化，从而影响其催化性能。Słoczyński 等考察了 B、Ga、In 掺杂对 Cu/ZnO/ZrO$_2$ 催化剂的影响。结果表明，助剂的添加会改变铜的分散度和催化剂的表面组成，并改变对水（水对甲醇合成不利）的吸附能力，从而影响催化剂的活性和稳定性。其中，Ga 的促进效果最好，In 加入则使催化活性显著降低。

(4) 碱金属和碱土金属元素的添加　碱金属和碱土金属元素掺杂铜基催化剂的报道也有不少。如迟亚武等研究了 Li、Na、K 和 Mg 掺杂的 CuO-ZnO-SiO$_2$ 催化剂。Słoczyński 等在 Cu/ZnO/ZrO$_2$ 中掺入 Mg，提高了铜的比表面积和分散度。

8.2.2　Ni 基催化剂

Ni 基催化剂由于具有高的 CO$_2$ 甲烷化活性和低的成本而受到研究者们的广泛关注，Ni 基催化剂主要以负载型催化剂为主，且催化性能明显受到载体和助剂的影响。

8.2.2.1　载体对催化剂性能的影响

Ni 基 CO$_2$ 甲烷化催化剂常用载体有 SiO$_2$、Al$_2$O$_3$、TiO$_2$、La$_2$O$_3$ 和 ZrO$_2$ 等，载体的结构及化学特性对催化活性影响较大。载体的结构能影响负载活性组分的分散度，合适的载体结构还能提高催化剂的稳定性和抗积炭性能。同时，载体材料的电子结构在很大程度上决定了载体与活性组分之间的相互作用，对催化剂前体材料的可还原性能也有显著影响；载体的电子结构也会影响催化剂对 CO$_2$ 的吸附和活化性能，甚至直接影响 CO$_2$ 甲烷化反应的速率控制步骤。

(1) Al$_2$O$_3$ 载体的影响　γ-Al$_2$O$_3$ 是负载型催化剂的常用载体材料。Rahmani 等采用浸渍法制备了 Ni/γ-Al$_2$O$_3$ 催化剂，Ni/γ-Al$_2$O$_3$ 催化剂保持了载体 γ-Al$_2$O$_3$ 所具有的发达孔结构，且 Ni 活性组分能均匀地分散在催化剂表面。Ni 负载量为 20%（质量分数）、还原温度为 450℃、空速为 9000mL/(g·h)、H$_2$/CO$_2$ 比为 4.0 时，催化剂表现出了优越的 CO$_2$ 甲烷化性能，经 10h 连续反应后，Ni/γ-Al$_2$O$_3$ 催化剂上 CO$_2$ 转化率和 CH$_4$ 选择性分别达 75.5% 和 97.2%。采用等离子体技术处理能有效地改善 Ni/γ-Al$_2$O$_3$ 催化剂的 CO$_2$ 甲烷化性能，尤其是使 CO$_2$ 低温甲烷化性能得到显著提高。在 250℃时 CO$_2$ 转化率可达 84.6%，CO$_2$ 甲烷化性能比常规 Ni/γ-Al$_2$O$_3$ 催化剂提高了 27.2%。等离子处理能促进催化剂前体中硝酸盐的分解，能促进金属 Ni 活性组分在载体表面上的分散和微晶的形成，也能促进 Ni 活性组分在表面富集，改善 Ni 活性组分和载体之间的相互作用，避免催化剂结构或晶型因高温焙烧破坏和烧结，从而促进了更多活性位的形成而显著地提高催化剂的 CO$_2$ 甲烷化活性。

(2) SiO$_2$ 载体的影响　SiO$_2$ 载体具有优越的结构稳定性，被广泛用于 Ni 基 CO$_2$ 甲烷化催化剂载体。将溶胶-凝胶法得到的介孔纳米 SiO$_2$（MSN）用于制备 Ni/MSN 催化剂，研究发现，Ni/MSN 催化剂具有优越的 CO$_2$ 甲烷化性能。不同载体的 Ni 基催化剂上 CO$_2$ 甲烷化活性遵从如下顺序：Ni/MSN＞Ni/MCM-41＞Ni/HY＞Ni/SiO$_2$＞Ni/γ-Al$_2$O$_3$。当 $T=300℃$，H$_2$/CO$_2$=4.0，空速=50000mL/(g·h) 时，Ni/MSN 催化剂上 CO$_2$ 转化率和 CH$_4$ 选择性分别为 64.1％ 和 99.9％，而 Ni/MCM-41 催化剂仅为 56.5％ 和 98.3％。这归因于 Ni/MSN 催化剂具有大的比表面积、孔容及孔径和更小的 Ni 金属粒子尺寸，能为 CO_2 分子的吸附和活化提供更多的空间和活性中心。Zhan 等采用等离子体技术处理后，能显著提高 Ni/SiO_2 催化剂的低温 CO_2 甲烷化性能，反应温度为 250℃ 时 CO_2 的转化率可达 90％。这归因于等离子体处理技术显著地提高了 Ni 活性组分在 Ni/SiO_2 催化剂表面的分散度，能为 CO_2 加氢甲烷化反应提供更多的催化活性位，从而提高了催化剂的催化性能。同时，经等离子体技术处理的 Ni/SiO_2 催化剂具有更佳的 CO_2 "吸附-解离" 性能而具有高的 CO_2 甲烷化性能；且 CO_2 在 "吸附-解离" 过程中产生的氧物种为催化剂表面碳物种的消除提供了氧源，能有效地抑制 Ni/SiO_2 催化剂表面积炭的形成而提高了催化剂的稳定性。

（3）La_2O_3 载体的影响　La_2O_3 特殊的电子结构对 CO_2 分子具有强烈的活化作用。Song 等采用浸渍法制备了 Ni/La_2O_3 催化剂，在 $T=380℃$、$H_2/CO_2=4.0$、空速 $=11000mL/(g \cdot h)$、$p=1.5MPa$ 时，Ni/La_2O_3 催化剂几乎可将 CO_2 完全转化为 CH_4，而 $Ni/\gamma-Al_2O_3$ 催化剂上 CO_2 甲烷化转化率和 CH_4 选择性仅为 6.9％ 和 88.9％。Ni/La_2O_3 和 $Ni/\gamma-Al_2O_3$ 催化剂上 CO_2 甲烷化性能存在较大差异，主要归因于载体 La_2O_3 和 Al_2O_3 对负载 NiO 组分的可还原性具有显著性影响。$NiO/\gamma-Al_2O_3$ 中 NiO 物种与载体发生了强相互作用，使 NiO 物种难以完全还原生成 CO_2 甲烷化活性 Ni 物种。同时，Ni/La_2O_3 和 $Ni/\gamma-Al_2O_3$ 催化剂上 CO_2 甲烷化机理也存在较大差异，Ni/La_2O_3 催化剂用于 CO_2 甲烷化时，CO_2 的活化主要发生在 Ni/La_2O_3 催化剂的载体上，CO_2 分子与载体 La_2O_3 作用生成 $La_2O_2CO_3$ 中间体。$La_2O_2CO_3$ 中间体在一定条件下释放出活化态 CO_2 分子，活化态 CO_2 分子与经 Ni 活性中心裂解产生的活化态 H 原子发生甲烷化反应。

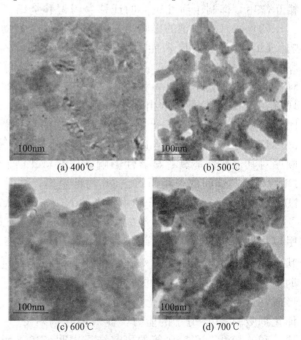

图 8-6　不同温度下制得的 $LaNiO_3$ 催化剂的 TEM 图

(a) 400℃　(b) 500℃　(c) 600℃　(d) 700℃

Gao 等制得了钙钛矿型 $LaNiO_3$ 前体材料，焙烧温度对其结构和 Ni 物种分散性具有显著性影响，在 500℃ 下焙烧制得的前体材料经 H_2 还原后可制得表面 Ni 活性组分分散更均匀的 Ni 基催化剂。该催化剂表现出了高的 CO_2 甲烷化催化活性，在 300℃ 时 CO_2 转化率和 CH_4 选择性分别达 77.7％ 和 99.4％。通过 XRD 进一步研究发现，$LaNiO_3$ 催化剂在 CO_2 甲烷化反应中也形成了 $La_2O_2CO_3$ 晶相，结合表征结果可知，$LaNiO_3$ 催化剂上 CO_2 甲烷化反应机理和 Song 和 Schild 等获得的研究结果相似。不同还原温度下制得的 $LaNiO_3$ 催化剂的 TEM 图，见图 8-6。由图 8-6 可知，在 500℃ 活化下的 $LaNiO_3$ 催化剂，可以观察到明显的分散良好的 Ni 金属粒子。

8.2.2.2　助剂对 CO_2 甲烷化性能的影响

为了改善 CO_2 甲烷化催化剂的催化性能，添加助剂也是行之有效的途径。助剂对催化剂性能的影响主要体现在以下几方面：第一，助剂能有效地改善催化剂的结构性能，甚至提高其比表面积；第二，助剂能改变活性组分与载体之间的化学环境，从而改变催化剂的可还原性能；第三，助剂能与 CO_2 分子间发生电子效应，促进催化剂对 CO_2 分子的吸附和活化而促进甲烷化；第四，助剂能有效地抑制催化剂的高温积炭，限制活性组分的迁移和团聚，提高催化剂的热稳定性和使用寿命。

(1) CeO_2 助剂的影响 CeO_2 能有效地促进催化剂对 CO_2 分子的吸附和活化能力，并能提高催化剂中活性组分前体的可还原性和活性组分的稳定性。Liu 等将 CeO_2 加入 Ni/Al_2O_3 催化剂发现，CeO_2 助剂能改变活性组分与 Al_2O_3 载体之间的作用，抑制 $NiAl_2O_4$ 尖晶石结构的形成，提高催化剂前体中 NiO 物种的可还原性能。使更多 NiO 物种被还原生成金属 Ni 活性物种，为 CO_2 催化甲烷化反应提供更多的活性位而提高催化活性。当 $T=300℃$、$H_2/CO_2=4.0$、空速$=15000mL/(g·h)$、CeO_2 助剂添加量为 2%（质量分数）时，Ni/Al_2O_3 催化剂的 CO_2 转化率由 45.0% 增加到 71.0%。在 350℃ 经 120h 连续反应后，$Ni-CeO_2/Al_2O_3$ 催化剂上 CO_2 转化率仍能保持在 83.0% 左右，而 Ni/Al_2O_3 催化剂在连续使用中出现了明显的失活。

Rahmani 等以 CeO_2、MnO_2、ZrO_2 和 La_2O_3 为助剂，研究了助剂对 $Ni/γ-Al_2O_3$ 催化剂 CO_2 甲烷化性能的影响，助剂的引入并未破坏 $Ni/γ-Al_2O_3$ 催化剂有序的介孔结构，且 CeO_2 和 MnO_2 助剂的掺入能提高 $Ni/γ-Al_2O_3$ 催化剂前体材料的可还原性能，使更多的 NiO 物种在低温下被还原生成金属 Ni 活性物种，能为 CO_2 催化加氢甲烷化反应提供更多的活性中心。同时，CeO_2 能促进催化剂对 CO_2 吸附和活化，生成更易加氢甲烷化的 CO，因此，CeO_2 助剂的掺入对于提高催化剂的 CO_2 甲烷化性能表现出优越的促进作用。同时，CeO_2 助剂的掺入能显著提高 $Ni/γ-Al_2O_3$ 催化剂的使用稳定性，这可归因于 CeO_2 能改善活性组分与载体间的相互作用，抑制了活性组分的迁移、团聚和烧结。

(2) La_2O_3 助剂的影响 Zhi 等以 La_2O_3 为助剂，研究了助剂对 Ni/SiC 催化剂性能的影响。La_2O_3 助剂的掺入能大幅度提高 Ni/SiC 催化剂的低温 CO_2 甲烷化性能。反应温度为 250℃ 时，$Ni-La_2O_3/SiC$ 催化剂的 CO_2 转化率和 CH_4 选择性分别为 39.6% 和 99.6%，而 Ni/SiC 催化剂的仅为 3.84% 和 88.2%。$Ni-La_2O_3/SiC$ 催化剂经 70h 连续反应后仍无明显的失活现象，而 Ni/SiC 催化剂出现了明显失活，这归因于 La 助剂的掺入可抑制 Ni 活性组分的迁移、团聚和烧结，提高了催化剂 Ni 活性组分的稳定性。以多壁碳纳米管（MWCNT）为载体的 Ni/MWCNT 催化剂，经 La 改性后也能显著提高催化剂的催化活性，且 La 和 Ni 负载的先后顺序对其催化性能具有显著性影响，先负载 La 能阻碍 Ni 物种与载体之间的接触，从而削弱 Ni 物种与载体间的作用而阻止 Ni 物种聚集；同时，La 物种能在 Ni 晶粒周围形成壁垒而阻碍 Ni 晶粒的迁移，形成粒子尺寸更小的 Ni 粒子，从而改善了 Ni 催化剂的 CO_2 甲烷化性能。

(3) 其他稀土元素助剂的影响 Hwang 等研究了 Ru 助剂对 $Ni-Fe/Al_2O_3$ 催化剂上 CO_2 甲烷化性能的影响。研究结果表明，Ru 助剂的掺入能提高 $Ni-Fe/Al_2O_3$ 催化剂的比表面积，其比表面积可达 $284.3m^2/g$，高的比表面积能促进 Ni 活性组分在催化剂表面均匀地分散；Ru 助剂与 Ni 活性组分之间的协同作用能抑制 Ni 粒子生长，促进粒径大小均一的金属 Ni 粒子的形成，这可为 CO_2 甲烷化反应提供更多的活性位。同时，Ru 助剂的掺入能提高 $Ni-Fe/Al_2O_3$ 催化剂吸附 CO_2 分子的能力，促进催化剂对 CO_2 分子的活化能力，有助于提高 CO_2 甲烷化活性和选择性。邓庚凤等的研究结果表明，稀土元素对 Ni 催化剂的 CO_2 甲烷化活性有明显的促进作用，且以稀土 Sm 的改性效果最好。一方面，这可归因于 Sm 具有独特的电子结构，与 Ni 晶粒紧密接触的三价态 Sm 氧化物能被还原，且 Sm 氧化物的这种不稳定的还原态具有很强的给电子作用，富集的电子能显著地改变 NiO 的电子环境，使其更容易被还原为金属 Ni 而形成催化活性中心；另一方面，添加 Sm 可降低 NiO 的平均粒径，还原后使 Ni 物种具有更高的分散度和均匀性，能为 CO_2 甲烷化反应提供更多的活性中心；助剂的添加也能有效地提高 Ni 基催化剂吸附 H_2 和 CO_2 分子的能力，这更有利于反应物 H_2 和 CO_2 的活化而提高了反应活性。李懿桐等的研究结果表明，稀土元素对 Ni/ZrO_2 催化剂的 CO_2 甲烷化活性有明显的促进作用。Eu 和 Sm 氧化物含量为 3.0%、反应温度为 350℃ 时，CO_2 甲烷化转化率能分别提高

22.7%和16.1%，这可归因于 Eu 和 Sm 氧化物的添加能促进活性组分与载体间的作用，提高合金的无序性、分散性和粒子分布均匀性；稀土元素的添加也能改善催化剂的酸碱性，从而改善催化剂吸附和活化 CO_2 分子的能力而改善 CO_2 甲烷化催化性能。

8.2.3　非 Ni 基催化剂

除 Ni 基催化剂外，ⅧB 族金属催化剂用于 CO_2 甲烷化的研究也受到广泛关注，如 Co 基催化剂。同时，贵金属 Rh 和 Ru 催化剂也表现出良好的 CO_2 甲烷化性能。

周桂林课题组以有序介孔 SiO_2（KIT-6）、无序介孔 SiO_2（meso-SiO_2）和商品普通 SiO_2 为载体，制得了负载型 Co 基催化剂 Co/KIT-6、Co/meso-SiO_2 和 Co/SiO_2。研究结果表明，Co/KIT-6 催化剂的 CO_2 甲烷化活性明显优于 Co/meso-SiO_2 和 Co/SiO_2 催化剂，归因于 Co/KIT-6 催化剂具有大的比表面积、发达的孔结构和宽的孔径。当 $T=280℃$、$H_2/CO_2=4.6$、空速$=22000mL/(g·h)$ 时，Co/KIT-6 催化剂上 CO_2 转化率和 CH_4 选择性分别为48.9%和100%，Co/meso-SiO_2 催化剂上 CO_2 转化率和 CH_4 选择性分别为40.0%和94.1%，而 Co/SiO_2 催化剂上 CO_2 转化率和 CH_4 选择性仅为28.0%和68.1%。载体 KIT-6 具有长程有序的介孔结构，负载 Co 活性组分制得 Co/KIT-6 催化剂后，能很好地延续载体 KIT-6 的结构特性，保持了发达有序的介孔结构、大的比表面积和长程有序的孔道结构，发达的介孔结构能有效地限制 Co 金属粒子无规则地长大，从而提高 Co 活性组分在催化剂表面的分散度，增加了催化剂活性中心数量，提高催化剂的催化性能。

CO_2 是造成温室效应的主要气体之一，也是重要的潜在碳资源，CO_2 减排和资源化利用进程迫在眉睫。CO_2 催化加氢甲烷化是 CO_2 资源化利用的有效途径，深入研究 CO_2 甲烷化反应，在解决环境问题和能源问题两方面都具有非常重要的现实意义和理论价值。从影响 CO_2 甲烷化催化剂性能的关键点入手，以活性组分和载体作为研究重点，以获得具有高的低温 CO_2 甲烷化活性的催化剂为目标，着力开发高性能 CO_2 甲烷化催化剂，可为 CO_2 甲烷化的工业化奠定基础。

8.3　直接甲醇燃料电池阳极催化剂

直接甲醇燃料电池（DMFC）具有运行温度低、比能量密度高、液体燃料易封装携带、电池结构简单和安全性好等特点，在便携式电子设备和汽车等领域具有广阔的应用前景。

甲醇氧化电催化剂是 DMFC 中的关键材料。目前广泛使用的是 Pt 基电催化剂。由于纯 Pt 一元催化剂容易被甲醇氧化所产生的中间产物（如 CO）毒化，使其催化性能大为降低，添加第二活性组分（如 Ru）可有效解决 Pt 催化剂中毒的问题。目前广为接受的甲醇电催化模型是双功能模型，即在催化剂表面需要两种活性中心：其中甲醇吸附、C—H 键活化和脱质子过程主要是在 Pt 活性位上进行；而水的吸附和活化解离是在另一活性位（如 Ru）上进行，吸附的含碳中间产物和活性含氧物种（如—OH）相互作用进而完成整个阳极反应。在该模型的指导下，人们尝试了多种元素，对 Pt 基二元催化剂进行了大量而深入的研究，同时也对多元（如三元和四元）催化剂进行了初步探索和改进。随着 Pt 资源的日益匮乏和价格的不断攀升，开发高效的非 Pt 基催化剂也是降低成本、促进 DMFC 早日商业化的一个重要方向。目前，DMFC 阳极催化剂的研究主要集中在 Pt 基催化剂、非 Pt 基催化剂和催化剂载体三个方面，本文对此就最近几年来的研究进行了综述。

8.3.1　Pt 基催化剂

（1）二元催化剂　人们在 Pt 基二元催化剂方面做了大量研究，发现 Pt-Ru，Pt-Sn，Pt-W

和 Pt-Mo 等二元合金催化剂较纯 Pt 催化剂在甲醇的催化氧化过程中表现出很高的活性，特别是具有很好的抗 CO 中毒效果。以下从影响催化剂性能的几个因素对近年来的相关工作进行讨论。

阳极催化剂的组成直接影响其性能。Hsieh 等研究了三种二元 Pt-M（M＝Fe，Co 和 Ni）催化剂对甲醇电催化氧化的性能，三种催化剂具有相似的原子比（Pt/Fe＝75/25，Pt/Co＝75/25，Pt/Ni＝72/28），粒子的平均粒径为 5～10nm，且很好地覆盖在碳纳米管（CNT）表面。循环伏安（CV）测试结果表明，这三种催化剂均具有较高的电催化甲醇氧化活性，其中 Pt-Co/CNT 催化剂具有最好的电化学活性、抗毒化能力和长期稳定性。Xu 等采用电沉积法在 Ti 基底上成功合成了 Pt-Co 和 Pt-Mn 电催化剂。Pt-Co 催化剂为 100～200nm 的星形粒子，表面带有大量 10nm 左右的孔隙（见图 8-7），Pt-Mn 为 100～200nm 球形粒子。他们比较了几种不同原子比的 Pt-Co、Pt-Mn 催化剂和纯 Pt 催化剂。结果表明，Pt、$Pt_{10000}Co$、$Pt_{1000}Co$、$Pt_{10000}Mn$ 和 $Pt_{1000}Mn$ 的电化学活性表面积（EASA）分别为 $95m^2/g$、$115m^2/g$、$105m^2/g$、$105m^2/g$ 和 $99m^2/g$。这说明 Co 和 Mn 的加入对 Pt 催化剂 EASA 的影响很小，但对甲醇的电化学氧化过程影响显著：$Pt_{10000}Co$ 和 $Pt_{10000}Mn$ 与在碱性介质中对甲醇氧化的峰电流密度分别为 $49mA/cm^2$ 和 $39mA/cm^2$，比纯 Pt 电催化剂的分别高 3 倍和 2 倍。测试还发现，Pt-Mn 和 Pt-Co 电催化剂对甲醇氧化的稳定性也明显增强。催化剂组成筛选方面的研究主要集中在早期，目前已相对较少。

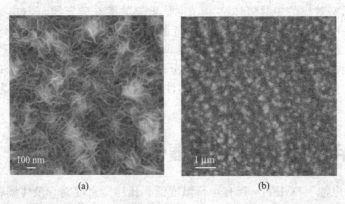

(a)　　　　　　　　　　　(b)

图 8-7　沉积在 Ti 箔基底上的 $Pt_{10000}Co$ 电极的 SEM 照片

催化剂的形貌和结构对其阳极催化性能的影响也很大。这是因为电化学反应过程中所涉及物种在各晶面上的吸附行为完全不同。一维纳米结构（如纳米线和纳米棒等）具有独特的暴露晶面和较高的比表面积，因而它对甲醇氧化具有特殊的催化活性。Liang 等采用电化学方法将 Pt 纳米线沉积到 Nafion 膜中制备了一种新型的一维纳米复合阳极，测试结果表明，该电极比传统电极具有更高的 EASA 和更高电催化甲醇氧化活性。孙世国等分别以 SBA-15 和 MCM-41 介孔分子筛作为模板，采用浸渍还原法制备了纵横比及合金度不同的 Pt-Ru 纳米线和纳米棒电催化剂。测试结果表明，Pt-Ru 纳米线具有较高的合金度和较大的纵横比，在硫酸甲醇溶液中表现出更高的电催化活性。核壳结构作为一种特殊的形貌可影响活性组分的分散度和微结构，并对催化性能具有重要影响。Guo 等采用两步湿化学法制备了带空腔的 Au/Pt 核壳结构纳米材料。与传统的 Pt 催化剂相比，Au/Pt 核壳结构的电催化剂对甲醇氧化和氧气还原表现出更高的催化活性。Zeng 等将 Au/Pt 核壳结构的纳米粒子负载在碳载体上，也得到了相似结果。Wu 等采用两步胶体法制备了一种核壳结构的低 Pt 催化剂 Pd-Pt@Pt/C。该催化剂的核壳结构被 X 射线衍射（XRD）、透射电镜（TEM）和欠电位氢气吸附所证实。对于阳极上的甲醇氧化，该催化剂表现出比商业 Tanaka 50%Pt/C 催化剂高 3 倍的催化活性，且 $I_f : I_b$ 值高达 1.05（一般 Pt 催化剂约为 0.70）。这意味着该催化剂对甲醇氧化具有较高的催化活性和良好的抗毒化性能。Wang 等通过电沉积法和磁控溅射法制备了高度有序的 Pd/Pt 核壳结构纳米线阵列（Pd/Pt NWA）（见图 8-8）。Pd/Pt NWA 在酸性介质中表现出了很高的 EASA 和电催化活性，其对甲醇氧化的质量峰电流密度为 756.7mA/mg，显著高于传统的 Pt-Ru/C（E-TEK）催化剂。他们认为，Pd 相对 Pt 具有较高的亲水性，且 Pd 一维纳米线具有高比表面积，使得有序的 Pd NWA 核对甲醇在 Pt 上的电催化氧化具有明显的促进作用。

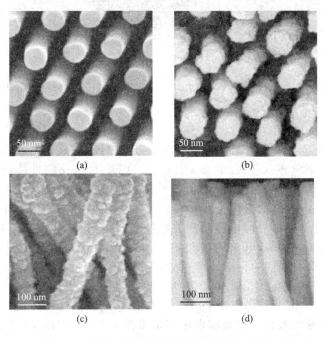

图 8-8　Pd/Pt 核壳结构纳米线阵列的 SEM 照片

（2）多元催化剂　即使对目前最好的 Pt-Ru 二元催化剂而言，甲醇的动力学过程仍然非常缓慢，尚不能满足 DMFC 商业化的要求。另外，Pt-Ru 等二元催化剂的稳定性也是制约其大规模应用的重要原因。在 Pt-Ru 的基础上加入其他组分形成多元催化剂或开发新型 Pt 基多元催化剂以提高阳极催化剂活性和稳定性成为该研究领域的另一热点。

① 三元催化剂　Liao 等采用有机溶胶法在 CNT 上担载 Pt-Ru-Ir 制得平均粒径为 1.1nm 的催化剂（见图 8-9）。Ir 的添加明显改善了催化剂的电催化氧化活性；Pt（111）的 XRD 峰的分裂和转化以及 TEM 结果表明，金属高度分散在载体上，Pt-Ru-Ir/CNT、Pt-Ru/CNT、Pt-Ru-Ir/XC-72 和商业 Pt-Ru/XC-72（Johnson Matthey）在室温于甲醇溶液（0.5mol/L）和硫酸溶液（0.5mol/L）中 CV 扫描时，峰电流密度分别为 $81.7mA/cm^2$、$61.2mA/cm^2$、$33.4mA/cm^2$ 和 $17.4mA/cm^2$，Pt-Ru-Ir/CNT 催化剂活性是商业催化剂的 4 倍。另外，在 0～0.8V 循环 16h 没有观察到活性衰减，表明该催化剂具有较高的抗毒化能力。Zhao 等通过表面活性剂辅助的液相化学法制备了直径约 200nm 的 Pt-Ru-Pd 三元合金空心纳米球（见图 8-10）。CV 测试结果表明，Pt-Ru-Pd 三元空心球催化剂具有较高的电催化甲醇氧化活性。这归因于空心球结构具有的较大的比表面积及 Ru 和 Pd 的协同作用。该法制备的空心球结构大大减少了贵金属用量，可有效降低催化剂的成本。人们还研究了 Pt-Ru-Ni、Pt-Ru-Fe、Pt-Ru-W 和 Pt-Ru-Mo 等阳极催化剂对甲醇氧化的催化活性，发现这些 Pt-Ru 基三元催化剂的性能较

二元催化剂均有不同程度改善。

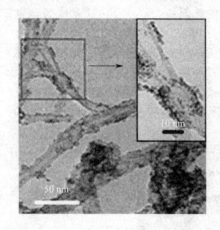

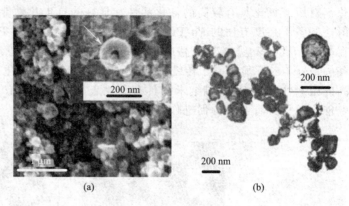

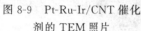

图 8-9 Pt-Ru-Ir/CNT 催化
剂的 TEM 照片

图 8-10 Pt-Ru-Pd 空心球的 SEM 和 TEM 照片

Chen 等通过电势扫描测试评估了 DMFC 中 Pt-Ru/C 电催化剂的稳定性，发现当阳极电势超过 0.6V（vs. DHE）时催化剂的活性组分会出现溶解，从而导致催化剂稳定性下降。随后，Jeon 等研究了氢气或 $NaBH_4$ 还原对 $Pt_{28}Ni_{36}Cr_{36}$/C 催化剂性能的影响。在氢气气氛还原下，通过计时电流法测试观察到 300℃ 下还原的催化剂具有最高的电流密度（1.70 A/m^2），约为 Pt/C 催化剂的 24 倍（0.0685A/m^2），但比 Pt-Ru/C 催化剂的要低。对 $NaBH_4$ 还原的催化剂，600s 计时电流法测试结果表明，用 50 倍化学计量比的 $NaBH_4$ 还原制得的 Pt-Ni-Cr/C 催化剂，其电流密度最高（34.1A/g），比 Pt-Ru/C 催化剂（18.8A/g）高 81%。当 $NaBH_4$ 以 100 倍的化学计量比加入时，催化剂的催化活性明显下降。这可能是由于过多的 $NaBH_4$ 导致催化剂形成了非晶相和更多的富 Pt 表面，从而使其表面与纯 Pt 类似，降低了催化活性。Chen 等为提高 DMFC 阳极催化剂的活性、降低贵金属用量，制备了 Pt-Ni-Pb/C 三元合金催化剂，并以玻碳电极测定了催化剂在 0.5mol/L CH_3OH 和 0.5mol/L H_2SO_4 溶液中的 CV 特性曲线。结果表明，Pt、Ni 和 Pb 的摩尔比为 5∶4∶1 时，Pt-Ni-Pb/C 催化剂的活性最高，远高于商业 E-TEK 催化剂。Toshima 等采用共还原和自组装法，用 PVP 作为保护剂成功合成了 Au-Pt-Rh 三元金属纳米颗粒，该三元催化剂具有核壳结构，并表现出很高的催化活性。XPS 测试结果表明，这种高的催化活性是由于颗粒的不同原子间连续的电子效应所导致的。

② 四元催化剂 1998 年，Reddington 等成功制备了 $Pt_{44}Ru_{41}Os_{10}Ir_5$ 四元催化剂，并发现该催化剂在 60℃ 时对甲醇氧化的催化活性明显高于 $Pt_{50}Ru_{50}$。随后，人们开始对其他四元催化剂展开了研究。Jiang 等通过在溶液中电催化还原金属氯化物前驱体的方法制得了薄壁介孔结构的 Pt-Pd-Ru-Os 四元合金催化剂。SEM 结果表明，该催化剂由平均直径约 120nm 的纳米球构成，其平均摩尔组成为 $Pt_{37}Pd_{33}Ru_{22}Os_{10}$。该催化剂的 EASA 高达 105$m^2$/g，远高于一般方法所制备的催化剂。Neburchilov 等将低 Pt 含量的 Pt-Ru-Ir-Sn 四元催化剂用在 DMFC 阳极上，发现当 Pt 载量仅为 E-TEK 催化剂的 10% 时就能达到相同的催化性能，并且他们认为 Ir 的添加可以抑制 Ru 的溶解，因此稳定性也得到改善。不过，四元催化剂的制备和最佳比例的筛选烦琐且成本太高，目前相关研究已逐渐减少。

（3）其他类型 Pt 催化剂 人们还对 Pt-金属氧化物类阳极催化剂进行了探索。Song 等制备了 TiO_2-Pt/CNT 复合催化剂，研究了热处理温度对其活性的影响，以及催化剂对甲醇和 CO 的电催化氧化性能。结果表明，TiO_2 与 Pt 以适宜的摩尔比复合可大大提高催化剂对甲醇和 CO 的电催化氧化活性。Wang 等制备了纳米 CeO_2 均匀混合的 CeO_2-Pt/CNT 催化剂。结果表明，CeO_2 添加后，催化剂对甲醇的氧化电流大大提高，CeO_2 对 CO 的电催化氧化的动力学活性也得到显著提高。Liu 等通过微波辅助的多元醇法合成了 Vulcan XC-72 负载的 Pt-SnO_2 纳米粒子。DMFC 单电池测试结果表明，Pt-SnO_2/C 具有比 Pt/C 和 Pt-Ru/C 更高的电催化活性。综上可见，Pt 和金属氧化物（TiO_2、CeO_2 和 SnO_2 等）的复合可有效改善其催化性能。

人们还探讨了非金属元素的加入对阳极催化剂活性的影响。Xue 等用 NaH_2PO_2 为还原剂制备了 P 掺杂的 Pt-Ru-P/C 电催化剂。DMFC 测试结果表明，其电催化活性远高于 Pt-Ru/C 催化剂，且最大功率密度是 Pt-Ru/C 催化剂的 1.7 倍。Shimazaki 等基于催化剂的长期稳定性问题，提出将 Si 固定在 Pt-Ru/C 催化剂的表面；所制备的催化剂与商业催化剂活性相当，并且发现在运行 1000h 后催化活性无明显下降。这表明该催化剂具有很高的稳定性。

8.3.2　非 Pt 基催化剂

近几十年来，甲醇氧化电催化所使用的催化剂绝大多数是使用 Pt 基合金，但由于 Pt 等元素的价格昂贵且资源匮乏，使得 DMFC 的成本一直居高不下。因此，人们在不断探索非 Pt 系甲醇氧化催化剂，它具有价格便宜和抗毒化能力高等显著优点。目前研究的非 Pt 基催化剂主要包括金属碳化物和过渡金属氧化物。

金属碳化物主要通过金属盐或金属混合物在还原气氛下高温还原和碳化处理制得。McIntyre 等的研究表明，金属碳化物中最具有活性的组分是 Ni；而碳化钨则在酸性介质中有很好的抗腐蚀性，能够有效防止活性组分 Ni 的腐蚀和流失。Mc Intyre 等还采用机械混合法制备了 TaNi 合金，然后在 80%CH_4-20%H_2 混合气中高温碳化处理，发现此催化剂对甲醇氧化的活性高于对氢气氧化的活性。该类金属碳化物作为低温甲醇氧化的非 Pt 基催化剂材料具有一定的潜力。Rebello 等研究了过渡金属氧化物对甲醇氧化的催化性能，采用热分解法制备了 Fe-MnO_x 和 Ni-MnO_x。CV 测试结果表明，Ni-MnO_x 电催化甲醇氧化的活性高于 Fe-MnO_x。他们还研究了不同焙烧温度对 Ni-MnO_x 催化性能的影响，发现在 450℃ 下制得的 Ni-MnO_x 具有较好的催化性能。

在非金属催化剂的研究方面，Lu 等采用模板法制备了非金属碳氮化物纳米管，并研究了其对甲醇氧化的催化性能。他们发现这种催化剂的性能很差，目前还难以成为 Pt 基催化剂的替代品；但经过适当优化后可作为高活性阳极催化剂的载体。虽然非 Pt 金属催化剂方面的研究工作尚较少，但是从降低成本的角度来看，它将会是一个有发展前景的重要方向。

8.3.3　催化剂载体

一般认为，适宜的燃料电池催化剂载体应具有良好的导电性、较大的比表面积、合理的孔结构及优良的抗腐蚀性等特点。针对传统导电炭黑载体的不足，人们对碳纳米管（CNT）、介孔碳和碳气凝胶等新型碳材料以及非碳材料作为催化剂载体进行了研究。

（1）碳载体

① 碳纳米管（CNT）　CNT 是一种中空管状一维纳米结构，具有导电性高、化学性质稳定、力学强度高等优点，在燃料电池催化剂载体方面有着良好的应用前景。Liao 等分别以 CNT 和 XC-72R 为载体制备了 Pt-Ru-Ir 催化剂，发现 Pt-Ru-Ir/CNT 催化剂的活性是商业化 Pt-Ru-Ir/XC-72R 催化剂活性的 2 倍多。Liu 等使用 EDTA-2Na 作为稳定剂在 CNT 上制备了高度分散的 Pt 纳米颗粒，发现 Pt/CNT 催化剂对甲醇氧化的催化活性比 Pt/XC-72R 和 Johnson Matthey 催化剂分别高出 2 倍和 3 倍。他们认为这是由于 Pt 纳米粒子在 CNT 上的高度分散和 CNT 载体的特殊性质。Yoo 等也发现 CNT 对 Pt-Ru 上甲醇氧化活性具有明显的促进作用。这一方面是由于 CNT 与 Pt-Ru 之间独特的相互作用可大大提高活性组分的抗 CO 能力；另一方面，相对于一般炭黑而言，CNT 有利于电极内的电子传递，可促进电化学反应的传荷过程，进而改善催化性能。

CNT 按照石墨烯片的层数分类可分为：多壁碳纳米管（MWCNT）、双壁碳纳米管（DWCNT）和单壁碳纳米管（SWCNT）。Prabhuram 等用 CH_4 催化裂解制备了 MWCNT，用 $NaBH_4$ 还原法在 MWCNT 和 XC-72R 上负载 PtRu 制成催化剂，发现前者具有更高的甲醇氧化活性。与 MWCNT 相比，SWCNT 由单层圆柱形石墨层构成，具有直径分布范围小、缺陷少以及比表面积高等特点，有利于活性组分的分散。Girishkumar 等以 SWCNT 作为 Pt-Ru 的载体。DMFC 测试结果表明，Pt-Ru/SWCNT 的能量密度比 Pt-Ru/C 的高出近 30%。Wang 等以导电性较好的 DWCNT 负载 Pt-Ru，测试结果发现 Pt-Ru/DWCNT 的最高功率密度为 Pt-Ru/C 的 1.68 倍。

② 碳纳米纤维（GNF）　GNF 一般由烯烃（如乙烯）在催化剂作用下用化学气相沉积法制备。GNF 由于石墨化程度高而具有高导电性、低电阻和大比表面积等特点，近年来受到广泛关注。Bessel 等采用浸渍法制备了不同形貌的 GNF 担载 Pt 催化剂。他们发现，5%Pt/GN-Fs 催化剂的性能相当于 25%Pt/Vulcan XC-72R 的性能。Maiyalagan 通过微波辅助的多元醇法将硅钨酸稳定的 PtRu 粒子负载在功能化的 GNF 上。CV 测试结果表明，GNF 负载的复合催化剂（20% Pt-Ru/STA-GNF）在甲醇氧化测试过程中表现出比商业的 Johnson Mathey 20%OPt-Ru/C 和 20%OPt-Ru/STA-C 催化剂更高的活性。

③ 介孔碳（MC）　介孔碳是一类具有规则孔道结构的碳材料，孔径处于 2~50nm，具有发达的孔结构和较高的比表面积。MC 常用的合成方法是硬模板法。即利用 MCM-48 和 SBA-15 等介孔分子筛作为模板，选择适当的前驱体，在酸催化下使前驱体碳化并沉积在介孔材料的孔道内，用 HF 或 NaOH 等溶掉介孔 SiO_2 后即得介孔碳。Joo 等以 SBA-15 为模板、二乙烯基苯和偶氮二异丁腈为聚合物前驱体制备了泡沫介孔碳（MCF-C），其孔径单一均匀，比表面积为 $810m^2/g$，孔体积为 $2.4cm^3/g$；以其为载体的 Pt/MCF-C 催化剂比 Pt/Vulcan XC-72R 具有更高的 EASA 和 Pt 分散度，因而表现出更高的甲醇氧化活性。

④ 碳气凝胶（CA）　CA 是通过高温碳化有机气凝胶得到的产物，它是一种质轻、比表面积大、中孔发达、导电性良好和电化学性能稳定的纳米多孔网络状非晶碳材料。与其他碳材料相比，它可以通过控制溶胶-凝胶过程中催化剂浓度和溶剂浓度来调节 CA 颗粒的尺寸和孔径分布。Marie 等用 CA 作为 Pt 催化剂的载体，与商品化 Pt/C（E-TEK）催化剂相比，前者显示了更高的比活性。Wei 等以间苯三酚和甲醛为前驱体，以 CTAB 为凝胶催化剂制备了 CA，以其为载体制备的 Pt/CA 催化剂中 Pt 粒子平均粒径为 2.3nm。该催化剂的 EASA 为 87.4 m^2/g，质量比活性为 395.3A/g，明显高于商业 Pt/C 催化剂。

（2）其他类型载体　由于碳载体的疏水性，在水相合成催化剂时，纳米粒子容易发生团聚。因此，人们开始研究具有亲水性的导电聚合物载体。导电聚合物是一种具有大 π 键的共轭大环聚合物，其长程共轭性决定了这类聚合物刚性的链结构，通常不溶且不熔，具有一维特性，故也常被称为一维导电聚合物。它具有多孔结构（颗粒或纤维状）、大比表面积、良好的环境稳定性以及较高的电导率等特征，因此可用于载体。目前，已有报道证明金属微粒（Pt 和 Pd 等）修饰的聚苯胺、聚吡咯和聚噻吩等电极对一些有机小分子（甲醇、甲醛和甲酸等）氧化具有很高的催化活性。铟锡氧化物、碳氮化物和碳化钨等为催化剂载体时催化活性偏低，尚有待进行深入研究。

8.4 机动车尾气净化催化材料

8.4.1 汽车尾气的成分

汽车尾气主要是指从排气管排出的废气。废气中含有 100 多种不同化合物和铅尘以及炭黑等颗粒物。尾气中的有害成分主要包括一氧化碳（CO）、烃类化合物（HC）、氮氧化合物（NO_x）和可吸入颗粒物（PM）等。

这些有害成分的形成机理是由于燃料不完全燃烧或燃气温度较低。尤其是在程序启动，喷油器喷雾不良或超负荷工作运行时，燃油不能很好地充分燃烧，必定生成大量的 CO、HC 和煤烟。而另一部分有毒物质，是由于燃烧室内的高温、高压而形成的氮氧化合物 NO_x。

8.4.2 汽车尾气的危害

随着汽车工业的大发展，不可避免地会带来三方面的问题：能源短缺、环境污染以及城市交通拥堵现象。汽车尾气作为大气污染的重要来源，正逐渐成为环境污染的焦点问题。汽车尾气不但加剧了大气污染问题，其中不乏热点话题，如灰霾、$PM_{2.5}$ 等，都给人们的日常生产、生活带来了严重影响，对人体造成的损害更是不可估量。一方面，汽车尾气严重影响城市下垫面的状况，引发一系列社会环境问题，如城市热岛效应等；另一方面，汽车尾气在污染人类生存环境的同时，更是直接对人体健康产生更大的危害。

有关消除 NO_x 催化剂的研究，国内已有较多报道，主要集中在选择性催化还原的催化剂上。但是，有关解决 PM 排放问题的催化剂则较少有文献报道。炭黑是 PM 的主要成分，对于炭黑颗粒的排放主要有三种解决方法：一是燃料的改进或使用新型的替代燃料；二是柴油车发动机的改进；三是排放后处理系统。前两种方法不可能彻底解决炭黑颗粒的排放问题。用颗粒过滤器收集炭黑颗粒，同时使炭黑颗粒被氧化为 CO_2 是减少炭黑颗粒物污染的最直接有效的排放后处理方法。然而，炭黑颗粒的热氧化温度高达 825~875K，柴油车的排气温度为 450~675K。因此，需要一种催化活性高的催化剂来降低炭黑颗粒的氧化温度，使过滤器上的炭黑颗粒被氧化除去而再生，避免炭黑颗粒在过滤器上的过度积累，堵塞过滤器，影响柴油车的性能。

对于过滤器上的催化剂涂层，炭黑颗粒与催化剂之间的接触被认为是一个很重要的反应速率控制因素。实验室研究炭黑颗粒与催化剂之间的接触有两种：一种是紧密接触，这是为了研究在最佳条件下催化剂的内在本质活性；另一种是松散接触，这是接近于实际柴油车排气条件下的催化剂活性研究。催化剂在松散接触时的活性总是低于紧密接触时的活性，但活性降低的程度随催化体系的不同而有很大差异。选择合适的催化体系，例如一些具有低熔点和高挥发性的熔融金属盐或氯化物等能使催化剂在松散接触时的催化活性接近于在紧密接触时的催化活性。表示催化剂活性的炭黑颗粒燃烧温度的方式也有多种，如起始燃烧温度 T_{ign}，燃烧速率最大时的温度 T_{comb}，以及燃烧失重率为 x 时的温度 T_x 等。按活性组分的不同，催化燃烧炭黑颗粒的催化剂大体可分为碱金属或碱土金属催化剂、贵金属催化剂、过渡金属催化剂以及复合型催化剂。

8.4.3 碱金属和碱土金属催化剂

碱金属被认为是较好的催化炭黑颗粒氧化的催化剂。由于碱金属及其氧化物在空气中不稳定，因此在研究碱金属催化氧化炭黑颗粒时通常使用其氢氧化物或盐类。在松散接触时碱金属的催化活性很低，炭黑颗粒的 T_{ign} 比紧密接触时高约 100K。这种现象有两种解释：一种解释是碱金属的氢氧化物或盐类的吸湿性很强，这些溶化的催化剂颗粒由于表面张力的存在而使催化剂和炭黑颗粒的接触性很差；另一种解释是碱金属碳酸盐的形成，它在与炭黑颗粒紧密接触时被认为是通过 M—O 键与 C 相互作用，形成 C—O—M 物种，使炭黑颗粒的 T_{ign} 降低。

Plsarello 等在以 KOH 为活性组分，以 MgO、La_2O_3 和 CeO_2 为载体的催化剂催化炭黑颗粒氧化的研究中发现，当 K 的负载量在 $4.5\%\sim10\%$ 及焙烧温度在 $673\sim973K$ 时，T_{comb} 都在 $623\sim673K$ 间，而且催化剂显示出良好的水热稳定性，反应机理涉及在这些催化剂上的氧化还原反应和表面碳酸盐物种的生成；结果表明在松散接触和紧密接触时催化剂的活性接近，说明催化剂的表面迁移度足够高，可以避免炭黑颗粒与催化剂混合时接触不充分的影响。但是，用含 SO_2 的气体处理催化剂后，由于改变了催化剂表面的酸碱性质，影响中间产物碳酸盐的生成，从而使催化剂活性降低，炭黑颗粒的 T_{ign} 升高。碱金属卤化物（LiCl、LiF、KCl、KF 和 CsCl）能使炭黑颗粒的 T_{50} 下降100K 以上。对于浸渍在碳纤维素上的碱金属碳酸盐催化剂涂层，其活性顺序为 Cs＞Rb＞K＞Li。Canascull 等对 KNO_3/ZrO_2 催化剂在含 NO 和 O_2 的反应气氛下进行炭黑颗粒的燃烧时发现，催化剂能显著降低炭黑颗粒的燃烧温度，而且随着 KNO_3 含量的增加，催化剂活性逐渐升高。没有催化剂时，炭黑颗粒燃烧的 T_{comb} 为893K；当使用 KNO_3 含量为 $10\%\sim20\%$ 的催化剂时，T_{comb} 下降约245K。在紧密接触和松散接触时，其 T_{comb} 仅相差10K。这是由于 KNO_3 负载于 ZrO_2 载体上增强了炭黑颗粒与催化剂的相互接触，同时 KNO_3 也起到催化剂的作用。

在炭黑颗粒与催化剂紧密接触时，碱土金属或其氧化物也有一定的催化活性。Ba 催化剂能使炭黑颗粒的燃烧温度降低 $100\sim150K$；在673K 下焙烧后的 $22\%Ba/CeO_2$ 催化剂与 $7\%K/CeO_2$ 催化剂的活性相近。但是，所有的碱土金属氧化物在与炭黑颗粒松散接触时的催化活性都很低，如 CaO 催化燃烧炭黑颗粒的 T_{comb} 为872K。这是由于碱土金属氧化物的熔点普遍较高，其表面原子的移动性较差，故炭黑颗粒与催化剂的活性位的接触较差，从而导致催化剂活性较低。

8.4.4　贵金属催化剂

贵金属催化剂 Pt、Rh、Pd 和 Au 等用在处理柴油车尾气中，一般是负载于氧化物载体上，由贵金属与氧化物载体的协同作用脱除 NO_x 和炭黑颗粒。研究发现，在富氧气氛下贵金属催化剂几乎没有催化活性，当反应气体中出现 NO_x 时贵金属催化剂则表现出很高的催化活性。关于贵金属催化剂催化氧化炭黑颗粒的机理，一般认为是通过间接催化的方式，也就是贵金属催化剂将 NO 催化氧化为 NO_2；而 NO_2 的氧化能力比 O_2 更强，NO_2 的存在更有利于碳表面氧配合物种 SOC 的形成，使炭黑颗粒的氧化速率显著加快。

Craenenbroeck 等发现，$Au-VO_x$ 催化剂能将炭黑颗粒的 T_{ign} 降低 $100\sim150K$。Au 在其中的作用有两个方面：一方面是 Au 颗粒促进氧的传递从而提高了炭黑颗粒的燃烧活性，这种作用在低钒负载量（没有 V_2O_5 出现）时是非常明显的；另一方面是当钒在催化剂表面饱和而有 V_2O_5 出现时，添加 Au 会造成炭黑颗粒与催化剂的接触点减少，从而减慢炭黑颗粒的燃烧速率。对于 Pt、Pd 和 Rh 三种元素来说，Pt 的氧化特性极好，但容易将 SO_2 氧化为 SO_3，而 SO_3 与水反应生成硫酸，硫酸与金属或金属氧化物反应生成各种硫酸盐可能会覆盖在催化剂的活性位上使其失活；与 Pt 相比，Pd 只排放中等数量的硫酸盐，甚至在较高温度下也是如此；Rh 与 Pt 及 Pd 两者不同，它是以化学当量结合的方式降低 NO_x 的催化剂，对炭黑颗粒燃烧的催化活性很低，故 Rh 不宜作为柴油机颗粒物消除的贵金属催化剂，但 Rh 有抑制 Pt 上生成 SO_3 的能力。

对于含 Pt 的贵金属催化剂，活性组分 Pt 的前体化合物的选择对其催化活性有较大影响。以 $Pt(NH_3)_4(OH)_2$ 为前体的 Pt/SiO_2 催化剂的活性比以 H_2PtCl_6 和 $Pt(NH_3)_4(NO_3)_2$ 为前

体的 Pt/SiO_2 及 Pt/ZrO_2 催化剂的活性高。不同氧化物载体对负载 Pt 催化剂的性能有很大影响。研究表明，在模拟柴油车尾气（含 NO、SO_2、H_2O、O_2 和 N_2）及炭黑颗粒与催化剂松散接触的条件下，对于 Pt/MO_x 体系（M 为 Ti、Zr、Al、Ta、W、Nb、Sn、Si、Ce、Mo 和 V 等），Pt/Ta_2O_5 的催化活性最高；对于 $Pt/MO_x/SiC$ 体系，由于它们具有更大的比表面积，故其催化氧化活性和热稳定性高于 Pt/MO_x 体系。在所有单个氧化物的 $Pt/MO_x/SiC$ 体系中，$Pt/TiO_2/SiC$ 的催化活性最高，程序升温反应发现炭黑颗粒的 T_{10}、T_{50} 和 T_{90} 分别为 627K、683K 和 779K。进一步研究发现，选用复合氧化物载体比单个氧化物载体的催化剂活性更高，其中 Pt/TiO_2-$SiO_2/SiC[n(TiO_2)/n(TiO_2+SiO_2)=0.4\sim0.7]$ 具有最高的催化活性（$T_{10}=$ 594K）。这主要归因于复合氧化物载体减少了 Pt 与载体或载体与硫酸之间的相互作用。在不同反应气氛下，催化剂活性因载体氧化物的不同而差异很大。当反应气中含有 SO_2 和 H_2O 时，Pt/MO_x 体系中非碱性金属氧化物（如 Ta_2O_5、Nb_2O_5、SnO_2 等）显示出较高的催化活性。这归因于其非碱性及对 SO_3 和 H_2SO_4 很弱的亲和力，使负载的 Pt 不易被覆盖而失活。同时，由于 SO_2 的存在对 NO 吸附氧化生成 NO_2 高温吸附物种有利；在 H_2SO_4 的催化作用下碳与 NO_2 的反应加快，从而促进了碳被 NO_2 氧化。当 Pt 负载于碱性金属氧化物如 TiO_2 或 ZrO_2 上时，由于碱性金属氧化物具有较强的亲和力，SO_3 和 H_2SO_4 被捕获覆盖在 Pt 的表面，从而使催化剂中毒而失活。但是，对于 $Pt/MO_x/SiC$ 体系，由于反应气中的 SO_2 和 H_2O 所生成的 SO_3 和 H_2SO_4 并不吸附在载体氧化物上，不会覆盖 Pt 的活性位；又由于 SO_2 对生成 NO_2 的促进作用，因而反应气中 SO_2 的存在总能促进 $Pt/MO_x/SiC$ 催化剂活性的提高。

8.5 发电厂烟道气催化处理技术

8.5.1 固定污染源排放的催化净化

固定污染源指排放位置和地点固定不变的污染源，如电厂锅炉、各种厂矿的工业锅炉等。在固定污染源的燃料消耗中，燃煤占有相当大的比重。煤炭燃烧过程中会产生大量污染物，排放的烟气中对环境造成污染的物质主要是一氧化碳（CO）、硫氧化物（SO_x）、氮氧化物（NO_x）及可吸入颗粒物（PM）。

NO_x 是主要的大气污染物之一，常见的 5 种氮的氧化物为 N_2O、NO、N_2O_3、NO_2 和 N_2O_5，统称为 NO_x，其中污染大气的主要是 NO 和 NO_2。NO_x 来源分为天然源和人为源，人为造成的 NO_x 排放具有浓度高、排放地点集中等特点，对环境影响大。固定源排放的 NO_x 中 90% 为 NO，尽管 NO 对人体和环境危害的事例尚未发现，但由于 NO 在空气中不稳定，容易发生化学反应，一旦其转化为其他类型有害物质就会对人类健康和环境产生严重影响。同时 NO_x 也是造成酸雨、光化学烟雾发生的重要前体物，其排放量的增加，不仅会造成空气中 NO_2 浓度的增加，区域酸沉降趋势不断恶化，而且还会使对流层 O_3 浓度增加，并在空气中形成微细颗粒物，从而对公众健康和生态环境产生巨大危害。另外，氮沉降量的增加还会造成地下水污染、地表水富营养化，并对陆地和水生生态系统造成破坏。

8.5.2 烟气选择性催化还原脱硝原理和技术

通常把通过改变燃烧条件来降低燃料燃烧过程中产生 NO_x 的各种技术措施，统称为低 NO_x 燃烧技术。工业实践表明，与尾部烟气脱硝技术相比，低 NO_x 燃烧技术相对简单，是目前采用最广泛且经济有效的措施。在通常情况下，采用各种低 NO_x 燃烧技术最多仅能降低 NO_x 排放量的 50% 左右。因此，当对燃烧设备的 NO_x 排放要求较高时，单纯采用燃烧改进措施往往不能满足排放要求，需要采用尾部烟气脱硝技术来进一步降低 NO_x 的排放。

燃烧后烟气脱硝技术是通过各种物理、化学过程使烟气中的 NO_x 还原或分解为 N_2 和其他物质，或者以消除含 N 物质的方式去除 NO_x 的各种技术措施。按反应体系的状态，烟气脱硝技术可大致分为干法（催化法）和湿法（吸收法）两类。

湿法烟气脱硝是指利用水或酸、碱、盐及其他物质的水溶液来吸收废气中的 NO_x，使废气得以净化的工艺技术方法。根据所选择吸收剂性质的不同，可以分为水吸收法、酸吸收法、碱吸收法、液相配合吸收法、尿素溶液吸收法等多种方法。湿法工艺可用吸收剂种类很多，来源较广，适应性强，可以实现 SO_x 和 NO_x 的同时脱除。脱除 NO_x 的效率一般较高（90%），但该技术存在以下问题。

① 由于 NO 难溶于水，因此使用溶液吸收前需将 NO 氧化为 NO_2，这个过程成本比较高。

② 生成的副产物 HNO_2 和 HNO_3 需要进一步处理。

③ 烟气中 $SO_x/NO_x \geqslant 3$，NO_x 脱除率才可能达到 70% 以上。

④ 容易造成二次污染。因此，湿法脱硝的商业价值有限，这里不深入阐述。

干法烟气脱硝技术主要包括选择性催化还原法（SCR）、选择性非催化还原法（SNCR）、电子束法（EB）、脉冲电晕低温等离子体法（PCIPCP）、SNRB（SO_x-NO_x-RO_x-BO_x）联合控制工艺、联合脱硝脱硫技术（SNO_x）工艺、固体吸收/再生法等。与湿法脱硝技术相比，干法脱硝技术效率较高、占地面积较小、不产生或很少产生有害副产物，也不需要烟气加热系统，因此绝大部分电厂锅炉采用干法烟气脱硝技术。虽然 NO_x 催化脱除技术操作成本较高，但其易于和现有燃烧器相匹配、受燃料类型影响小，而且脱除效率高，因此受到越来越多的关注。催化脱除技术一般常用的为选择性催化还原法。

选择性催化还原法是目前国际上应用最为广泛的烟气脱硝技术。该方法主要采用氨作为还原剂，将 NO_x 选择性还原成 N_2。NH_3 具有较高的选择性，在一定温度范围内，它主要与 NO_x 发生作用，而不被烟气中的 O_2 氧化，因而比无选择性的还原剂脱硝效果好。当采用催化剂来促进 NH_3 和 NO_x 的还原反应时，其反应温度操作窗口取决于所选用催化剂的种类。根据所采用催化剂的不同，催化剂反应器应布置在烟道中相应温度的位置。

欧洲、日本、美国是当今世界上对燃煤电厂 NO_x 排放控制最先进的地区和国家，他们除了采取燃烧控制之外，广泛应用的是 SCR 烟气脱硝技术。1979 年，世界上第一个工业规模的 $DeNO_x$ 装置在日本 Kudamastsu 电厂投入运用，到 2002 年，日本共有折合总容量大约为 23.1GW 的 61 座电厂采用了 SCR 脱硝技术。德国于 20 世纪 80 年代引入 SCR 技术，并在多座电厂试验采用不同方法脱硝，结果表明 SCR 是最好的方法。到 20 世纪 90 年代，在德国有 140 多座电厂使用了 SCR 技术，总容量达到 30GW。

（1）SCR 的工作原理（见图 8-11）　SCR 主要在约 280~420℃ 的烟气中喷入尿素或氨，将 NO_x 还原成 N_2 和 H_2O。以尿素为还原剂，先发生水解反应：

$$NH_2-CO-NH_2 \longrightarrow NH_3 + HNCO$$
$$HNCO + H_2O \longrightarrow NH_3 + CO_2$$

氨选择性还原 NO_x 的主要反应式如下：

$$4NH_3 + 4NO + O_2 \longrightarrow 4N_2 + 6H_2O$$
$$8NH_3 + 6NO_2 \longrightarrow 7N_2 + 12H_2O$$
$$2NH_3 + NO + NO_2 \longrightarrow 2N_2 + 3H_2O$$

（2）常规高温 SCR 技术　以钒基催化剂为代表：V_2O_5-WO_3/TiO_2，在 150℃ 已经具备明显活性，最佳反应温度下限在 280℃，上限大概为 380~420℃。各活性成分主要作用如下。

V_2O_5：钒是其中最主要的活性成分，通常不超过 1%。

TiO_2：以具有锐钛矿结构的 TiO_2 作为载体，钒在 TiO_2 表面有很好的分散度；SO_3 反应很弱且可逆。

WO_3：增加催化剂的活性和热稳定性，大约 10%。

MoO_3：提高催化剂活性和防止 As 中毒。

（3）常温 SCR 催化剂工程应用

① 布置方式

a. 蜂窝式　属于均质催化剂，目前市场占有份额最高。以 Ti-W-V 为主要活性材料，采用 TiO_2 等物料充分混合，经模具挤压成型后煅烧而成。

b. 平板式　以金属板网为骨架，Ti-Mo-V 为主要活性材料，采取双侧挤压的方式将活性材料与金属板结合成型。

c. 波纹式　以玻璃纤维或陶瓷纤维为骨架，由丹麦 Topsoe 公司开发。

② 工艺方法　一般采用浸渍法，SCR 脱硝系统包括脱氮反应器、还原剂储存及供应系统、氨喷射器、控制系统 4 个部分（见图 8-12）。

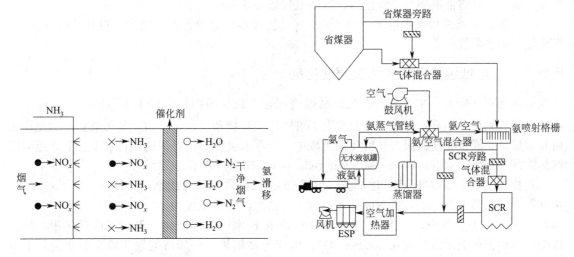

图 8-11　SCR 法脱硝基本原理　　　　图 8-12　SCR NO_x 系统示意图

SCR 系统在锅炉尾部烟道中安装的位置，有三种可能的方案，见图 8-13。

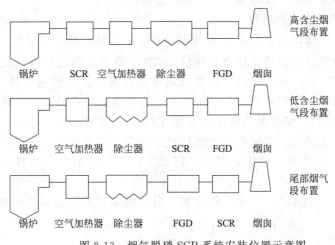

图 8-13　烟气脱硝 SCR 系统安装位置示意图

③ 制氨系统（3 种制氨方法比较见表 8-5）

表 8-5　3 种制氨方法的比较

项目	纯氨	氨水	尿素
反应剂费用	便宜	较贵	最贵
运输费用	便宜	贵	便宜
安全性	有毒	有害	无害
储存条件	高压	常规大气压	常规大气压,固态(加热,干燥空气)
储存方式	液压(箱装)	液态(箱罐)	微粒状(料仓)
初投资费用	便宜	贵	贵
运行费用	便宜,需要热量蒸发液氨	贵,需要高热量蒸发蒸馏水和氨	贵,需要高热量水解尿素和蒸发氨
设备安全要求	有法律规定	需要	基本上不需要

a. 尿素法　运输卡车把尿素卸到卸料仓,干尿素被直接从卸料仓送入混合罐。尿素在搅拌器搅拌至完全溶解,然后用循环泵将溶液抽出。

b. 纯氨法　液氨由槽车送到液氨储槽,液氨储槽输出的液氨在氨气蒸发器内经 40℃ 温水蒸发为氨气,并将液氨加热至常温后,送到氨气缓冲槽备用。

c. 氨水法　通常将氨水溶液（20%～30%）置于存储罐中,然后通过加热装置使其蒸发,形成氨气和水蒸气。

8.5.3　NOₓ 低温选择性催化还原催化剂

氮氧化物（NO_x）主要来自石化燃料燃烧,它不仅是酸雨形成的主要原因,而且可与烃反应,形成光化学烟雾,目前已成为仅次于可吸入颗粒物和二氧化硫的大气污染物。因此,如何有效地消除氮氧化物已成为目前环保领域中一个令人关注的重要课题。目前工业上广泛应用的是选择性催化还原（selective catalytic reduction，SCR）技术。

其核心主要是以 NH_3 或其他烃类（包括 CO 和 H_2 等）作为还原剂,以 V_2O_5/TiO_2 为催化剂,在催化剂的作用下,将 NO 等还原成 N_2 和水,活性温度为 300～400℃,NO_x 脱除效率可达 85% 以上。其中,以 NH_3 为还原剂的 SCR 技术因其效率高而得到了广泛应用。但传统的选择性催化剂要求温度在 300～400℃,对于电站锅炉,必须将其置于除尘器之前,缩短了催化剂的使用寿命,增加了现有锅炉脱硝改造的难度。因此,研究开发能够低温运行的SCR 催化剂,使催化反应器能布置在除尘和脱硫装置之后,具有重要意义。以 NH_3 为还原剂的低温 SCR 技术因其转化率高、技术成熟而获得广泛应用。

8.5.3.1　脱硝催化剂的基本生产过程

蜂窝状催化剂为均质催化剂,以陶瓷纤维和 TiO_2 为载体,负载 V_2O_5 和 WO_3 为主要活性组分,陶瓷纤维为丝状。制备方法是将锐钛矿 TiO_2 粉末和陶瓷纤维制成的联合载体上负载活性组分 V_2O_5、WO_3,通过溶剂水和黏合剂等进行搅拌、捏合制成硬度适当的膏体,将膏体置于蜂窝模具内挤出成型,选择约 500℃ 下煅烧得到最终产品。一般蜂窝状催化剂的截面积为 150mm×150mm,催化剂为整体的载体 TiO_2,受整体强度的限制,一般蜂窝状催化剂长度最多可做到 1300mm。催化剂生产流程包括混合→成型→干燥→热处理→切割→组装等工艺过程,如图 8-14 所示,其中,混合挤出成型、干燥和煅烧受原材料的基本性质影响较大。

NO_x 低温催化剂可分为 4 类:贵金属催化剂、分子筛催化剂、金属氧化物催化剂和碳基催化剂。

8.5.3.2　贵金属催化剂

催化剂具有优良的低温活性,但存在生产成本高、易发生氧抑制和硫中毒等不足。常用的贵金属催化剂主要有 Pt 和 Pd 等。目前,对其研究的重点应该放在进一步提高催化剂的低温活性、抗硫性能和选择性几个方面。

Kang 等对 1％（质量分数）Pt/Al_2O_3、20％（质量分数）Cu/Al_2O_3 和 1％（质量分数）Pt-20％Cu/Al_2O_3 三种催化剂的活性进行了对照研究。结果表明，在三者之中，Pt/Al_2O_3 催化剂的活性最高，水的存在会降低 NO 的氧化率和催化剂的活性。此外，他们还用 Pt/Al_2O_3 和 Cu/Al_2O_3 制备了双层催化剂。在 O_2 存在下，Pt/Al_2O_3 首先促进 NO 氧化成 NO_2，而 Cu/Al_2O_3 随后催化 NO_2 而被脱除，两种活性成分之间的协调分工使得该双层催化剂能明显提高 SCR 的活性。在 200℃ 以下，该双层催化剂的脱硝率在 80％ 以上。

An 等采用氟化活性炭（FC）负载 Pt 制备了 Pt/FC 催化剂。研究表明，催化剂的活性与氟元素含量密切相关，F 的质量分数为 28％ 时，催化剂活性和选择性均达到最佳；而 F 的质量分数为 65％ 时，催化

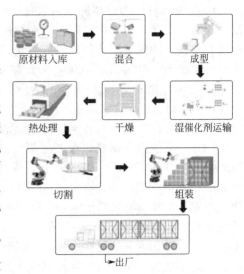

图 8-14　SCR 催化剂的生产流程

剂活性和选择性均达到最差，这主要是载体的包裹作用堵塞了 Pt 表面的活性位，减少了 NO 的吸附量。研究还表明，在 175℃ 下，Pt/FC 催化剂达到了 90％ 的脱硝率，生成 N_2 的选择性在 70％ 以上。他们认为，FC 载体和 Pt 之间的电子转移能促进 NO 的吸附作用，这是催化剂具有高活性和高选择性的主要原因。

8.5.3.3　金属氧化物催化剂

金属氧化物催化剂在 SCR 技术中的应用最为广泛，技术也较为成熟。目前工程中应用的 SCR 催化剂有非负载型金属氧化物催化剂、以 TiO_2 为载体的金属氧化物催化剂和以 Al_2O_3 为载体的金属氧化物催化剂。其中，传统的负载型金属氧化物催化剂主要以 V_2O_5 为主剂，以 MoO_3、WO_3 和 MoO_3-WO_3 为辅剂构成的复合氧化物作为活性成分。但是，这些催化剂需要的起活温度较高，在低温范围大都活性较低，故很难达到实际应用要求。

（1）以 TiO_2 为载体的金属氧化物催化剂　TiO_2（尤其是锐钛矿）有很强的抗硫中毒能力，所以 TiO_2 被广泛地用于载体负载其他氧化物作为低温 SCR 的催化剂。Donovan 等分别用锐钛矿 TiO_2 负载 V、Cr、Mn、Fe、Co、Ni 和 Cu 的金属氧化物催化剂，并对其进行了对比研究。结论表明，在 120℃ 下，各种负载金属氧化物的活性可简单表示为：Mn＞Cu＞Cr＞Co＞Fe＞V＞Ni。MnO_x/TiO_2 催化剂活性最高，生成 N_2 的选择性和 NO 的转化率均为 100％，是一种理想的催化剂。

Wu 等用共沉淀法制备了 MnO_x/TiO_2 催化剂并考察了其低温选择还原性能。在 150～250℃，NO 的脱除率在 90％ 以上。分析认为，高负载量能提高 MnO_x/TiO_2 的 De-NO_x 效率，且 $n(Mn)/n(Ti)$ ＝0.4 时为最佳值。另外，NO 的转化率随 O_2 浓度的增加而增加，到 O_2 的体积分数为 3％ 时，NO 的脱除率开始变为定值。当 NH_3 浓度较低时，NO 的转化率随 NH_3 浓度的增加而增加，当 NH_3 过量后则脱除效率维持定值。Wu 等还用共沉淀法制备 MnO_x/TiO_2。他们用过渡金属元素（Fe、Cu、Ni 和 Cr）对催化剂进行修饰以改善 MnO_x 在 TiO_2 表面的分散性。得出如下结论：单靠增加 MnO_x 的负载量来提高催化剂活性是有限的。而过渡金属元素的加入能大大提高催化剂的活性，其中以加入 Fe 效果为最佳。过渡金属元素和 MnO_x 及 TiO_2 发生相互作用改善了 MnO_x 的分散性。研究还发现，过渡金属元素能很好地隔离 Mn 颗粒，使得 MnO_x 结构始终处于非晶态，从而获得大的比表面积。在 150℃ 时，用以上几种过渡金属修饰过的催化剂脱 NO 的效率均能达 95％ 以上。

（2）以 Al_2O_3 为载体的金属氧化物催化剂　Al_2O_3 具有比较高的热稳定性，并且表面的酸性位有利于含氮物种的吸附，因而被广泛地用作金属氧化物催化剂载体。CuO/Al_2O_3 催化剂因具备良好的同时脱硫脱硝性能而受到关注。有学者对 CuO/Al_2O_3 催化剂的活性和影响因素进行了报道。其结论是：SO_2 在低温下生成的硫酸铜和硫酸铵会使催化剂失活，而在较高温度下的 SO_2 能提高 SCR 过程的活性。该催化剂在低温 $150\sim200℃$ 下具有较高的 SO_2 脱除能力，但 NO_x 的脱除率偏低。因此，选择合适的方法，如用等离子体技术、超声波等手段进行诱导，使得该催化剂具备更好的低温活性是目前研究的重点。

（3）非负载型金属氧化物催化剂　国内外研究的非负载型金属氧化物催化剂主要集中在Mn 基、Ce 基和 Co 基及其复合金属氧化物方面。Kang 等在碳酸盐溶液中用沉淀法制备了 MnO_x 催化剂，然后在 $260\sim350℃$ 下进行煅烧，获得了大的比表面积、高的 Mn^+ 负载量和表面氧吸附量。经检测发现 Mn_3O_4 和 Mn_2O_3 是 MnO_x 的主要存在形式。该催化剂具有良好的低温活性和较高的 N_2 选择性，在 $150\sim200℃$ 下，NO_x 的转化率能维持在 90% 以上，其后随温度升高，转化率开始下降。N_2 的选择性在 $70\sim110℃$ 下达 100%，然后随温度升高呈下降趋势。他们还认为，碳酸盐的存在能大大提高 NH_3 在催化剂表面的吸附性，这是催化剂具有高活性的一个重要原因。Tang 等用 3 种不同方法制备了非晶态 MnO_x 催化剂。在 O_2 存在条件下，主要对 SO_2 和 H_2O 的影响因素进行考察。研究发现，水蒸气对 NO 的转化率仅产生微弱的影响。SO_2 的存在容易使催化剂发生钝化作用而失活，但其过程是可逆的。在 SO_2 和 H_2O 被清除后，催化剂的活性又还原到初始水平。在 80℃ 时，NO_x 转化率为 98%，$100\sim150℃$ 时达 100%。他们认为，催化剂的非晶态结构是其具备高活性的主要原因。

8.5.3.4　分子筛催化剂

分子筛催化剂在化工生产中应用极为广泛，同样在 SCR 技术中也深受关注。分子筛催化剂因具有较高的催化活性和较宽的活性温度范围而在 SCR 脱硝技术中受到关注。Cu-ZSM-5 和 Fe-ZSM-5 是常用的分子筛催化剂，但水抑制及硫中毒、低温活性不高等问题阻碍了其工业应用。因此，对传统的分子筛催化剂进行修饰和改性以及开发低温活性好、高抗硫毒和水抑制能力的新型分子筛催化剂是近些年研究的重点。

Richter 等制备了蛋壳形结构的 MnO_x/NaY 催化剂，显示了良好的低温活性。在 $50\sim180℃$、空速 $50000h^{-1}$ 和 H_2O 体积分数（φ）为 5%~10% 条件下，NO_x 实现了 100% 的脱除，他们认为该催化剂的蛋壳结构是该催化剂在低温下具有良好 SCR 活性的主要原因。伍斌等则以 MnO_2/NaY 催化剂为母体，用硫酸铵溶液离子交换制备得到新型 MnO_2/NH_4NaY 分子筛催化剂。该催化剂具有良好的低温活性，120℃ 时，NO 转化率近 100%。但催化剂不能在高于 150℃ 下操作，需要防止 NH_4^+ 挥发解吸。在 120℃、$\varphi(O_2)=6\%$、空速 $3000h^{-1}$、$\varphi(H_2O)=7\%$ 和无外加还原剂条件下，MnO_2/NH_4NaY 可保证入口浓度为 1000×10^{-6} 的 NO_x 在连续 7h 内达到完全转化。他们认为，NH_4^+ 的存在对催化反应起到了明显的促进作用。

近两年来用其他金属元素交换的分子筛催化剂也显示出了优良的低温活性和高脱 NO_x 效率。Weia 等研究了微波 Ga-A 型分子筛催化剂的活性。结果显示，在 $\varphi(O_2)=14\%\sim19\%$、温度为 $80\sim120℃$ 时，脱硝率高达 95.45%。Labhsetwar 等用钌（Ru）交换得到的沸石分子筛催化剂也具有高的低温活性，在 400℃ 以下能实现 100% 的 NO_x 脱除率，因而是一类颇有研究开发价值的新型分子筛催化剂。

8.5.3.5　碳基催化剂

碳基催化剂由于其比表面积大、化学稳定性良好、优良的热导性和强吸附性而常被用于催化剂的载体。近年来国内外不少学者尝试以各种碳基材料及其改性材料作为载体负载金属氧化物制备碳基催化剂，结果显示出良好的低温选择催化还原特性。实践表明，将催化剂负载于碳基载体上后，催化剂的活性和稳定性均有显著提高。因而，对新型碳基催化剂的研究一直是热点问题。

(1) 以活性炭为载体的催化剂　用活性炭（AC）负载 V_2O_5 制备的 V_2O_5/AC 催化剂因具有良好的低温活性（150～200℃）和催化效率而广泛应用于同时脱硫脱硝工业，但 SO_2 易在脱除过程中吸附在活性炭上形成硫酸盐，降低了催化剂的活性。因此，使催化剂获得再生以维持较高的催化活性是当前的重点任务。传统的热再生过程中产生的 SO_2 容易同时与 NH_3 产生硫酸铵，降低了再生效率。

Guo 等对氨再生法进行了研究，他们认为在 300℃，$\varphi(NH_3)=3\%\sim5\%$ 的入口气氛下加热 60min 能获得最佳的再生效果。同时研究还发现，与热再生法不同的是，氨再生法主要受温度影响较大，NH_3 的存在有助于 V_2O_5/AC 表面的改善，能促进 SO_2 和 NO 的脱除。Zhang 等研究了 KCl 在 V_2O_5/AC 中的影响。结论是：KCl 使得低温条件下的催化剂发生钝化性失活，而且 KCl 负载量越高，这种钝化作用就越强。其原因是 V_2O_5/AC 微弱的酸性位点被钝化作用所堵塞，阻碍了酸性位点与 SO_2 和 NO 之间的反应。Mn 基催化剂具有较好的低温活性，近来不少研究采用活性炭负载 Mn。Tang 等用注入法在 AC 上负载 Mn 基催化剂得到 MnO_x/AC。此外，在注入过程中独到地采用超声波对其进行了处理。研究发现，MnO_x 在负载于 AC 上后活性得到较大提升。超声波促进了催化剂在载体上的分散，进一步提高了 MnO_x/AC 的活性。在 150～250℃、空速 10600h^{-1} 条件下，MnO_x 的转化率能保持在 90% 以上。他们还认为，Ce 和 Pd 元素的加入能增强催化剂的催化活性，而 V 和 Fe 元素的加入能增强抗 S 毒能力。

(2) 以活性碳纤维为载体的催化剂　活性碳纤维（ACF）具有发达的孔结构，良好的导热性和低温性能而常常被用于催化剂载体。国内外研究还表明，采用酸活化活性碳纤维后再负载主催化剂能够提高催化剂的活性。

Byeon 等通过一系列流程从石油中提炼出沥青基活性碳纤维（PACF）载体，然后用蒸气进行热激活，通过注入 Pd-Sn 元素进一步提高活性。在经去离子水冲洗后用无电镀沉积法负载纯净的铜颗粒作为活性成分。结果表明，沉积时间越长，铜颗粒沉积越多，NO 的转化率越高，在 $m(Cu)/m(ACF)=110$mg/g 时达到最高；随后，随着铜颗粒沉积量的增加而下降。在 150～400℃ 时，该催化剂取得了良好的脱硝效率，且 NO 的转化率随温度升高而增加。

铈氧化物具有无毒、储量丰富等优点，国内外报道了在沸石分子筛上负载铈催化剂，不仅得到了较高转化率，而且可以把没有反应的 NH_3 全部转化为 N_2，进而减少了 NH_3 的二次污染。沈伯雄等对负载在经酸预处理过的黏胶基活性碳纤维载体上的铈氧化物催化剂进行了研究。研究发现，在 120～240℃ 下，负载量为 10% 时 NO 的转化率稳定在 85% 以上，具有宽广的高活性温度区间。在相同负载量下，CeO_2/ACF 的活性明显高于 MnO_x/ACF 的活性。他们还认为，对于总负载量为 10%、质量比为 1∶1 的 MnO_x-CeO_2/ACF 复合型催化剂，氧化物活性成分的负载顺序不同会对催化剂的活性产生重要影响。此外，沈伯雄等还将活性碳纤维先经硝酸处理形成 ACFN，采用等体积浸渍法制备了 Mn-$CeO_2/ACFN$ 复合催化剂。他们考察了活性成分负载量、煅烧温度、NH_3 初始浓度、NO 初始浓度、O_2 浓度等因素对 NO 脱除效率的影响。研究发现，经 400℃ 煅烧，锰摩尔分数为 40% 的 Mn-$CeO_2/ACFN$ 复合催化剂在 80～150℃ 低温范围内具有很高的催化活性，在 $n(NH_3)/n(NO)=1.08$，NO 初始体积分数为 650×10^{-6}，O_2 体积分数为 3.6% 时，NO 转化率大体稳定在 90% 以上。

(3) 其他碳基催化剂　Nomex 纤维由于成本低和活性高常作为载体。Marbán 等将 No-

mexTM 纤维注入活性碳纤维载体上构成复合碳纤维载体用于负载锰催化剂，然后在低浓度 NaOH 溶液中进行 Na^+ 交换，用去离子水进行冲洗后将得到的催化剂在惰性气氛下加热到 400℃，最后再在 200℃下进行轻度氧化后得到催化剂。在 150℃、空速 $11000\sim25000h^{-1}$ 和不考虑压降条件下，NO_x 的转化率接近 85%，对 N_2 的选择性高达 95%，活性碳纤维为载体的汽化率也相当低。碳纳米管具有优良的热导性、化学稳定性和大的表面积，近年来已有研究人员在碳纳米管上负载各种金属氧化物催化剂。Huang 等以纯化后的碳纳米管为载体，等体积浸渍偏钒酸铵的草酸溶液制备了 V_2O_5/CNT 催化剂。研究表明：在 190℃、$n(NH_3)/n(NO)=1$、空速 $35000h^{-1}$、V_2O_5 质量分数为 2.35%、碳纳米管（CNT）的直径为 $60\sim100nm$ 条件下 NO 的转化率达到 92%。碳纳米管直径越大，其对应的催化剂 SCR 活性越高。

8.6 硫回收尾气催化焚烧技术

炼油厂加工原油中的硫大部分通过硫回收装置以单质硫的形式回收，硫回收工艺包括克劳斯工艺和克劳斯＋尾气深度净化工艺两类。克劳斯工艺硫回收率一般不超过 96%，克劳斯＋尾气深度净化工艺（如超级克劳斯、低温克劳斯或 SCOT 等）硫回收率一般为 98.5%～99.8%，未回收的硫以硫化氢、二氧化硫、二硫化碳、羰基硫等形式进入硫回收尾气。无论采用何种硫回收工艺，其尾气中均含有一定量的硫化氢和有机硫化物，为满足恶臭污染物排放标准，必须焚烧后才能排放。由于克劳斯尾气中的可燃组分常低于尾气总量的 3%，必须补充燃料才能完全燃烧，并将硫化物氧化为二氧化硫。尾气焚烧工艺有热焚烧和催化焚烧两类，国内克劳斯装置尾气基本采用热焚烧法处理。热焚烧法通常在过量氧气及 $650\sim820℃$ 下进行。由于难以精确控制焚烧温度等操作条件，实践中常出现过低温度导致焚烧不完全，或过高温度导致焚烧炉烧变形的情况。催化焚烧在催化剂作用下，能以较低温度（如 $300\sim400℃$）使尾气中的硫化氢、羰基硫等硫化物氧化为二氧化硫。催化焚烧的投资比热焚烧略高，能耗和操作费用可大幅度降低。随着技术的成熟及燃料价格的不断上涨，催化焚烧技术的潜力逐渐显现。此外，为满足日趋严格的排放标准，单纯的克劳斯硫回收工艺将逐步升级为克劳斯＋尾气深度净化工艺（如 SCOT 工艺）。深度净化工艺尾气相对清洁，催化剂不易污染或中毒，更适合催化焚烧。催化焚烧的实际收益与装置的规模有关，一个 100t/d 的硫回收装置可节约 $1000m^3/d$ 的燃气，催化剂使用寿命期间所节约的燃料费用是所消耗催化剂费用的 10 倍以上。装置规模更大时，节能效果更加显著。

本节主要调查了国内外炼油厂硫回收尾气（包括克劳斯尾气及 SCOT 尾气等）催化焚烧的研究概况，可为硫回收尾气催化焚烧技术的选型、催化剂及工艺开发提供支持。

8.6.1 硫回收尾气来源及组成

硫回收工艺主要为克劳斯工艺或克劳斯＋尾气深度净化工艺，尾气深度净化工艺主要为 SCOT 及类似工艺，上述工艺主要反应如下：

克劳斯反应：
$$3H_2S+\frac{3}{2}O_2\longrightarrow 3S+3H_2O$$

$$H_2S+\frac{3}{2}O_2\longrightarrow SO_2+H_2O$$

$$2H_2S+SO_2\Longleftrightarrow 3S+2H_2O$$

克劳斯副反应：
$$CO_2+H_2S\longrightarrow COS+H_2O$$

$$COS+H_2S \longrightarrow CS_2+H_2O$$
$$2COS \longrightarrow CO_2+CS_2$$

SCOT 反应:
$$S_2+2H_2 \longrightarrow 2H_2S$$
$$SO_2+3H_2 \longrightarrow H_2S+2H_2O$$
$$CO+H_2O \Longleftrightarrow CO_2+H_2$$
$$COS+H_2O \Longleftrightarrow CO_2+H_2S$$
$$CS_2+2H_2O \Longleftrightarrow CO_2+2H_2S$$

SCOT 副反应:
$$SO_2+3CO \Longleftrightarrow COS+2CO_2$$
$$S_2+2CO \Longleftrightarrow 2COS$$
$$H_2S+CO \Longleftrightarrow COS+H_2$$

由上述反应可知,硫回收尾气一般含有硫化氢、羰基硫、二硫化碳、二氧化硫、单质硫、一氧化碳、二氧化碳、氢气、氮气、氩气、水蒸气及少量油气等,其组成及浓度与工艺及操作条件等因素有关。一般而言,克劳斯尾气中硫化氢的含量为 $2000 \sim 8000 \mu L/L$,羰基硫约为 $1500 \mu L/L$,二硫化碳为 $1000 \mu L/L$,二氧化硫约为 $1400 \mu L/L$,氮气+氩气约占 60%,水蒸气约占 30%,氢气约占 0.5%,一氧化碳约占 0.3%,二氧化碳占 $2\% \sim 12\%$;SCOT 尾气中硫化氢的浓度为 $500 \sim 1000 \mu L/L$,羰基硫为 $100 \mu L/L$,氮气+氩气占 $50\% \sim 60\%$,水蒸气占 $20\% \sim 30\%$,氢气占 $0.5\% \sim 1.0\%$,一氧化碳约占 0.2%,二氧化碳占 $5\% \sim 15\%$。

8.6.2 硫回收尾气催化焚烧与热焚烧对比

朱利凯等对热焚烧和催化焚烧两种工艺进行了技术和经济对比分析,指出一个 100t/d 的硫回收装置采用催化焚烧工艺,每小时可节约 $30 m^3$ 燃气。硫回收尾气催化焚烧与热焚烧的技术指标对比详见表 8-6。与热焚烧相比,催化焚烧可节约 60% 的燃料消耗,随着能源价格的上涨,节能效益十分显著。催化焚烧装置投资略高于热焚烧,受制于催化剂的耐受能力,其对进料气的适应范围不及热焚烧。随着排放标准的日趋严格,单纯的克劳斯硫回收工艺将逐渐被克劳斯+尾气深度硫回收工艺代替,如国外某大型硫回收装置已提供了较为合理的设计:同时建设催化焚烧及热焚烧两套尾气焚烧系统,硫回收装置正常运转时,使用催化焚烧系统;当催化焚烧系统、SCOT 尾气处理系统或整个硫回收系统发生故障时,启用热焚烧系统。这种设计特别适合于我国现有硫回收尾气热焚烧系统的节能改造,即在原有热焚烧装置的基础上建设催化焚烧系统。

表 8-6 硫回收尾气催化焚烧与热焚烧的技术指标对比

项目	催化焚烧	热焚烧	项目	催化焚烧	热焚烧
处理气量/(m³/h)	20000	20000	压降/Pa	3000	500
预热温度/K	400	400	出口硫化氢/(μL/L)	<10	<10
反应温度/K	600	1070	一氧化碳转化率/%	10	45
停留时间/s	0.48(空速 7500h⁻¹)	0.5	氮氧化物排放/(kg/h)	1	4

8.6.3 国内技术进展

目前尚未见到催化焚烧处理在国内炼油厂硫回收尾气(包括克劳斯尾气及 SCOT 尾气等)工业应用的报道。陈宇清等报道了一种含硫工业废气催化焚烧催化剂及工艺,催化剂的活性组分主要是氧化钛,硫化氢的转化率约为 90%。该催化剂的强度较差。殷树青等报道了 LS-991 二氧化硅基硫化氢催化焚烧催化剂的制备和性能研究,在微型反应器上考察了制备方法对催化剂活性的影响,评价了活性组分的添加量、操作温度和空速对催化剂活性和选择性的影响。在温度 $290℃$、空速 $5000h^{-1}$ 的条件下,硫化氢转化率和二氧化硫生成率在 99.9% 以上,未报道硫回收尾气中羰基硫及二硫化碳等恶臭组分的处理效果，也未见该催化剂工业应用的案例。殷树青等也公开了一种气体中硫化氢的焚烧催化剂及制备、使用方法。该催化剂载体为氧化硅，活性组分为钒和铁的氧化物，操作温度 250～350℃，只选择氧化硫化氢，氢气、一氧化碳、氨及轻烃不氧化，硫回收尾气中另一种常见恶臭且有毒组分—羰基硫的焚烧效果未见报道。李玉书等公开了一种气体中硫化氢的催化焚烧工艺，用于处理克劳斯尾气，以活性炭为催化剂，在温度 200～400℃下，将硫化氢催化氧化为二氧化硫。硫化氢体积分数 0.5%～4%，水汽体积分数 4%～30%，空速 3000～10000h^{-1}，硫化氢的转化率 100%，二氧化硫生成率 90%～99%。该催化剂的活性及寿命不能得到保证，为非主流催化剂。鞍山热能研究所、浙江大学、齐鲁石化公司研究院等单位做了一些相关研究工作，但未实现大规模工业应用。

8.6.4 国外技术进展

8.6.4.1 专利技术

Hass 等公开了一系列硫化氢氧化催化剂及催化焚烧工艺，可将硫化氢氧化为二氧化硫。催化剂的活性组分为钒的氧化物或钒与铋的硫化物，也可以由钒与锡或锑构成，载体为非碱性多孔耐高温氧化物，由氧化铝、二氧化硅-氧化铝、二氧化硅、二氧化钛、氧化锆、二氧化硅-二氧化钛、二氧化硅-氧化锆、二氧化硅-氧化锆-二氧化钛中的一种或多种构成。催化剂操作温度为 150～480℃，在水汽存在时仍具有高活性和稳定性，进料气中的氢气、一氧化碳、轻烃及氨未被氧化，该专利已用于地热发电厂废气的处理。Dupin 等公开了一种将硫化氢或有机硫氧化为二氧化硫的催化剂及其制备工艺，该催化剂的载体为二氧化钛或二氧化钛与氧化锆、二氧化硅的混合物，活性组分由一种碱土金属硫酸盐与铜、银、锌、镉、钇、镧、钒、铬、钼、钨、猛、铁、钴、铑、铱、镍、钯、锡及铋中的至少一种金属构成。在反应温度 380℃、空速 1800h^{-1}，进料气含硫化氢 800μL/L、羰基硫 100μL/L、二硫化碳 500μL/L、二氧化硫 400μL/L、氧气 2%、水汽 30%、氮气 67.82% 的条件下，硫化氢的催化转化率高于 99%，二硫化碳的催化转化率为 61%～98%，羰基硫的催化转化率为 52%～94%。

Sugier 等公开了一系列含硫化合物氧化催化剂及催化焚烧工艺，可将克劳斯尾气中的硫化氢、羰基硫、二硫化碳氧化为二氧化硫，催化剂活性组分为钒、铁的氧化物或钒的氧化物和银，载体为氧化铝或高铝水泥。Singleton 和 Van Den Brink 等公开了一类克劳斯尾气焚烧催化剂及工艺，活性组分为铜、铋氧化物或钙、铋氧化物，载体为含磷或无磷氧化铝。Chopin 等公开了一种可将含硫化合物氧化为二氧化硫的催化剂，其载体为二氧化钛，活性组分为铁和铂。Voirin 等公开了一种含硫废气催化焚烧工艺，可用于克劳斯尾气的处理。该工艺由两个阶段构成，首先将二硫化碳、羰基硫、硫醇等硫化物加氢还原为硫化氢，然后再将硫化氢催化氧化为二氧化硫。其氧化段的催化剂为硫酸铁/二氧化钛。Srinivas 等公开了一种二氧化钛载体催化剂，活性组分为铜、钼、铌等金属氧化物，可用于 SCOT 尾气的催化焚烧专利。

在上述 22 项专利中，其中包括美国加利福尼亚联合油公司 10 项、壳牌石油公司 4 项、法国罗纳普朗克公司 3 项、法国石油研究院 3 项、法国埃尔夫公司 1 项、美国 TDA 研究公司 1 项。含硫废气焚烧催化剂的载体一般为多孔非碱性耐高温氧化物，如二氧化硅、活性氧化铝、二氧化钛等，活性组分一般为钒、铋、钼、锑、锡、铬、铁、铜、钙等金属的氧化物。加利福尼亚联合油公司专利催化剂具有较好的硫化氢氧化效果，进料气中的氢气、一氧化碳、轻烃基本未氧化，但硫回收尾气中共存组分（如羰基硫、二硫化碳）的氧化效果较差。壳牌石油公司和法国石油研究院的专利催化剂已得到大规模工业应用。

8.6.4.2 硫回收尾气催化焚烧工业应用

早期由于油气价格低廉，催化焚烧并未受到足够重视，随着油气价格的攀升，节能环保的硫回收催化焚烧技术将逐步取代能耗较高的热焚烧技术。壳牌石油公司和法国石油研究院的硫回收尾气催化焚烧工艺已在国外广泛应用,如壳牌石油公司的工艺主要用于 SCOT 尾气催化焚烧,已有 30 余套工业装置。法国石油研究院(IFP)的催化焚烧工艺在 1980 年前已至少用 4 套克劳斯装置进行尾气处理。以下简要介绍壳牌石油公司和法国石油研究院的硫回收催化焚烧工艺。

① 壳牌石油公司硫回收尾气催化焚烧工艺 该工艺主要用于 SCOT 尾气的催化焚烧,主要操作参数为:催化剂 S-099 或 CRITERION 099,反应温度为 370℃,空速为 7500h^{-1}。进料气硫化氢 300μL/L、羰基硫 10μL/L、二硫化碳 1μL/L 时,出口硫化氢浓度＜4μL/L、三氧化硫浓度＜1μL/L。

② 法国石油研究院硫回收尾气催化焚烧工艺 该工艺主要用于克劳斯尾气的催化焚烧,主要操作参数为:催化剂 RS 103 或 RS 105,操作温度 300～400℃,催化剂空速 2500～5000h^{-1},过氧量 0.5%～1.5%(体积分数),出口硫化氢≤5μL/L,二硫化碳+羰基硫≤150μL/L。

上述两种工艺类似,均采用耐硫酸盐化氧化铝载体催化剂和燃料气直燃式预热,通过燃料气量控制预热温度,温控较复杂,防爆要求较高,可考虑用非明火的电加热器预热。空气过剩量需严格监控,过多的氧可能促进三氧化硫生成。空气过剩量不应低于 5%(体积分数),否则催化剂上的金属硫酸盐将还原为硫化态,硫化态再氧化释放的大量热量会促发不期望的热反应。尾气中硫化氢等组分也应控制在爆炸极限内。

8.6.4.3 商品催化剂及应用

国外含硫废气催化焚烧催化剂已商品化,主要有英荷壳牌公司的 CRITERION 099、S-099 及 S-599 催化剂,法国罗纳普朗克公司的 CT-739、CT-749 催化剂,恩格哈德公司的 CI-739 催化剂,法国石油研究院的 RS-103、RS-105 催化剂等,其主要物性指标见表 8-7。其中,CRITERION 099 为英荷壳牌(Shell)公司最新一代硫回收尾气催化焚烧催化剂,已工业应用 10 余年。该催化剂可同时氧化尾气中的硫化氢、羰基硫及二硫化碳,不氧化尾气中的一氧化碳、烃类及氢气等组分,避免了这些组分燃烧产生的过热破坏催化剂,焚烧尾气中三氧化硫的生成率也较低。法国石油研究院及罗纳普朗克公司的催化剂也有工业应用的案例。这类催化剂一般以比表面积不低于 200m^2/g 的非碱性耐热氧化物(如二氧化硅、活性氧化铝、二氧化钛等)为载体,一种或多种活性氧化物为主要活性成分。使用这些催化剂的焚烧装置尾气焚烧温度可由约 750℃降至 300～400℃,出口硫化氢可降至 10μL/L 以下。这类催化剂研究的难点主要在于:①如何克服催化剂活性中心的硫酸盐化,保持催化剂长期运行的稳定性和活性;②降低催化剂成本,以利于推广应用。

表 8-7 国外含硫废气催化焚烧催化剂的型号及物性指标

型号	载体	外观	比表面积/(m^2/g)	压碎强度/(N/粒)	堆密度/(kg/L)	生产商
RS-103	氧化铝	φ5～6mm 球形	＞200	—	—	法国石油研究院
RS-105	氧化铝	φ5～6mm 球形	＞200	—	—	法国石油研究院
CT-739	二氧化硅	φ4～6mm 球形	250	100	0.60	法国罗纳普朗克公司
CT-749	二氧化硅	φ4～6mm 球形	250	100	0.60	法国罗纳普朗克公司
S-099	二氧化硅	φ3～4mm 球形	—	＞90	0.81	英荷壳牌公司
S-599	二氧化硅	φ3～4mm 球形	—	＞90	—	英荷壳牌公司
CRITERION 099	氧化铝	φ4mm 球形	235	140	0.73	英荷壳牌公司

硫回收尾气催化焚烧技术起步较晚,其应用数量不及热焚烧。由于早期燃气价格低廉,催化焚烧技术发展较慢。硫回收尾气的催化焚烧工艺尚未在国内工业应用,壳牌石油公司和法国石油研究院的硫回收尾气催化焚烧工艺已在国外广泛应用。催化焚烧相对于热焚烧的一个主要优势是节能,随着技术的成熟及燃料价格的不断上涨,催化焚烧技术的潜力逐渐显现。催化焚

烧更适于处理相对清洁的深度硫回收工艺尾气。催化焚烧技术的关键是催化剂，目前 Shell 公司的 CRITERION 099 催化剂应用较多，其特点是对尾气中的硫化氢、羰基硫及二硫化碳都有较好的焚烧效果，三氧化硫的生成率较低，尤其适用于 SCOT 尾气的催化焚烧。催化焚烧可在已有热焚烧系统基础上建设，作为硫回收装置正常运转时的尾气处理设施，热焚烧作为事故应急焚烧手段。

8.7　电化学催化氧化降解含酚废水

苯酚主要用于合成酚醛树脂、双酚 A、己内酰胺、烷基酚、水杨酸等。随着工业的发展，苯酚需求量不断上升，各种含酚工业废水也不断增加。酚类化合物具有高毒性，长期饮用被酚污染的水源可引起头晕、出疹、瘙痒、贫血及各种神经系统症状。电化学催化氧化技术能够使苯酚降解为 CO_2 或可生物降解的小分子有机物。该技术是在相界面进行电荷转移的法拉第过程，使用的唯一"试剂"是电子，不需要或很少需要化学试剂，因此在降解过程中不产生二次污染，是一种环境友好型技术。

8.7.1　电化学催化

所谓的电化学催化，是指在电场作用下，存在于电极表面或溶液相中的修饰物能促进或抑制在电极上发生的电子转移反应，而电极表面或溶液相中的修饰物本身并不发生变化的一类化学作用。电化学催化反应速率不仅仅由催化剂的活性所决定，而且还与电场及电解质的本性有关。由于电场强度很高，对参加电化学反应的分子或离子具有明显的活性作用，使反应所需的活化能大大降低，所以大部分电化学反应可以在远比通常化学反应低得多的温度下进行。在电化学催化反应中，由于电极催化剂的作用发生了电极反应，使化学能直接转变成电能，最终输出电流。电化学催化反应的共同特点是反应过程包含两个以上的连续步骤，且在电极表面上生成化学吸附中间物。许多由离子生成分子或使分子降解的重要电极反应均属于此类反应。

8.7.1.1　电化学催化与常规化学催化反应的区别

电化学催化反应与常规化学催化反应本质的区别在于反应时，在它们各自的反应界面上电子的传递过程是根本不同的。在常规的化学催化作用中，反应物和催化剂之间的电子传递是在限定区域内进行的。因此，在反应过程中，既不能从外电路中送入电子，也不能从反应体系导出电子或获得电流。另外，在常规化学催化反应中，电子的转移过程也无法从外部加以控制。而在电化学催化反应中电子的传递过程与此不同，有纯电子的转移。电极作为一种非均相催化剂既是反应场所，又是电子的供受场所，即电化学催化反应同时具有催化化学反应和使电子迁移的双重功能。在电化学催化反应过程中可以利用外部回路来控制超电压，从而使反应条件、反应速率比较容易控制，并可以实现一些剧烈的电解和氧化-还原反应的条件。电化学催化反应输出的电流则可以用来作为测定反应速率快慢的依据。在电化学催化反应中，反应前后的自由电能变化幅度相当大。在大多数场合下，由反应的种类和反应条件就可以对反应进行的方向预先估出。因此，对于电解反应来说，通过改变电极电位，就可以控制氧化反应和还原反应的方向。

常规化学催化反应主要是以反应的焓变化为目的，而电化学催化反应则以自由能变化为目的。由于自由能的变化和电极电位的变化直接对应，因此可根据电极电位的变化直接测定自由能的变化，由此判断电化学催化反应的程度。而对电化学催化和电化学反应，电化学催化反应是在电化学反应的基础上，在电极上修饰表面材料及催化材料以产生有强氧化性的活性物种从而提高降解有机物的能力；而对电化学反应，其只是简单的电极反应，其处理效率明显比电化学催化反应低。

8.7.1.2　电化学催化氧化的机理

电化学催化氧化的机理主要是通过电极和催化材料的作用产生超氧自由基（$\cdot O_2$）、H_2O_2、羟基自由基（$\cdot OH$）等活性基团来氧化水体中的有机物。电化学催化氧化处理有机物的机理有很多种，其中被广大研究者所接受的是由 Comninellis Ch 提出的金属氧化物的吸附羟基自由基和金属过氧化物理论。按照该理论，有机物阳极氧化的一般过程如图 8-15 所示。

酸性（或碱性）溶液中的 H_2O（或 OH^-）在金属氧化物阳极表面吸附，在表面电场的作用下，吸附的 H_2O（或 OH^-）失去电子，生成 $MO_x(\cdot OH)$（MO_x 表示氧化物阳极）：

$$MO_x + H_2O \longrightarrow MO_x(\cdot OH) + H^+ + e^-$$

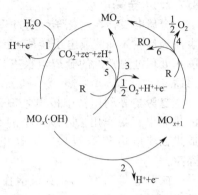

图 8-15　有机物阳极氧化的一般过程

接下来，吸附的 $\cdot OH$ 可能与阳极材料中的氧原子相互作用，自由基中的氧原子通过某种途径进入金属氧化物 MO_x 的晶格之中，从而形成所谓的金属过氧化物 MO_{x+1}：

$$MO_x(\cdot OH) \longrightarrow MO_{x+1} + H^+ + e^-$$

这样在金属的表面存在两种状态的"活性氧"：一种是物理吸附的活性氧，即吸附的羟基自由基；另一种是化学吸附的活性氧，即进入氧化晶格中的氧原子。当溶液中没有有机物存在时，两种活性氧都发生反应，生成氧气。

$$MO_x(\cdot OH) \longrightarrow \frac{1}{2}O_2 + H^+ + e^- + MO_x$$

$$MO_{x+1} \longrightarrow \frac{1}{2}O_2 + MO_x$$

当溶液中有有机物存在时，物理吸附的氧（—OH）在"电化学燃烧"过程中起主要作用，而化学吸附的氧（MO_{x+1}）则主要参与"电化学转化"，即对有机物进行有选择的氧化（对芳香类有机物起作用而对脂肪类有机物不起作用）。

$$R + MO_x(\cdot OH)_z \longrightarrow CO_2 + MO_x + zH^+ + ze^-$$

$$R + MO_{x+1} \longrightarrow RO + MO_x$$

电化学催化氧化的机理主要是通过电极和催化材料的作用产生超氧自由基（$\cdot O_2$）、H_2O_2、羟基自由基（$\cdot OH$）等活性基团来氧化水体中的有机物。由于电化学催化氧化过程本身的复杂性，不同研究者针对不同的有机物降解过程提出了不同的氧化机理，但人们普遍认为在电化学催化体系中有强氧化性的活性物种存在，这些活性物种包括 H_2O_2、O_3、HO、HO_2、O_2 以及溶剂化电子 e_s 等。若溶液中有 Cl^- 存在，还可能有 Cl_2、$HClO^-$ 及 ClO^- 等氧化剂的存在。这些强氧化性物种的存在能够大大提高降解有机污染物的能力。表 8-8 列出了部分在电化学催化体系中可能产生的强氧化性活性物种及其标准还原电极电势。从表 8-8 中可以看出，它们都具有相当高的还原电势，因此能够氧化大多数有机污染物。

表 8-8　电化学催化体系中的强氧化性活性物种及其标准还原电极电势

强氧化剂种类	标准电位(vs. SHE)/V	强氧化剂种类	标准电位(vs. SHE)/V
$OH\cdot$	2.80	H_2O_2	1.78
O^{2-}	2.42	HO_2	1.70
O_3	2.07	Cl^-	1.36

8.7.2　电化学催化阳极材料的研究进展

在电化学催化氧化体系中，氧化反应在阳极发生，阳极的特性在一定程度上决定了氧化的途径和进行程度。近年来，人们对电极材料的设计和制备进行了有益探索。下面重点介绍电化学催化阳极材料方面的研究进展。

8.7.2.1　金属电极

金属电极指在电化学反应过程中，以单质金属作为工作电极，各种电化学反应都以该金属表面为反应界面完成电子转移。因为碱金属和碱土金属的活性太强，不适合作为电极，电化学废水处理过程常见的金属电极有铝、铁、钛及铂族金属等，每种电极都有各自不同的性能和用途。

赵锐柏等利用铁阳极电絮凝法处理印染废水，铁极除了电化学氧化作用以外，更重要的是靠电絮凝作用去除废水中的有机物。研究证明，电流密度、溶液 pH 值都会影响沉淀组成进而影响电絮凝效果，以铁电极的电絮凝法对印染废水的色度和 COD 都有较好的去除率。

熊蓉春等研究了以不锈钢作为电极材料处理染料废水的过程和机理，对比了二维电极和三维电极处理废水的效果；实验结果表明，以不锈钢为电极材料的电化学过程对有机污染物具有较好的降解作用，尤其是采用三维电极处理废水时，短时间内脱色效果明显。张峰振等综述了电絮凝法处理废水的原理和特点，解析了 Al^{3+}、Fe^{3+} 的水解聚合过程，探讨了相关影响因素的作用，并提出目前研究和应用存在的问题及今后该技术的发展方向。

电化学催化过程中，最常用的金属电极为铂族金属。该类电极耐蚀性强，电化学催化活性高，既可作为阳极，又可作为阴极。袁号等以鞣酸模拟 CTMP 废水作为研究对象，自行设计组装了循环伏安系统，考察了鞣酸在铂电极上的循环伏安特性；结果表明，在 pH＝4.0 的柠檬酸钠-盐酸缓冲溶液中出现一灵敏的氧化峰，峰电位为－1.1V 左右；随着鞣酸浓度的增加，峰电位开始逐渐增大，到一定浓度后略有下降，最后基本达到稳定值。Vlyssides A G 以 Pt/Ti 电极为阳极，不锈钢为阴极，电化学氧化处理印染废水。实验结果表明，在添加 2mL 浓度为 36％的 HCl 调节废水 pH 值，电流密度为 0.89A/cm^2 的较佳条件下，废水的 COD、BOD$_5$、色度去除率分别为 86％、71％、100％，去除 COD 的平均能耗为 21kW·h/kg，电化学处理后的废水生化性提高。金属电极在使用过程中，尤其是在氧化作用下，容易发生氧化反应生成氧化膜导致电极钝化失活，这是金属电极难以解决的最大缺点；铂族金属虽然稳定性及氧化活性都较高，但其成本太高。所以，寻求低成本、高稳定性、高催化活性的金属材料作为电极，是金属电极研究领域的主要目标。

8.7.2.2　碳素电极

碳素材料因其良好的导电性较早就被用于电极，碳素材料的性能因其成分及加工工艺的不同差别较大；其中人造石墨材料含杂质较少，导电、导热性较好，且具有较好的化学稳定性，是制作电极的优良材料。1896 年石墨阳极的成功研制，标志着石墨电极时代的开始，同时也带动了电极材料的快速发展。杨红斌等利用石墨电极在低压脉冲电解作用下，对含油废水去油影响因素进行了单因素实验研究。结果表明，该方法对浓度为 95mg/L 的含油废水中油的去除率超过 75％。Kong Y 利用膨胀石墨电极电化学氧化处理甲基橙模拟废水，实验表明，经过石墨阳极的电氧化作用，废水色度的去除率可以达到 98.6％，废水 COD 去除率可以达到58.5％。其他学者利用碳素为阳极电化学处理废水在 COD 和色度的去除方面都获得了较好的实验结果。

碳素电极在使用过程中有两个缺点：一是在有氧气析出的环境下，碳元素极易和氧发生反应生成 CO 和 CO_2，造成石墨电极材料的腐蚀；二是碳素材料强度较低，电极在储运及使用过程中机械损耗较大。近年来，通过改变碳素材料组织结构，以及对其进行溶剂浸制等方式来提高石墨材料的机械强度和耐蚀性的研究，成为该领域重要研究课题。

8.7.2.3　金属氧化物电极

在电化学催化过程中，电化学催化活性最高的一类电极是金属氧化物电极，也称为形稳阳极 （dimensionally stable anode, DSA）。这类电极多数为半导体材料，主要用于环境污染治理、燃料电池、电化学合成等领域。1968 年，Beer H B 研制的钛基金属涂层电极成功应用于氯碱工业，使电极材料的应用与研究进入了钛电极时代，可以说钛基电极材料的成功研制是近 50 年以来电化学工业的一次重大技术进步，其制备及改性研究一直是国内外的研究热点。钛基形稳阳极电催化氧化是近年发展起来的一项新技术，其对有机污染物的降解作用较强，尤其是废水中的生物难降解有机污染物在该类电极的电催化氧化作用下，可以彻底降解为 H_2O 和 CO_2，不产生二次污染。但该类电极降解有机物的机理尚未有定论，不同的形稳阳极材料对有机污染物的氧化降解速率和效果也大有不同，究竟是电极材料的哪些性质影响了电催化效果，其影响规律也尚不明确，所以研究者们展开了大量研究，开发了不同电极来研究该类电极。

依照钛基形稳阳极的制备过程，可根据电化学反应的具体需求，可人为设计拟制备电极材料的结构和组成，通过相应的制备工艺使本身不具备结构支撑功能但具有电催化功能的材料在电化学反应中获得应用，这为不同种类电催化氧化电极的制备提供了新的思路。也正是由于形稳阳极结构性能及电化学性质性能可以随着表面氧化物的组成和制备方法的改变而改变，几十多年来研究者们围绕形稳阳极的制备及改性方法、涂层结构、电催化氧化机理等做了大量的研究工作。

（1）钛基单一涂层电极材料　单一涂层电极是指在钛基体上通过电沉积或热分解等方法制备只含一种氧化物涂层的形稳阳极，该类电极制备工艺简单。钛基单一涂层电极主要以 Ti/IrO_2、Ti/RuO_2 以及 Ti/TiO_2 电极为主。

Simond O 等研究了在阳离子交换膜存在的条件下利用 Ti/IrO_2 对脂肪醇降解的降解行为，通过阳极氧化甲醇、乙醇、丙醇及异丙醇的实验过程提出了阳极氧化其他有机物的实验研究方法及相关模型。Katsaounis A 等研究了 Ti/IrO_2 形稳阳极电化学降解橄榄油厂废水的过程，系统地研究了电解条件及溶液性质对降解效果的影响，实验证明废水溶液性质也是影响降解效果的关键因素。

由于 Ti/IrO_2 电极降解有机物效率较低，单一涂层电极中用于废水处理的主要是 Ti/RuO_2 电极。Ti/RuO_2 电极的制备多数采用溶胶-凝胶法，Ailton J 比较了异丙醇溶液法和聚合前驱体法分别配制溶胶-凝胶制备 Ti/RuO_2 电极的性能，实验表明聚合物前驱体法制备的电极在电催化性能及电极寿命上都优于异丙醇溶液法。Santos I D 等研究了 Ti/RuO_2 电极在含氯条件下对酚类物质及其含氯中间体的电化学降解过程，分析了电极直接氧化的机理以及氯离子存在下的氧化作用；实验结果表明适当增加氯离子的含量，可以通过间接氧化机制提高酚类物质的降解率，在 NaCl 浓度为 20g/L、电流密度为 $10mA/cm^2$ 的条件下，100mg/L 的苯酚溶液电解 30min 后，残余仅为 0.002%。

钛基单一涂层电极制备简单、成本低廉，在电催化废水处理中具有较好的效果，尤其在光电结合催化降解有机物方面仍然是电化学降解废水领域的研究热点。为了更好地提高电极的催化活性、使用寿命及其导电性，研究者在单一涂层中加入其他元素或者添加中间层对电极材料进行改性。元素掺杂及中间层的添加形成复合涂层电极，可以很好地改善电极的各项性能，为高性能电极材料的制备提供了思路。

薛娟琴教授课题组采用电沉积法分别制备了溴化 1-乙基-3-甲基咪唑盐 （[EMIM]Br）、1-

乙基-3-甲基咪唑六氟磷酸盐（［EMIM］PF$_6$）、1-乙基-3-甲基咪唑四氟硼酸盐（［EMIM］BF$_4$）、1-丁基-3-甲基咪唑四氟硼酸盐（［BMIM］BF$_4$）、1-己基-3-甲基咪唑四氟硼酸盐（［HMIM］BF$_4$）改性的 Ti/PbO$_2$ 电极。离子液体改性 Ti/PbO$_2$ 电极较未改性 Ti/PbO$_2$ 电极的析氧电位更高，因此在电催化反应中更难发生析氧副反应，且拥有更多的活性位点，即具有更高的电催化能力。阴离子为 BF$_4^-$ 的离子液体较阴离子为 PF$_6^-$ 和 Br$^-$ 的离子液体的改性作用更加突出，且［BMIM］BF$_4$ 改性的效果最佳。

（2）钛基复合涂层电极材料 为了改善形稳阳极的电催活性并延长其使用寿命，研究者们通过在电极涂层中掺杂其他元素或添加中间层的方式制备出具有复合涂层的电极材料。

在电极表面的氧化物涂层中掺杂一种或者几种金属或非金属元素，在电极涂层中可以形成晶面阶梯、位错等表面缺陷，半导体内部缺陷的增多能在禁带间形成电子转移的通道，提高电极的导电性及催化活性，从而加快电极表面上的电化学氧化反应进程，提高电流效率；而且研究表明掺杂改性后电极的析氧、析氯过电位都会得到提升，对有机污染物的彻底氧化降解是有利的。当废水中含有含氯有机污染时，较高析氯过电位的电极可以避免更难降解的有机氯化物的生成对水体造成的二次污染。

复合涂层电极的制备过程相对复杂，要考虑涂层中各种组分的配比对电极催化性能及电极寿命的相互影响。Li H Y 等研究了 Sn 掺杂 Ti/PbO$_2$ 电极降解苯酚过程，研究表明适当 Sn 掺杂可以改善电极的涂层结构从而提高电极性能，但过量掺杂会影响 β-PbO$_2$ 的结晶度，电极催化性能降低。Li B S 研究了 Ti/IrO$_2$-Ta$_2$O$_5$ 复合电极的电催化性能，随着涂层中 IrO$_2$ 含量的增加，IrO$_2$ 细微晶增加且电催化性能提高，但过高的 IrO$_2$ 含量会导致涂层的结合力和硬度变差；研究表明电极的催化活性不仅与 IrO$_2$ 含量有关，还受电极涂层结构及形态的影响。不同制备方法也会导致电极性能不同。如果电极涂层失效，将直接导致电极寿命结束。在溶胶-凝胶法制备的 Ti/RuO$_2$-TiO$_2$ 电极涂层中，电极失效是由于 Ru 的不断溶解，使电极涂层中形成了绝缘的 TiO$_2$ 的富裕层；而采用热分解法制备的 Ti/RuO$_2$-TiO$_2$ 电极失效的原因是 TiO$_2$ 的不断形成并积累；研究证明电极的失效是由不同制备方法获得的电极涂层的不同形态所决定的。

复合涂层电极相比于单一涂层电极，电催化性能普遍有所提升。Didier D 等对比研究了有无 TiO$_2$ 底层的 Ti/PbO$_2$ 电极的电催化性能，研究显示当有 TiO$_2$ 作为底层的复合涂层电极 Ti/TiO$_2$/PbO$_2$ 的电阻明显减小，稳定性及电催化性能明显提升。Lin D 等也考察了 TiO$_2$ 中间层对氧化钌和氧化铅复合涂层电极性能的影响，含有 TiO$_2$ 中间层的钌铅复合电极表现出更好的电催化性能，直接氧化和间接氧化效果都优于不含中间层的电极。Meaney K L 等研究了 Sn、Sb、Mn 及 Pt 四种元素复合氧化物涂层电极降解有机污染物的性能，研究表明该涂层有较高的析氧电位，对表面污染物有较低的敏感性，通过形态及结构研究证明几种元素的掺杂是该涂层电极性能优良的主要原因。

薛娟琴课题组研究发现稀土元素掺杂可以有效改善电极的催化活性，铈组稀土中以镧掺杂对钛基锡系电极改性效果最好。电极涂层材料中 Sn：Sb：La 摩尔比为 100：10：2，热处理温度为 500℃ 的条件下制备的 Ti/Sb-SnO$_2$-La 电极，其电催化活性最高，120min 可使对硝基苯酚的降解率达到 92.8%，降解效果比未掺杂电极提高 30% 以上。稀土 La 掺杂对电极改性的机理：宏观上电极涂层晶粒变小、裂纹减少，涂层致密度及结合力更好；微观上，电极涂层内部氧空位等缺陷增多，使电极导电性变好，而且涂层中吸附氧增加，吸附氧可能进一步转化为羟基自由基参与氧化反应，使电极性能得到提升。

8.7.3　电化学催化阴极材料的研究进展

在电化学处理废水过程中，有机污染物主要靠羟基自由基等强氧化性基团氧化降解。除了阳极电化学催化氧化能产生大量羟基自由基外，阴极材料同样可以通过电化学催化反应过程产生羟基自由基来氧化降解废水中的有机污染物。主要的阴极材料为气体扩散电极，电化学催化还原水中的氧生成双氧水，双氧水自身有一定的氧化能力，但在实际应用中多是 H_2O_2 和 Fe^{2+} 组合构成电芬顿反应生成大量羟基自由基氧化降解有机污染物。气体扩散阴极性能的优劣直接决定着电芬顿技术降解有机废水效率的高低。

8.7.3.1 电芬顿处理废水技术

在电芬顿技术出现之前，最早使用的是化学芬顿氧化法。1894 年法国人 Fenton H J H 发现利用 H_2O_2/Fe^{2+} 体系可以氧化多种有机物，后来研究者们为纪念他，就将过氧化氢和亚铁盐的组合称为芬顿（Fenton）试剂。芬顿试剂首次用于废水处理是在 1964 年，Eisenhauer 使用芬顿技术处理含烷基苯废水，开创了芬顿试剂用于废水处理领域的先例。1987 年，Zeep 等研究了光催化辅助下的芬顿试剂反应，结果表明在芬顿体系中硝基苯、正辛醇、2-甲基-2-丙醇等有机物的降解速率明显加快了，芬顿试剂在环境治理方面的应用价值得到进一步提升。然而，传统的芬顿法也存在 H_2O_2 的运输与保存成本高的问题，而且 Fe^{2+} 无法循环使用，需要一直添加，导致絮凝沉淀排出困难。为了解决相关问题，使芬顿技术高效地用于有机废水处理，研究者们开始将芬顿技术与电化学方法结合，构成电芬顿技术。电芬顿技术又细分为 EF-FeRe、EF-FeO$_x$、EF-H$_2$O$_2$-FeRe、EF-H$_2$O$_2$-FeO$_x$ 四大类。第一类 "EF-FeRe"，是在化学芬顿法的基础上利用电极反应把反应后的 Fe^{3+} 还原成 Fe^{2+}，可减少铁离子添加量，但要不断添加 H_2O_2；第二类 "EF-FeO$_x$"，阳极的 Fe^{2+} 由电极溶解产生，而外加 H_2O_2 构成电芬顿技术；第三类 "EF-H$_2$O$_2$-FeRe"，是利用气体扩散电极在阴极产生 H_2O_2，而外加 Fe^{2+} 构成电芬顿技术；第四类 "EF-H$_2$O$_2$-FeO$_x$"，是阴极产生 H_2O_2，阳极溶解产生 Fe^{2+}，构成电芬顿技术。该技术是目前最先进的芬顿技术，它克服了以上所有方法中存在产生二次污染以及双氧水储运危险等缺点，通过电解条件的调节，可以高效、原位处理废水。

随着电芬顿工艺的不断成熟，该技术被广泛地应用于处理各类废水，并都取得了较好的处理效果。为了进一步提高电芬顿技术在废水处理领域的应用，研究者们开始研究超声波辅助电芬顿技术，并开发了各种提高降解效率的反应器，如滴流床反应器、微流床反应器等；滴流床反应器的电流效率可以达到 60% 以上。处理活性艳红废水时，20min 脱色率可以达到 97%，3h 后活性艳红的降解率为 87%，微流床反应器下电芬顿技术的 H_2O_2 产量及废水 COD 去除率都比传统的电芬顿技术过程高，只是反应器设计复杂，操作参数控制要求相对严格。

通过电化学方式提供 H_2O_2 和 Fe^{2+}，阳极采用不锈钢板，在电化学作用下溶解产生 Fe^{2+}，阴极采用高效气体扩散电极，电场下还原通入的氧气产生 H_2O_2，两者反应构成芬顿试剂氧化降解废水中的有机污染物。所以，高效产生 H_2O_2 的气体扩散电极成为制约电芬顿技术的关键，气体扩散电极的制备也成为目前国内外研究的热点。

8.7.3.2 气体扩散电极

气体扩散电极就是由 "气孔" "液孔" 和 "固相" 三者组成的多孔电极，因为主要是空气中的氧在电极上发生还原反应，所以又被称为空气电极或氧电极。气体扩散电极通过发达的 "气孔"，保证反应气体容易传递到电极上；并利用附着在电极表面薄液层的 "液孔" 与电极外面的电解质溶液连通，使液相反应物和产物能够及时迁移。

较高的孔隙率是保证气体扩散电极具有高效催化性能的重要指标。为了使电极表面形成尽可能多的薄液膜，需在电极中加入憎水剂，即采用憎水型气体扩散电极。氟碳化合物的出现，使这种高孔隙率电极的制备成为现实。电极同时要保持较好的导电性，降低能耗。

所以，多数气体扩散电极都是采用聚四氟乙烯作为黏结剂，采用活性炭、石墨及碳纳米管作为催化电极主体材料压制而成的。另外，在电极制备过程中选择合适的造孔剂也是提高电极性能的关键。随着电极制备及改性技术的提高，气体扩散电极的电催化性能也在不断提高。

气体扩散电极被发明之后，一直主要应用于氢-氧燃料电池以及金属-空气电池领域内。Brlilas E 等把气体扩散电极引入到电化学法处理废水领域后，该电极的应用范围得到了极大扩展，并迅速成为水处理研究者广泛关注的热点。

气体扩散电极在废水中的应用主要是因为其可以高效原位产生 H_2O_2。H_2O_2 自身对有机污染物有一定的氧化作用，若配合 Fe^{2+} 构成芬顿试剂，产生大量羟基自由基，其氧化降解效果大大提升。现在使用的芬顿试剂水处理技术多是双极电化学芬顿体系，即阳极产生 Fe^{2+}，阴极产生 H_2O_2，构成主反应，随着研究的深入，系统中会增加超声或光催化等辅助作用。

Kang S F 等用电芬顿技术处理印染废水，分析了电芬顿技术降解有机物的机理，并考察了废水色度及 COD 的去除效果，5min 可使废水色度去除 90%。研究表明，铁离子的沉淀絮凝对 COD 的去除也有一定作用。Hermosilla D 等研究了光辅助的电芬顿技术处理垃圾沥出液，通过辅助催化，在提高降解效率的同时，大大降低了 Fe^{2+} 在电芬顿系统中的添加量，从而使系统中产生的絮凝污泥减少，优化了电芬顿技术的工艺过程。Chu Y Y 等利用双阴极的电芬顿系统协同 $Ti/SnO_2\text{-}Sb_2O_5\text{-}IrO_2$ 阳极模拟对硝基苯酚废水的处理，气体扩散阴极负责产生 H_2O_2，石墨电极将 Fe^{3+} 还原为 Fe^{2+}，大大降低了 Fe^{2+} 的投加量；通过双电极体系的耦合作用，600min 后，废水的总有机碳可降低 74.5%。Cheng W 等对比了阳极氧化、传统芬顿法及电芬顿技术降解甲硝唑废水的效果。研究结果表明，电芬顿技术降解效果最好，而且经过处理后的废水的可生化处理程度明显上升。原水的 BOD_5/COD_{Cr} 值为 0.227，经阳极氧化和电芬顿技术处理后，BOD_5/COD_{Cr} 值分别为 0.252 和 0.354。

薛娟琴课题组通过研究发现石墨基气体扩散阴极孔隙率的高低是决定其催化还原水中氧生成双氧水能力的关键，添加适当的造孔剂可以有效提高石墨气体扩散电极的孔隙率。同时，电极碾压压力、PTFE 含量及煅烧温度都会影响电极孔隙率的高低。当以 NH_4HCO_3 为造孔剂时，添加比例为石墨与 NH_4HCO_3 质量比 6∶1；石墨与 PTFE 的质量比为 2∶1；碾压压力为 10MPa；煅烧温度为 330℃时制备的气体扩散电极效果较好，其孔隙率可达到 26.38%，经响应曲面法优化工艺条件后实际电解过程双氧水最高产生浓度为 413.82mg/L。此外，利用自制的石墨气体扩散电极与不锈钢板阳极构成电芬顿体系处理兰炭生产废水，当在电流密度为 $5.2mA/cm^2$，pH 值为 3；在极板间距为 2cm 的较佳电解工艺条件下，兰炭废水 COD 去除率最高可达到 78.62%。该电芬顿体系每氧化降解 1kg COD 所消耗的电能为 10.25kW·h，牺牲阳极消耗的铁量为 0.046kg，说明利用电芬顿体系处理实际工业废水是有效可行的。

8.7.4　电化学催化化学废水处理反应器

电化学反应器种类繁多、结构复杂，不同的应用领域，所应用的反应器结构和形式均不完全一样，而反应器结构及电极结构是影响电化学应用中电流效率的重要因素之一。

对于一个电化学催化体系而言，要想获得好的处理效果，一方面，要研制高电化学催化活性的电极材料；另一方面，有效的反应器设计是提高电流效率、降低成本的一个重要途径。电化学催化反应器分为二维反应器和三维反应器。表 8-9 列出了两类反应器的一些电极形式。

表 8-9 常见电化学催化反应器的电极形式

电极	二维反应器		三维反应器	
固定电极	平行板电极	容器(板式)	多孔电极	网式
		压滤式		布式
		堆积式		泡沫式
	同心圆筒	容器(柱式)	固定床电极	糊状/片状
				纤维/金属毛
		流通式		球状
				棒状
移动电极	平行板电极	互给式	活性流动床电极	金属颗粒
		振动式		炭颗粒
	旋转电极	旋转圆筒式电极	移动床电极	浆状电极
		旋转圆盘式电极		倾斜床
		旋转棒		滚动床
				旋转颗粒床

8.7.4.1 二维反应器

依据工作电极和移动电极的形式，二维反应器可分为平板式、圆筒式、旋转圆盘式等，用于有机物降解、金属回收等。

(1) 平板式 这是最简单的电化学催化装备，在一个固定体积容器内阳极和阴极平行放置，为强化传质过程（常常用向反应器内鼓入空气的方法），需提供必要的搅拌。在这种结构中，调整阳、阴极的表面积，可使阴、阳极面积相差最高达 15 倍，且阴、阳极之间常选择一些膜材料相隔。图 8-16 是典型的此类反应器的结构，图 8-17 是常见的此类反应器电极结构排布。

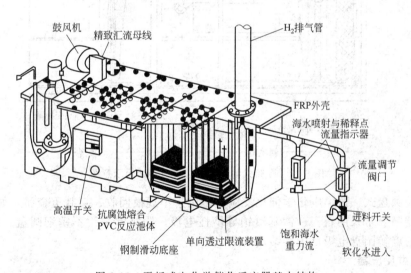

图 8-16 平板式电化学催化反应器基本结构

这类结构的化学装备广泛用于氯碱、硫酸、有机电合成等工业领域，也可应用于环境污染物的去除、重金属的回收等。

(2) 圆筒式 这类反应器内电极均是圆柱状。一般中间较小的圆柱体作为阳极，外部较大的柱体作为阴极，阳、阴极之间常用离子交换膜分开，这种反应器提供了较大的阳极表面积，见图 8-18。在实际应用中一系列圆筒式电极结构集中安装在普通的电解槽内。同时，在适当位置注入空气，以增强电解质的流动，见图 8-19。

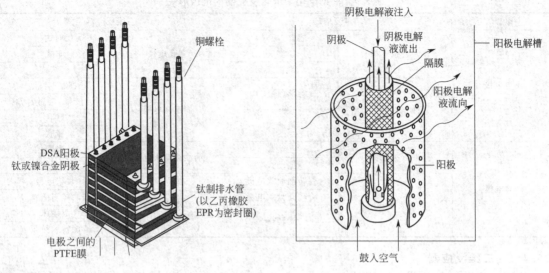

图 8-17 平板式电化学催化反应器电极结构排布　　　图 8-18 圆筒式电化学催化反应器结构示意图

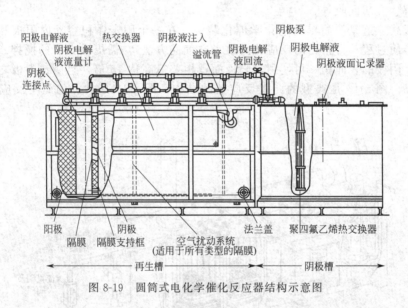

图 8-19　圆筒式电化学催化反应器结构示意图

（3）旋转圆盘式　这类电化学催化反应器多用于小规模回收、精制重金属，如感光行业回收银。反应器阳极常采用石墨、钛基镀铂等惰性电极，阴极常采用不锈钢圆盘。图 8-20 是进行金属回收的旋转圆盘电极反应器结构简图。

8.7.4.2　三维反应器

三维反应器是针对使用三维电极而言的。由于宏观上三维电极相当于扩大了电极作用面积，因而三维电化学反应器也称为床式结构。根据所加入粒子的特性，三维反应器可强化阳极过程或强化阴极过程。在有机废水处理方面，三维结构被认为是最具发展前景的电化学结构。图 8-21 为加入阴极颗粒的三维电极结构，可用于电镀重金属回收。

三维电极（three-dimensional electrode）的概念是在 20 世纪 60 年代末期由 Backhurst J R 等提出的，三维电极也称为粒子电极（particle electrode）或床电极（bed electrode），即通过在传统二维电解槽的平板电极之间装填粒状工作电极材料，并使粒子电极表面带电构成新一极（第三极）的一种新型电化学催化反应器。三维电极与二维电极最大的不同在于其填充的粒子

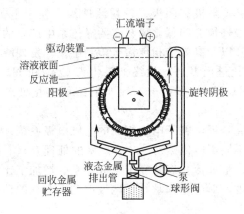

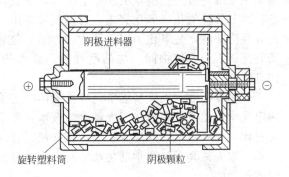

图 8-20　进行金属回收的旋转圆盘电极反应器结构简图　　图 8-21　加入阴极颗粒的三维反应器

电极，表面带电后可使电化学催化反应在粒子电极上独立完成；三维电极比二维平面形电极具有更大的比表面积，电解槽的面体比也相应增加，从而以较低电流密度提供较大的电流强度；粒子电极的填充使三维电极之间的间距缩小，传质速度加快且时空效率提高，保证了三维电极具有更高的电流效率和更好的废水处理效果。

三维电极按极性不同可分为单极性和复极性三维电极。其中，单极性三维电极用阻抗较小的粒子（如金属颗粒）填充在三维电极时，主电极会与导电粒子以及粒子之间相互接触，使粒子带电并表现出与主电极相同的极性，粒子表面即可发生电化学反应；为防止粒子电极之间短路，需要在单极性三维电极的两主电极之间设置隔膜。复极性三维电极中间填充的是接触电阻较大的粒子，在主电极上施加高压，通过静电感应的方式使粒子电极一端成为阳极，另一端成为阴极，电化学催化反应过程就在每个粒子电极上完成；主电极间与粒子以及粒子之间都不导电，电化学催化反应过程不会发生短路，所以主电极之间无需隔膜。

粒子填充方式直接影响三维电极的工程应用效果，因而也被用于三维电极的分类方法，根据粒子电极填充方式大致分为流动式和固定式两种。流动式填充的三维粒子电极在床体中可以发生相对位移，处于流动状态，废水处理效果较好，但粒子电极磨损较大，以流化床为代表；固定式填充的粒子电极在床体中不发生位移，处于相对稳定状态，且处理过程容易操作，电极损失较少，但效果稍差，以填充床电极为代表。另外，还可以按三维电极的不同构型分为矩形、圆柱形、棒状、环状以及网状等；按照电解过程中电流与液流方向关系分为垂直型与平行型三维电极。

8.7.4.3　三维电极的应用及发展现状

在处理有机废水方面，三维电极表现出特有的降解功能。Xiong Y 等用以活性炭为粒子电极，以不锈钢为主电极的三维电极处理模拟酸性橙 II 废水，通过电氧化及絮凝作用去除废水中的色度及 COD，30min COD 和色度的去除率分别达到 99％和 87％。Fockedey E 等利用含有 Sb 掺杂 SnO_2 涂层的泡沫钛和活性炭构成的三维电极降解含酚废水，详细考察了各电解条件对废水 COD 去除的影响，该体系处理废水的能耗为 5kW·h/kg COD。

Wang B 等利用 $Ti/Co/SnO_2$-Sb_2O_5 和石墨板分别作为阳极和阴极，利用修饰的高岭土及活性炭为粒子电极分别处理阴离子表面活性剂（十二烷基磺酸钠）废水及造纸废水，实验结果表明三维电极均取得比二维电极更好的降解效果。Wei L Y 等以 Ti/SnO_2＋Sb_2O_3 和 304 不锈钢（配有 2mm 的小孔）分别为阳极和阴极，以活性炭和多孔陶瓷颗粒组合为粒子电极的三维电极体系处理重油污水，在 $30mA/cm^2$ 的电流密度下，COD、TOC 及有毒污染物的去除率分别为 45.5％、43.3％和 67.2％，而且经电化学催化处理后废水 BOD_5/COD 值从 0.10 升高到 0.29，生化性明显提升，为后续深度处理创造了条件。

　　Zhao H Z 等在铁和钛基体上负载活性碳纤维制成阳极和阴极，颗粒活性炭为粒子电极，利用该三维电极处理模拟酸性橙Ⅱ废水，研究证明酸性橙Ⅱ的氧化降解主要靠体系中产生的羟基自由基等强氧化剂氧化完成，通过气质联用、红外以及高效液相色谱等检测手段，发现酸性橙Ⅱ在降解时，先氧化为芳香族中间产物，逐步氧化进而开环，最终被氧化为 CO_2 和 H_2O。研究还证实芳香族中间产物的增加使得废水的 BOD_5/COD 值提升，废水后续可生化处理性提高。

　　薛娟琴等通过以钛基锡系电极作为阳极，填充壳聚糖基粒子电极组成的三维电极系统，利用电化学催化氧化原理降解处理含酚废水，考察了不同影响因素对 p-NP 废水的处理效果。通过对比，在二维电极间加入粒子电极并使其悬浮起来形成流化态的三维电极体系，增加了比表面积，大大提高了电化学催化反应对废水的降解速度，对壳聚糖基粒子电极起到了明显的催化促进作用。

第**9**章

催化的新技术（绿色催化）

绿色化工是在化工产品生产过程中，从工艺源头上就运用环保的理念，推行源消减，进行生产过程的优化集成、废物再利用与资源化，从而降低成本与消耗，减少废弃物的排放和毒性，减少产品全生命周期对环境的不良影响。绿色化工的兴起，使化学工业环境污染的治理由先污染后治理转向从源头上根治环境污染。

为解决化学化工生产过程中有害物质的生成，必须要实现化学反应的原子经济性，采用催化反应代替化学计量反应等绿色合成方法，用有机功能小分子和高分子负载催化剂，从不同方面解决环境污染和催化剂回收的问题；采用不易挥发、低毒甚至无毒的溶剂-水相体系、超临界流体、离子液体介质下的反应替代有毒、易燃、易挥发的有机溶剂的反应，符合原子经济性。

9.1 组合催化

组合技术是近 20 年来发展起来的一种快速合成大量化合物的新方法。组合化学合成技术已经为传统的有机合成化学带来革命性变化，因此被称为近年来科学上取得的重要成就之一。组合技术进入材料发展领域始于 Schultz 和 Xiang 1995 年的实验，它使人们对组合技术能否用于发现令人感兴趣的无机技术（或者是可以创造出一系列超级材料）产生了好奇。*Science* 将组合技术列为 1998 年十大科技进步之一。

9.1.1 组合多相催化过程

组合技术应用于多相催化过程更是全新领域。在把组合技术引入到多相催化领域之前，新的催化剂开发往往经历一个耗资巨大、周期漫长的过程。虽然人们对于催化理论方面的研究已取得一些进展，却仍未能发展出用于预测材料组成、结构和催化功能相关的可靠理论。以至于在大多数情况下，不得不依靠经验和直觉的尝试来筛选和发现新的催化材料，人们只能忍受这种 "trial and error" 的 "炒菜式" 研究过程。无疑，这种开发过程效率低下，已经成为严重制约催化剂、新催化材料和新催化过程开发的瓶颈。

组合技术的最大特点就是可以一次合成成百上千个目标化合物，通过高通量筛选技术从含有成百上千个目标化合物或具有期望催化性能的组合催化剂库中筛选出具有最佳催化性能的催化剂。由于催化材料的组成、结构和功能之间相互关系的不可预见性，在组成渐变的组合样品库中，由于结构突变而导致性能突变的催化材料采用组合技术更容易被发现，有助于对催化材料组成、结构与功能关系的理论研究。由于从样品库的制备到筛选都是在相同条件下进行的，增加了各样品间的可比性，避免了传统方法操作误差的影响。

在催化剂库的筛选与合成中，首先应该根据文献数据和以前的实验结果，选择催化剂的组成，这样就可以减少实验次数。另外，程序中还包括最佳运算方法，如遗传算法、模拟退火算法、简化算法等。在确定算法前，必须给定催化剂的性能，通过计算找出目标性能的最大值和最小值，以逐步优化催化剂组成。催化剂性能的评价主要根据原来设定的目标进行，这些目标包括催化剂收率、失活速率、反应物吸附或关键产物的脱附、晶格氧扩散速率、氧化还原常数等。评价技术主要采用平行微反应器、扫描 X 射线衍射仪以及红外热像分析仪等。

将通过组合催化得到的一种催化剂用于真实的工业条件时，其配方的重现性相当困难。解决这个问题就需要进行第二轮或更多轮次的优化循环，之后才能按传统催化剂制备方法得到千克级催化剂，再进行评价和表征。

在进行组合多相催化过程中，首先要进行实验设计（见图 9-1），主要包括：①确定合成的催化样品所要达到的性能；②根据经验确定样品库的组成；③设计库的制备和活化方法，然后进行一级库的制备和表征（通过模型反应对样品库的催化性能进行考察）。由于在大多数情况下，在对样品库进行高通量筛选时组合技术的引入，可以提高工作效率，降低成本。对于不能直接获得催化剂的活性和选择性结果时，要实现测量数据的可视化，必须对表征数据进行处理，以便把表征结果与催化剂催化性能关联起来，达到筛选催化剂的目的。如果在所合成的库中没有所需求的催化剂，则要重复以上过程，重新进行样品库设计；如果包含具有所期望催化性能的催化剂，则将其定为候选物，进行二级库的设计（主要是改变前体物质的量、组成、结构及反应条件）和制备，通过模型反应对其进行表征和筛选。经过数据处理后，如果没有样品达到所需求的催化性能，则要重新设计二级库，重复"制备—表征—数据处理"的过程，直到获得令人满意的催化剂样品；把此样品作为先导物，利用传统催化剂制备和表征方法对其进行放大和确认，从而最终获得可工业化的催化剂。

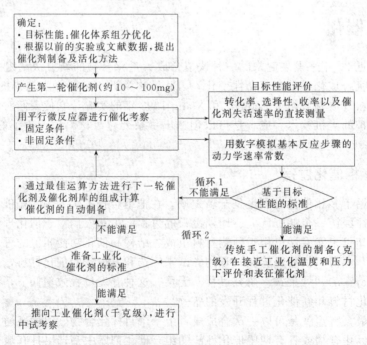

图 9-1 用于多相催化剂优化的组合催化程序

组合多相催化过程实际上是利用文献结果和积累的经验设计样品库，把所需求的催化剂圈在一个很宽的范围内，然后利用组合合成技术和高通量筛选技术层层逼近目的催化剂，并最终从成千上万样品中把它找出来。整个过程中，库的设计是关键，但对于有着丰富经验的科研人员来说，要把所需的催化剂圈在很宽的范围内并不十分困难，困难的是如何实现样品库的组合合成和高通量筛选。由于有机化合物的分子多样性靠合成中分子构建单元的排列变换来实现，而无机催化材料的多样性是靠混合不同量的前体物质、改变组成和结构、变化反应条件来实现的，因此广泛应用于组合有机合成中通用的仪器、设备及方法并不能直接应用于组合多相催化过程。微型化、自动化和平行化是实现组合催化的关键所在。

9.1.2 组合多相催化材料库的制备

催化材料的固态库制备可分为以下三类：薄膜沉积法、溶液微井法和水热合成法。

（1）薄膜沉积法 以气相沉积法为基础的催化材料薄膜库制备技术是一类重要的固态组合合成方法。它把薄膜沉积与遮蔽技术结合起来，通过某种能源把原本为固态的前体化合物依次转化为气态物质，利用光刻掩膜或蒙片技术，在惰性物质的表面不同区域内沉积不同组分和厚度的前体化合物薄膜，形成一个分散的前体薄膜阵列，然后对该薄膜阵列进行平行热处理，就得到一个立体定位的催化材料组合库。

物理掩膜溅射是较常用的薄膜库制备技术，先在材料制备中取得成功，后应用于催化材料库的制备。Cong 等在厚 1.5mm 的石英板（直径 75mm）上制备出 15mm×15mm×15mm 三角形包含 120 个不同催化剂组成的合金薄膜库（含有 Rh、Pd、Pt 3 种金属），每个样品直径为 1.5mm，厚度约为 100nm，质量 2～4μg。沉积过程分为 10 步，每步沉积 10nm 厚的金属，整个过程大约需 1h。在 773K 下，H_2 和 Ar 混合气（5% H_2、95% Ar）中处理 2h 制成薄膜样品库。该薄膜库被应用于 CO 催化氧化反应中，用质谱对 CO_2 进行检测，结果证实 3 种金属的催化活性与用传统方法制备的催化剂结果一致。

其他用于薄膜沉积法的技术还有等离子体化学气相沉积、脉冲激光沉积技术、分子束外延技术及化学蒸气沉积等。在多相催化反应中，很少把金属直接用于催化材料，更多的是把它们担载在某些多孔载体表面上，这样的特点或多或少地限制了薄膜沉积法在催化材料组合制备领域的广泛应用。

（2）溶液微井法 相对于薄膜沉积法，溶液微井法更符合多相催化的要求。它是把催化活性组分溶解在水溶液中，按一定程序加入到惰性基片的微井中，经干燥、焙烧等处理工艺，形成催化材料样品库。共沉淀法、凝胶法和浸渍法是最常用的传统制备多相催化剂方法，而用组合方法也能达到与传统方法同样的效果，这为以后催化剂的成功放大提供了基础。

① 共沉淀法 共沉淀法是借助于沉淀剂与两种以上金属盐溶液作用，经共同沉淀后制得固体催化剂。1998 年 Reddington 等在对甲醇燃料电池阳极催化剂的研究中，利用喷墨打印技术，将 $H_2PtCl_6 \cdot H_2O$、$RuCl_3 \cdot xH_2O$、$OsCl_3$、K_2IrCl_6、$RhCl_3 \cdot 2.4H_2O$ 的水溶液作为"墨"按不同的浓度变化"喷"在基片上制成含有 645 个电极元组合样品库，优化出组成为 $Pt_{44}Ru_{41}Os_{10}Ir_5$ 的四元合金催化剂，它在 60℃和 400mV 过电位条件下的催化活性较之商业上使用的 $Pt_{50}Ru_{50}$ 合金催化剂高出近 40% 的电流密度。共沉淀法不仅应用于甲醇燃料电池电极材料库的组合制备，而且也用于再生燃料电池电极制备中。Chen 等将 Rh、Pt、Ru、Os、Ir 的盐溶液共沉淀制备出含有 715 种催化材料的电极库，从中筛选出组成为 $Pt_{4.5}Ru_4Ir_{0.5}$ 的三元合金催化剂并表现出优越的双功能催化性能。

共沉淀法也被用来制备 Au/Co_3O_4 样品库应用于催化 CO 氧化反应。Yamada 等把 $Ni(NO_3)_2$ 和 $Fe(NO_3)_3$ 的水溶液加入到 K_2CO_3 水溶液中，共沉淀制得的 Ni-Fe 氧化物催化剂用来催化乙烯氧化脱氢反应。同样反应也被用来筛选由 Co、Cd、Fe、Ga、Ge、In、Mn、Mo、Ni、Nb、V、W、Zn 形成的催化材料库。当然，把混合的盐溶液在微井中蒸干也是制备催化材料库的一种方法。Su 等就用该方法合成出 V-Ti、V-W、V-Mo、V-Sn-W、V-Sn-Mo 体系用于催化萘的氧化反应。

② 凝胶法 凝胶法是一种制备无定形微孔催化材料的方法。1998 年 Holzwarth 等利用该方法合成出 37 种由 1%～10%Ir、Pt、Zn、V、Mn、Fe、Pd、Cr、Co、Ni、Rh、Cu、Ru 盐与硅溶胶和钛溶胶形成的催化材料库，并通过 1-己炔的加氢反应对库进行筛选。他们在实验中所用微井直径为 1.5mm、深 0.6mm。次年，该研究小组又报道了含有 Ag、Au、Bi、Co、Cu、Cr、Fe、In、Mo、Ni、Re、Rh、Sb、Ta、Te、V、W 的 33 种 Ti、Si、Zr 凝胶的催化材料库应用于对丙烯氧化反应的催化。

Symyx 的研究小组用凝胶法合成出含有 66 个样品的 Mo-V-Nb-O 体系催化材料库，用于催化乙烯氧化脱氢反应。随后，他们又用凝胶法制备了由 V-Al-Nb、Cr-Al-Nb 体系构成的包括 144 个样品的催化材料库，同样用乙烯氧化脱氢反应对样品库进行了筛选。

③ 浸渍法 把载体浸泡于含有活性组分的溶液中的操作称为浸渍。1996 年 Moates 等就报道了在 γ-Al_2O_3 颗粒上浸渍 Ag、Bi、Co、Cr、Cu、Er、Fe、Gd、Ir、Ni、Pd、Rh、Ti、V、Zn 等金属以形成催化材料库。美国加利福尼亚大学（简称加州大学）的 Senkan 教授在 1999 年利用一套自动浸渍系统在 γ-Al_2O_3 颗粒上担载不同量的 Pt-Pd-In 用于研究环己烷脱氢反应，结果表明 $Pt_{0.8}Pd_{0.1}In_{0.1}$ 组成的催化剂上苯的产率最高。2000 年，Senkan 教授的研究小组又利用该套系统制备同样的催化体系样品库来催化丙烷还原 NO 反应。Senkan 教授的研究除催化剂组合制备外，还包括微型反应器及高通量筛选技术。

为了满足不同反应要求及筛选技术，不同类型的催化材料库被合成出来：Rh/MO_x（M＝Sn、Ce、Si、Ti、W）及 Fe/SiO_2；V、Mg、B、Mo、La、Mn、Fe、Ga 等在 α-Al_2O_3 上的担载等。

(3) 水热合成法 水热合成法是传统的合成分子筛的方法之一。这种方法也被用于分子筛的组合合成。Akporiaye 及其助手们用特氟龙（杜邦公司生产的四氟乙烯聚合物）制造了一个多样品专用高压釜，实现了在 200℃、100 个分子筛的平行合成。但在反应结束后须用手工方法将产物从反应器中取出，而后采用传统的 X 射线衍射技术进行分析。马普研究所的 Maier 和 Klein 等将该技术加以改进，水热反应所需物料由原来的 $500\mu L$ 减少至 $2\mu L$。在微型高压釜中平行合成 37 个样品，其后样品直接用去离子水清洗，烘干。通过焙烧将分子筛烧结在作为釜底的硅晶片上，从而形成分子筛样品库，最后用 X 射线衍射仪对样品库进行表征。

9.1.3 高通量筛选技术

当药品研究所发展的方法应用于材料研究时，却发现这种方法远不能承受研究的复杂性：一方面新的候选药品（先导物）是用化学方法来测试的，如气相色谱、核磁共振谱、质谱分析和增量生物活性等，在很多情况下生物活性方法对于先导混合物的单一组分是合适的；另一方面，先进的材料需要根据他们的性能来表征，而对于特定的研究领域而言，分析方法往往是特殊的。例如，研制新的多相催化剂并对众多微量金属氧化物样品"选择性和转化率"的描述时，需要发展微型传感器对复杂的产物/反应物体系进行采样分析。到目前为止，还没有发展出具有普遍通用性的组合多相催化材料筛选技术。虽然人们在这方面进行了很多尝试，但这些技术只能应用于某些反应，都有一定的局限性。

现有的高通量筛选（high throughput screening，HTS）技术大致可以分为两种：一种是利用光学方法，对特定的反应或分子产生信号，实现催化材料样品库的原位筛选，由于给出的是各种信号，只能间接地判断催化剂活性或选择性，因此适用于一级库的快速筛选；另一种是"常规"方法，把反应后的混合物料从催化剂表面导入常规检测器（如质谱、色谱等），可以直接计算出反应活性和选择性，一般用于二级库的筛选。

9.1.3.1　光学方法

（1）红外温度记录技术　在众多 HTS 技术中以红外温度记录技术是比较简单、应用广泛的方法。最早把该技术应用于多相催化反应的是 Pawlicld 及其同事；9 年后，该技术才被用于组合催化材料的筛选。随后 Maier 教授及其同事改进该技术，并用 1-己炔加氢作为模型反应对该方法进行验证，使其成为一种有效的 HTS 技术。

可见光成像是通过物体对光的反射实现的，因此需要外在光源；红外成像则不同，它是靠物体本身发射的红外线成像的。在把模型反应用于样品库筛选时，由于样品库上不同位置催化材料组成不同，其对模型反应的催化能力不同，反应放热也不同，导致催化材料表面温度的变化，用对温度非常敏感的红外照相技术把催化材料表面温度变化记录下来，并用空白成像进行修正，从而达到筛选催化材料的目的。这种技术还可以用于液相反应催化剂的筛选过程，如 Reetz 教授对反应对映选择性的筛选；Taylor 利用红外热成像技术对载有 3000 多个潜在催化剂的聚合物球珠进行筛选，从中发现两种有机化合物可作为亲核酰化的有效催化剂。

红外温度记录技术虽然能准确、可靠地检测到 0.1K 的温度变化，但对于每个样品只有几毫克甚至微克级的样品库，反应过程中的能量变化所引起的催化材料表面温度变化有多少是值得商榷的。文献中利用该技术进行催化材料筛选的模型反应都是热效应较大的氧化或加氢反应；而且，红外成像所反映的只是催化材料的活性，对反应选择性则没法检测，因此该技术只适用于大规模样品库的初选（一级样品库的筛选）。

（2）共振强化多光子离子化技术　加州大学洛杉矶分校化学工程教授 Senkan 的共振强化多光子离子化技术（resonance-enhanced multiphoton ionization，REMPI）可用于组合多相催化材料库筛选中气相物种的检测。该技术利用紫外激光原位对反应产物进行有选择性的离子化，然后利用置于样品邻近的微电极收集产物离子化所释放出的光子或电子，通过电信号的不同判断产物生成量的变化，从而达到催化剂筛选的目的。这种方法对于多原子分子可以实现原位检测，选择性地离子化目标分子，可以利用激光频率的不同实现对多个产物的检测，而且具有非常高的灵敏性。但是，该技术的缺点与其优点一样鲜明：首先，很多分子的 REMPI 特征要事先通过其他手段加以确定；其次，如果在选定波长内其他分子对紫外也有吸收，这势必影响 REMPI 检测的准确性；再次，对于具有高离子势或不能离子化的分子（如甲醇、乙醇）则不能用该方法检测；最后，设备上较大的投资也限制了该技术的推广和使用。

（3）激光诱导荧光成像技术　Su 等利用激光诱导荧光成像技术（laserinduced fluorescence imaging，LIFI）技术来筛选萘选择氧化催化剂。其原理与 REMPI 很相似，利用激光使目标分子激发，产生荧光信号来实现催化剂的筛选。在 Su 的实验中，488nm 波长激光只激发萘醌，而不激发萘及主要副产物邻苯二甲酸酐，而且荧光信号与萘醌生成量呈线性关系，因此该技术可以很好地用于该催化剂筛选过程。缺点也是非常明显的：并不是所有分子都可以产生荧光；对于非目标分子对荧光的吸收，激光器昂贵的价格限制了该技术的广泛使用。利用荧光指示剂也可以实现 HTS。

（4）其他光学方法　除以上三种较常用的光学方法外，还有一些技术被用于组合多相催化材料的筛选。Symyx 的 Cong 等利用光热偏转光谱（PTD）来筛选脱氢催化剂，在乙烷脱氢反应中，痕量的乙烯被检测出来，证明该方法具有高的灵敏性。颜色指示剂法则可用于筛选包含 "C=C" 或 "C=N" 官能团的催化反应。

9.1.3.2　"常规"方法

所谓"常规"方法是指利用传统的分析手段，如色谱、质谱、核磁共振谱等加以新的技术和方法实现组合多相催化材料的 HTS。

（1）质谱法　质谱法是比较成熟且被广泛采用的 HTS 技术。Symyx 的 Cong 及其同事采用扫描质谱对由 Pd、Pt、Rh 组成的含有 120 个组分的合金库进行筛选。在对某一催化剂进行评价时，先用 CO_2 激光将其加热到一定温度，然后通过一个双层同心导气管将反应气输送到催化剂表面，反应后的气体通过双层同心导气管的内管转移到质谱进行分析。可以通过催化剂"芯片"平台的移动使另一个催化剂移至探针下方。Orschel 教授和 Maier 教授发明了一种类似的方法，在他们的设计中，移动的是包含进气、出气两根毛细管的探针。两种方法都只能检测催化材料的初始活性，对于需要较长稳定期的反应则无能为力。

Zech 及其同事采用的在线质谱技术则是通过在组合反应器的出口端探针的移动实现对样品库的循环检测。在对某一催化剂进行检测时，其他催化剂表面上仍然有反应气体通过，保证所有催化剂样品一直处于相同的催化氛围，这样可以对所有样品进行随时检测，解决了前两种设计只能检测初始活性的问题。质谱法和其他方法的联合使用拓宽了质谱法的应用范围。

（2）其他常规方法　Reetz 等建立的色谱法可用于给定催化反应的对映选择性的 HTS，利用两套色谱与相应软件组成的设备，可以实现每天检测 700 个样品。X 射线衍射法则可用于分子筛样品库的 HTS，^{51}V NMR 则用于杂多酸的筛选。而气体传感器系统也在某些方面得以应用。傅里叶变换红外光谱分析（FTIR）（由于它是常规的化学分析手段，因此被划分在常规方法中）也被用于固态催化材料的筛选。

9.1.4　微型组合反应器

为满足不同的反应要求，不仅需要不同的库制备技术和 HTS 技术，而且需要相应的反应器。按其性状可分为釜式反应器和列管反应器两种。

（1）釜式反应器　釜式反应器是为满足液相高压反应而设计的。Desrosiers 等所使用的组合釜式反应器包含 96 个微型釜，催化剂样品库在釜内原位制备，采用 Teflon 表面的硅胶垫密封，可以加热到 200℃，最高使用压力可达 6.0MPa。该设计类似于组合合成分子筛时所用的反应釜。其缺点是不能对每个反应单独控温，不能间歇采样，不利于对反应深度的监控。多个微型釜的并联设计解决了这一问题。该设计中 15 个 45mL 釜被排列成 3 排，每排可以单独加热，使用温度在 25～300℃间，最高使用压力达 11.7MPa。

（2）列管反应器　Senkan 教授设计的列管反应器是在一块无孔硅陶瓷板上刻有多个宽 1mm、深 1mm、长 20mm 的凹槽，每个凹槽错落地刻上直径 3mm、深 2mm 的微井，催化剂薄片（直径 3mm，高 1mm）置于微井内，用另一块硅陶瓷板密封。反应时，气体物料从凹槽一端进入，在另一端进行检测。与溶液微井法制备样品库技术以及在线质谱检测手段的联合使用形成了一整套组合多相催化技术。

相比于 Senkan 的设计，Schüth 教授设计的反应器更接近于传统的单管反应器。在铜块上钻 16 个圆孔（直径 6mm），在每个圆孔底部钻直径 1mm 细孔，反应时装有催化剂的反应管置于 6mm 粗的圆孔内，并与铜反应器隔离，反应后的气体通过 1mm 细孔后可用 IR、GC、MS 等分析方法进行检测。

Zech 等人设计的与在线质谱配合使用的反应器则是由刻有凹槽的金属板叠放在一起组成的，已被用于一些组合催化反应过程中。

多相催化在国民经济中占有重要地位。每种新催化剂和新催化工艺的研制成功都会引起包括化工、石油加工等重大工业在内的生产工艺上的改革，生产成本可以大幅度降低，并为改善人类生存环境提供一系列新产品和新材料。尽管人们对一些催化过程已有所认识，但直到目前，对催化本质的认识还远远不能用于指导新催化剂的开发过程。因此，一种实际可用的工业催化剂的开发，依然被认为是一种"技艺"。换句话说，人们开发一种催化剂更多地依赖于经验和运气，而不是所掌握的催化理论。这种"炒菜"式的开发新催化剂的方法尽管在很多重大工业催化剂的开发中获得了成功，但其效率的低下是可想而知的。在催化剂和催化新工艺的开发过程中存在这样的矛盾：一方面，工业生产需要大量的催化新材料和新催化过程，以满足人类不断增长的物质需求；另一方面，现有的催化新材料的开发方法和速度远远落后于人类的需求。寻求和掌握一种高效的制备和筛选催化剂的手段是目前开发新的可用催化剂的最有效途径。组合技术就是在这样的背景下应运而生的。

组合技术用于多相催化材料的制备和筛选只是近几年的事，虽然还没有取得像在药物筛选领域那样的成功，但利用组合技术发现令人振奋的新催化材料以及开发新催化过程只是迟早的事。可以预见，在不久的将来，组合技术会像在药物开发实验室一样，成为有效、常规、标准的新催化剂研发工具。

在催化材料库的制备和筛选过程中，虽然已经使用了一些机器人之类的自动化设备，但这些设备功能比较单一，只能满足某一方面的要求，还不具备高的通用性。因此，对于我国从事催化剂及催化过程开发的科研人员来说，这是个很好地加入组合多相催化研究领域的契机，不仅在形成拥有自主知识产权的仪器设备研究方面有很大的发展空间，而且可以使我国在组合多相催化领域占有一席之地，促进我国催化材料的发展，以赢得 21 世纪材料设计领域所面临的挑战。

9.2 反应控制相转移催化

均相催化剂活性较高、选择性好，但分离回收再利用问题一直不易解决，催化剂的负载化是解决均相催化剂回收的重要途径之一，但不能从根本上解决均相催化剂的流失，并且显著地降低了均相催化剂活性，从而限制了其工业应用。

2001 年 Xi 等设计并发明了一种新的催化体系。该催化剂本身不溶于反应介质中，但在反应物 A 的作用下，催化剂会形成溶于反应介质的活性组分，均相地与反应物 B 进行反应，高选择性地生成产物 C。当反应物 A 消耗完后，催化剂又形成沉淀，从而得以分离和回收，因此将该体系称为反应控制相转移催化体系，它解决了均相催化剂难以分离的问题，兼具均相催化剂和多相催化剂的优点。

9.2.1 反应控制相转移催化的定义

与传统的相转移催化不同，此处的反应控制相转移催化是指催化剂形态在反应过程中发生变化，即固态—液态—固态的过程，而这种变化是由反应来控制的。例如，在磷钨杂多酸和磷钼杂多酸催化的氧化反应过程中，催化剂在 H_2O_2 作用下，由原来的不溶状态变为可溶状态，从而发生均相催化氧化反应。当 H_2O_2 消耗完后，催化剂又由可溶状态变成不溶状态而从体系中分离出来。在酯的反应中，带有磺酸基离子液的磷钨杂多羧催化剂开始溶于多羟基的醇或多羧基化合物中，发生催化酯化反应，当酸和醇消耗完后，由于催化剂不溶于产物酯中而以固态的形式析出而分离。

9.2.2 反应控制相转移催化的应用

9.2.2.1 烯烃环氧化反应

烯烃环氧化是有机合成中一类重要的化学反应。环氧化合物广泛用于石油化工、精细化工和有机合成等领域。其中环氧丙烷（PO）就是一类重要的基础化工原料，大量用于聚氨酯塑料、不饱和树脂及表面活性剂等的生产。2006 年全球环氧丙烷生产能力为 6.75×10^6 t/a，其中我国为 1×10^6 t/a。目前，我国环氧丙烷需求年增长率为 4%。氯醇法和共氧化法（Halcon 法）是目前工业生产环氧丙烷的主要方法，占世界总生产能力的 99% 以上，其中 Halcon 法超过 60% 左右。但我国 90% 企业采用氯醇法。氯醇法生产过程中产生大量的含氯废水，对环境造成严重污染；而 Halcon 法以乙苯或异丁烷自动氧化产生的烷基过氧化氢为氧源，使丙烯环氧化得到环氧丙烷，同时产生大量的联产品苯乙烯或叔丁醇，此法相对于氯醇法在环境保护和经济性等方面有一定优势，但整个生产过程易受关联产品市场的影响且投资大，工艺复杂。此外，过酸法也可用于合成环氧化合物。它常采用过乙酸，仅限于小吨位、高附加值的环氧化合物的生产，且不能用于一些对酸性敏感的环氧化合物的生产。由于日益严格的环保要求，研究环境友好的单独制备环氧化合物的催化氧化法已经越来越引起人们的重视，近年来取得了突飞猛进的发展。

由日本住友公司开发的异丙苯共氧化法（CHP 法），解决了共氧化法中的关联产品问题。1983 年 Taramasso 等首次合成了钛硅分子筛 TS-1，它在以 H_2O_2 水溶液为氧化剂的低温氧化反应中具有特殊的催化性能，反应条件温和，反应选择性高，副产品为水，对环境无害。目前该过程的工业化已由 BASF-Dow 化学联合开发成功；Degussa 也宣布成功建成工业化生产装置。国内该过程的工业化开发仍在进行之中。

9.2.2.2 以 H_2O_2 水溶液为氧源的烯烃环氧化反应

（1）丙烯环氧化制环氧丙烷 由于环氧丙烷的水溶性且易水解，对于以 H_2O_2 水溶液为氧源的杂多酸催化丙烯环氧化的研究甚少；而原位 H_2O_2 受蒽醌法自身工艺的限制，直接用于丙烯环氧化的工作液中 H_2O_2 的浓度很低（约 0.250mol/kg），使得环氧化效率降低。另外，将蒽醌、重芳烃（或甲苯）、磷酸三辛酯（或磷酸三丁酯）等与产物一起进入环氧化分离工段，也会给精馏分离带来许多不便。因此，为了提高生产效率和降低分离成本，对有 H_2O_2 生产装置的工厂来说，直接用 H_2O_2 水溶液作氧化剂仍是一个值得考虑的工艺路线。

Gao 等首先以 52% H_2O_2 水溶液为氧源、磷酸三丁酯/甲苯为溶剂，在催化剂 A 的作用下进行丙烯环氧化反应。催化剂回收率为 94%，环氧丙烷选择性为 92%，产率为 91%，其中双溶剂体系的两种溶剂比对环氧化反应的影响见表 9-1。可以看出，环氧丙烷产率和选择性以及催化剂回收率都先随磷酸三丁酯：甲苯的比值的增加而增加，至 3:4 时最佳，随后开始下降。由于环氧丙烷易水解生成二醇，因此水的存在不利于环氧化反应，而当磷酸三丁酯：甲苯为 3:4 时，磷酸三丁酯的极性使水油两相成为一相，因此由 H_2O_2 水溶液带来的水对环氧化反应的影响就很小了。有趣的是，过量的磷酸三丁酯却起到相反的作用，这可能是由于催化剂本身是由两部分组成的，阴阳离子有着相反的溶解性，当磷酸三丁酯过量时，即使在 H_2O_2 的作用下，催化剂也不能很好地溶解在反应体系中，因此催化活性降低。

表 9-1 不同 TBP/甲苯的体积比对环氧丙烷产率的影响

TBP/甲苯体积比	产率[①]/%	转化率[②]/%	选择性[③]/%	催化剂利用率/%
甲苯	18.1	66.9	27.0	70.4
1:3	68.6	84.5	80.9	86.8
1:2	82.0	98.4	83.3	86.2
3:4	90.4	98.2	92.0	94.0
1:1	85.8	97.2	87.8	85.8
2:1	56.3	72.2	78.0	27.7
3:1	33.5	46.4	72.2	59.1
TBP	31.5	39.8	79.6	66.0

① 基于 H_2O_2 的环氧丙烷的产率。
② 基于 H_2O_2、丙烯的转化率。
③ 丙烯基于环氧丙烷的选择性。
注：反应条件为溶剂体积 70mL，反应时间 4.5h，反应温度 65℃，TBP 指磷酸三丁酯。

在以 H_2O_2 水溶液为氧化剂时，由于水含量较高，容易导致环氧丙烷水解生成丙二醇，因此抑制环氧丙烷的水解是提高环氧丙烷收率的一个重要手段。金国杰等以 H_2O_2 水溶液为氧化剂，考察了添加磷酸氢盐或磷酸二氢盐对反应控制相转移催化剂 $\{[C_{16}H_{33}(70\%)+$

$C_{18}H_{37}(30\%)](CH_3)_3N)[PW_4O_{16}]$催化丙烯环氧化反应性能的影响，结果见表9-2。结果表明，当不加添加剂时，环氧丙烷水解较为剧烈；而加入适量的添加剂则可有效抑制环氧丙烷的水解。其中，磷酸氢盐比磷酸二氢盐的抑制效果更优，磷酸氢钾比磷酸氢钠更佳。当添加剂存在时，氯仿是一种较好的溶剂。

表9-2 添加剂对丙烯环氧化催化剂性能的影响

添加剂物质的量 n/mmol	溶剂	H_2O_2 转化率/%	H_2O_2 选择性/%	
			PO	PG
—	PhCH$_3$-TPB	83.9	17.6	56.3
K$_2$HPO$_4$·3H$_2$O$_2$/0.057	PhCH$_3$-TPB	83.3	26.9	41.5
K$_2$HPO$_4$·3H$_2$O$_2$/0.114	PhCH$_3$-TPB	87.9	39.2	30.4
K$_2$HPO$_4$·3H$_2$O$_2$/0.228	PhCH$_3$-TPB	92.0	65.0	9.3
K$_2$HPO$_4$·3H$_2$O$_2$/0.285	PhCH$_3$-TPB	93.3	64.0	4.4
—	CHCl$_3$	91.0	26.9	41.2
K$_2$HPO$_4$·3H$_2$O$_2$/0.285	CHCl$_3$	96.8	63.1	2.7
NaH$_2$PO$_4$·2H$_2$O$_2$/0.282	PhCH$_3$-TPB	88.7	40.7	29.6
NaH$_2$PO$_4$·2H$_2$O$_2$/0.423	PhCH$_3$-TPB	88.7	44.6	30.7
NaH$_2$PO$_4$·2H$_2$O$_2$/0.481	PhCH$_3$-TPB	92.4	45.5	30.6
Na$_2$HPO$_4$·12H$_2$O$_2$/0.168	PhCH$_3$-TPB	89.8	58.2	15.5
Na$_2$HPO$_4$·12H$_2$O$_2$/0.229	PhCH$_3$-TPB	92.8	60.5	8.5
Na$_2$HPO$_4$·12H$_2$O$_2$/0.279	PhCH$_3$-TPB	91.0	53.4	4.3

注：反应条件为31.8%H$_2$O$_2$5mL；催化剂0.3g；转速500r/min；压力1.1MPa；60℃，5h。PO指环氧丙烷，PG指丙二醇，TBP指磷酸三丁酯。

He等以乙腈为溶剂，H$_2$O$_2$水溶液为氧源，研究了反应控制相转移催化剂{[C$_{16}$H$_{33}$(70%)+C$_{18}$H$_{37}$(30%)](CH$_3$)$_3$N}[PW$_4$O$_{16}$]催化丙烯环氧化反应性能。结果表明，在适宜的反应条件下，H$_2$O$_2$的转化率为98.6%，环氧丙烷选择性为97.2%，催化剂可循环使用。

（2）氯丙烯环氧化制环氧氯丙烷　环氧氯丙烷（ECH）是一种重要的有机化工原料和中间体，广泛应用于环氧树脂、氯醇橡胶的生产。李健等以常用的约30%H$_2$O$_2$水溶液为氧源，以二氯乙烷为溶剂，系统研究了磷钨杂多酸盐反应控制相转移催化剂对氯丙烯环氧化两相反应的催化活性。结果表明，该催化剂具有很高的活性，环氧氯丙烷产率可达88.3%，且催化剂可回收。在水-油两相反应条件下，催化剂对氯丙烯的环氧化活性与溶剂种类有关，二氯乙烷比甲苯好，而溶剂二氯乙烷用量也直接影响环氧氯丙烷的产率。反应机理研究表明，[C$_{16}$H$_{33}$N(CH$_3$)$_3$]$_3$PW$_4$O$_{16}$催化剂经H$_2$O$_2$作用后，由不同磷钨杂多酸盐物种的混合物转化成一种或两种结构比较单一的活性物种（见图9-2），可能为PW$_3$或PW$_4$物种。

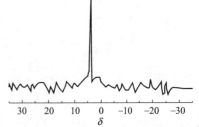

图9-2 氯丙烯环氧化反应过程中的有机相的^{31}P NMR谱

杨洪云等也对该体系进行了研究，他们以H$_2$O$_2$水溶液为氧化剂，采用反应控制相转移催化剂{[C$_{16}$H$_{33}$(70%)+C$_{18}$H$_{37}$(30%)](CH$_3$)$_3$N}[PW$_4$O$_{16}$]催化氯丙烯进行环氧化反应合成环氧氯丙烷，考察了反应条件对环氧化反应的影响。结果表明，在乙腈溶剂中，催化剂回收困难；而在氯仿溶剂中，催化剂容易回收，但环氧氯丙烷选择性低，加入适量的助剂K$_2$HPO$_4$可抑制环氧氯丙烷的水解，从而提高环氧氯丙烷选择性。氯丙烯环氧化反应适宜条件为：以氯仿为溶剂，K$_2$HPO$_4$用量（相对于总反应物质量分数）0.04%，m(氯丙烯)：m(H$_2$O$_2$)=5.0，m(催化剂)：m(H$_2$O$_2$)=1.0，50℃反应4h。在此反应条件下，H$_2$O$_2$转化率为96.4%，环氧氯丙烷选择性和收率分别为89.4%和86.2%。该催化剂的稳定性好，回收催化剂的性能接近新鲜催化剂（见表 9-3）。

表 9-3 ｛[C₁₆H₃₃(70%)＋C₁₈H₃₇(30%)](CH₃)₃N}[PW₄O₁₆]催化剂的循环使用性能

表 9-3 $\{[C_{16}H_{33}(70\%)+C_{18}H_{37}(30\%)](CH_3)_3N\}[PW_4O_{16}]$催化剂的循环使用性能

催化剂重复次数	H₂O₂ 转化率/%	ECH 选择性/%	ECH 产率/%	催化剂回收率/%
新鲜	96.4	89.4	86.2	96.1
第1次	96.5	90.1	86.9	95.4
第2次	94.9	90.3	85.7	94.0
第3次	95.2	87.2	83.0	92.1
第4次	96.4	85.1	82.0	90.0

注：反应条件氯丙烯 10g，50%H₂O₂ 溶液 4.0g，催化剂 2.0g，氯仿 60mL，K₂HPO₄ 质量分数 0.04%，50℃，4h。

　　然而上述方法中要使用大量有机溶剂，这与绿色化学的要求不相符。因此，Li 等以 H_2O_2 水溶液为氧源，在无溶剂条件下研究了氯丙烯氧化制备环氧氯丙烷（见图 9-3）。结果表明，在无溶剂条件下，添加 $Na_2HPO_4 \cdot 12H_2O$ 或 $NaHCO_3$，反应控制相转移催化剂$[C_{16}H_{33}N(CH_3)_3]_3PW_4O_{16}$ 表现出很高的催化活性和稳定性。当氯丙烯：H_2O_2：催化剂摩尔比为 800：100：1 的条件下，65℃反应 2h 环氧氯丙烷的收率达 88.7%，催化剂循环 2 次后环氧氯丙烷收率仍可达 85.0%。通过对氯丙烯无溶剂条件下环氧化的动力学研究，确定了在氯丙烯环氧化反应中，当氯丙烯：H_2O_2 为 8：1 时，H_2O_2 反应级数为 0 级，反应活化能为 52kJ/mol。

　　在此研究基础上，张生军对催化剂的循环反应进行了深入研究，发现适当添加剂的加入可有效地稳定磷钨杂多酸盐催化剂的组成（见图 9-4）。

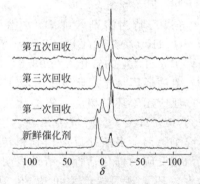

图 9-3　氯丙烯环氧化

图 9-4　氯丙烯环氧化反应的新鲜催化剂 D 和回收催化剂的³¹P MAS NMR（³¹P 魔角旋转固体核磁共振）谱

　　由图 9-4 可见，当同时补加新鲜催化剂和添加剂于氯丙烯环氧化循环中时，催化剂结构趋于稳定，经一次循环后催化剂结构发生了较大变化，但 3 次循环与 5 次循环后催化剂结构则变化很小。在氯丙烯：H_2O_2：催化剂摩尔比为 400：100：1 条件下，考察了催化剂的循环使用性能，结果见表 9-4，可以看出，催化剂重复使用 5 次，环氧氯丙烷收率保持在 83% 以上。

表 9-4　催化剂 D 的循环使用性能

催化剂	产率/%	催化剂	产率/%
新鲜催化剂	87.8	第三次回收	85.0
第一次回收	86.5	第四次回收	83.5
第二次回收	85.8	第五次回收	83.6

注：反应条件为氯丙烯 10g，氯丙烯：H_2O_2：催化剂摩尔比为 400：100：1，50℃，4h。

9.2.2.3　醇氧化

　　醇选择氧化生成相对应的羰基化合物是重要的有机合成反应。Li、张生军和 Zhang 等将反应控制相转移体系用于醇的选择性氧化反应中，取得了很好的结果。在无溶剂条件下反应控制相转移催化剂$[C_{16}H_{33}N(CH_3)_3]_3PW_4O_{16}$催化醇的氧化反应中，底物∶$H_2O_2$∶催化剂的摩尔比为300∶200∶1，90℃下反应，2-辛醇氧化反应循环4次，平均产率为86％，选择性为99％，催化剂平均回收率为97％（见表9-5）。

表9-5　2-辛醇的氧化循环

循环次数	反应时间/h	2-辛醇的产率/%	2-辛醇的选择性/%	催化剂回收率/%
新鲜催化剂	5	92.0	99.4	93.2
第1次	5	90.0	98.6	98.0
第2次	4.3	86.2	99.9	100
第3次	4	83.6	99.3	96.6
第4次	4.3	82.0	99.3	100

注：反应条件为2-辛醇15mmol，H_2O_2 10mmol，催化剂0.05mmol，90℃。

由表9-6可知，当伯醇和仲醇同时存在时，该催化剂可以选择性地催化仲醇氧化而伯醇很少被氧化，特别是在同一分子内若同时存在伯羟基和仲羟基时，可选择性地催化仲羟基的氧化而不影响伯羟基，例如2-乙基-1,3-己二醇氧化时仲醇氧化产物酮的产率与选择性分别为88％和84％，主要氧化产物为3位的羟基氧化产物酮，而无端位羟基氧化产物。

表9-6　伯仲醇的无溶剂氧化对比

记录	基体	产物	反应时间/h	产率[①]/%	选择性[②]/%
1	1-辛醇	辛醛	4	8.3	13.7
2	2-辛醇	2-辛酮	4	74.3	93.5
3[③]	1辛醇+2-辛醇	辛醛	4	9.7	32.0
		2-辛酮	4	61.0	99.0
4	2-乙基-1,3-己二醇	3-甲氧基-4-庚酮	5	88.0	84.0

① 酮或醛的产率。
② 酮或醛的选择性。
③ 1-辛醇+2-辛醇10mmol，H_2O_2 10mmol，催化剂0.05mmol。
注：反应条件为乙醇10mmol，H_2O_2 10mmol，催化剂0.05mmol。

结果表明，经多次循环后催化剂结构与组成发生了一定变化。新鲜催化剂$[C_{16}H_{33}N(CH_3)_3]_3PW_4O_{16}$主要由$PW_4$、$PW_{11}$及其他一些磷钨高聚物组成。随着循环反应的进行，其组成逐渐变为以PW_{11}为主、PW_{11}单一组成和PW_{11}与PW_{12}混合组成，最后基本完全变为PW_{12}。可见，由多组分的混合催化剂逐渐变为单一组分具有稳定结构的催化剂。

Weng等采用一系列磷钨杂多酸盐为反应控制相转移催化剂，进行苯甲醇氧化生成苯甲醛的反应（见图9-5），结果见表9-7。

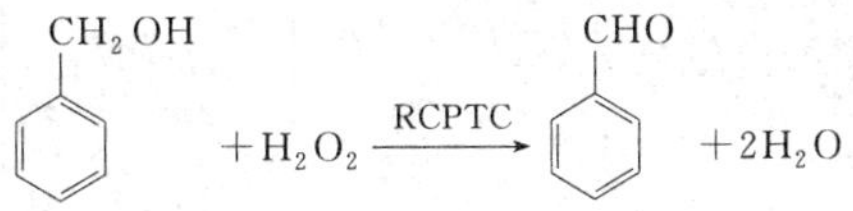

图9-5　苯甲醇氧化制苯甲醛

当$PW_{11}O_{39}^{7-}$、$PW_9O_{34}^{9-}$、$P_2W_{18}O_{62}^{6-}$、$SiW_{11}O_{39}^{8-}$为阴离子，$[PhCH_2N(CH_3)_3]^+$为反电荷阳离子，所生成的催化剂具有溶解-析出现象。由表9-7可见，除了$Q_6P_2W_{18}O_{62}$，其他催化剂对苯甲醇的氧化反应都表现出很高的活性和选择性，其中$Q_7PW_{11}O_{39}$和$Q_9PW_9O_{34}$的活性最高，表明具有Lacunary结构的催化剂（$Q_7PW_{11}O_{39}$，$Q_9PW_9O_{34}$）的活性高于具有Keggin结构的催化剂，而后者又高于具有Dawson结构的催化剂（$Q_6P_2W_{18}O_{62}$，$Q_{10}P_2W_{17}O_{60}$）。另外，磷钨杂多酸催化剂的活性高于硅钨杂多酸。反应完成后，催化剂可方便地回收，直接用于下次反应。

表 9-7　磷钨杂多酸催化苯甲醇氧化反应

阴离子	Q^+	溶剂	反应时间/h	催化剂溶解能力		转化率/%
				反应中	反应后	
$PW_{12}O_{40}^{3-}$	BTMA	DMAc	1.8	溶解	溶解	14.3
$PW_{11}O_{39}^{7-}$	BTMA	DMAc	0.5	溶解	不溶	86.2
$PW_9O_{34}^{9-}$	BTMA	DMAc	0.5	溶解	不溶	85.5
$P_2W_{18}O_{62}^{6-}$	BTMA	乙腈	0.4	溶解	不溶	3.6
$P_2W_{17}O_{60}^{10-}$	CPC	DMAc	3.0	溶解	溶解	35.6
$SiW_{11}O_{39}^{8-}$	BTMA	乙腈	3.5	溶解	不溶	72.6
$SiW_{10}O_{36}^{8-}$	CPC	DMAc	3.0	溶解	溶解	85.6

注：BTMA 为 $[PhCH_2N(CH_3)_3]^+$；CPC 为 $[CH_3(C_{15}H_{30})C_5H_5N]^+$。

Guo 发现 $[C_{16}H_{33}N(CH_3)_3]_4W_{10}O_{32}$ 十钨酸季铵盐也具有反应控制相转移催化特性，于 90℃反应 12～17h，1-己醇和 1-辛醇分别被氧化成 1-己酸和 1-辛酸，产率为 86.2%～93.7%，选择性为 93.5%～98.8%。当 H_2O_2 消耗完后，催化剂可从水相中析出，过滤循环使用。

磷钼酸盐也是一种用于醇氧化制醛酮的反应控制相转移催化剂。在以 $[PhCH_2N(CH_3)_3]_3PMo_4O_{16}$ 为催化剂的氧化反应体系中，伯醇可以高选择性地氧化生成醛，结果见表 9-8。由表 9-8 可知，在相同反应条件下，环状的脂肪仲醇比典型的芳香醇活性高，而后者的活性又高于脂肪链醇。在直链脂肪醇中，1-辛醇的氧化活性低于 1-己醇，表明随着醇中碳数的增加，其反应活性降低。催化剂循环使用 3 次，苯甲醇转化率分别为 86.8%、89.3% 和 87.2%，催化剂回收率分别为 91.1%、89.4% 和 87.5%。可见，催化剂表现出较高的稳定性。

表 9-8　$[PhCH_2N(CH_3)_3]_3PMo_4O_{16}$ 对醇的催化氧化性能

基体	产物	反应时间/h	转化率/%	催化剂回收率/%
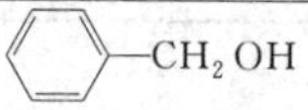 —CH₂OH（苯环）	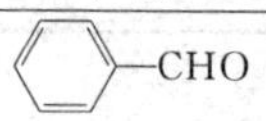 —CHO（苯环）	3.5	92.8	87.6
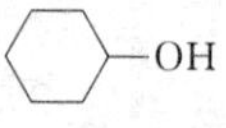 环己醇—OH	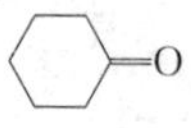 环己酮=O	4.0	95.2	85.4
 —OH	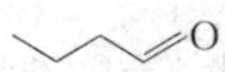 =O	5.0	81.9	84.3
 —OH	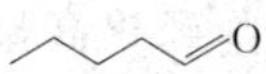 =O	4.0	76.4	87.4
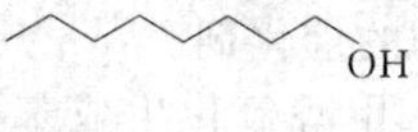 —OH	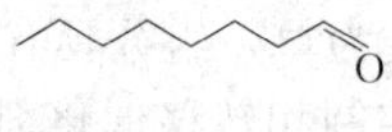 O	4.5	42.0	79.5
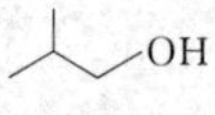 —OH	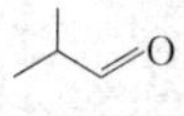 =O	5.0	72.8	86.5
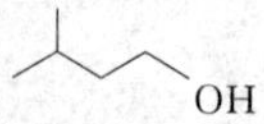 —OH	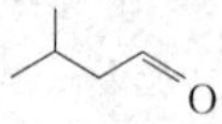 =O	3.5	67.7	89.6

9.2.2.4　烯烃的双键断裂

戊二酸、己二酸和三甲基己二酸等二羧酸是合成聚酰胺、聚酯、塑料制品和润滑油的重要原料。Chen 等以 $[\pi\text{-}C_5H_5NC_{16}H_{33}]_3PW_4O_{16}$ 为催化剂，采用 50% H_2O_2 水溶液氧化环戊烯断链生成戊二酸（见图 9-6）。在该体系中戊二酸收率为 83.1%，催化剂具有反应控制相转移特性。

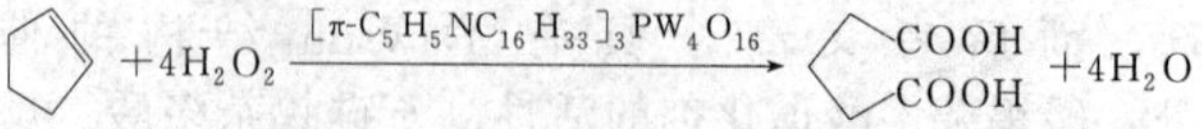

$$\text{环戊烯} + 4H_2O_2 \xrightarrow{[\pi\text{-}C_5H_5NC_{16}H_{33}]_3PW_4O_{16}} \begin{array}{c}\text{COOH}\\\text{COOH}\end{array} + 4H_2O$$

图 9-6　环戊烯氧化制戊二酸

2003 年郭明林以十钨酸季铵盐或十二钨酸季铵盐为催化剂 {催化剂Ⅰ、Ⅱ、Ⅳ分别为$[n\text{-}C_{16}H_{33}N(CH_3)_3]_4W_{10}O_{32}$、$[C_6H_5CH_2N(C_2H_5)_3]_4W_{10}O_{32}$、$[n\text{-}C_{16}H_{33}N(CH_3)_3]_3PW_{12}O_{40}$}，30% H_2O_2 水溶液直接氧化环己烯制己二酸（见图 9-7），在催化剂Ⅰ、Ⅱ、Ⅳ作用下，己二酸产率分别为 78.8%、66.0% 和 75.4%，其中催化剂Ⅰ和Ⅱ在反应过程中具有反应控制相转移特性，回收催化剂Ⅰ的活性与新鲜的一样。

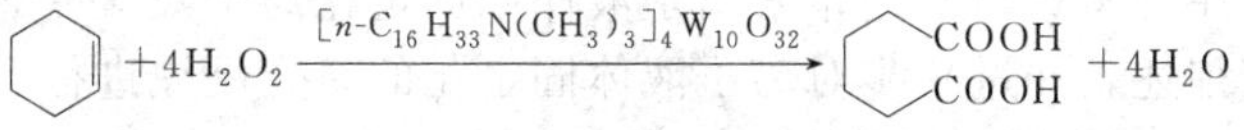

图 9-7 环己烯氧化制己二酸

戊二醛（GA）是一种重要的精细化工原料。目前工业上主要采用丙烯醛路线生产，反应路线复杂，原料昂贵且不易得，因此人们一直致力于新路线的开发。Chen 等开发了一种新的催化体系，由环戊烯直接氧化断链一步生成戊二醛（见图 9-8）。在以 H_2O_2 水溶液为氧源、乙醇为溶剂、过氧铌酸$[Nb_2(O_2)_2O_3 \cdot 6H_2O]$为反应控制相转移催化剂的条件下，环戊烯转化率为 100%，戊二醛收率为 72%，每次反应后催化剂的回收率 >95%。10 次反应后回收催化剂中铌的含量（约为 45.1%）与新鲜催化剂中的（约 45.3%）一致。IR 结果表明，新鲜催化剂和回收催化剂在 860cm^{-1} 处都有吸收峰，这是 γ（O—O）的特征峰，表明催化剂中含有过氧铌酸。10 次回收催化剂活性与新鲜的一样，但催化剂在反应过程中的变化还不清楚。

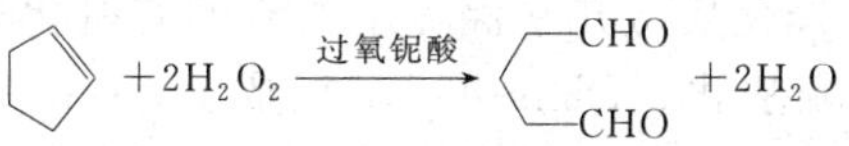

图 9-8 环戊烯氧化制戊二醛

9.2.2.5 苯氧化制苯酚

苯酚是一种重要的化工原料，主要用来制备酚醛树脂和双酚 A，以及药物中间体。它的合成方法大多存在反应步骤多和总转化率低的不足，因此苯直接氧化制苯酚引起人们的广泛关注。$PV_4O_{24}^{7-}$ 被用来催化苯直接氧化制苯酚（见图 9-9）。在该反应体系中，红色的杂多酸溶解在反应介质中，当 H_2O_2 耗尽时，红色的杂多酸盐变成蓝色的杂多蓝由反应体系中析出而分离。苯转化率为 48%，苯酚选择性为 99%，并且催化剂循环使用 3 次，苯转化率和苯酚选择性保持不变，表明催化剂具有很好的稳定性。

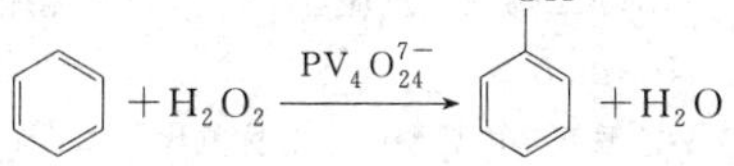

图 9-9 苯氧化制苯酚

9.3 离子液体催化

离子液体是指完全由离子组成的液体，是低温（<100℃）下呈液态的盐，也称为低温熔融盐，它一般由有机阳离子和无机阴离子所组成。人们早在 1914 年就发现了第一个离子液体——硝基乙胺，但其后此领域的研究进展缓慢。直到 1992 年，Wikes 领导的研究小组合成了低熔点、抗水解、稳定性强的 1-乙基-3-甲基咪唑四氟硼酸盐离子液体（[EMIM]BF_4）后，离子液体的研究才得以迅速发展，随后开发出了一系列离子液体体系。最初的离子液体主要用于电化学研究，近年来离子液体作为绿色溶剂用于有机及高分子合成受到重视。与传统的有机溶剂和电解质相比，离子液体具有一系列突出的优点。①几乎没有蒸气压，不挥发；无色、无

嗅。②具有较大的稳定温度范围，较好的化学稳定性及较宽的电化学稳定电位窗口。③通过阴阳离子的设计可调节其对无机物、水、有机物及聚合物的溶解性，并且其酸度可调至超酸。

离子液体所具有的高沸点、难挥发、性质可调以及能溶解大部分有机金属催化剂的特性使其在两液相催化反应中得到很好的应用。最近的研究表明，将离子液体固定在刚性载体中用于非均相有机催化反应将更有利于减少离子液体的流失，简化反应产物与离子液体的分离等优点，因而受到广泛关注。本章将对近年来离子液体和固定化离子液体在非均相有机催化反应中的应用研究进展进行综述，并进一步对离子液体固定化的研究领域进行了展望。

9.3.1　离子液体在液-液两相催化中的催化

在离子液体参与的诸多液-液两相反应中，离子液体的作用大致可以分为两类。一类是作为绿色反应溶剂。利用其对反应底物及有机金属催化剂特殊的溶解能力，使反应在离子液体相中进行，同时又利用它与某些有机溶剂互不相溶的特点，使产物进入有机溶剂相，这样既能很好地实现产物的分离，又能简单地通过物理分相的方法实现离子液体相中催化剂的回收和重复利用。另一类是功能化离子液体，即离子液体除了作为绿色反应介质外，同时也用于反应的催化剂。如利用离子液体固有的 Lewis 酸性来催化酯化反应、傅氏烷基化反应等；或有目的地合成具有特殊催化性能的催化剂，如 Mi 等将含有羟基的咪唑基与十六烷基吡啶键合，合成一类新的离子液体，用于催化 Baylis-Hillman 反应等。

离子液体参与的两液相催化反应几乎涵盖了所有的有机化学反应类型，如氧化、氢化、聚合、Friedel-Crafts 烷基化/酰基化、Diels-Alder 加成、Heck 反应、Ziegler-Natta 反应等；其负载的催化剂也几乎囊括了所有用于有机反应的金属催化剂，对这方面的研究国内外已有相当详细的综述。可以看出，在离子液体参与的这些反应中，离子液体不仅是作为绿色反应介质或催化剂，而且由于其结构的"可设计"性，选择合适的离子液体往往可以起到协同催化的作用，使得催化活性和选择性均有所提高。离子液体参与的两液相反应中催化剂重复使用活性见表 9-9。

表 9-9　离子液体参与的两液相反应中催化剂重复使用活性

离子液体/金属催化剂	反应体系	催化剂重复使用次数	活性变化
[BMM][PF$_6$]+Rh/有机膦配体催化剂	α-乙酰氨基丙烯酸和 α-乙酰氨基肉桂酸的不对称氧化	5 次	催化活性降低,立体选择性没有变
[BMM][BF$_4$]+Na$_3$Co(CN)$_5$	1,3-丁二烯加氢反应	不能循环使用	催化剂转化为没有活性的物质
[BDMM][BF$_4$]+钯催化剂	Negishi 反应	3 次	每次循环产品产量逐次降低
[BMM][BF$_4$]+Rh 或 Ru 催化剂	α-乙酰氨基丙烯酸的不对称氢化	4 次	转化率由 73% 降到 35%

9.3.1.1　加氢反应

离子液体在加氢反应中的应用始于 1995 年，文献报道在 [BMIM] BF$_4$ 中研究了环己烯加氢，BMIM 为 1-甲基-3-丁基咪唑阳离子。Chauvin 等在含有弱配位阴离子（BF$_4$、PF$_6$、SbF$_6$ 等）的离子液体中，以阳离子复合物[Rh(nbd)(PPh$_3$)$_2$]PF$_6$（nbd 为降冰片二烯）为催化剂研究了 1-戊烯的加氢反应，反应速率比在普通溶剂中快 5 倍，而且催化剂相可以循环使用。铑和钴催化的丁二烯和 1-己烯的加氢，铑催化芳香化合物加氢、丙烯腈和丁二烯的共聚物加氢等在离子液体中的加氢研究也有报道。Dupont 等以 Ru-BINAP 为催化剂（BINAP 为2,2'-双二苯膦基-1,2-联萘），对 2-苯基烯丙酸在离子液体中的不对称加氢进行了研究，产品的对映选择性（*ee* 值）高达 80%。Brown 等将不对称配位催化剂 Ru-(O$_2$CMe)$_2$[(*R*)-tol BI-NAP]负载于 [BMIM] PF$_6$ 中进行了巴豆酸的不对称加氢反应，用 SC-CO$_2$ 萃取产物后，溶解了催化剂的离子液体相可以循环多次使用而活性不变。由于离子液体对纳米粒子有很好的稳定作用，Dupont 等还报道了离子液体中的纳米铱催化加氢反应。

9.3.1.2　氧化反应

2000 年 Song 等发表了在 [BMIM]PF$_6$/CH$_2$Cl$_2$ 体积比为 1：4 中，以 MnⅢ（Salen）为催化剂，用 NaOCl 作氧化剂的 2,2-二甲基苯并呋喃选择性环氧化反应，发现离子液体的存在不但加快了反应速率，而且产物的对映选择性高达 96%，这是首例在离子液体中实现的过渡金属催化氧化反应。甲基三氧化铼（MTO）在离子液体中催化烯烃环氧化取得了更好的结果，反应均相进行，转化率在 95% 以上，且选择性很高。Seddon 等在 [BMIM]BF$_4$ 中利用酶催化的方法催化脂肪酸的过氧化，原位生成的过氧酸再氧化环己烯为环氧化合物，环氧环己烯产率为 83%。

9.3.1.3　Heck 反应

1996 年，Kaufmann 等率先研究了离子液体中钯催化的丙烯酸丁酯和溴代苯 Heck 反应。他们认为，离子液体对钯催化剂有稳定作用，因此反应结束后没有发现元素钯析出，反应产品可以通过蒸馏从离子液体中分离出来。Hermann 等对 [NBu$_4$]Br 中的 Heck 反应进行了深入研究，发现反应在离子液体 [NBu$_4$]Br 中比在单一有机溶剂中具有更好的活性，且离子液体催化剂相可以多次循环使用。Seddon 等设计了三相体系 [BMIM]PF$_6$-水-己烷，进行了 Heck 反应的研究。反应结束后，催化剂存在于离子液体相中，产物溶解在有机相中，副产物在水相中。

9.3.1.4　氢酯化和羰化反应

Monteiro 等在 [BMIM]BF$_4$ 和环己烷两相体系中以钯为催化剂对苯乙烯类衍生物的氢酯化反应进行了考察，发现该反应具有很好的活性和立体选择性。但是该体系的缺点是，只有在转化率低于 35% 时，催化剂才可以通过简单的相分离得以重复使用。当底物转化率高时，活性钯催化剂有部分或者全部分解。邓友全等研究了在 [BMIM]BF$_4$ 离子液体中叔丁醇经羰化反应与乙醇直接生成叔戊酸乙酯的反应。与在有机溶剂中的反应相比，室温时离子液体中具有更好的催化活性，并且产物和催化体系不溶，容易分离。

9.3.2　离子液体在两相催化中的应用

烯烃氢甲酰化和低聚反应是均相配合催化领域中最具工业应用意义的两个反应，仅从高碳烯烃氢甲酰化制得的高碳增塑剂醇和表面活性剂醇达 3000kt/a 左右，而由烯烃低聚生产的 α-烯烃也超过 1000kt/a。因此，人们特别关注离子液体在这两个反应中的工业应用，以期取得离子液体在两相催化中的应用性突破。

9.3.2.1　高碳烯烃的氢甲酰化

首例在离子液体中的均相催化反应是由 Parshall 在 1972 年报道的，于三氯化锡四乙基铵（熔点 87℃）中进行的乙烯氢甲酰化，反应在 90℃、40MPa 下进行。Knifton 于 1987 年研究了溴四丁基中钌催化的辛烯氢甲酰化反应。Chauvin 等最先对室温离子液体两相高碳烯烃的氢甲酰化进行了研究，发现 [BMIM]PF$_6$ 离子液体中以 Rh(CO)$_2$(acac)/PPh$_3$ 为催化剂的 1-辛烯的氢甲酰化虽可较好地进行，但因催化剂在离子液体中的溶解性不好，有相当量流失在有机相中，难以达到通过相分离将催化剂与产物分开的目的。当使用离子型配体三苯基膦三间磺酸钠（TPPTS）代替 PPh$_3$ 时，发现催化活性虽有明显下降，但催化剂可全部溶于离子液体相，分离后催化剂的流失极微。Wasserscheid 以一种新的离子型双膦为配体，得到 TOF 值高达 810h^{-1}，正壬醛的选择性为 94%，这一结果不但达到了均相氢甲酰化的水平，而且含离子液体的催化剂相可以循环使用。采用另一离子型配体，经 9 次循环反应，催化剂不但具有与文献中配体相同的活性和选择性，几乎测不到铑流失至有机相。研究工作还发现，这一反应也可以在不含卤原子的离子液体中进行。相对于［BMIM］PF_6 而言，非卤离子液体，如辛基磺酸盐离子液体的价格不但便宜得多，水解稳定性好，并且废弃物进行热处理比较方便。这意味着实现离子液体氢甲酰化两相高碳烯烃氢甲酰化的前景乐观。有消息称，Exxon Mobil 公司正对 Rh 催化的离子液体两相氢甲酰化进行研究开发。

9.3.2.2 低碳烯烃的低聚

乙烯、丙烯以及丁烯等小分子烯烃的低聚是制备 α-烯烃的一条非常有经济价值的途径，但是传统催化体系存在选择性低、催化剂容易失活等特点。离子液体的应用可以提高催化剂的选择性，同时起到稳定催化剂的作用。

1990 年，Chauvin 等首次研究了离子液体［EMIM］$Cl/AlCl_3/AlEtCl_2$ 中的丙烯二聚反应（EMIM 为 1-甲基-3-乙基咪唑阳离子），发现当 $Cl：AlCl_3$ 的摩尔比为 1：0.8 时，离子液体是 Lewis 碱性，催化剂无二聚活性；当 $Cl：AlCl_3$ 的摩尔比为 1：1.5 时，离子液体是 Lewis 酸性；但仍存在严重的阳离子引发的低聚副反应，得不到二聚产物；加入 $AlEtCl_2$ 可完全抑制该阳离子副反应。基于上述认识，由法国 IFP 进行开发研究的 Ni 催化的丁烯二聚工艺（difasol process）已进入工业化试验阶段。反应在常压下于 $-15 \sim 5 ℃$ 进行，丁烯的转化率为 70%～80%，C_8 烯烃的选择性达 90%～95%。由于产物二聚丁烯在离子液体中不溶而易分离，含 Ni 催化剂的离子液体相可循环使用。催化活性为：每克 Ni 催化生成的二聚丁烯产物大于 250kg。Wasserscheid 使用一种阳离子型镍催化剂用于离子液体中乙烯低聚，在［BMIM］PF_6 中对乙烯低聚的催化活性明显高于在 CH_2Cl_2 中的均相低聚。α-烯烃的选择性也高于后者。其原因就在于反应过程中生成的低聚物（如己烯）不断地从离子液体中分离出来。

9.3.2.3 其他方面

目前，德国等一些国家已有超过 25 种离子液体以每批 10L 以上的规模制备；有的甚至能够以吨计供货。已有报道称，首例基于离子液体工业应用——由德国 BASF 公司开发的 BAS-IL 工艺已于 2003 年 3 月问世。该工艺利用离子液体与有机物不相溶的特点，在烷氧基膦生产过程中，采用甲基咪唑作为反应过程中的缚酸剂，生成离子液体甲基咪唑盐酸盐（熔点 75℃）与产物烷氧基膦形成清晰的两相；可以通过简单的液-液分离得到纯产物。由于在新的工艺中需处理的都是液态物相，工业生产效率非常高。据称该工艺比传统生产工艺提高效率 8 万倍。Degussa 公司也将离子液体应用于有机硅化合物合成中。

9.4 变换催化剂

水煤气变换（$CO+H_2O \Longrightarrow CO_2+H_2$，water-gas-shift，WGS）是工业上广泛应用的反应过程，主要用于合成氨等工业中的制氢及调节合成气制造加工过程中的 CO/H_2。1888 年起开始变换反应研究，1915 年变换反应首先在煤基合成氨厂中用于合成气的净化和精制，廉价地制造合成氨所需要的氢。直到现在，除了极少量的电解制氢以外，水蒸气重整与变换反应组合仍是廉价制氢的唯一途径。

9.4.1 传统变换催化剂研究状况

许多材料都能对变换反应起催化作用，但到目前为止，只有 3 个系列的催化剂实现了工业化：铁系高温变换催化剂（300～450℃）、铜系低温变换催化剂（190～250℃）和钴钼系耐硫宽温变换催化剂（180～450℃）。其中，铁系高温变换催化剂和铜系低温变换催化剂对硫、氯等毒物非常敏感，只能用于合成气中毒物含量极低的工艺中。虽然高温变换催化剂具有较强的耐热性，但由于热力学平衡的限制，高温变换反应器出口 CO 浓度不可能低于 3%。而铜系低温变换催化剂活性虽然很高，但其耐热性却极差，在温度高于 250℃后活性急剧下降。从工艺的角度来看，铜系低温变换反应器进口的 CO 浓度不能超过 5%，以避免由于热效应造成催化床层超温失控。因此，一般采用铁系高温变换和铜系低温变换催化反应器串联的两步工艺过程，以将工艺气中的 CO 降低到 0.2%～0.4%。

铁系高温变换催化剂是 Bosch 和 Wild 在 1912 年开发成功的，1915 年开始工业应用，在 20 世纪 30 年代就得到广泛使用，其活性相是由 Fe_2O_3 部分还原得到的 Fe_3O_4。在实际应用过程中，高温烧结导致 Fe_3O_4 表面积下降，引起活性的急剧下降，造成纯 Fe_3O_4 的活性温区很窄，耐热性很差。因此，常加入结构助剂提高其耐热性，防止烧结引起的活性下降。最常用的结构助剂是 Cr_2O_3，因此铁系高温变换催化剂通常称为铁铬系高温变换催化剂。实验证明，虽然 14% Cr_2O_3 催化剂的耐热性和抗烧结性最好，但 8%Cr_2O_3 催化剂单位表面积的催化活性最高，因此一般铁系高温变换催化剂的 Cr_2O_3 含量在 7%～9% 之间。在 20 世纪 90 年代前对铁铬系高温变换催化剂进行了大量的研究工作，发表了许多相关专利和文章，主要研究了除铬以外各种助剂〔几乎包括所有过渡金属、碱（土）族金属氧化物及氢氧化物〕对铁系高温变换催化剂性能的影响。虽然 Cu、Co 和 K 等对铁铬系高温变换催化剂的活性和耐热性有一定的促进作用，但并没有改变其基本性能，因此到 20 世纪 70 年代末，大多数研究者认为各种添加剂作用不大。虽然在 20 世纪 80～90 年代对该系列催化剂的制备方法、结构特性及反应机理等继续有一些文献报道，但一般认为工业化多年的铁铬系高温变换催化剂已发展成熟并定型，性能改进的空间不大。

由于铁铬系高温变换催化剂中铬是剧毒物质，造成在生产、使用和处理过程中对人员和环境的污染及毒害，因此国内外都进行了无铬铁系高温变换催化剂的研究。国外关于无铬变换催化剂的研究集中在 1990 以前，其后鲜见这方面的报道。在工业化方面，除了苏联 Fe-Pb 系高温变换催化剂进行过两年的工业试用报道以外，还没有其他无铬高温变换催化剂工业化的报道。国内从 20 世纪 80 年代末起开展这方面的工作并进行了大量研究，发表了一系列专利和文章，已有两个系列的铁系无铬高温变换催化剂实现了工业化。

1963 年，美国在合成氨工业中首先采用了 Cu-Zn 系催化剂的低温变换工艺，国内已在 1965 年实现了低温变换工业化。低温变换是决定氢生产过程是否经济的关键，低温变换反应器出口 CO 变换率的高低是衡量生产效率好坏的关键指标之一，具有重大的经济意义。生产实践证明，如果低温变换反应器出口气体中 CO 降低 0.1%，则 H_2 和 NH_3 的产量可增加 1.1%～1.6%。在过去的 30 多年里，人们发表了大量关于 Cu-Zn 系低温变换催化剂制备方法及催化性能和机理的文章和专利，Cu-Zn 系低温变换催化剂也从最初的 $CuO/ZnO/Cr_2O_3$ 发展为完全被 $CuO/ZnO/Al_2O_3$ 所取代。研究主要从两方面进行：一方面是探讨催化反应活性位的微观组成结构和反应机理；另一方面是通过添加一些助剂提高其耐热性，进而拓宽该系催化剂的活性温区。但目前的研究结果表明，耐热性提高的幅度有限。该类催化剂的研究报道从 20 世纪 90 年代初开始逐渐减少，一般认为该催化剂能够满足现有生产工艺的要求，已基本定型。

钴钼系耐硫宽温变换催化剂是在 20 世纪 60 年代中后期研制的一种变换催化剂，主要是为满足以重油、渣油、煤或高含硫汽油为原料制取合成氨原料气的需要，具有很高的低温活性。它比铁系高温变换催化剂起活温度低 100～150℃，甚至在 160℃就显示出优异的活性，与铜系低温变换催化剂相当，且其耐热性能与铁铬系高温变换催化剂相当，因此具有很宽的活性温区，几乎覆盖了铁系高温变换催化剂和铜系低温变换催化剂整个活性温区。其最突出的优点是其耐硫和抗毒性能很强。另外，还具有强度高、使用寿命长等优点；但其致命缺陷是使用前需要繁琐的硫化过程，使用中工艺气体需要保证一定发生，特别是在高温操作时更为严重；随着温度的升高，最低的硫含量和汽气比也随之提高；当原料含硫量波动较大时，造成操作过程控制复杂化。

虽然关于这 3 类变换催化剂的研究一直没有间断，但国际上有关变换催化剂的研究报道从 20 世纪 80 年代中后期开始逐渐减少，催化剂性能改进程度不大，主要是因为这 3 类变换催化剂基本能够满足工业生产的要求；比较起来，国内报道相对更多一些。

9.4.2 燃料电池技术及对变换催化剂的要求

从 20 世纪 90 年代中后期开始，关于变换反应及其催化剂的研究报道日渐增多。特别是最近几年，变换反应又重新引起了人们的研究兴趣和重视，这主要是因为变换反应是燃料电池和煤炭、天然气加工过程 CO 净化及获取 H_2 的主要方法和途径。

燃料电池技术是非常有吸引力且高效率的能量转换过程，在发电厂和车载装置两个领域发展非常迅速。在交通运输方面，燃料电池能够取代各种交通工具，如轿车、卡车和公共汽车等的内燃机，并能满足更加严格的废气排放标准。燃料电池不需要燃烧就可直接将化学能转化为电能和热能，因此与热机不同，其热动力效率不受卡诺循环的限制，比热机高得多。来自空气中的氧气和来源于化石燃料（如天然气、汽油或甲醇）的氢在燃料电池中直接发生电化学反应而产生电能，热量和水是其仅有的副产物。虽然由于一些因素的限制，现今燃料电池的效率也只能达到 40%～50%，但这已是热机效率的两倍。

车用质子交换膜燃料电池（proton exchange membrane fuel cell，PEMFC）商业化的主要技术问题之一是如何经济、方便地将汽油等化石燃料转化为符合燃料电池要求的富氢气源。燃料处理器必须将 CO 含量符合要求的富氢气体输送到燃料电池的电极上以保证燃料电池稳定连续地工作。但车载化石燃料加工精制氢的同时，还副产一些物质，包含 CO、CO_2、H_2O 和少量的其他组分（如 CH_4 等）。其中，CO 的含量根据燃料的种类及精制过程的不同，一般在 10%～16%（体积分数）之间。而即使低至 100×10^{-6} 的 CO 也能严重损耗燃料电池中阳极的性能。因此，燃料精制气净化过程分两步进行：第一步通过变换反应过程将 CO 的浓度降低到 1% 以下；第二步采用选择氧化将 CO 浓度降低到 10×10^{-6} 以下。WGSR 反应器成为燃料处理器的主要组件，用于 CO 选择氧化净化之前将 CO 的含量降低到必需的水平。现有的铁系高温变换催化剂在 300℃ 以下没有活性，而铜系低温变换催化剂在 250℃ 以上很快失活。另外，这两种催化剂都需要预先进行还原才具有活性，且还原态催化剂一旦遇到空气就要燃烧。当系统关闭时催化剂必须进行隔离空气的保护。现有高温变换催化剂活性太低，使其组成的反应器成为燃料加工过程的最大组件，影响燃料处理器的体积、重量及启动时间。而低温变换催化剂在燃料处理器的工作温度范围又很快失活，均不能满足燃料电池的要求。因此，需要开发价廉、抗氧且活性高的变换催化剂来满足燃料电池的需要。

Trimm 指出，CO 变换催化剂和 CO 选择性氧化催化剂的开发研究是车载燃料电池是否能够商业化的关键。正是变换催化剂在燃料电池中的关键作用，使得变换催化剂的研究又重新成为研究热点。为满足燃料电池的要求，变换催化剂主要是从 3 个方面进行研究。

① 通过改变组成配比和制备方法等对现有高温和低温变换催化剂进行改进，以达到催化剂组成和织构能够提供高活性的目的，满足燃料电池工况的要求；

② 寻找对变换反应具有更高催化性能的新材料；

③ 研制复合型催化剂。

燃料电池所用变换催化剂需要同时满足以下几个条件：

① 活性高，其活性不能低于现有的 $CuO/ZnO/Al_2O_3$ 低温变换催化剂，以保证车载燃料处理器中 CO 转化器体积和重量都在运输工具允许的范围内；

② 活性温区宽，并需要具有很强的热稳定性和抵抗频繁的热冲击、热波动的能力；

③ 遇到空气不自燃即有抗氧性，并具有抗毒性、抗冷凝水，即催化剂对空气和水不敏感；

④ 由于汽车等运输工具一直处于运动中，因此要求催化剂具有良好的抗震性并能承受高频率的开停。

9.4.3 新型变换催化剂

9.4.3.1 铜基变换催化剂的改进

随着催化理论研究的不断深入，基本上可以确定 H_2O 解离吸附和 CO 氧化是变换反应至关重要的两步基元反应。因此，优良的变换催化剂需要同时具备进行 H_2O 解离吸附和 CO 氧化的能力。铜几乎是仅有的一种对 H_2O 解离吸附和 CO 氧化同时具有高活性的金属，因为除了 Cu 以外几乎没有物质能够同时完成这两个过程，所以研究者一直没有放弃以铜作为变换催化剂有效成分的探索。鉴于铜的活性很高而耐热性差的现实，研究工作主要集中在通过将铜制成超细粒子高度分散负载于高熔点化合物上来保持其活性并提高其耐热性。

Wu 等发现添加少量的 SiO_2 就能显著改进低温变换 $CuO/ZnO/Al_2O_3$ 催化剂的热稳定性，认为 $Cu/ZnO/Al_2O_3$ 低温变换催化剂的失活主要是由于 ZnO 微晶的聚集长大，而 SiO_2 的加入抑制了 ZnO 微晶的聚集长大，从而提高了催化剂的热稳定性。Kuijper 等研究了 Cu/SiO_2 的催化性能，发现所制备的催化剂具有较高的活性和热稳定性，催化剂的活性与铜在载体 SiO_2 上的粒度大小和分散程度密切相关。当铜微晶小于 $10\sim20nm$ 时，催化剂的活性最好。Souza 等研究了采用阳离子交换法制备的 Cu-ZSM-5 和 Cu-Zn-ZSM-5，发现这两种物质均能对变换反应起催化作用。还原后在分子筛催化剂上的活性位是共存的 Cu^+ 和 CuO 微晶，表面活性铜物种可能由制备过程中的阳离子交换过程决定。Cu-Zn-ZSM-5 的活性高于 Cu-ZSM-5，虽然不能确定 Zn 作用机理，但 Zn 很有可能改善了分子筛 ZSM-5 骨架中活性铜物种的分布。在 350℃、$H_2O/CO=3$ 的测试条件下，12h 内这两种催化剂的活性均高于 $Cu/ZnO/Al_2O_3$ 低温变换催化剂，但在 550℃反应 48h 后，活性都明显降低。Li 等研究将 Cu 纳米形态分散在 $Ce(La)O_x$ 表面上时发现，Cu 的存在增加了氧化铈的还原性，2% 的铜就能明显增加氧化铈的催化活性，5%Cu-$Ce(La)O_x$ 的变换反应活化能（30.4kJ/mol）仅为 $Ce(La)O_x$ 活化能（58.5kJ/mol）的一半左右，并认为可以用氧化还原机理解释其表面上的反应过程：Cu 晶簇与氧化铈界面间的氧将 CO 氧化为 CO_2，随后 H_2O 填充在氧化铈的氧空位，完成反应循环。这种催化剂的最大优点是不需要还原预处理就有活性，而且在高达 600℃温度下处理后，仍具有较高的活性和稳定性。Koryabkina 等研究了燃料电池原料气精制后气氛条件下 8%CuO-Al_2O_3、8%CuO-15%CeO_2-Al_2O_3、8%CuO-15%CeO_2 和 40%CuO-ZnO-Al_2O_3 等 4 种催化剂上变换反应动力学，发现 H_2 和 CO_2 对变换反应速率有很大的抑制作用。催化剂中添加氧化铈后，反而降低了 Cu 的有效表面积，并没有增加单位 Cu 的反应速率。加入 ZnO 也没有提高单位 Cu 的反应速率，表明催化剂的活性组分是 Cu 而不是其他成分，催化剂表面上的反应过程同样可以用"氧化-还原"机理解释。

在改进现有铜基低温变换催化剂性能的同时，为克服传统铁系高温变换催化剂能耗高的缺点，满足节能降耗和环境保护的要求。著名催化剂生产公司 Haldor Topsoe 首先研制成功了铜基宽温变换催化剂，并于 1984 年生产销售 LK-811 型铜基高温变换催化剂。随后又报道了其改进型 KK-142，据称其性能优良，得到了极好的信誉和评价。随后关于铜基宽温变换催化剂的报道主要研究了锰对铜基变换催化剂改性及该类催化剂的结构和晶相组成。最近的研究结果表明，该类催化剂在氧化态时主要是以尖晶石结构复合固溶体 $Cu_xMn_{3-x}O_4$ 为主，还原后主要是 Cu、Cu_2O 及 MnO，并在催化剂表面富集 Cu、Cu^+。

9.4.3.2 双功能变换催化剂

虽然对于 Cu 基变换催化剂进行了大量研究，但距离满足燃料电池的要求还有一定距离，特别是其热稳定性还存在很大问题，因此仅靠 Cu 一种组分充当活性物质很难满足燃料电池对变换催化剂的要求。基于变换反应是通过在催化剂上进行 H_2O 解离吸附和 CO 氧化过程完成的原理，研究者将目标转向了双功能变换催化剂的研究。设计的思想是催化剂中的一种组分促进 CO 的吸附和氧化，而其他组分促进 H_2O 的分解从而产生氢。Pt、Ru、Pd、Co、Cu、Ag、Fe、Mo 和 Au 等对 CO 吸附能为 20～50kcal/mol（1kcal/mol=4.182kJ/mol），具有中等程度的吸附能力，能够促进 CO 的吸附和氧化，是促进 CO 吸附和氧化的备选组分。在变换反应条件（$p_{O_2} < 10^{-30}$ torr，1torr=133.322Pa，180～400℃）下，既能够被氧化也能够被还原，并能产生介稳态吸附氧原子，以便氧化被吸附的 CO 并放出氢的物质可以选为分解 H_2O 组分，如 Fe_2O_3、La_2O_3、V_2O_3、CeO_2、ZrO_2 等。根据上述研究思路，用于燃料电池的变换催化剂应当是金属载体负载型催化剂。

鉴于贵金属在 CO 燃烧反应中体现出优良的低温活性，因此研究者将注意力转移到寻找贵金属作为变换催化剂的研究上。Domka 等最早开始研究 Ru/Fe_2O_3 的催化性能，随后对 Ru/Fe_2O_3 及将 Ru 负载在其他载体的催化剂制备方法和性能进行了详细研究。Ru/Fe_2O_3 保持了铁系高温变换催化剂原有的耐热性，并显示出更好的低温活性。随载体前驱体和 Ru 前驱体形态不同，活性也有较大变化，其活性顺序是：$Ru/\alpha\text{-}FeOOH$ > $Ru/\delta\text{-}FeOOH$ > $Ru/\beta\text{-}FeOOH$ > $Ru/\gamma\text{-}FeOOH$，而以 $Ru(CO)_{12}$ 为 Ru 前驱体的活性高于以 $RuCl_3$ 为前驱体的活性。同时，碱金属对于 Ru/Fe_2O_3 有明显的促进作用，K、Na 的添加增强了 $Ru\text{-}Fe_2O_3$ 之间电子交换能力和速度，其中以 K 的作用最为显著。添加稀土氧化物对 Ru/Fe_2O_3 的活性也有明显的促进作用，其中以 La 和 Sm 的作用最明显，最佳的添加比例为 Ru:La=1:1。由于 $\delta\text{-}FeOOH$ 比 $\beta\text{-}FeOOH$ 易于还原和氧化，而将 Ru 负载其上又明显增大它们还原-氧化性的差别，而载体和负载物的不同形态又决定了催化剂的活性，因此该类催化剂易于还原-氧化的特性是其具有高活性的原因。当将 Ru 负载在不同载体上时，发现活性顺序为 Ru/La_2O_3 > Ru/Fe_2O_3（$\delta\text{-}FeOOH$）> Ru/Fe_2O_3（$\beta\text{-}FeOOH$）> Ru/MgO > Ru/C_{act}，与负载在载体表面上的 Ru 晶粒大小顺序一致：1.11nm、1.93nm、2.80nm、3.53nm 和 3.43nm，但没有发现催化剂活性与载体孔结构存在确定的关系。Uta 等比较了 Ru 负载于 CeO_2、La_2O_3、MgO、Nb_2O_5、Ta_2O_5、TiO_2、V_2O_3、ZrO_2 的催化活性，在 400℃用 H_2 还原后，其中以 Ru/V_2O_3 活性最高，且没有甲烷生成。虽然对于同一种组成的催化剂，其活性随比表面积和分散度的增大而提高，但负载于不同氧化物载体上 Ru 的催化活性与比表面积和 Ru 的分散度没有确定的关系，而是取决于氧化物载体的物理化学特性，载体的酸性和碱性太强都不利于变换反应的进行。

1996 年 Andreeva 首次报道了含金催化剂（$Au/\alpha\text{-}Fe_2O_3$）具有较高的低温变换活性，$\alpha\text{-}Fe_2O_3$ 表面上高度分散的 Au 能够增加催化剂表面上的羟基，从而提高铁基变换催化剂的活性。H_2O 在纳米 Au 粒子上解离吸附，随后在临近的铁氧体位上形成羟基，其中水的解离吸附是控制步骤。反应中间物种是通过 $Fe^{2+}\text{-}Fe^{3+}$ 氧化还原形成和分解的。由于金在变换反应中体现出的优异性能，因此有关研究报道日渐增多。以 Andreeva 为首的研究小组对含金等贵金属的变换催化剂进行了较详细研究。使用 FTIR 和 MS 技术对 $Au/\alpha\text{-}Fe_2O_3$ 和 Au/TiO_2 表面上变换反应机理研究表明，室温下 H_2 就已经在这两种催化剂的 Au 位上解离吸附为氢原子，这些氢原子既可以与吸附氧反应，也可以通过表面扩散迁移到可以还原的载体表面位上。CO 以分子形式吸附在不同的表面位置上，如载体阳离子暴露在表面上的三维微晶簇 Au^0 及带负电的三维微晶簇 $Au^{\delta-}$ 上。由于能与 CO 形成强键合吸附的载体活性位 $Au^{\delta-}$ 被水所覆盖，因此 CO_2 不易还原为 CO。水和羟基吸附在载体表面、表面金簇位及两者之间的界面上。已经证明，CO 吸附对水解离吸附有影响，而 H_2 解离吸附对 CO_2 的还原也有影响，H_2 解离吸附及 $H_2O\text{-}CO$ 反应活性位处于金微晶的表面上，在此表面上通过氧化-还原再生过程完成反应。对 Au/ZnO、Au/ZrO_2、Au/Fe_2O_3、$Au/Fe_2O_3\text{-}ZnO$、$Au/Fe_2O_3\text{-}ZrO_2$ 的微观性质研究证明，活性的提高是由于 Au 和这些金属氧化物在界面处协同作用形成特殊结构，同时载体金属氧化物的本质特性对含金催化剂的活性起决定性作用。因此，认为 Au 氧化物的催化活性不仅决定于 Au 微晶的分散程度，还与载体的状态和结构密切相关。Andreeva 在最近的一篇综述中指出，为了达到使 Au 系变换催化剂具有高活性和高稳定性，必须注意以下几点因素：

① 在选择制备方法时，必须考虑载体和负载 Au 前驱体的本性，选择合适的载体，保证 Au 与载体之间产生良好的协同作用并使 Au 在载体表面稳定高度分散；

② 为保证催化剂具有高活性，负载 Au 最佳的粒度为 $3 \sim 5nm$；

③ 载体能够改善纳米 Au 颗粒的电子性能，这就决定了 Au-载体界面间的精细结构和催化性能；

④ 对于变换反应机理的深入研究有助于高活性催化剂的设计和选择。

Venugopal 等对沉积-沉淀技术制备的 $Au-M/Fe_2O_3$（M＝Ag、Bi、Co、Cu、Mn、Ni、Pb、Ru、Sn、Tl，M/Au＝1）的研究表明，载体表面上的 Au 与第二种金属之间发生了较强的协同作用。与其他样品相比，$Au-Ru/Fe_2O_3$ 和 $Au-Ni/Fe_2O_3$ 在 100℃ 和 240℃ 都具有较高的活性。另外，除了 $Au-Mn/Fe_2O_3$ 和 $Au-Co/Fe_2O_3$ 在 100℃ 和 240℃ 活性比 Au/Fe_2O_3 都低以外，其他样品虽然在 100℃ 时的活性低于 Au/Fe_2O_3，但 240℃ 的活性均高于 Au/Fe_2O_3。样品的还原行为与第二种添加金属密切相关，氧化铁的还原度在 $19\% \sim 32\%$ 之间，说明在变换反应条件特别是在高温下，载体氧化铁被部分氧化。令人费解的是，Au/Fe_2O_3 中添加铋、铅、铊并没有使得催化剂中毒，反而对 Au/Fe_2O_3 有一定的促进作用。$Au-Ru/Fe_2O_3$ 在所研究的样品中催化活性最高。其原因是 Au-Ru 之间产生了协同作用，并且由于 Au-Ru 之间中等强度的协同作用造成随着温度的不同，反应机理和动力学都有明显的差异，即表观反应速率随着温度的变化而受不同形式的动力学控制。另外，Au-Ru 之间的协同作用提高了在变换反应条件下 Fe_2O_3 还原度和还原速率。Sakurai 等采用沉积-沉淀法制备的 Au/TiO_2 具有比 $Cu/ZnO/Al_2O_3$ 更高的活性。Boccuzzi 等将 Au、Ag 和 Cu 负载于 TiO_2 对活性进行比较后，发现 Au/TiO_2 的活性最好，Cu/TiO_2 居中，而 Ag/TiO_2 的活性很低。还原态的 Ag 对 CO 没有吸附能力，而氧化态的 Ag 对 CO 却有很强的吸附能。Au 和 Cu 无论是氧化态还是还原态，对 CO 都有一定的吸附能力。CO 和 H_2O 能够同时吸附在 Ag/TiO_2 催化剂表面的活性位上，吸附物种之间的相互作用影响了催化剂表面的电荷分布，从而促进了变换反应的进行。在变换反应条件下，还原后的 Cu/TiO_2 催化剂表面形成了双羰基中间物种。当压力降低时，发现有单羰基中间物种。

氧化铈具有优良的储-放氧能力（oxygen storage capacity，OSC），而负载某些物种的氧化铈能够提高氧空位的形成能力和还原程度，有利于形成中间态的 Me-Ce 化合物。另外，某些掺杂物，如低价态（Ga^{3+}、Sm^{3+}、Y^{3+}、Pr^{3+} 等）阳离子替代部分 Ce^{4+}、在强还原性反应气氛下能产生氧空位的混合价态金属氧化物（Fe_2O_3、V_2O_5 和 MnO_2 等）和某些离子半径较小的阳离子化合物（ZrO_2 等）的掺杂将会引起电荷的重新分配并能引起氧化铈晶格扭曲，也能够提高氧空位的形成能力。因此，氧化铈及掺杂氧化铈可作为优良的催化剂或载体。

Flytzani-Stephanopoulos 等对贵金属 Au、Pt、Pd 等负载于 CeO_2 上的催化剂进行了详细研究。纳米 Au/CeO_2 在 $150 \sim 350℃$ 对变换反应显示了极好的活性及稳定性。Au/CeO_2 催化剂的结构和性能与制备方法有很大的关系，其中以沉积-沉淀法制备的催化剂活性最高，在 400℃ 焙烧 10h 后，Au 颗粒小于 5nm，且 Au 颗粒大小不随负载量的增加而变化。H_2-TPR 研究结果表明，CeO_2 表面可以被还原氧的含量取决于 CeO_2 粒子的大小。由于纳米 Au 的存在减弱了 CeO_2 表面 Ce-O 的结合，低温下有利于 H_2 和 CO 与表面氧的相互作用，显著提高 CeO_2 的还原性，即 Au 的存在显著提高 CeO_2 的储氧能力。虽然 CeO_2 表面氧都被还原，但却不影响体相 CeO_2 的还原性质，同时制备方法也不影响 Au 对 CeO_2 的还原性。XPS 研究表明，大部分 Au 以单质金属形式存在，也有少部分以离子状态存在，但还未能确定变换反应的活性位。特别值得指出的是，他们将纳米 Au 负载于纳米 CeO_2 粒子上之后，采用 NaCN 将负载的 Au 滤去的方法把 Au 含量从原来 0.2%～4.7%降低到几乎没有（0.001%），却没有发现催化剂的活性明显下降。说明 Au 在形成催化剂活性位时起作用，一旦形成了变换反应所需的活性中心后，则 Au 的存在与否对催化剂的活性影响不大，即 Au/CeO_2 催化剂用于变换反应，Au 的负载量可以低至极微量。

Gorte 等比较 Pd/CeO_2、Fe/CeO_2、Ni/CeO_2、Co/CeO_2、Pd/SiO_2 和 CeO_2 的性能时发现：Pd/CeO_2 和 Ni/CeO_2 的活性最高，Fe/CeO_2 和 Co/CeO_2 居中，而 Pd/SiO_2 和 CeO_2 最差。动力学研究表明，在 Pd/CeO_2 催化剂上，对 CO 是零级，对 H_2O 是 0.5 级，对 CO_2 是 -0.5 级，而对 H_2 为 -1 级反应。FTIR 研究结果表明，Pd/CeO_2 在变换反应条件下，氧化铈以还原态存在，其表面被碳酸盐物种所覆盖，只有在氧化的条件下才能除去，因此对变换反应有抑制作用。根据脉冲反应研究结果推测过渡金属 CeO_2 表面反应为"氧化-还原"机理，即还原态的氧化铈被水氧化后将其中的活性位氧传递到过渡金属上，从而与其上吸附的 CO 反应生成 CO_2。应用加速老化技术研究 Pd/CeO_2 失活机理时发现，温度越高，失活速度越快。随着反应时间的推移，失活的主要原因是 CO 的存在和活性金属组分表面积的减少，催化剂的活性与 Pd 表面积成正比。因此，为保证贵金属 CeO_2 催化剂的活性和稳定性，必须设法避免金属粒子的聚集长大。在研究 Fe、Tb、Gd、Y、Sn、Sm、Pr、Eu、Bi、Cr、V、Pb 和 Mo 氧化物对 Pd/CeO_2 添加作用时发现：其中只有 Fe_2O_3 具有促进作用，在 200℃时其催化活性比未添加 Pd/CeO_2 催化活性高出 8 倍；其他添加剂的促进作用很小；Pb 和 Mo 不但没有促进作用，反而降低了催化剂的活性。Fe_2O_3 添加量以在 CeO_2 表面形成单层分散为最佳，而 Fe_2O_3 的加入方法，无论是溶胶-凝胶法还是 Fe_2O_3-CeO_2 混合法，对活性均没有太大影响。

Andreeva 等发现 Au/CeO_2 中 Au 的负载量存在一最佳值。当 Au 的含量在 3%（质量分数）时，催化剂的活性，特别是稳定性最好，在反应条件下考察的 3 周内，催化剂的活性不但没有降低，反而有所提高，在测试的整个过程中没有发现活性下降。该催化剂的高活性和高稳定性是由于在反应条件下纳米级 Au 高度均一地分散在 CeO_2 表面上的缘故。值得注意的是，反应过程中催化剂中 Au 颗粒尺寸逐渐减小，这与其他一些研究者的结果相反，其原因还有待进一步研究。TPR 结果表明，由于 Au 的存在，催化剂表面上的"还原-氧化"进行得十分顺利和迅速，因此证明 3%（质量分数）Au/CeO_2 样品具有最佳的表面金活性中心与自由 CeO_2 表面的比例，从而可以产生氧化 CO 的表面活性氧。

Luengnaruemitchai 等在 120～360℃ 范围内比较 Pd/CeO_2、Au/CeO_2 和 Au/Fe_2O_3 性能时发现 CO 和水的含量对样品的活性影响很大，而载体 CeO_2 的结晶程度对催化剂的活性影响不大。催化剂的活性主要取决于 CeO_2 上所负载金属的种类，Pd/CeO_2 比 Au/CeO_2 的活性高。比较结果说明，Fe_2O_3 并不是 Au 基变换催化剂最适合的载体，这与 Andreeva 等的研究结果不一致。随着测试时间的延长，Au/Fe_2O_3 催化剂的活性有比较明显的降低。另外，过量 H_2 的存在，对 Au/Fe_2O_3 催化剂也产生了不利影响。从燃料电池原料气净化的角度而言，Pd/CeO_2 应当是最好的选择。

Zalc 等提出了一个问题：贵金属基变换催化剂是否能够满足燃料电池汽车动力燃料加工过程的需要？在典型精制气体组成下，考察了几种 Pt/CeO_2 的活性和稳定性时发现催化剂的活性比较低，且均呈现了快速的线性失活。失活速度快的主要原因是原料气中高含量的 H_2 导致 CeO_2 不可逆过度还原和催化剂很快失活，造成催化剂的半衰期很短，因此即使新鲜的 Pt/CeO_2 变换催化剂也不能满足燃料电池汽车对催化剂重量和成本的要求。不能满足燃料电池电动汽车商业应用的要求，这是所有贵金属基载体变换反应系统都不能避免的现实问题。当原料气中不含 H_2 时，催化剂的失活速度明显降低。失活催化剂在水蒸气中与空气中加热再生并没有获得成功。他们认为，催化剂失活这一严重现实问题之所以没能引起足够的重视是因为许多研究者在考察催化剂时，在原料气组成、空速以及时间设计上都存在一定的问题。

9.4.4 其他种类变换催化剂

除了以上介绍的以外，还有其他一些变换催化剂的研究报道。Lenarda 等研究了 $Os_3(CO)_{12}$/13X 分子筛对水煤气变换反应的催化性能及其动力学。在变换反应气氛下，负载于分子筛表面的 $Os_3(CO)_{12}$ 分解为 $Os(CO)_x$($x=2,3$)，从而对变换反应起到催化作用。动力学数据拟合表明，分子筛表面吸附水加速了反应速率，而在较高的 CO 分压下，CO 对反应有阻碍。分子筛的孔道结构对水向吸附 CO 的亲核进攻起着非常重要的作用，变换反应速率的控制步骤是表面中间反应物种甲酸的分解。Sung 等研究了非晶态三元合金 $M_3(SbTe_3)_2$（M 为过渡金属 Ni、Cr、Mn）变换催化剂。活性主要取决于 $M_3(SbTe_3)_2$ 中过渡金属的种类，其中以 $Cr_3(SbTe_3)_2$ 的活性最好。由于氧族组分的存在，使得其中的过渡金属 M 能够快速进行 $M^{2+}—M^{3+}$，这样使 SbTe 起到催化变换反应的作用。Mellor 等研究了 Raney-Cu-Zn-Al 催化剂的制备方法及其对变换反应的催化活性。催化剂表面的化学性质由制备催化剂的滤沥过程决定，在相同的测试条件下，虽然活性中心相同，但 Raney-Cu-Zn-Al 催化剂有更高的金属铜表面积，因此其初始活性比 $CuO/ZnO/Al_2O_3$ 低温变换催化剂高。催化剂中不含 ZnO 时导致铜晶粒的烧结聚集长大，Raney-Cu-Al 催化剂失活速度较快。随着 ZnO 含量的增加，Cu 晶粒与 ZnO 的接触界面增高，明显提高了催化剂的稳定性。而氧化铝的作用主要是提高了 Raney-Cu 的表面积，其本身并没有催化作用。通过催化剂活性与 Raney-Cu 表面积的关联，发现催化剂活性与 Raney-Cu 表面积成正比例关系，意味着 Raney-Cu-Zn-Al 催化剂上的变换反应是结构不敏感性反应，这与 $CuO/ZnO/Al_2O_3$ 为结构敏感性反应相反。Patt 等研究了 Mo_2C 催化剂的制备方法及其对变换反应的催化性能。该催化剂在 $220\sim295$℃ 和常压下，具有比 $CuO/ZnO/Al_2O_3$ 催化剂高得多的催化活性；同时，该催化剂能够抑制甲烷化反应，在 48h 的测试过程中，活性没有明显下降。但该催化剂的表面积较小，大比表面积的 Mo_2C 对变换反应可能具有更高的催化活性。Ruettinger 等报道了一种称为 Selectra Shift 的贱金属催化剂，其活性可与现有的 $CuO/ZnO/Al_2O_3$ 相比，且具有很宽的活性温区，并具有很强的抗氧能力。

变换催化剂的工业使用已有 90 多年的历史，属于基本成熟的技术，除了上述综述的文献报道以外，还有许多相关的专利报道。关于燃料电池的专利报道也很多，据不完全统计，进入 21 世纪以来，在美国就有超过 1500 件关于燃料电池的专利申报或得到批准，但有关燃料电池用变换催化剂的专利报道相对数量很少。燃料电池的发展对变换催化剂的性能提出了新的要求，到目前为止还没有能够满足燃料电池要求的变换催化剂。而要满足燃料电池对变换催化剂的苛刻要求，必须对传统的变换催化剂进行改造，甚至必须抛弃原有的催化剂，开发完全新型的变换催化剂。变换催化剂开发中面临一个两难的问题，即催化剂的活性和它在使用中所必备的一些性能，如耐热性、机械强度和抗氧化性、抗水性、抗毒性及抗冲击性能是矛盾的，这也是催化剂研制和开发中所面临的共性问题。新型贵金属负载型变换催化剂虽然克服了传统变换催化剂的一些缺点，最有希望满足燃料电池要求的变换催化剂是（掺杂）贵金属负载于（掺杂型）氧化铈，如 Au（或 Ru、Pt、Pd 等）-Medoptant-Ceria 型，但也存在一些迫切需要解决的问题。

① 失活速度快，其寿命与现有催化剂相比还有很大差距。燃料电池要求变换催化剂活性的半衰期至少应该大于 5000h，现半衰期仅为 500h 左右。

② 目前虽然贵金属负载型变换催化剂的金属负载量已经低至 1% 以下，但其高昂的价格仍是制约其商业化应用的主要障碍。最近文献报道将贵金属 Au 和 Pt 负载在氧化铈上之后，再

将其滤沥出来的方法，将贵金属的负载量降低至 10×10^{-6}，而催化剂的活性却没有明显下降，上述结果有可能解决这一问题。

③ 目前报道的贵金属负载型变换催化剂，考察的均是粉体催化剂的性能，如果满足商业化应用，则必须像现有的汽车尾气处理器一样，制成整体石型催化剂；而当催化剂有效成分负载到整体石上时，是否能保持原有的性能，对这方面的研究和考察试验相对较少。

④ 影响（贵）金属负载型催化剂结构和活性的主要因素除了组分所固有的特性外，还与制备方法密切相关，因为制备方法决定了催化剂的粒径和分布、载体的织构及（贵）金属-载体之间的作用。目前，关于（贵）金属负载型变换催化剂的制备方法较多，用得最多的是浸渍法（impregnition）、共沉淀法（co-precipitation，CP）和沉积-沉淀法（deposition-precipitation，DP）3 种方法。另外，还有有机金属配合物固载法（organic metal-complex grafting）和液相嫁接法（liquid grafting）等。虽然制备方法、金属种类及载体种类不同等都能造成催化剂的结构、粒径和分布及活性不同，但大多数方法都可制得负载在适当载体上且活性相近的（贵）金属负载型变换催化剂。由此可见，各种因素的影响并不是相互独立起作用的，而是相互影响、相互制约的。另外，对于（贵）金属负载型催化剂上的变换反应活性机理和反应机理的研究进展缓慢，需要进一步研究与探讨，也限制了（贵）金属负载型变换催化剂的研究步伐；开发活性高、稳定性好、能够满足大规模商业应用的价格低廉的（贵）金属负载型变换催化剂还有许多问题需要解决，必须通过艰苦努力并有所创新才能完成。

⑤ 在研究过程中，由于催化剂的制备方法、测试手段过程和条件存在差异，因此得到的结论有时候相差很大，甚至相互矛盾，需要深入研究。

9.5 酶催化

据不完全统计，全球酶催化技术的应用所产生的工业产值已近 1000 亿美元。近 30 年来，新的有应用价值的酶不断被开发出来。全世界工业用酶的应用价值已经从 1995 年的 10 亿美元发展到 2000 年的 15 亿美元。酶作为高效、专一性强、活性可调、作用条件温和的生物催化剂，已广泛应用于各类水解反应、有机合成以及医药和食品工业。

9.5.1 催化水解

9.5.1.1 含铬废革屑的催化水解

全世界制革业每年产生的含铬废料约 600kt，我国约有 200kt。含铬废料一般含质量分数 90% 的胶原蛋白。近年常用酶法（主要是蛋白酶）来提取胶原蛋白及其降解产物。酶催化水解时，革屑水解率和水解液中多肽浓度随起始 pH 值的增加而提高，多肽分子量降低。实验测得，水解液起始 pH 值由 11.0 升高到 12.6，水解率由 22.5% 升高到 71.5%。与传统的碱法和酸法相比，酶法操作简单，通过控制操作条件可得到分子大小不同的水解产物，且水解率高。

9.5.1.2 生物油脂的催化水解

微生物油脂是继动植物油脂之后人类的一种新型食用油脂。富含多不饱和脂肪酸的油脂有较高含量的 γ-亚麻酸、花生四烯酸和亚油酸，对人类的健康极为有利。微生物油脂用脂肪酶催化水解的主要目的是降低微生物油脂的水解温度，避免微生物油脂中多不饱和脂肪酸在高温下因降解、氧化等遭到破坏。酶催化水解均在比较温和的条件下进行，能很好地保护这些多不饱和脂肪酸。当然，酶催化水解工艺还有待完善，如水解后的混合物分离困难。由于脂肪酶本身就有乳化作用，加上它在水中的溶解度较小，要想将其脱去较难。解决办法是采用固定化酶技术，且固定化酶可循环利用。有人用脂肪酶来催化水解由孢霉菌株（*Mortierella isabellina*）经多次诱变、发酵后从干菌体中提取得来的生物油脂，水解率达到 81.69%。

9.5.1.3　腈类的催化水解

腈的水解反应被广泛应用于氨基酸、酰胺、羧酸及其衍生物的合成。腈的酶法水解具有高效、高选择性、反应条件温和、环境污染小、成本低和产物光学纯度高等优点，符合原子经济性和绿色化学的发展方向，有着化学方法无法比拟的优越性。催化腈水解的酶有两种类型：一种是腈水解酶，它催化腈直接水解，一步生成羧酸及氨气；另一种是腈水合酶，它催化腈水解生成酰胺，在酰胺酶的作用下，进一步转化成羧酸及氨气。目前，已筛选出不少产腈水解酶类的微生物菌株，如 *Rhodococcus* sp. AJ270、*Rhodococcus rhodochrous* IF15664、*Rhodochrous* J1、*Bacillus pallidus* Pac521 等，有些已应用于工业生产。腈化合物广泛应用于化学工业。腈除草剂如 2,6-二氯苯腈、3,5-二碘-4-羟基苯腈等也被大量地应用于农业。这些腈化合物不可避免地存在于工业废水和残留农业化学品中，如不经处理，必将对环境造成巨大污染。化学处理方法不仅成本高、效率低，而且腈降解不彻底。用产腈水解酶类的微生物催化腈水解，是迄今处理工业废水中高毒性腈化合物最经济、最有效的方法。

9.5.2　有机合成

尽管酶作为催化剂长期受到化学合成领域的关注，但其在化学工业上的应用发展缓慢，远逊于其他领域的应用。目前，酶催化工艺已被用于非对映异构体药物中间体的合成等，包括非对映异构体酒精和氨基化合物产品生产中脂肪酶的应用、非对映体羧酸产品生产中氮酶的应用和新的半合成青霉素产品生产中酰基转移酶的应用等。

9.5.2.1　氧化还原反应

Kearns 在合成抗癌药紫杉醇（taxol）的 C_{12} 侧链(2R,3S)-苯基异丝氨酸时，用面包酵母（Bake's yeast）还原羰基酯，对映选择地获得了所需要的立体异构体(2R,3S)-苯基异丝氨酸。如果用一般还原剂（如 $NaBH_4$）还原，则得到非对映异构体的混合物(2S,3R)-苯基异丝氨酸和(2R,3S)-苯基异丝氨酸，二者的比例为 79∶21。利用酶催化立体选择性还原羰基化合物，可以得到一些手性醇。当羰基酮还原为 1,2-二醇时，光学活性极高，光学纯度几乎达 100%，化学产率中等。用酵母作为催化剂，一般只选择性地还原酮羰基，而不影响分子内的独立双键和叁键。用酶作为催化剂，可以使一些内消旋化合物立体选择性氧化，在分子中引入手性中心；lipase SP382 还能催化外消旋体 3,5-二羟基酯，实现立体性内酯化。此外，还可在分子内不活泼的碳原子上立体选择性地引入羟基，获得手性化合物。*Pscudomonoas patrile* 可催化多种化合物的羟基化反应，如由芳香族化合物羟基化制得邻二醇，由非芳香族化合物羟基化制得手性单羟基化合物。

9.5.2.2　聚合反应

近年来，对酶催化聚合反应的研究十分活跃，主要侧重于小分子。此类研究的报道占酶催化反应研究报道总量的 95% 以上。作为一类特殊的酶催化反应，酶催化聚合反应的研究目前尚处于起步阶段。酶催化聚合反应可以在温和的条件下高效专一地合成大分子，特别是一些普通方法难以合成的功能高分子，且对环境无不良影响。因此，酶催化聚合反应必将对未来工业聚合方法产生深远影响。目前酶催化聚合研究主要集中在缩聚反应和开环聚合两个方面，缩聚反应如多糖的合成、脂肪族聚酯的合成、聚苯醚及其衍生物的合成等；开环聚合如聚碳酸酯的合成、脂肪内酯的合成等。Bisht 等报道了环 ω-十五烷内酯（PDL）的开环聚合。在所采用的几种脂肪酶中，以固定化酶 PS-30 催化效果最佳。70℃ 时，聚合产物分子量达到 62000。当转化率达到 40% 后，聚 PDL 的分子量变化很小。水含量升高，PDL 聚合速率上升，但分子量下降。2-(4-羧苯基)乙基异丁烯酸酯在 HRP 催化下能发生化学选择性聚合，得到可溶于氯仿等溶剂的粉末状聚合物。由于侧链带异丁烯基，该聚合物很可能成为一种新型感光材料。作为一种新兴的聚合方法，酶催化聚合为高分子合成开辟了一条全新的、环境友好的途径，是高效合成新型功能高分子材料的有效方法，在医药、环保乃至国防等方面都有着广泛的应用前景。

9.5.3 食品工业

9.5.3.1 非水介质中的酶催化

目前，非水介质中的酶催化已成为生物工程领域中的研究热点。许多学者对有机介质中酶催化药物的手性合成、外消旋体的拆分和活性多聚物的选择性合成等做了大量研究，已应用于工业生产。在食品工业中，该技术已用于芳香酯合成、人造奶油的生产等。

（1）芳香酯合成　低分子量芳香酯是一类重要的芳香化合物，多呈天然水果香味，广泛应用于食品工业。生物转化法生产的芳香酯被美国和欧盟认为是天然产物，酶法生产被看成是很有希望工业化的途径，如利用微生物脂肪酶催化合成酒用芳香酯、固定化脂肪酶合成各类具有期望风味的芳香酯等。具有强烈刺激性气味的芳香醇——L-薄荷醇，可以通过脂肪酶催化的酯化反应使其与短链或长链脂肪酸发生反应，减缓薄荷醇的强烈气味，并且更易乳化。

（2）人造奶油的生产　人造奶油的传统生产方法主要是在碱性催化剂作用下，通过酯交换部分增加饱和脂肪酸的量，从而使油脂具有特定的熔融特性。当反应温度高于100℃时，需要通过真空或充 N_2 来防止脂肪氧化。脂肪酶可在相对温和的条件下催化油脂间的转酯或酯交换，从而获得质量较好的人造奶油。具有较窄熔融范围的人造奶油可由脂肪酶催化高熔点的棕榈硬酯与植物油（向日葵油、大豆油、米糠油、可可油）之间的转酯作用制得，也可由猪脂、牛脂与液体植物油制得。

9.5.3.2 酯交换

目前，酯交换大量应用于油脂工业中，如动物油和植物油的改性，以及一些功能性油脂的制备，如富含 DHA 及 EPA 鱼油或 Sn-2 位结合有该类功能性脂肪酸的甘油酯，后者有利于乳幼儿对该类脂肪酸的吸收。

美国农业部的 Neff 等研究小组一直注重对大豆油的高度利用，特别是对大豆油酯交换的研究。酯交换油品的结晶化比硬化油品要迟缓，而且形成的乳状液也要稳定。最近 Brenda 等采用 *Rhizomncor miehai* 来源的固定化脂肪酶研究了米糠油与中链脂肪酸的酯交换反应制取MCT（中链脂肪酸甘油酯），获得较好效果。后者可作为一些需要高能量人群的膳食。鱼油中的Ω-3脂肪酸（主要为 DHA 和 EPA）所具有的生理活性功能已引起世人的注目，出现了大量相关的制备方法。有人用 *M. miehei* 和 *Candida antarctica* 脂肪酶的固定化酶，研究了 EPA或 DHA 或其乙酯与花生油以及大豆硬化油的酯交换，制得富含该脂肪酸的植物油。还有学者采用 *M. miehei* 的脂肪酶对鳕鱼肝油与 EPA 以及 DHA 进行酸解反应，同样可制得富含 DHA以及 EPA 的油脂。

此外，通过在 TAG 分子的特定位置配置特定的脂肪酸，开发具有特定生理功能的构造脂质，已成为油脂领域的热点，其中低热量油脂的开发更是引人注目，此类油脂在美国已产生相当规模的市场销售额。

目前，酶作为催化剂正应用于众多不同的工业产品生产工艺中，更多新领域的应用也不断出现。在多数应用场合，酶在温和的条件下发挥其催化作用，大大节约了能源和水资源，既有利于解决工业问题，又有利于环保。随着人口数量的增加和自然资源的消耗，对很多工业来说，酶催化技术提供了具有很大潜力和很有效的方法。

9.6 电助光催化

随着人口的增加和经济的发展，水环境污染问题引起了全球的热切关注。自从 1972 年Honda 和 Fujishima 发现悬浮的 TiO_2 微粒可以电解水以来，半导体光催化技术作为一种具有高效、无毒、节能等特点的高级氧化技术（AOPs）被广泛研究，以期缓解日益严峻的环境污染问题。遗憾的是，长期以来光催化技术的处理效率始终难以达到在实际中应用的水平。主要原因就在于光生电子和空穴的复合率高，抑制了两者同溶液中被处理物质的反应。为此，人们提出了利用外加电场来提高光催化效率的技术——电助光催化技术，这是一种将半导体光催化与电化学相结合的联合技术。本节旨在介绍近年来电助光催化技术的研究进展，并对其今后的研究方向提出一些建议。

9.6.1　电助光催化技术的基本原理

半导体电助光催化技术（electrochemically assisted photocatalysis，EAP）是通过外加电场促进光生电子与空穴的分离从而达到提高光催化技术处理效率的一种增强型光催化技术，该技术结合了半导体物理学、光化学、电化学等方面的知识。

n型半导体电极/电解液界面的能级示意图如图 9-10 所示。在半导体电极/电解液界面上可形成 3 种双电层。①半导体空间电荷层，根据能带边缘的弯曲方向，可分为富集层、耗尽层、反型层及深度耗尽层（见图 9-11）。当能带不发生弯曲时，半导体的 Fermi 能级所对应的电位为平带电位 E_{fb}。②介于固体与外 Helmholtz 面（ohp）间的 Helmholtz 双层，ohp 即离表面最近的非吸附离子所在的位置，Helmholtz 双层厚度只有 10^{-10} m 的数量级。③固体附近溶液中的 Gouy-Chapman 双层（图 9-10 中未表示出来），其厚度极小，可认为它同 ohp 合并在一起。对于 TiO_2，电极溶液界面处价带空穴的电位（$E_{vs}^{\ominus}$）约为 $+2.7V$ 标准氢电极（NHE），氧化能力极强，电子的电位（$E_{cs}^{\ominus}$）约为 $-0.3V$，具有一定的还原能力。当半导体受到光照而电子和空穴移到表面时电子会使表面上的物质还原，同时空穴会使表面上的物质氧化，这种由光引发的化学变化称为光催化。普遍认为，半导体表面上的 OH^- 和 H_2O 分子被光生空穴氧化为羟基自由基（$HO\cdot$），该自由基和空穴可共同氧化溶液中的物质及其中间产物（一般以 $HO\cdot$ 氧化为主）。但是，由于光生电子和空穴在体内以及表面的复合率很高，使得它们同溶液中物质反应的数量很少，这大大地抑制了光催化的效率。光催化的基本过程如式(9-1)～式(9-6)所示。此外，$HO\cdot$ 还会发生如式(9-7)～式(9-9)所示的副反应，下标"cb"表示半导体导带，"vb"表示半导体价带，"s"表示半导体表面。

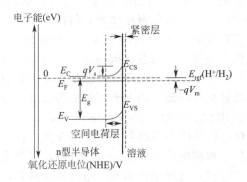

图 9-10　n 型半导体电极/电解液界面能级示意图　　图 9-11　n 型半导体空间电荷层示意图

$$TiO_2 \xrightarrow{h\nu} (TiO_2 - e_{cb}^-) + (TiO_2 - h_{vb}^+) \tag{9-1}$$

$$(TiO_2 - h_{vb}^+) + OH_s^- \longrightarrow TiO_2 - OH_s \tag{9-2}$$

$$(TiO_2 - h_{vb}^+) + H_2O_s^- \longrightarrow TiO_2 - OH_s^- + H^+ \tag{9-3}$$

$$(TiO_2 - h_{vb}^+) + 处理物质(中间产物) \longrightarrow 中间产物或最终产物 \tag{9-4}$$

$$TiO_2 - OH_s^- + 处理物质(中间产物) \longrightarrow 中间产物或最终产物 \tag{9-5}$$

$$(TiO_2 - e_{cb}^-) + (TiO_2 - h_{vb}^+) \longrightarrow TiO_2 + 热能 \qquad (9-6)$$

$$TiO_2 - OH_s^- + TiO_2 - OH_s^- \longrightarrow TiO_2 - H_2O_{2s} \qquad (9-7)$$

$$TiO_2 - H_2O_{2s} \longrightarrow \frac{1}{2}O_2 + H_2O + TiO_2 \qquad (9-8)$$

$$TiO_2 - OH_s^- + TiO_2 \longrightarrow 惰性物质 \qquad (9-9)$$

为了抑制光生电子和空穴的复合，可以对半导体施加一个外加电场，使光生电子和空穴分别向半导体内部和表面移动从而得以分离。因此，外加电场的方向应使半导体的表面电位低于内部电位，即半导体的空间电荷层呈现耗尽层的形式。当半导体的电极电位正于半导体的平带电位时，能带边缘向上弯曲，即形成耗尽层。半导体电极电位与溶液电位的差值等于耗尽层两侧与 Helmholtz 层两侧的电压之和。耗尽层中的空间电荷主要是陷阱中的不可动电荷或离子化施主的不可动电荷。与 Helmholtz 层相比，阻抗很大，电压大部分分摊在耗尽层的两侧。而 Helmholtz 层两侧的电压变化可以忽略，半导体表面电位不变，因此半导体电极电位的变化表现为耗尽层两侧电压的变化。光生电子和空穴在空间电荷层内电场的作用下，分别向半导体内部（经由外电路到达对电极）和半导体表面迁移，两者复合［式(9-6)］的概率减少，寿命增加，光生电子和空穴的利用率［式(9-2)～式(9-4)］增加，光催化效率及能量效率（光能转化为电能和化学能）大大提高。Miyaka 等认为，光催化绝不可能像光电催化那么实用，因为后者可利用输入的电压使多数载流子离开表面以避免表面复合。从物理上来说，半导体电极溶液界面与金属半导体形成的 Schottky 结十分相似，不同之处在于用电解质溶液代替了金属。对半导体催化剂施加阳极偏电压而进行的电助光催化，对比于光催化，光生电子和空穴的分离促进、半导体的光电流响应和量子效率得以提高，光催化的效率得以增加，而且具有光电协同作用，更有利于利用太阳能进行光催化方面的研究。因此，很多学者对电助光催化进行了研究。

9.6.2 电助光催化反应器类型和半导体光催化剂电极

电助光催化反应器要考虑光源、电场、催化剂和待处理溶液等要素及其位置关系。此外，还应考虑促进物质传输的手段以及反应氛围等因素。由于它比光催化反应器增加了电场这一要素，反应器形式更加复杂。电助光催化反应器设计中的核心问题是如何提高对光的利用效率，如何增加催化剂与溶液接触的面积，如何对半导体空间电荷层施加电场以及如何提高反应物的物质传输效率等问题。目前电助光催化技术仍处于实验室研究阶段，尚未有实际应用的报道。因此，反应器更多的是用于验证外加电场对光催化作用的促进作用及其机理研究，对如何更合理地设计反应器以提高其光电利用效率和综合性能还未开展很深入的研究，但是仍有少数研究者着重在这方面进行了思考并设计出一些新型电助光催化反应器。由于要利用光源及对半导体空间电荷层施加电场，电助光催化反应器的形式与光电化学电池（photo-electrochemical cell，PEC）十分相似。不同的分类原则，可将电助光催化反应器归为不同类型。根据催化剂在反应器中的形态，可分为固定膜式反应器与悬浮态反应器。根据电化学体系的电极数目，可分为两电极系统（阳极和阴极）反应器与三电极系统（工作电极、辅助电极和参比电极）反应器，甚至多电极系统（多个工作电极、辅助电极和参比电极）反应器。根据工作电极与对电极处的反应是否在空间上被物理分开，可分为单室反应器与双室反应器。此外，根据所施加的阳极电位的大小可分为高电压系统反应器和低电压系统反应器。为了提高反应器内的物质传输速率，可以通过在反应器外设置储水槽进行溶液循环或向反应器内通气的方式达到。但通气种类的不同会导致反应进行的氛围不同，对电助光催化的过程和效率有影响。电助光催化反应一般在恒温条件下进行以避免温度因素的影响。恒温方式有设置双层反应器外壁或双层石英灯管通入冷却水和冷却储水槽等方式。

9.6.2.1 固定膜式反应器与悬浮态反应器

大多数研究中采用固定膜式反应器，即将半导体薄膜固定在导电基材上作为工作电极，这种类型的反应器避免了悬浮系统中需对催化剂进行后续分离处理的问题，使连续操作成为可能。大多数研究选择导电玻璃和钛板负载催化剂的基材。半导体催化剂的固定方法有溶胶-凝胶法、阳极氧化法、脉冲激光沉积法、直流磁电管喷溅沉积法、涂覆 TiO_2 粉末法、高温氧化法、分子束法、化学气相沉积法等。此外，复合半导体催化剂和贵金属沉积半导体催化剂可以进一步提高电助光催化过程的效率。

悬浮态反应器的优点在于催化剂表面积与反应器体积之比大，但需要通过过滤、离心等方法将催化剂与溶液分离。此外，增加催化剂的用量可以提高面体比，但同时增加了对光的散射和屏蔽作用，无法进一步提高电助光催化的效率。An 等设计了一种新型的悬浮式电助光催化反应器，他们以一个位于圆柱形反应器上部的微孔 Ti 板作阳极，另一个位于反应器底部的微孔 Ti 板作阴极，同时作布气板；以 P25 型 TiO_2 粉末为催化剂，以放置在反应器中心石英管内的高压汞灯为光源，对甲酸溶液进行光电降解。他们发现在 $0\sim5V$ 的电压范围内，COD 去除率随电压的上升而上升。这说明对悬浮体系外加电场也能提高光催化的效率。但是，悬浮态反应器始终存在催化剂与溶液分离的问题，这限制了其应用与发展。

9.6.2.2 两电极系统反应器与三（多）电极系统反应器

固定膜反应器中多数研究采用三电极体，分别以催化剂电极为工作电极，以金属导体如铂、铂黑、铜、石墨、不锈钢等为对电极，以饱和甘汞电极（SCE）或 Ag/AgCl 电极为参比电极。三电极体系可以准确控制工极电位，对研究反应机理是十分必要的。一些研究采用两电极体系，即以催化剂电极为阳极，以金属电极为阴极，在两极间施加电压。这种体系试验条件简单，易于操作，但不能得到阳极电位的信息，在机理阐述上缺乏依据。Horikoshi 等设计了含有多个电极的圆柱形电助光催化反应器，并比较了不同电极数目、面积和位置对苯磺酸降解的影响，得到催化剂总面积越大、总面积相同时催化剂电极个数越多、催化剂电极排列越紧密，对苯磺酸的处理效果越好的结论。

9.6.2.3 单室反应器与双室反应器

为避免工作电极和对电极处的反应及产物互相干扰，有人采用双室反应器。两电极室一般用膜、盐桥或多孔玻璃板隔开，常见的是"H"型电解池，如图 9-12 所示。当将对电极也置于工作电极室时，双室反应器又转变为单室反应器。双室反应器的优点是将两极反应从空间上分开，可以更充分地利用光生电子的作用，如还原金属离子、CO_2、O_2 等。但 Leng 等发现，使用双室反应器时阳极室对苯胺的氧化效率低于单室反应器，原因在于双室反应器中两室的 pH 值变化较大，阳极室 pH 值降低，阴极室 pH 值升高；而单室反应器中 pH 值基本不变。pH 值的降低是不利于苯胺降解的。

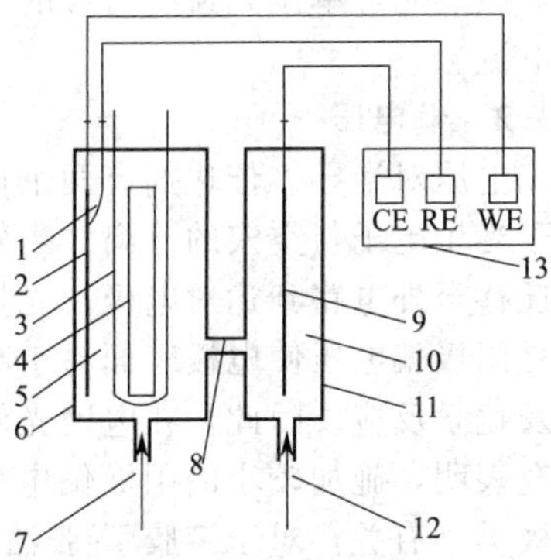

一般的电助光催化研究所选择的电位窗口为暗态条件下不产生明显电流的电位范围，以排除电解作用的干扰。所施加的工作电极电位较小 $[0\sim1.5V (vs. NHE)]$，空间电荷层两侧的电压也较小，即低电压系统反应器。根据电助光催化的原理，只要所加电位正于半导体的平带电位 $[如 TiO_2，E_{fb}\approx-0.24V (vs. NHE)，pH=7]$，就可以促进光生电子和空穴的分

图 9-12 "H"型电助光催化反应器示意图
1—参比电极（RE）；2—工作电极（WE）；3—石英管；
4—汞灯；5—溶液；6—工作电极池；7—气体进口；
8—多孔玻璃板；9—对电极（CE）；10—溶液；
11—对电极池；12—气体进口；13—稳压器

离。取 TiO_2 的 $E_g=3.0eV$，体内导带能级与 Fermi 能级相差 $0.1\sim0.2eV$，可以忽略；则当施加的电位为 $2.76V$（vs. NHE）时，Fermi 能级进入价带，半导体催化剂将表现为简并半导体（准金属）的性质。在悬浮态反应器中多在两极间施加高电压，如 An 等分别采用圆柱形和槽式的两电极系统反应器，在两极间施加高电压。这种系统中不可避免地同时伴有水电解的问题。He 等对 Ag 或 Cu 沉积的 TiO_2/导电玻璃电极施加较高的阳极电位电助光催化氧化甲酸，发现沉积在催化剂表面的 Ag 或 Cu 被氧化溶解到溶液中，处理效率急剧下降，他们通过脉冲方式施加电位以避免催化剂的失活。Sun 和 Chou 用 TiO_2/Ti 电极电助光催化处理 NO_2^- 施加 $0\sim4V$（vs. Ag/AgCl）的阳极电位，发现电位为 $2V$（vs. Ag/AgCl）时即可达到最高的降解效率；进一步增大电位，降解效率保持不变。

9.6.3 电助光催化技术的影响因素

电助光催化氧化过程的影响因素较多，主要有入射光波长及光强、工作电极电位、半导体催化剂的制备方法及制得的催化剂的物理化学性质、支持电解质的种类和浓度、溶液的 pH 值、被处理物质的性质和浓度、反应进行的氛围等因素。考虑到这些因素的影响，主要是考察它们对电助光催化基本过程的影响。电助光催化基本过程包括：光生电子和空穴的产生、迁移和复合；处理物质在催化剂表面的吸附和物质传输；光生电子和空穴与处理物质的反应及与其他物质的竞争反应。

9.6.3.1 光源

光源的波长分布和入射光中可被催化剂吸收波段部分的光强直接影响到催化剂能否在光照下产生光生电子和空穴以及催化剂单位时间内能接收的光子数目。当光子能量 $h\nu \geqslant E_g$ 时，半导体可产生光生电子和空穴。Liu 等发现光照条件下染料敏化的 TiO_2/导电玻璃电极的开路电位 V_{oc} 随 I_{inj} 的光强的增加而增加。Chang 等研究了电助光催化过程中光强对苯酚降解量的影响，发现起始阶段降解量随光强的增加而增加，当光强超过 $50mW/cm^2$ 后降解量达到一个平台。表明此时反应受到其他因素如扩散、液膜传输等的限制。Horikoshi 等研究了苯磺酸分别在黑光灯和汞灯下被 TiO_2/导电玻璃电极电助光催化降解的浓度变化和光电流变化，并折算为单位光强所对应的降解量和光电流值进行比较，发现汞灯总体的和单位光强的处理效率优于黑光灯，但黑光灯单位光强所对应的光电流大于汞灯，说明在较低强度的光辐照下仍能生成明显的光电流。

9.6.3.2 偏电压

偏电压对半导体催化剂有两个作用。一个作用是在催化剂膜内建立电场，形成电势梯度，有利于光生电子与空穴的分离。当外加电位大于半导体催化剂的平带电位（E_{fb}）时，光生电子被迁移至外电路到达对电极，光生空穴则在表面积累，促进了有机物的光氧化降解。另一个作用是阳极偏电压使电极表面易于吸附负电荷。这两个作用影响了溶液中成分在电极表面的吸附以及化学反应。因此，在电助光催化降解有机物过程中，偏电压是一个十分重要的因素。大量研究表明，施加较小的阳极偏电压就能提高光催化效率。Hidaka 等发现阳极偏电压的作用与电极类型有关：对于溶胶-凝胶法和脉冲激光法制备的电极，施加阳极偏电压后光催化效率提高；而对于涂覆 TiO_2 粉末法制备的电极，效率反而下降。大部分研究在其所施加的电位范围内得出的规律是有机物的降解速率随偏电压的增加先提高而后达到一个平台。Leng 等指出这是因为在给定的光强下，光生载流子在阳极偏电压达到某一值后即可充分分离。此外，对半导体电极施加阳极电位相当于给半导体溶液这一 Schottky 结施加反向电压。根据半导体物理学，很小的反向电压即可达到饱和的反向电流，界面电荷传输即价带空穴的氧化作用达到饱和。一些学者研究得出有机物降解率在达到一个平台后又有所下降的结论，这是因为产生的羟基自由基还可能会发生式（9-7）～式（9-9）所示的反应，其反应速率甚至快于式（9-4）和式(9-5)。

9.6.3.3 半导体光催化剂

光催化的试验研究和综述中对半导体光催化剂有很多的研究结果和评述，在此不再赘述。对于电助光催化来说，采用的催化剂或者是悬浮态的，或者是固定在导电基材上，而不能固定在非导电基材上，这一点与光催化不同。

9.6.3.4 溶液条件和反应氛围

(1) 被处理物的初始浓度 溶液浓度影响被处理物质在催化剂表面上的吸附和紫外线在溶液中的传播，继而影响到达催化剂处的光强。Luo 和 Hepel 采用 WO_3/Pt 网电极对 $5.5\times10^{-6}\sim2.2\times10^{-6}mol/L$ 的萘酚蓝黑进行电助光催化降解发现，在起始阶段降解速率随着溶液初始浓度的增加而线性上升，符合一级动力学规律；当溶液初始浓度达到 $8\times10^{-5}mol/L$ 时，降解速率达最高值，而后继续增加溶液初始浓度，染料发生团聚现象，溶液的透光度下降，降解速率下降并且偏离一级动力学规律。Dunlop 等对埃希氏杆菌和 Waldner 等对 4-氯酚进行电助光催化降解时发现，降解速率随处理物质初始浓度的增加而线性增加，符合一级动力学规律。Byrne 等对 $3.18\times10^{-3}mol/L$ 和 $6.36\times10^{-3}mol/L$ 的甲酸进行电助光催化降解发现，甲酸的降解符合零级动力学，降解速率与溶液的初始浓度无关。

(2) 溶液的初始 pH 值 在电助光催化过程中，溶液 pH 值的影响主要有 3 个方面：

① 半导体催化剂的平带电位（E_{fb}）与 pH 值的关系如式(9-10)所示：

$$E_{fb}=E_{fb}^{\ominus}-0.05915pH \tag{9-10}$$

提高溶液的 pH 值，半导体的平带电位下降，价带空穴的氧化能力也随之下降。

② 被处理物质在半导体表面的吸附受 pH 值的影响。半导体的表面电荷与 pH 值有关。当 pH 值高于半导体的零电荷点（point of zero charge，PZC，一般为 4～6）时，半导体表面带负电；pH 值低于 PZC 时，半导体表面带正电。被处理物质在溶液中的存在形式也取决于其电离常数和溶液 pH 值的相对关系。被处理物质在半导体表面的吸附与它们之间的静电作用紧密相关。

③ 在动力学上，pH 增加有利于 OH^- 或 H_2O 在半导体表面上的竞争氧化，进一步生成 $HO\cdot$。因此，溶液的 pH 值对电助光催化降解反应的动力学和热力学均有影响，是十分重要的影响因素。Hidaka 等用 TiO_2/导电玻璃电极电助光催化降解各种氨基酸，发现氨基酸的等电点（pI）小于溶液 pH 值时，电助光催化效率高于光催化的效率；而对于 pI 值大于溶液 pH 值氨基酸，结论则相反。这是因为阳极偏电压阻碍了后者在半导体表面的吸附。Zanoni 等对 RBO 进行电助光催化降解时发现降解速率随 pH 值的增加均呈现先上升后下降的趋势，在 pH 为 6 时达到最大值，这是由于 RBO 在半导体表面的吸附情况造成的。Leng 等和 Sunim 发现苯胺和 NO_2 的降解速率在酸性和中性范围内基本相同，但在碱性条件下急剧下降，他们认为可能是 pH 值较高时式(9-7)～式(9-9)的反应发生的缘故。

(3) 支持电解质的种类和浓度 加入支持电解质的目的在于准确控制工作电极电位，但是与金属电极电化学体系不同，在半导体电极电化学体系中，价带空穴的电位值高于所施加的电极电位值，尤其是采用宽带隙半导体的光催化研究中，价带空穴的电位值可能很高，因而支持电解质的阴离子，如 SO_4^{2-}、NO_3^- 等也可能被价带空穴氧化为具有强氧化性的物质，继而可以氧化被处理物质。Luo 和 Hepel 总结了含有 Cu^{2+} 和 SO_4^{2-} 的溶液中可能生成的强氧化剂的电极反应和标准氧化还原电位，发现萘酚蓝黑被电助光催化降解的速率依 NaCl、KNO_3、NaOH 和 Na_2SO_4 的顺序而降低。Hidaka 等在电助光催化降解苯磺酸钠时发现，光电流随支持电解质 NaCl 浓度的提高而提高。当 NaCl 浓度达到 $0.05mol/L$ 后，光电流不再变化。Byme 等采用双室电助光催化反应器，在阳极室利用光生空穴氧化甲酸，在阴极室利用光生电子还原 Cu^{2+} 以回收金属 Cu。他们发现阳极室内草酸更容易在 KCl 溶液中氧化，因为 SO_4^{2-} 易堵塞在

TiO_2 表面，抑制了草酸的吸附。

（4）反应氛围　反应氛围对电助光催化效率的影响主要是考察 O_2 的影响。在光催化过程中，O_2 是主要的光生电子清扫剂，甚至成为整个过程的速率决定步骤。而在电助光催化过程中，阳极偏电压的施加使光生电子经由外电路转移至对电极，O_2 不再是分离光生电子的必要条件，但是它的存在仍对反应的速率和途径有一定影响。Vinodgopal 和 Kamat1 发现 4-氯酚在 O_2 氛围中的电助光催化降解的中间产物为 4-氯邻苯二酚，在 N_2 氛围中则为对苯二酚。Byrne 等发现 TiO_2/导电玻璃电极在 N_2 和空气中的光电响应大于在 O_2 中的光电响应，这是因为 O_2 具有光电流猝灭作用。Leng 等发现阳极室的 O_2 具有光电流猝灭作用，而阴极室的 O_2 有增强光电流的作用。Dunlop 等发现光照条件下，O_2 对微生物有直接作用，这可能是溶解的 O_2 被紫外线敏化产生活性氧物种所致。

9.6.4　电助光催化技术的能量效率

电助光催化系统相当于一个光电解电池，入射光能转化为产物的化学能。衡量能量效率的指标主要分为 3 类：首先是入射光能转化为光电流的量子产率；其次是光电流对应的反应物降解或产物生成的效率即 Faraday 产率；最后是入射光能对应的反应物降解或产物生成的效率。

大量研究表明，电助光催化过程中的光电流远远大于光催化过程，光电转化效率（IPCE）大幅度提高。由于锐钛矿型 TiO_2 的平带电位比金红石型 TiO_2 偏负 0.3V，因此，对两者施加相同的阳极电位时，锐钛矿型 TiO_2 的能带更为弯曲，IPCE（127）更高。f 值与光生空穴或电子参与的反应有关，它们参与到所期望的反应的比例越大，f 的值也越大，但往往它们还会参与到副反应中，使 f 值有所变化。Φ 为前面两者的乘积，其值由这两个效率决定。此外，内部光量子效率为只考虑电子和空穴的产生和复合过程的半导体光电响应效率，而外部光量子效率还包含了半导体对入射光吸收效率这一因素。

Ichikawa 等利用光生电子还原 CO_2 和 H^+，CO_2 的还原产物继而与 H_2 发生氢化作用。他们发现采用脉冲加电压方式，气体产物的电流产率明显提高。Byrne 等通过试验得到 636×10^{-3} mol/L 的甲酸被氧化的表观量子产率为 7%，Faraday 产率为 126%。该值偏大的原因是 O_2 的电流猝灭作用使测得的电流偏小。Waldner 等发现，草酸和 4-氯酚的浓度升高，IPCE、f 和 Φ 均随之提高。一些研究发现尽管处理物质的降解速率随着阳极电位的增加而增加，但其光电流产率却逐渐下降。他们都将此现象归因于副反应式(9-7)~式(9-9)速率提高的程度高于 HO·氧化处理物质的速率提高的程度。

9.6.5　电助光催化技术的应用方向

随着环境污染问题的加剧，环境保护和可持续发展已经成为当代人的共识。在众多环境污染治理方法中，光催化技术由于具有降解能力强、条件温和、有可能利用太阳光源等特点而受到重视。电助光催化技术进一步提高了光催化技术的效率，使该技术向实用化方向迈进了一步。已有研究表明电助光催化对诸多有机物都能进行有效降解，包括：染料，如酸性橙 7、萘酚蓝黑、甲基橙、活性艳橙、活性艳红等；对环境有害的芳香族化合物，如苯酚、4-氯酚、1,2,4-三氯苯、表面活性剂苯磺酸钠和十二烷基苯磺酸钠等；含氮有机物，如各种氨基酸、苯胺等；其他有机物，如甲醇、乙醇、甲酸、草酸等。该技术对有毒无机物如 NO_2^- 等和微生物细菌如埃希氏杆菌等也能进行有效降解。以上电助光催化技术均利用了光生空穴引发的对处理物质的氧化过程。

在电助光催化过程中，光生电子被迁移至对电极，它将使溶液中的一些物质得到还原。这一反应也可得到有效应用，如还原 H^+ 产生氢气这一清洁能源、还原金属离子以回收金属、还原 CO_2 以减少温室气体并再生燃料以及还原 TNT 等。

由于较大地提高了光催化效率，电助光催化技术中更有可能应用于太阳光能。此外，由于阳极偏电压的施加，电助光催化系统消除了对 O_2 的需求，节约了物质消耗，而且可以对天然海水进行处理，因为天然海水中所含有的盐类物质可以作为电助光催化系统中的支持电解质，而不必另外投加。

目前对电助光催化技术的研究主要集中在对电化学辅助（促进）作用的验证上，对该过程的影响因素缺乏系统研究，且多为表观现象描述，缺少深入的机理分析和推测原因的试验求证；对半导体电极的电化学测定和分析少，还很难指导进一步的试验。虽然在反应器的实用化开发上做了一定工作，但多为悬浮态反应器，仍然存在处理后催化剂与溶液分离的难题。对今后的研究工作应着重以下几个方面。

① 高活性和高稳定性光催化剂的制备方法研究　催化剂是光催化技术的核心，也是开展光催化方面研究的前提。尤其要重视高稳定性的问题，因为多数研究首先关心催化剂的活性，但对其稳定性方面的考察不足并缺少足够的数据报道。

② 深入研究电助光催化过程的机理　可采取各种测试与分析手段，包括色谱-质谱联用等技术分析、处理物质降解的中间产物和最终产物，对催化剂的表面、晶体组成和尺寸等特点进行表征，采用电化学测试研究催化剂的光电性质与降解速率的相关关系等。

③ 开发具有实用性的固定膜式反应器　注意电极的形状和布置，使其面体比值较大而提高处理效率。

④ 总结研究方法和不同被处理物质的降解规律，对进一步的工作作出指导。

参 考 文 献

[1] 黄仲涛，彭峰.工业催化剂设计与开发［M］.北京：化学工业出版社，2009.

[2] 刘化章.催化在能源转化中的作用［J］.工业催化.2011，19（6）：1-12.

[3] 吴占松，马润田，赵满成.煤炭清洁有效利用技术［M］.北京：化学工业出版社，2007.

[4] 黄仲涛，耿建铭.工业催化：第3版［M］.北京：化学工业出版社，2014.

[5] 波吉特·卡姆，帕特里克·R·格鲁勃，迈克·卡姆.生物炼制——工业过程与产品［M］.马延和，译.北京：化学工业出版社，2007.

[6] 金涌，Jakob de Swaan Arons.资源能源环境社会——循环经济科学工程原理［M］.北京：化学工业出版社，2009.

[7] Scocypec J R R，Hogan R，Muir J.Solar reforming of methane in a direct absorption catalytic reactor on a parabolic dish Ⅱ.Modeling and analysis［J］.Solar Energy，1994，52（6）：479-490.

[8] Werner A，Tamme R.CO_2 reforming of methane in a solar driven volumetric receiver-reactor［J］.Catalysis Today，1998，46：165-174.

[9] 李赞忠，乌云.煤液化生产技术［M］.北京：化学工业出版社，2009.

[10] 潘连生，张瑞和，朱曾惠.对我国煤基能源化工品发展的一些思考［J］.煤化工，2006，135（2）：1-6.

[11] Pisarello M L，Milt V，Peralta M A，Querini C A，Miro E E.Simultaneous removal of soot and nitrogen oxides from diesel engine exhausts［J］.Catalysis Today，2002，75（1-4）：465-470.

[12] Oi-Uchisawa J，Obuchi A，Wang Sh D，Nanba T，Ohi A.Catalytic performance of Pt/MO_x loaded over SiC-DPF for soot oxidation［J］.Applied Catalysis B：Environmental，2003，43（2）：117-129.

[13] van Craenenbroeck J，Andreeva D，Tabakova T，van Werde K，Mullens J，Verpoort F.Spectroscopic analysis of Au-V-based catalysts and their activity in the catalytic removal of diesel soot particulates［J］.Journal of Catalysis，2002，209（2）：515-527.

[14] López-Suárez F E，Bueno-López A，Illán-Gómez M J，Ura B，Trawczynski J.Potassium stability in soot combustion perovskite catalysts［J］.Topics in Catalysis.2009，55：2097-2100.

[15] Peralta M A，Gross M S，Ulla M A，Querini C A.Catalyst formulation to avoid reaction runaway during diesel soot combustion［J］.Applied Catalysis A：General.2009，367：59-69.

[16] 刘鸿，冷文华，吴合进，成少安，吴鸣，张鉴清，李文钊，曹楚南.光电催化降解磺基水杨酸的研究［J］.催化学报，2000，21（3）：209-212.

[17] 王绍文，罗志腾，钱雷.高浓度有机废水处理技术与工程应用［M］.北京：冶金工业出版社，2003.

[18] Morrison S R.半导体与金属氧化膜的电化学［M］.吴辉煌，译.北京：科学出版社，1988.

[19] 刘恩科，朱秉升，罗晋生.半导体物理学［M］.西安：西安交通大学出版社，1998.

[20] 藤岛昭，相益男.电化学测定方法［M］.陈震，姚建年，译.北京：北京大学出版社，1995.

[21] 李军，高爽，奚祖威.反应控制相转移催化研究的进展［J］.催化学报，2010，31（8）：895-911.

[22] Bueno-López A，Krishna K，Makkee M.Oxygen exchange mechanism between isotopic CO_2 and Pt/CeO_2［J］.Applied Catalysis A：General，2008，342：144-149.

[23] Tomishige K，Sakaihori T，Ikeda Y，Fujimoto K.A novel method of direct synthesis of dimethyl carbonate from methanol and carbon dioxide catalyzed by zirconia［J］.Catalysis Letters，1999，58：225-229.

[24] Emilia I，Koumanova B.Adsorption of sulfur dioxide on natural clinoptilolite chemically modified with salt solutions［J］.Journal of Hazardous Materials，2009，167：306-312.

[25] Meryem S，Erdogan A B，Gullari E Y.Influence of the exchangeable cations on SO_2 adsorption capacities of clinoptilolite-rich natural zeolite［J］.Adsorption，2010，17（4）：739-745.

[26] Bezerra D P，Oliveira R S，Vieira R S，J R Cavalcante C L，Diana A.Adsorption of CO_2 on nitrogen-enriched activated carbon and zeolite 13X［J］.Adsorption，2011，17：235-246.

[27] 原鲜霞，夏小芸，曾鑫，张慧娟，马紫峰.低温燃料电池氧电极催化剂［J］.化学进展，2010，1：19-31.

[28] Wang C G，Ma Z F，Wang T G，Wang Z M.Synthesis，assembly，and biofunctionalization of silica-coated gold nanorods for colorimetric biosensing［J］.Advanced Functional Materials，2006，16（13）：1673-1678.

[29] Xiang J，Lu W，Hu Y J，Wu Y，Yan H，Lieber C M.Ge/Si nanowire heterostructures as high-performance field-effect transistors［J］.Nature，2006，441：489-493.

[30] Lee W R，Kim M G，Choi J R，Park J I，Ko S J，Oh S J，Cheon J.Redox-transmetalation process as a generalized synthetic strategy for core-shell magnetic nanoparticles［J］.Journal of the American Chemical Society，2005，127（46）：16090-16097.

[31] Luo J, Wang L Y, Mott D, Njoki P N, Lin Y, He T, Xu Z, Wanjana B N, Lim I S, Zhong C J. Core/shell nanoparticles as electrocatalysts for fuel cell reactions [J]. Advanced Materials, 2008, 20 (22): 4342-4347.

[32] Shimizu K, Cheng I F, Wai C M. Aqueous treatment of single-walled carbon nanotubes for preparation of Pt-Fe core-shell alloy using galvanic exchange reaction: Selective catalytic activity towards oxygen reduction over methanol oxidation [J]. Electrochemistry Communications, 2009, 11 (3): 691-694.

[33] Yang X L, Dai W L, Guo C W, Chen H, Cao Y, Li H, He H, Fan K. Synthesis of novel core-shell structured WO_3/TiO_2 spheroids and its application in the catalytic oxidation of cyclopentene to glutaraldehyde by aqueous H_2O_2 [J]. Journal of Catalysis, 2005, 234 (2): 438-450.

[34] Kresge C T, Leonowicz M E, Roth W J, Vartuli J C, Beck J S. Ordered me-soporous molecular sieves synthesized by a liquid-crystal template mechanism [J]. Nature, 1992, 359: 710-712.

[35] Hess H T, Kroschwitz I, Howe-Grant M, Kirk-Othmer. Encyclopedia of Chemical Engineering [M]. New York: Wiley, 1995.

[36] Li J J, Hu J L, Li G X. Au(Ⅲ)/N-containing ligand complex: A novel and efficient catalyst in carbonylation of alkyl nitrite [J]. Catalysis Communications, 2011, 12 (15): 1401-1404.

[37] Peng Q, Zhang Y, Shi F, Deng Y. Fe_2O_3-supported nano-gold catalyzed one-pot synthesis of N-alkylated anilines from nitroarenes and alcohols [J]. Chemical Communications, 2011 (47): 6476-6478.

[38] Kubacka A, Fernández-García M, Colón G. Advanced nanoarchitectures for solar photocatalytic applications [J]. Chemical Reviews, 2012, 112: 1555-1614.

[39] Liu Y, Xie C, Li J, Zou T, Zeng D. New insights into the relationship between photocatalytic activity and photocurrent of TiO_2/WO_3 nanocomposite [J]. Applied Catalysis A: General, 2012, 433-434: 81-87.

[40] Qiu X, Miyauchi M, Sunada K, Minoshima M, Liu M, Lu Y, Li D, Shimodaira Y, Hosogi Y, Kuroda Y, Hashimoto K. Hybrid Cu_xO/TiO_2 nanocomposites as risk-reduction materials in indoor environments [J]. ACS Nano, 2012, 6: 1609-1618.

[41] Chen E Y X. Coordination polymerization of polar vinyl monomers by single-site metal catalysts [J]. Chemical Reviews, 2009, 109 (11): 5157-5214.

[42] Lee B Y, Bazan G C, Vela J, Komon Z J A, Bu X. α-Iminocarboxamidato-nickel (Ⅱ) ethylene polymerization catalysts [J]. Journal of the American Chemical Society, 2001, 123 (22): 5352-5353.

[43] Noda S, Nakamura A, Kochi T, Chung L W, Morokuma K, Nozaki K. Mechanistic studies on the formation of linear polyethylene chain catalyzed by palladium phosphine-sulfonate complexes: Experiment and theoretical studies [J]. Journal of the American Chemical Society, 2009, 131 (39): 14088-14100.

[44] Jaffri G, Zhang J. Catalytic gasification characteristics of mixed black liquor and calcium catalyst in mixing (air/steam) atmosphere [J]. Journal of Fuel Chemistry and Technology, 2008, 36 (4): 406-414.

[45] Kopyscinski J, Rahman M, Gupta R, Mimsc C A, Hill J M. K_2CO_3 catalyzed CO_2 gasification of ash-free coal. Interactions of the catalyst with carbon in N_2 and CO_2 atmosphere [J]. Fuel, 2014, 117: 1181-1189.

[46] Popa T, Fan M, Argyle M D, Dyar M D, Gao Y, Tang J, Speicher E A, Kammen D M. H_2 and CO_x generation from coal gasification catalyzed by a cost-effective iron catalyst [J]. Applied Catalysis A: General, 2013 (464-465): 207-217.

[47] Monterroso R, Fan M, Zhang F, Gao Y, Popa T, Argyle M D, Towler B, Sun Q. Effects of an environmentally-friendly, inexpensive composite iron-sodium catalyst on coal gasification [J]. Fuel, 2014, 116: 341-349.

[48] Zhang R, Wang Q H, Luo Z Y, Fang M X, Cen K F. Coal char gasification in the mixture of H_2O, CO_2, H_2, and CO under pressured conditions [J]. Energy & Fuels, 2014, 28 (2): 823-839.

[49] Dasciana S R, Adriano A M, Wellington S A. Multipoint covalent immobilization of microbial lipase on chitosan and agarose activated by different methods [J]. Journal of Molecular Catalysis B: Enzymatic, 2008, 51: 100-109.

[50] Surisetty V R, Tavasoli A, Dalai A K. Synthesis of higher alcohols from syngas over alkali promoted MoS_2 catalysts supported on multi-walled carbon nanotubes [J]. Applied Catalysis A: General, 2009, 365 (2): 243-251.

[51] 彭子青, 谌伟庆, 马洪波, 黄思富, 石秋杰. 核壳结构纳米复合材料在催化中的应用 [J]. 化工进展. 2010, 29 (8): 1461-1467.

[52] Smiešková A, Hudec P, Kumar N, Salmi T, Murzin Y D, Jorík V. Aromatization of methane on Mo modified Zeolites: Influence of the surface and structural properties of the carriers [J]. Applied Catalysis A: General, 2010, 377 (1-2): 83-91.

[53] Ding H X, Zhu A M, Lu F, Xu Y, Zhang J, Yang X F. Low-temperature plasma-catalytic oxidation of formaldehyde in atmospheric pressure gas streams [J]. Journal of Physics D: Applied Physics, 2006, 39 (16): 3603-3608.

[54] 李月明，范青华，陈新滋. 不对称有机反应——催化剂的回收与再利用 [M]. 北京：化学工业出版社，2003.

[55] 孙锦宜，刘惠青. 废催化剂回收利用 [M]. 北京：化学工业出版社，2001.

[56] 崔鑫，林瑞，赵天天，杨美妮，马建新. 过渡金属合金催化剂催化作用机理研究进展 [J]. 化工进展. 2014，33 (S1)：150-157.

[57] 衣宝廉. 燃料电池——原理·技术·应用 [M]. 北京：化学工业出版社，2003.

[58] Hu J W，Li J F，Ren B，Wu D Y，Sun S G，Tian Z Q. Palladium-coated gold nanoparticles with a controlled shell thickness used as surface-enhanced Raman scattering substrate [J]. The Journal of Physical Chemistry C，2007，111 (3)：1105-1112.

[59] Zhou W J，Lee J Y. Highly active core-shell Au@Pd catalyst for formic acid electrooxidation [J]. Electrochemistry Communications，2007，9 (7)：1725-1729.

[60] Luo J，Wang L Y，Mott D，Njoki P，Lin Y，He T. Core/shell nanoparticles as electrocatalysts for fuel cell reactions [J]. Advanced Materials，2008，20 (22)：4342-4347.

[61] Nitani H，Nakagawa T，Daimon H，Yamamoto T A. Methanol oxidation catalysis and substructure of Pt-Ru bimetallic Nanparticles [J]. Applied Catalysis A：General，2007，326 (2)：194-201.

[62] 辛勤，林励吾. 中国催化三十年进展——理论和技术的创新 [J]. 催化学报，2013，34 (3)：401-435.

[63] 蒋展鹏，王海燕，杨宏伟. 电助光催化技术研究进展 [J]. 化学进展，2005，17 (4)：622-630.

[64] 李金金，胡江林，李光兴. 金催化在化工过程中的研究与应用进展 [J]. 化工进展，2011，30 (12)：2575-2585.

[65] 刘成柏，程瑛琨，于大海，王智. 酶催化技术开发及应用的研究进展 [J]. 生物加工过程，2004，2 (1)：7-10.

[66] 刘海艳，易红宏，唐晓龙，邓华. 分子筛吸附脱除燃煤烟气硫碳硝的研究进展 [J]. 化工进展，2012，31 (6)：1347-1352.

[67] 刘坚，赵震，徐春明. 柴油车排放碳黑颗粒消除催化剂的研究进展 [J]. 催化学报，2004，25 (8)：673-680.

[68] 刘宗宽，张磊，江健，边城. 煤焦油加氢精制和加氢裂化催化剂的研究进展 [J]. 化工进展，2012，31 (12)：2672-2677.

[69] 石家华，孙逊，杨春和，高青雨，李永舫. 离子液体研究进展 [J]. 化学通报，2002 (4)：243-250.

[70] 孙娜，杨丰科，刘均洪. 酶催化技术在工业上的应用进展 [J]. 工业催化，2003，11 (6)：7-11.

[71] 王乃兴，刘薇，王林. 酶催化反应研究进展 [J]. 合成化学. 2004，12 (2)：131-136.

[72] 王鹏，高金森，王大喜，徐春明，刘植昌. 离子液体催化烷基化反应的研究进展 [J]. 分子催化，2006，20 (3)：278-283.

[73] 甄开吉，李荣生. 催化作用基础：第 3 版 [M]. 北京：科学出版社，2005.

[74] 韩维屏. 催化化学导论 [M]. 北京：科学出版社，2006.

[75] 陈诵英，王琴. 固体催化剂制备原理与技术 [M]. 北京：化学工业出版社，2012.

[76] 吴越. 应用催化基础 [M]. 北京：化学工业出版社，2009.